Curso de Física Básica 3

Eletromagnetismo

Blucher

H. Moysés Nussenzveig

Professor Emérito do Instituto de Física
da Universidade Federal do Rio de Janeiro

Curso de Física Básica 3

Eletromagnetismo

2ª edição, revista e ampliada

Curso de Física básica 3, 2ª edição

Editora Edgard Blücher Ltda.
4ª reimpressão - 2020

Blucher

Rua Pedroso Alvarenga, 1245, 4º andar
04531-934 - São Paulo - SP - Brasil
Tel.: 55 11 3078-5366
contato@blucher.com.br
www.blucher.com.br

Segundo o Novo Acordo Ortográfico, conforme 5. ed. do *Vocabulário Ortográfico da Língua Portuguesa*, Academia Brasileira de Letras, março de 2009.

FICHA CATALOGRÁFICA

Nussenzveig, Herch Moysés
Curso de física básica, 3: eletromagnetismo / H. Moysés Nussenzveig. - 2. ed. - São Paulo: Blucher, 2015.

Bibliografia
ISBN 978-85-212-0801-3

1. Física 2. Eletromagnetismo I. Título

14-0158 CDD 530

Índice para catálogo sistemático:
1. Física - eletromagnetismo

Apresentação

Este volume, mantendo o mesmo espírito e objetivos dos anteriores, apresenta a fundamentação fenomenológica da teoria eletromagnética, seguindo de perto seu desenvolvimento histórico. São empregados os operadores vetoriais, já antevistos na mecânica e na hidrodinâmica, cuja interpretação intuitiva é extensamente discutida. As equações de Maxwell são construídas de forma gradual.

O campo magnético é também introduzido fenomenologicamente, sem adotar o modismo de introduzi-lo como efeito relativístico, o que desafiaria a compreensão de estudantes neste nível.

Circuitos são tratados de forma unificada, incluindo filtros elétricos como exemplos mais simples e intuitivos dos espectros de bandas em estruturas periódicas, servindo de introdução às bandas eletrônicas nos sólidos.

Uma das maiores dificuldades num curso de teoria eletromagnética clássica é o tratamento dos campos em meios materiais. O dilema é permanecer fiel ao mote, adotado em toda a série, de apresentar "a verdade, somente a verdade, embora não *toda* a verdade". Para isto, a discussão de modelos clássicos tem de ser acompanhada da crítica desses modelos, esboçando as consequências da teoria quântica da matéria, mesmo antes de sua abordagem, que só ocorrerá na parte final do curso (volume 4). Procurou-se antecipar parte dos resultados do tratamento quântico, descrevendo os conceitos subjacentes de forma meramente qualitativa. Uma compreensão mais profunda deverá ser alcançada em cursos de física da matéria condensada.

Para ilustrar o alcance extraordinário do conjunto completo das equações de Maxwell e como preâmbulo da ótica eletromagnética, a ser desenvolvida no volume 4, são discutidos, na parte final do curso, ondas eletromagnéticas, potenciais retardados e radiação de dipolo.

Os problemas, apresentados ao final de cada capítulo, não são meros exercícios de aplicação de fórmulas: procuram estimular a iniciativa e o raciocínio, testando o grau de compreensão dos alunos. É altamente recomendável a elaboração de listas semanais de problemas, que devem ser corrigidas e discutidas.

Pressupõe-se ainda que seja ministrado, em paralelo, um curso de laboratório no qual o aluno encontre a vivência e realização concreta dos fenômenos descritos pela teoria, jamais perdendo de vista que a física é uma ciência experimental. Experimentos de demonstração em classe também cumprem um papel importante.

Nesta nova edição, o livro foi inteiramente revisto e atualizado. O formato digital permitiu introduzir inúmeras fotos, inclusive de linhas de campo, e reproduções de figuras originais, historicamente relevantes. Foi desenvolvido um tratamento mais extenso das grandes contribuições de Faraday, Maxwell e Hertz. Alguns novos problemas também foram acrescentados.

A Fundação José Bonifácio, da Universidade Federal do Rio de Janeiro, contribuiu com um auxílio para preparar a edição anterior do texto, cabendo registrar aqui o agradecimento do autor por essa valiosa colaboração.

Rio de Janeiro, 25 de abril de 2014

H. M. Nussenzveig

Conteúdo

1

Introdução

Que interesse tem o estudo do eletromagnetismo? Nesta introdução, será dada uma ideia preliminar sobre a importância desse campo da física. Também será esquematizada a sequência segundo a qual vamos abordar o seu estudo.

1.1 A INTERAÇÃO ELETROMAGNÉTICA

Segundo a classificação atual (**FB1**, Seção 5.1*), existem na Natureza quatro interações fundamentais: (nuclear) forte, eletromagnética, (nuclear) fraca e gravitacional – em ordem decrescente de intensidade. Até agora, só havíamos estudado uma delas: a gravitação, cujos efeitos se fazem sentir principalmente na escala astronômica.

O eletromagnetismo é outra interação fundamental, muito mais importante do que a gravitação no domínio que nos é mais familiar. Com efeito, as forças que atuam na escala macroscópica, responsáveis pela estrutura da matéria e pela quase totalidade dos fenômenos físicos e químicos que intervêm em nossa vida diária, são de natureza eletromagnética. Isso não significa que seus efeitos possam sempre ser analisados pela física clássica. Em tudo aquilo que depende da escala atômica – cujos efeitos repercutem na escala macroscópica – é preciso empregar a física quântica. Entretanto, a interação relevante, também no tratamento quântico, é eletromagnética.

Ainda de um ponto de vista fundamental, a interação eletromagnética é aquela que compreendemos melhor. Seu tratamento teórico, no nível quântico (eletrodinâmica quântica), foi utilizado como modelo para o tratamento de todas as demais interações conhecidas.

No desenvolvimento da física, a teoria clássica da interação eletromagnética, formulada por Maxwell (fortemente influenciado pelas ideias de Faraday), desempenhou um papel central, como protótipo de uma *teoria de campo*. Ela permitiu além disso obter uma das grandes sínteses da ciência, a unificação do eletromagnetismo e da ótica, mostrando que a luz é uma onda eletromagnética. Além disso, serviu como ponte para

---

* A notação **FB1** remete ao volume 1 deste Curso de Física Básica.

a elaboração da teoria da relatividade restrita. Para isso, foi necessário modificar a própria mecânica newtoniana, mas a teoria de Maxwell permaneceu intacta.

As aplicações do eletromagnetismo revolucionaram toda a tecnologia. Indústria, iluminação, transportes, computação, entretenimento, funcionam com base na energia elétrica, na "fada Eletricidade", como foi chamada no início do século XX. Ondas eletromagnéticas (rádio, radar, televisão) são empregadas em todos os nossos sistemas de comunicação.

Em suma, o eletromagnetismo é uma disciplina básica tanto do ponto de vista teórico como prático.

1.2 AS DIVISÕES DO ELETROMAGNETISMO

Até o fim do século XVIII, eletricidade e magnetismo eram pouco mais que curiosidades de laboratório, sem qualquer interconexão conhecida. Em ambos os casos, conheciam-se apenas fenômenos estáticos. A pilha voltaica acabara de ser inventada e haviam sido observados alguns dos efeitos produzidos por correntes elétricas.

Foi só no início do século XIX que se descobriram os efeitos magnéticos das correntes. Pouco depois, veio a grande descoberta de Faraday do fenômeno da indução eletromagnética: em linguagem atual, campos magnéticos variáveis com o tempo produzem campos elétricos. O efeito simétrico, a produção de campos magnéticos por campos elétricos que variam com o tempo, foi predito teoricamente por Maxwell, quando formulou suas famosas equações, que sintetizam todo o eletromagnetismo clássico.

A verificação experimental da teoria de Maxwell foi obtida com as experiências de Hertz de produção de ondas de rádio. No princípio do século XX, com a incorporação do eletromagnetismo à relatividade restrita, percebeu-se que campos elétricos e magnéticos são aspectos diferentes de um mesmo campo fundamental, o *campo eletromagnético*, completando-se, assim, o arcabouço da teoria eletromagnética dentro da física clássica. Essa foi a primeira grande unificação na história da física. A evolução posterior foi no sentido de compatibilizar o eletromagnetismo com a teoria quântica, levando à formulação da eletrodinâmica quântica.

Neste curso introdutório, seguiremos a evolução histórica, discutindo, em sequência, campos eletrostáticos, correntes elétricas estacionárias e os campos magnéticos por elas produzidos. Discutiremos depois a indução eletromagnética. Finalmente, chegaremos às equações de Maxwell e às ondas eletromagnéticas.

Diversos tópicos, tais como as correntes de condução, a polarização de dielétricos e os materiais magnéticos, dizem respeito a campos no interior de meios materiais e têm a ver com a estrutura da matéria. Para tratá-los satisfatoriamente, é necessário empregar a teoria quântica. Em alguns casos, pode-se usar um modelo clássico como guia, mas a descrição correta é necessariamente quântica. Procuraremos chamar a atenção sobre esses pontos, e, na medida do possível, fornecer algumas informações qualitativas sobre os efeitos do tratamento quântico.

2

A lei de Coulomb

Neste capítulo, vamos introduzir o conceito de *carga elétrica* e discutir a lei de interação entre duas cargas em repouso, descoberta por Coulomb.

2.1 CARGA ELÉTRICA

Por que uma interação muitas ordens de grandeza mais forte do que a gravitacional só foi investigada muito depois desta e não se manifesta de forma mais diretamente perceptível? A razão é que, enquanto a força gravitacional é sempre atrativa, as forças elétricas podem ter efeitos tanto atrativos como repulsivos, e normalmente um compensa o outro. O análogo da massa gravitacional, a carga elétrica, se manifesta de duas formas diferentes, que convencionamos chamar de *positiva* ou *negativa*, associadas à possibilidade de atração ou repulsão, e a matéria é normalmente neutra, cancelando os efeitos das interações elétricas.

Uma das formas de produzir um desequilíbrio na distribuição das cargas é pelo atrito entre substâncias diferentes. Em um dia seco, um pente que se esfrega no cabelo atrai pedacinhos de papel. Essa propriedade de *eletrização por atrito* já era conhecida na Grécia antiga: sabia-se que o âmbar, uma resina amarelada (seiva de árvore solidificada ao longo de séculos), quando atritado com pele de animais, atraia partículas leves, como sementes ou fragmentos de palha.

O nome do âmbar, em grego, é "elektron": esta é a origem da palavra "eletricidade" e do nome da partícula elementar "elétron". Em 1600, William Gilbert, médico da corte na Inglaterra, publicou seu tratado *De magnete*, no qual menciona outros corpos que se eletrizam por atrito, tais como o vidro, o enxofre e o lacre.

A existência de dois tipos diferentes de cargas foi descoberta por Charles du Fay em 1733, quando ele mostrou que duas porções do mesmo material, por exemplo âmbar, eletrizadas por atrito com um tecido, repeliam-se, mas o vidro eletrizado atraia o âmbar eletrizado. O tipo de carga que chamou de "vítrea" foi depois chamado por Benjamin Franklin de *positiva*, e a "resinosa" recebeu o nome de *negativa*.

A justificativa para esses nomes se baseou em experiências realizadas por Franklin, que o convenceram de que o processo de eletrização não *criava* cargas: apenas as *transferia* de um corpo a outro. Normalmente, um corpo é neutro por ter igual quantidade de carga positiva e negativa: quando ele transfere carga de um dado sinal a outro corpo, fica carregado com carga de mesmo valor absoluto e sinal contrário. Essa hipótese de Franklin constitui a mais antiga formulação de um princípio fundamental da física, a *lei de conservação da carga elétrica.*

Franklin acreditava que era a carga positiva, que imaginava como um fluido, aquela que se transferia. Hoje sabemos que, na eletrização por atrito, são os elétrons que se transferem de um corpo a outro, e sua carga é negativa, segundo a convenção historicamente adotada – que é inteiramente arbitrária. A transferência ocorre por contato, e o objetivo do atrito é meramente o de incrementar o contato. Do ponto de vista microscópico, a eletrização por atrito é um processo bastante complexo.

O sinal da carga adquirida por um corpo na eletrização por atrito depende da substância com a qual é atritado: o âmbar se eletriza negativamente por atrito com lã, mas positivamente quando atritado com enxofre.

A experiência de du Fay mostra que *cargas de mesmo sinal se repelem: cargas de sinais opostos se atraem.*

2.2 CONDUTORES E ISOLANTES

Um contemporâneo de du Fay, Stephen Gray, descobriu, em 1729, que as cargas elétricas podiam se deslocar e ser *transmitidas* através de diferentes materiais, que foram chamados de *condutores*, ao passo que tendiam a permanecer *retidas* em outros, chamados de *isolantes.*

O âmbar, o quartzo, o vidro, a água destilada, os gases em condições normais (em particular o ar seco), a borracha e a maioria dos plásticos são bons isolantes. Os metais, a água contendo ácidos, bases ou sais em solução, o corpo humano e a terra são bons condutores.

É muito difícil realizar experiências de eletrostática em muitas localidades brasileiras, especialmente no verão, em virtude do elevado grau de umidade na atmosfera, que tende a recobrir os objetos com uma fina camada de água, tornando-os condutores. Nos países frios, o aquecimento no inverno seca o ar, e é comum que o corpo fique eletrizado, quando se caminha sobre um tapete espesso, a ponto de soltar faíscas ao tocar um objeto metálico.

Um inglês vaidoso, Robert Symmer, que usava dois pares de meias ao mesmo tempo, um de lã, para proteger do frio, e o outro de seda, pela aparência, comentou em 1759 que, quando as removia, tirando uma de dentro da outra, elas se inflavam, assumindo a forma dos pés, e se atraiam (lã com seda) ou se repeliam (lã com lã) até uma boa distância uma da outra.

Quando encostamos a mão num objeto carregado, a carga se escoa para a terra através de nosso corpo: a pele, umedecida pela transpiração, é boa condutora. O escoamento através de um bom condutor é extremamente rápido, ao passo que um bom isolante pode permanecer carregado por muitas horas ou dias.

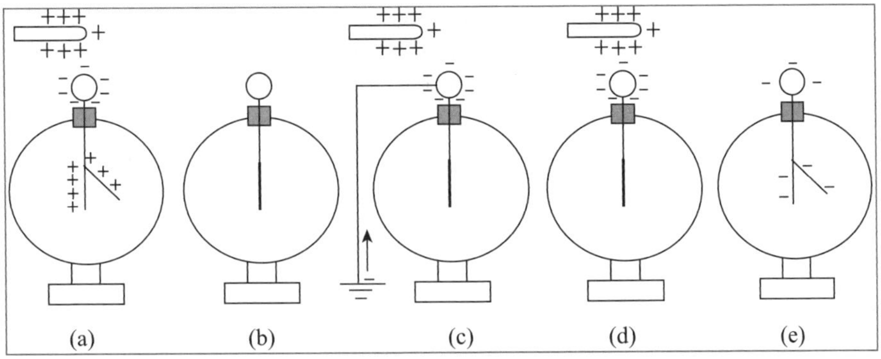

Figura 2.1 Eletroscópio: (a) indução eletrostática; (c) a (e) carga por indução.

Vários dos efeitos já discutidos podem ser demonstrados com o auxílio de um *eletroscópio*. Conforme ilustrado na Figura 2.1, esse aparelho consiste num frasco de vidro (isolante) com uma rolha de material também isolante, atravessada por uma haste metálica encimada por uma bola de metal (ambas condutoras). Na parte inferior da haste está presa uma lâmina leve condutora, de folha de alumínio ou de ouro. O frasco protege esse conjunto das correntes de ar.

Quando aproximamos da bola um bastão de vidro carregado positivamente (por atrito com um pano de seda, por exemplo), as cargas negativas do conjunto haste – bola são atraídas para cima, distribuindo-se sobre a superfície da bola. Assim, a parte inferior – haste e lâmina – fica carregada positivamente. A lâmina, com carga de mesmo sinal que a haste, é repelida por ela e se afasta, com ângulo de abertura tanto maior quanto maior a carga [Figura 2.1(*a*)].

Ao retirarmos o bastão, a carga total do eletroscópio volta a zero, e a lâmina cai [Figura 2.1 (*b*)]. A separação inicial das cargas em (*a*) sob a influência do bastão é chamada de *indução eletrostática*.

Na sequência da Figura 2.1 (*c*) – (*e*), vemos como se pode *carregar um corpo por indução*. Para esse fim, aproximamos o bastão de vidro carregado positivamente, ao mesmo tempo em que tocamos com a mão a bola do eletroscópio. Isso equivale a colocá-la em contato com o chão (terra). Tudo se passa como se a carga positiva, separada por indução e repelida pelo bastão, se escoasse para a terra (na verdade, conforme indicado pela seta na Figura 2.1 (*c*), são elétrons provenientes da terra que neutralizam a carga positiva separada).

Ao retirarmos a mão da bola, a carga negativa induzida nela permanece, ainda sob a atração do bastão [Figura 2.1.(*d*)]. Removido o bastão, a carga se redistribui pelo conjunto bola haste, que permanece carregado, provocando o afastamento da lâmina [Figura 2.1.(*e*)].

2.3 A LEI DE COULOMB

Na eletrostática, consideramos somente configurações de cargas em repouso (com respeito a um referencial inercial), em equilíbrio estático: nada varia com o tempo.

Se as dimensões de dois corpos carregados são desprezíveis em confronto com a distância entre eles, podemos tratá-los como *cargas puntiformes*, conceito idealizado análogo ao de massas puntiformes na mecânica. A interação eletrostática básica é então aquela entre duas cargas puntiformes em repouso no vácuo.

A lei de forças correspondente foi primeiro inferida por Joseph Priestley, o descobridor do elemento oxigênio. Em 1766, repetindo um experimento já feito antes por seu amigo Franklin, ele verificou que, quando um recipiente metálico é eletrizado, a sua superfície *interna* não fica carregada e não são exercidas forças elétricas sobre um corpo de prova inserido dentro dele. Priestley escreveu: "Não podemos inferir desse experimento que a atração elétrica está sujeita às mesmas leis que a gravitação, variando com o inverso do quadrado da distância, uma vez que se demonstra facilmente que, se a Terra tivesse a forma de uma casca, um corpo dentro dela não sofreria atração nenhuma?" (cf. **FB1**, Seção 10.9*).

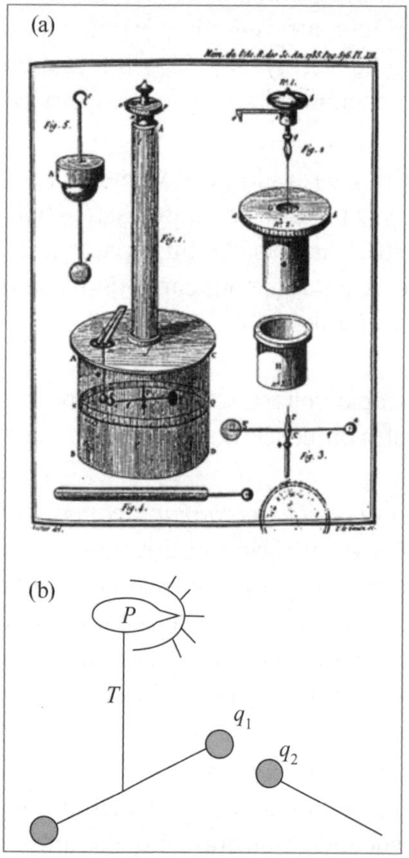

Figura 2.2 (a) Balança de torção de Coulomb (figura original); (b) Esquema do experimento.

A investigação experimental *direta* da lei de forças foi feita em 1785 por Charles-Augustin Coulomb, com o auxílio de uma *balança de torção*, instrumento representado na Figura 2.2(a), inventado independentemente por ele e por John Mitchell, que foi depois empregado por Cavendish para medir a constante gravitacional.** Conforme esquematizado na Figura 2.2(b), a balança contém uma haste isolante com duas esferinhas metálicas nas pontas (uma delas serve de contrapeso), suspensa por uma fibra fina T ligada a um ponteiro P com uma escala graduada.

Com a balança inicialmente em equilíbrio, carrega-se uma das esferinhas com uma carga q_1 e aproxima-se dela outra esferinha com carga q_2, situada sobre o círculo gerado pela rotação da haste em torno do eixo. O torque produzido pela interação entre as cargas faz girar a haste. Para reconduzi-la à posição inicial de equilíbrio, é preciso torcer a fibra por meio do ponteiro. A força de interação pode ser calculada em termos do ângulo de rotação do ponteiro.

O resultado obtido por Coulomb se exprime por

$$\mathbf{F}_{2(1)} = k\frac{q_1 q_2}{(r_{12})^2}\hat{\mathbf{r}}_{12} = -\mathbf{F}_{1(2)} \qquad \textbf{(2.3.1)}$$

* A notação **FB1** remete ao volume 1 deste Curso de Física Básica.

** Curso de Física Básica – volume 1, Seção 10.8.

onde $\mathbf{F}_{i(j)}$ é a força sobre a partícula i, devida à partícula j, r_{12} é a distância entre as duas partículas carregadas e $\hat{\mathbf{r}}_{12} = \mathbf{r}_{12}/r_{12}$ é o vetor unitário da direção de 1 para 2 (Figura 2.3). A constante de proporcionalidade k depende da escolha da unidade de carga elétrica, que discutiremos a seguir.

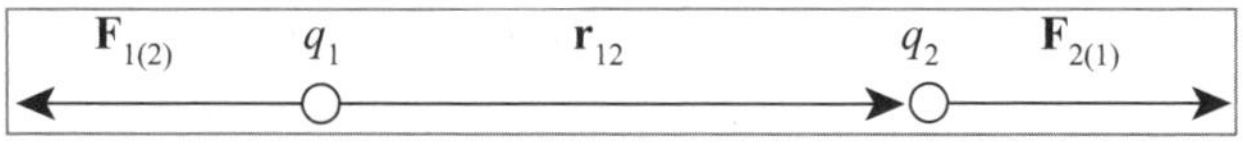

Figura 2.3 Forças coulombianas para um par de cargas.

Vemos, portanto (lei de Coulomb), que *a força é proporcional ao produto das cargas e inversamente proporcional ao quadrado da distância entre elas* (como inferido por Priestley pela analogia com a gravitação). A constante k é positiva: se q_1 e q_2 têm o mesmo sinal, como na Figura 2.3, a força é repulsiva; se têm sinais opostos, a força é atrativa.

A dependência inversa com o quadrado da distância pode ser verificada variando-se a distância entre as cargas. Nas experiências de Coulomb, a precisão não era muito grande (da ordem de alguns por cento). Uma determinação mais precisa já havia sido feita por Cavendish em 1772, por um método baseado na ideia de Priestley, que será discutido mais adiante (Seção 4.7). Se chamarmos de $2 + \varepsilon$ o expoente de r_{12} no denominador da lei de Coulomb, Cavendish mostrou que $|\varepsilon| < 2\%$. Usando métodos análogos, E. R. Wiliams e colaboradores demonstraram*, em 1971, que $|\varepsilon| < 3 \times 10^{-16}$. A dependência da distância na lei de Coulomb foi, portanto, verificada com enorme precisão.

Se usarmos a lei de Coulomb para *definir* o produto das cargas, pode parecer que a proporcionalidade a cada uma delas não tem conteúdo: é mera definição. Porém, se dispusermos de quatro cargas q_j ($j = 1, 2, 3, 4$) e se medirmos as interações entre pares sempre à mesma distância $|\mathbf{r}_{ij}|$, resulta da (2.3.1) que devemos ter

$$\left|\mathbf{F}_{2(3)}\right| / \left|\mathbf{F}_{1(3)}\right| = \left|\mathbf{F}_{2(4)}\right| / \left|\mathbf{F}_{1(4)}\right|$$

pois ambos os membros valem q_1/q_2. Logo, podemos testar esse resultado e medir a *razão* de duas cargas elétricas. Resta somente arbitrar a escolha da *unidade de carga elétrica.*

No sistema CGS de unidades, que adota cm, g, s como unidades básicas, toma-se $k = 1$ na (2.3.1) para interação entre cargas no vácuo, e define-se a unidade de carga como aquela que exerce uma força de 1 dina sobre outra carga idêntica à distância de 1 cm. Esse sistema é usualmente empregado em física atômica.

Entretanto, a unidade assim definida é muito pequena para as aplicações práticas, particularmente na engenharia. Vamos adotar o sistema mais empregado nas aplicações práticas do eletromagnetismo, que é o Sistema Internacional (SI), baseado em m, kg, s e na escolha de uma unidade independente para corrente elétrica, o ampère (A), que será definido mais adiante (Seção 8.4). Como a corrente representa carga por unidade de

---

* WILLIAMS, E. R.; FALLER, J. E.; HILL, H. A. *Phys. Rev. Lett.* v. 26, 721, 1971.

tempo, a unidade de carga elétrica nesse sistema, o "*coulomb* (C)", corresponde à carga que atravessa, por segundo, a secção de um condutor que transporta uma corrente contínua de 1 A.

No SI, a constante de proporcionalidade k da (2.3.1) é escrita da seguinte forma:

$$k \equiv \frac{1}{4\pi\varepsilon_0} = 10^{-7}c^2\,\mathrm{N\cdot m^2/C^2} \cong 8{,}98755\times 10^9\,\mathrm{N\cdot m^2/C^2} \qquad \textbf{(2.3.2)}$$

onde c é o valor numérico da velocidade da luz no vácuo, atualmente *definido* como exatamente 299.792.458 (m/s). A constante ε_0 é denominada *permissividade do espaço livre*, por razões que se tornarão aparentes mais tarde. O fator 4π é introduzido no denominador para simplificar fórmulas subsequentes. Com o valor de k dado pela (2.3.2), as cargas medidas em coulombs e as distâncias em metros, as forças de interação são obtidas em newton (N), e a lei de Coulomb assume a forma que empregaremos

$$\boxed{\mathbf{F}_{2(1)} = \frac{1}{4\pi\varepsilon_0}\frac{q_1 q_2}{(r_{12})^2}\hat{\mathbf{r}}_{12} = -\mathbf{F}_{1(2)}} \qquad \textbf{(2.3.3)}$$

2.4 O PRINCÍPIO DE SUPERPOSIÇÃO

O que acontece se tivermos mais de duas cargas elétricas no vácuo? A experiência mostra que os efeitos das interações entre elas *se superpõem*, ou seja, a força eletrostática que atua sobre cada uma é a *resultante (soma vetorial)* de suas interações com todas as demais cargas, obtidas aplicando a cada par de cargas a lei de Coulomb.

Assim, a força sobre a carga i é dada por

$$\mathbf{F}_i = \sum_{j\neq i}\mathbf{F}_{i(j)} = \frac{q_i}{4\pi\varepsilon_0}\sum_{j\neq i}\frac{q_j}{(r_{ji})}\hat{\mathbf{r}}_{ji^2} \qquad \textbf{(2.4.1)}$$

onde a soma é estendida a todas as demais cargas.

Exemplo 1: *Duas cargas puntiformes, + q e – q, estão situadas no vácuo, separadas por uma distância 2d. Com que força atuam sobre uma terceira carga q', situada sobre a mediatriz do segmento que liga as duas cargas, a uma distância D do ponto médio deste segmento*? (Figura 2.4)

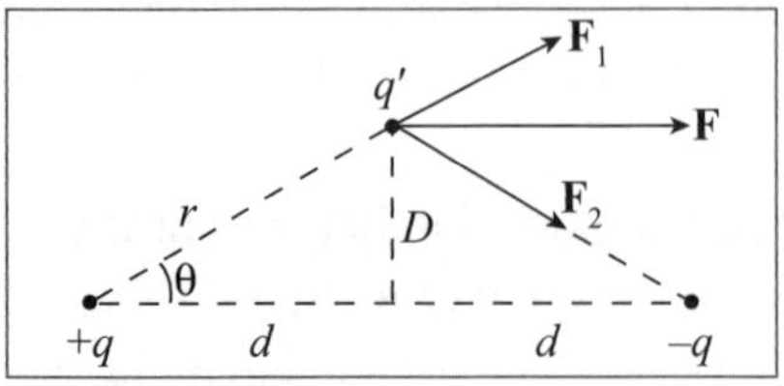

Figura 2.4 Forças sobre carga q'.

Supondo que q e q' tenham o mesmo sinal, as forças $\mathbf{F}_1$ e $\mathbf{F}_2$ exercidas sobre q', respectivamente, por $+q$ e $-q$, têm a mesma magnitude e as orientações indicadas na Figura 2.4. A força resultante $\mathbf{F}$ tem magnitude

$$|\mathbf{F}| = 2|\mathbf{F}_1|\cos\theta = 2|\mathbf{F}_1|d/r$$

Usando a lei de Coulomb, obtemos finalmente

$$|\mathbf{F}| = \frac{qq'}{2\pi\varepsilon_0}\frac{d}{r^3} = \frac{qq'}{2\pi\varepsilon_0}\frac{d}{\left(d^2+D^2\right)^{3/2}}$$

A força é paralela ao segmento que une as duas cargas e aponta para $-q$. Se q' tem sinal oposto a q, o sentido de **F** é o oposto.

Empregando o princípio de superposição, podemos passar da descrição em termos de cargas puntiformes à descrição macroscópica em termos de cargas distribuídas sobre volumes. Se subdividimos um volume v em porções Δv_j suficientemente pequenas para que a carga Δq_j em cada uma delas possa ser tratada como puntiforme, teremos

$$\Delta q_j = \rho_j \Delta v_j$$

onde ρ_j é a densidade de carga (carga por unidade de volume) na porção Δv_j.

Passando ao limite em que se faz Δv_j tender para zero, uma soma como a da (2.4.1) tende a uma *integral de volume:*

$$\sum_j q_j(\ldots) = \sum_j \Delta v_j \rho_j(\ldots) \to \int_v dv(\ldots) = \int_v dv\rho(\ldots) \quad \textbf{(2.4.2)}$$

onde dv é o elemento de volume, ρ é a *densidade volumétrica de carga*, que pode variar de ponto a ponto no interior do volume v e os parênteses indicam o resto da expressão, que também deve ser transformada. Já vimos transformações semelhantes no cálculo de centros de massa e momentos de inércia de distribuições contínuas de massa (**FB1**, Seções 8.4 e 12.2).

Um exemplo concreto de uma distribuição volumétrica de carga é a distribuição de íons positivos e negativos de uma descarga elétrica num gás (tal como numa lâmpada fluorescente); mais geralmente, a distribuição num corpo isolante carregado.

Também podemos considerar, como casos limites, uma distribuição de carga sobre uma superfície S, com *densidade superficial de carga* σ,

$$dq = \sigma dS \quad \textbf{(2.4.3)}$$

onde dS é o elemento de superfície (a soma se transforma numa *integral de superfície*) e uma distribuição de carga sobre um fio, descrito como uma linha l, com *densidade linear de carga* λ,

$$dq = \lambda dl \quad \textbf{(2.4.4)}$$

onde dl é o elemento de linha (a soma se transforma numa *integral de linha).* Note que, em cada um desses casos, os demais termos do integrando, indicados por (...) na (2.4.2), variam em geral de ponto a ponto, inclusive as direções de vetores. Uma integral vetorial se reduz a três integrais escalares, uma para cada componente.

Veremos que a carga de um condutor fica localizada na sua superfície e pode ser descrita como uma distribuição superficial de carga. É importante lembrar que estamos empregando um tratamento *macroscópico.* No nível microscópico, uma distribuição superficial ocupa, na realidade, um certo volume, que é tipicamente de algumas camadas atômicas. Entretanto, para distâncias macroscópicas da superfície (que são muito maiores que a espessura da distribuição), podemos desprezar a espessura e empregar o conceito idealizado de distribuição superficial. Considerações análogas aplicam-se a uma distribuição linear de carga.

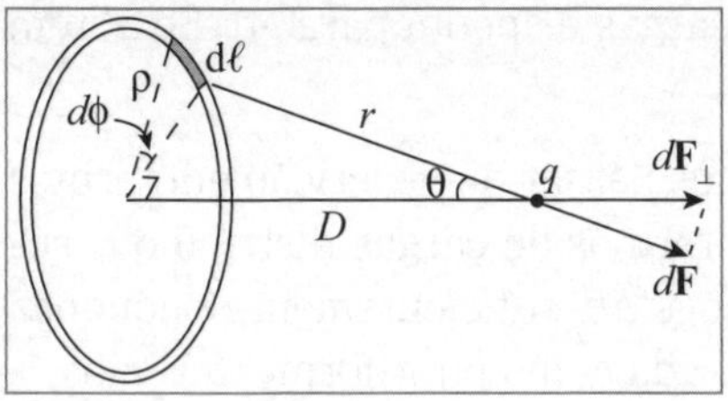

Figura 2.5 Força de um anel carregado sobre uma carga q.

Exemplo 2: *Uma carga Q está distribuída uniformemente sobre um anel circular vertical de raio ρ e de espessura desprezível. Qual é a força exercida sobre uma carga puntiforme q situada sobre o eixo horizontal que passa pelo centro do anel, a uma distância D do seu plano?*

A densidade linear de carga sobre o anel é

$$\lambda = Q/(2\pi\rho)$$

Um elemento de linha dl do anel que subtende um ângulo $d\phi$ no seu centro (Figura 2.5), onde ϕ é o ângulo azimutal no plano do anel, tem uma carga $dQ = \lambda\, dl = \lambda\rho\, d\phi$ e exerce uma força $d\mathbf{F}$ sobre a carga q, cujo módulo é dado por (supondo q e Q de mesmo sinal)

$$|d\mathbf{F}| = \frac{q dQ}{4\pi\varepsilon_0 r^2} = \frac{\lambda q \rho d\phi}{4\pi\varepsilon_0 r^2} = \frac{Q q d\phi}{8\pi^2\varepsilon_0 r^2}$$

Decompondo $d\mathbf{F}$ numa componente $d\mathbf{F}_\perp$ perpendicular ao plano do anel e uma componente paralela a esse plano, vemos que, ao integrar sobre ϕ, as componentes paralelas se cancelam em decorrência da simetria (para cada elemento dl existe outro, simétrico em relação ao centro, cuja contribuição à componente paralela é oposta); a componente perpendicular é dada por (θ é a colatitude)

$$|d\mathbf{F}_\perp| = |d\mathbf{F}|\cos\theta = |d\mathbf{F}|(D/r)$$

Como todos os demais fatores são constantes, sobra somente a integral sobre $d\phi$, que é igual a 2π. Logo, a força total é perpendicular ao plano do anel e de magnitude

$$|\mathbf{F}_\perp| = \frac{QqD}{4\pi\varepsilon_0 r^3} = \frac{QqD}{4\pi\varepsilon_0\left(\rho^2 + D^2\right)^{3/2}}$$

Em particular, se a distância D ao plano do anel é $>>\rho$, podemos desprezar ρ^2 em confronto com D^2 e a força total tem magnitude $Qq/(4\pi\,\varepsilon_0\, D^2)$, mostrando que o anel se comporta, a distâncias muito maiores que as suas dimensões, como uma carga puntiforme Q, conforme seria de esperar. Para $D = 0$, a força se anula por simetria: elementos de carga diametralmente opostos exercem forças de mesmo módulo e sentidos contrários.

2.5 A CARGA ELEMENTAR

O conceito de uma distribuição contínua de carga sugere que a carga elétrica, como a massa, pode variar continuamente. Isso não é verdade. Existe na natureza um valor mínimo e da carga: a carga do elétron é $-e$ e a do próton $+e$. O valor de e é extremamente pequeno na escala macroscópica:

$$e = 1{,}602\ 177 \times 10^{-19}\,\mathrm{C} \qquad \textbf{(2.5.1)}$$

Isso significa que, quando temos, num fio, uma corrente de 1 ampère, a carga total que atravessa sua secção transversal por segundo equivale à carga de $6{,}24 \times 10^{18}$ elétrons, o que ilustra bem o valor microscópico de e.

Vimos, no curso de Mecânica* como Millikan demonstrou a existência da carga elementar em seus experimentos com gotículas de óleo. As gotículas eram borrifadas (eletrizando-se por atrito) no espaço entre duas placas, e eram iluminadas, o que permitia observá-las pela luz espalhada. Com as placas descarregadas, uma gotícula cai, atingindo uma velocidade terminal uniforme quando a resistência do ar equilibra seu peso (corrigido pelo empuxo do ar).

Com as placas carregadas, a força eletrostática exercida por elas permitia equilibrar a força gravitacional, mantendo a gotícula suspensa. A comparação de resultados obtidos nas duas situações permitia medir a carga da gotícula. Os valores obtidos eram sempre múltiplos inteiros (em geral pequenos) de e. Também era possível produzir variações de carga numa gotícula, usando um agente ionizante, tal como uma fonte radioativa. As variações observadas também eram sempre múltiplas inteiras de e. Diz-se que a carga é *quantizada* em unidades da *carga elementar* e.

Todas as partículas carregadas chamadas "elementares" até hoje observadas têm cargas que são múltiplos inteiros pequenos de e, em geral $\pm e$. Sabe-se que a carga do próton é igual e contrária à do elétron, com erro relativo inferior a uma parte em 10^{21}, o que indica com que grau de precisão se verifica a neutralidade da matéria (veja o início da Seção 2.1).

Segundo o modelo dos *quarks*, essas partículas têm cargas $-\frac{1}{3}e$ (quark d) e $+\frac{2}{3}e$ (quark u); o próton, por exemplo, é formado por dois quarks u e um quark d, com carga resultante $+e$. Entretanto, isso não contradiz a quantização da carga, pois os quarks nunca são observados como partículas livres: diz-se que estão sempre *confinados*.

Por que razão a carga elétrica é quantizada? Há várias especulações, mas nenhuma confirmada experimentalmente. Assim, até hoje, não se sabe!

* **FB1**, Seção 5.4.

PROBLEMAS

2.1 Mostre que a razão da atração eletrostática para a atração gravitacional entre um elétron e um próton é independente da distância entre eles, e calcule essa razão.

2.2 Em 1 litro de hidrogênio gasoso, nas condições NTP: (a) Qual é a carga positiva total contida nas moléculas e neutralizada pelos elétrons? (b) Suponha que toda a carga positiva pudesse ser separada da negativa e mantida à distância de 1 m dela. Tratando essas duas cargas como puntiformes, calcule qual seria a força de atração eletrostática entre elas, em kgf. (c) Compare o resultado com uma estimativa da atração gravitacional da Terra sobre o Pão de Açúcar.

2.3 O modelo de Bohr para o átomo de hidrogênio pode ser comparado ao sistema Terra-Lua, em que o papel da Terra é desempenhado pelo próton e o da Lua pelo elétron, e a atração gravitacional é substituída pela eletrostática. A distância média entre o elétron e o próton no átomo é da ordem de 0,5 Å. (a) Admitindo esse modelo, qual seria a frequência de revolução do elétron em torno do próton? Compare-a com a frequência da luz visível, (b) Qual seria a velocidade do elétron na sua órbita? É adequado usar a eletrostática, nesse caso? É adequado usar a mecânica não relativística?

2.4 Uma carga negativa fica em equilíbrio quando colocada no ponto médio do segmento de reta que une duas cargas positivas idênticas. Mostre que essa posição de equilíbrio é estável para pequenos deslocamentos da carga negativa em direções perpendiculares ao segmento, mas que é instável para pequenos deslocamentos ao longo dele.

2.5 Duas esferinhas idênticas de massa m estão carregadas com carga q e suspensas por fios isolantes de comprimento l. O ângulo de abertura resultante é 2θ (figura). (a) Mostre que

$$q^2 \cos\theta = 16\pi\varepsilon_0 l^2 \, mg \, \text{sen}^3\theta$$

(b) Se $m = 1$ g, $l = 20$ cm e $\theta = 30°$, qual é o valor de q?

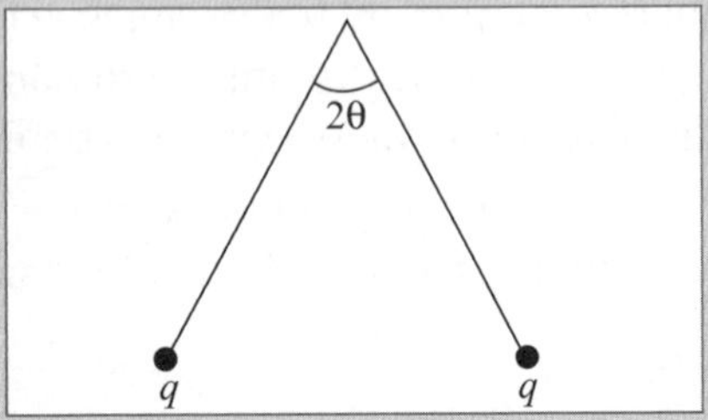

2.6 Cargas q, $2q$ e $3q$ são colocadas nos vértices de um triângulo equilátero de lado a (figura). Uma carga Q, de mesmo sinal que as outras três, é colocada no centro do triângulo. Obtenha a força resultante sobre Q (em módulo, direção e sentido).

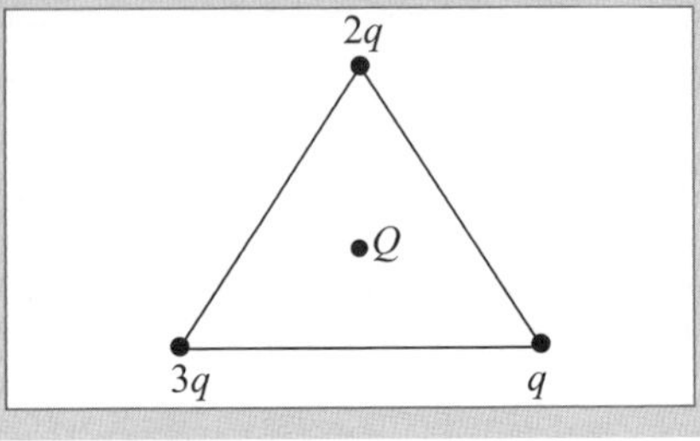

2.7 Uma carga Q é distribuída uniformemente sobre um fio semicircular de raio a. Calcule a força com que atua sobre uma carga de sinal oposto $-q$ colocada no centro (figura).

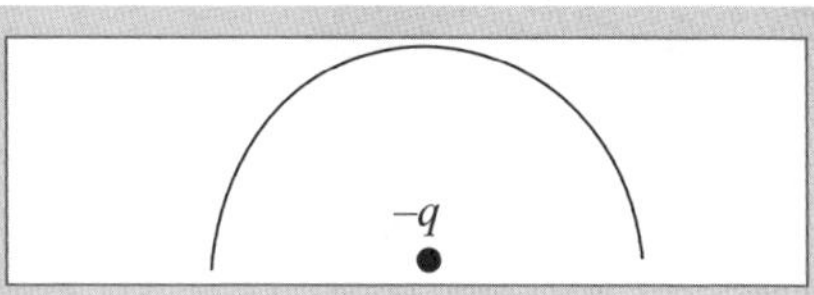

2.8 Um fio retilíneo muito longo (trate-o como infinito) está eletrizado com uma densidade linear de carga λ. Calcule a força com que atua sobre uma carga puntiforme q colocada à distância ρ do fio. *Sugestão*: tome a origem em O (figura) e o fio como eixo z. Exprima a contribuição de um elemento dz do fio à distância z da origem em função do ângulo θ da figura. Use argumentos de simetria.

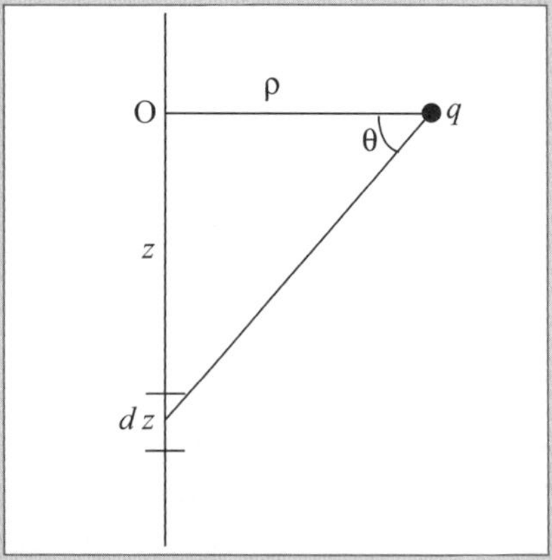

2.9 Uma partícula de massa m e carga negativa $-q$ está vinculada a mover-se sobre a mediatriz do segmento que liga duas cargas positivas $+Q$, separadas por uma distância d (figura). Inicialmente, a partícula está a uma distância $y << d$ do centro desse segmento. Mostre que ela executa um movimento harmônico simples em torno do centro, e calcule a frequência angular ω de oscilação.

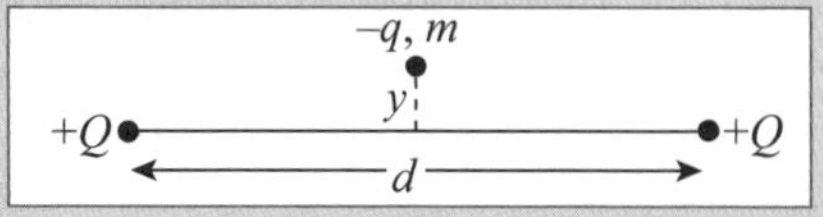

3

O campo elétrico

Vamos introduzir, neste capítulo, o *campo elétrico*. O conceito de campo é um dos mais fundamentais da física. Sua importância se tornará particularmente visível quando passarmos da eletrostática ao estudo da eletrodinâmica, em que se admitem variações com o tempo.

3.1 CAMPO ELÉTRICO

Pelo princípio de superposição, a força sobre uma carga puntiforme q_i, devida a sua interação eletrostática com outras cargas puntiformes *fixas* em posições predeterminadas, é proporcional a q_i, e pode ser escrita como [veja a (2.4.1)]

$$\mathbf{F}_i = q_i \mathbf{E}_i \tag{3.1.1}$$

onde

$$\mathbf{E}_i = \frac{1}{4\pi\varepsilon_0} \sum_{i \neq j} \frac{q_j}{\left(r_{ji}\right)^2} \hat{\mathbf{r}}_{ji} \tag{3.1.2}$$

Podemos pensar nas demais cargas como "fontes" do campo elétrico $\mathbf{E}_i$, cujo efeito sobre a carga q_i é medido pela força $\mathbf{F}_i$ dada pela (3.1.1); o campo representa assim a "força por unidade de carga" atuando sobre q_i no ponto onde está colocada. Analogamente, no Exemplo 2 da Seção 2.4, o campo elétrico produzido pelo anel carregado na posição da carga q seria dado por $\mathbf{E} = \mathbf{F}_\perp / q$. A unidade de campo elétrico é o N/C.

A carga q, nesse exemplo, atua como *corpo de prova* para medir o valor do campo criado pelas demais cargas: a ideia básica é que *uma distribuição de cargas no espaço vazio (vácuo) afeta todos os pontos do espaço, produzindo em cada um deles um valor do campo elétrico. A carga de prova revela a existência desse campo pela força nela exercida.*

Podemos visualizar a detecção do campo num ponto, imaginando colocar, nesse ponto, uma pequena partícula carregada suspensa por um fio isolante (pêndulo eletrostático). Supondo desprezíveis a massa de partícula e do fio, a força eletrostática sobre a partícula seria equilibrada pela tensão do fio, cuja magnitude, dividida pela carga, resulta na magnitude do campo; a direção e orientação do fio dão a direção e o sentido do campo.

Entretanto, há um cuidado importante a tomar. A carga de prova também *cria* o seu próprio campo elétrico e pode, assim, perturbar a distribuição das demais cargas, modificando o campo que se deseja medir. Um exemplo disso é o efeito de indução eletrostática, discutido na Seção 2.2. Para minimizar essa perturbação, deve-se tomar o valor da carga de prova tão pequeno quanto possível.

Poderíamos pensar em definir **E**, "rigorosamente", pelo $\lim(\mathbf{F}/q)$ quando q tende a zero. Entretanto, como vimos na Seção 2.5, isso não seria realista, pois q não pode ser menor que a carga elementar e. Como estaremos lidando em geral com campos macroscópicos, produzidos por distribuições de cargas muitas ordens de grandeza maiores que e, isso não constituirá um problema.

Já vimos na Hidrodinâmica outro exemplo de um campo vetorial, o *campo de velocidades* no interior de um fluido em movimento. Vimos também como se pode visualizá-lo num dado instante, introduzindo, no fluido, partículas de corante e fotografando-as, com tempo de exposição suficientemente curto: o traço que cada partícula de corante descreve durante o tempo de exposição dá uma ideia do campo de velocidades no fluido, e as *linhas de corrente* permitem visualizá-lo.

No caso hidrodinâmico, o campo tem uma interpretação bastante concreta em termos do movimento das partículas do fluido. O que significa, porém, um campo elétrico no vácuo? Historicamente, houve inúmeras tentativas de interpretar o vácuo como análogo a um meio elástico (era chamado de "éter"), e o campo elétrico como uma modificação desse meio, análogo a uma tensão num meio elástico. Entretanto, tais tentativas fracassaram, conforme será discutido no volume 4 deste curso.

Por que, então, introduzir um campo vetorial aparentemente tão abstrato no espaço vazio? Na eletrostática, isso parece (e é) apenas uma descrição alternativa mais complicada das interações entre cargas. Em lugar de tratá-las pela lei de Coulomb, decompomos o processo em duas partes: a criação de um campo **E**, num ponto do vácuo, por uma configuração de cargas, e a atuação desse campo sobre outra carga, colocada neste ponto. A interação entre cargas passa a ser *mediada* pelo campo, mas o resultado (força) é equivalente.

Suponhamos, porém, que a situação não seja mais estática: por exemplo, que uma das cargas comece a se mover em relação às outras. O que acontece com a interação?

A lei de Coulomb, como a lei da gravitação, parece sugerir a ideia de *ação à distância* entre partículas. Nesse caso, pensaríamos que os efeitos do movimento de uma das cargas seriam sentidos *instantaneamente* por todas as outras, a quaisquer distâncias, em todo o espaço.

Entretanto, se concebermos a interação como sendo *mediada pelo campo*, que a transmite através do vácuo, o processo de transmissão pode ocorrer com velocidade finita, causando uma *retardação* nos efeitos do movimento da carga sobre as demais: elas só sentirão esses efeitos após um intervalo de tempo suficiente para a propagação, intervalo tanto maior quanto mais distantes estejam da carga "fonte" que se moveu.

O próprio Newton considerava inadmissível a ideia da ação à distância. Referindo-se à gravitação, numa carta a Bentley, escrita em 1693, ele disse:

> "... que um corpo possa atuar sobre outro à distância através do vácuo, sem qualquer agente intermediário que possa transmitir esta ação de um ao outro, parece-me um

absurdo tão grande, que não acredito que qualquer pessoa competente para raciocinar em termos de filosofia natural possa acreditar nisso."

Vemos, portanto, que diferenças entre o ponto de vista da *ação à distância* e o ponto de vista do *campo – ação contígua*, transmitindo-se de ponto a ponto – deverão aparecer quando houver variações da distribuição de cargas com o tempo. As equações de Maxwell, que estudaremos no Capítulo 12, levam a uma velocidade *finita* de propagação das interações eletromagnéticas no vácuo, que é a *velocidade da luz*.

Uma demonstração eloquente dos efeitos da retardação pôde ser sentida durante os contatos entre os astronautas na Lua e a base terrestre. A transmissão dos sinais era eletromagnética, levando a interações entre cargas e correntes da antena transmissora na Lua e da antena receptora na Terra. Quem acompanhou os contatos pela televisão percebia uma demora da ordem de 2 segundos entre perguntas da base e a recepção das respostas da Lua. A distância Terra-Lua é da ordem de 1 segundo-luz.

Vamos introduzir a descrição em termos de campo já na eletrostática, o que servirá como preparação para utilizá-la mais adiante no tratamento de todos os fenômenos eletromagnéticos.

3.2 CÁLCULO DO CAMPO

Segundo a (3.1.2), o campo elétrico **E**, produzido por uma distribuição de cargas puntiformes $q_1, q_2, \dots q_N$, num ponto P, é dado pela soma vetorial

$$\boxed{\mathbf{E} = \frac{1}{4\pi\varepsilon_0}\sum_{i=1}^{N}\frac{q_i}{(r_i)^2}\hat{\mathbf{r}}_i} \quad \textbf{(3.2.1)}$$

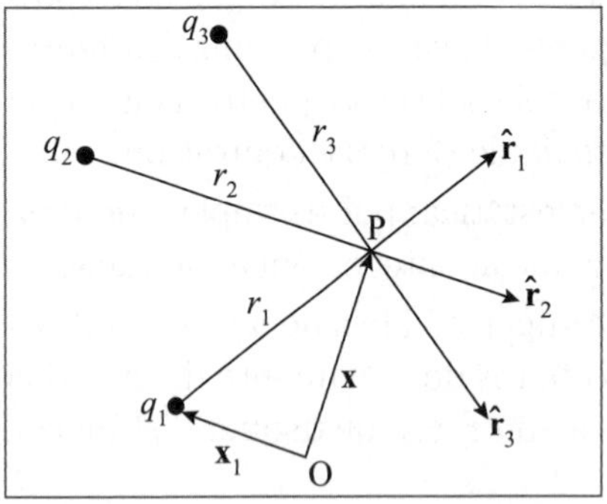

Figura 3.1 Campo de uma distribuição de cargas puntiformes num ponto P.

onde r_i é a distância da carga q_i ao ponto P e $\hat{\mathbf{r}}_i$ é o vetor unitário da direção que liga a carga a esse ponto, apontando (Figura 3.1), se q_i é positivo, no sentido *da carga para* P (se q_i é negativo, o campo devido a q_i aponta em sentido oposto). Tomando a origem das coordenadas num ponto O, sendo **x** o vetor de posição de P e $\mathbf{x}_i$ o da carga q_i, teremos (Figura 3.1), com $|\mathbf{x} - \mathbf{x}_i| = r_i$,

$$\hat{\mathbf{r}}_i = \frac{\mathbf{x} - \mathbf{x}_i}{|\mathbf{x} - \mathbf{x}_i|} \quad \textbf{(3.2.2)}$$

Exemplo 1: *Uma carga puntiforme* $-q$ *está localizada no ponto* $(0,0,-d)$ *de um sistema de coordenadas cartesianas, e outra* $+q$*, no ponto de coordenadas* $(0,0,d)$. *Qual é o campo num ponto* (x, y, z)?

Identificando q_1 com a carga $-q$ e q_2 com a carga $+q$, e denotando por $(\mathbf{i}, \mathbf{j}, \mathbf{k})$ os vetores unitários dos três eixos, vem

$$\mathbf{x} - \mathbf{x}_1 = x\,\mathbf{i} + y\,\mathbf{j} + (z + d)\mathbf{k}, \qquad \mathbf{x} - \mathbf{x}_2 = x\,\mathbf{i} + y\,\mathbf{j} + (z - d)\mathbf{k}$$

e as (3.2.1) e (3.2.2) resultam em

$$\mathbf{E}(x, y, z) = \frac{q}{4\pi\varepsilon_0}\left\{\left[\frac{1}{\left[x^2 + y^2 + (z-d)^2\right]^{3/2}} - \frac{1}{\left[x^2 + y^2 + (z+d)^2\right]^{3/2}}\right](x\mathbf{i} + y\mathbf{j})\right.$$

$$\left. + \left[\frac{(z-d)}{\left[x^2 + y^2 + (z-d)^2\right]^{3/2}} - \frac{(z+d)}{\left[x^2 + y^2 + (z+d)^2\right]^{3/2}}\right]\mathbf{k}\right\}$$

Em particular, no plano $z = 0$, num ponto à distância $\rho = (x^2 + y^2)^{1/2}$ da origem, obtemos

$$\mathbf{E}(x, y, 0) = -\frac{p}{4\pi\varepsilon_0\left(\rho^2 + d^2\right)^{3/2}}\mathbf{k}$$

onde $p \equiv 2qd$ é denominado *momento de dipolo elétrico* do par de cargas, conceito que voltaremos a discutir mais adiante. Esse resultado é equivalente ao obtido no Exemplo 1 da Seção 2.4 (verifique!).

Por outro lado, num ponto $(0,0,z)$, com $z > d$ (acima da carga positiva), resulta

$$\mathbf{E}(0,0,z) = +\frac{pz}{2\pi\varepsilon_0\left(z^2 - d^2\right)^2}\mathbf{k} \qquad (z > d)$$

Qual é o valor do campo na origem? (cuidado com os sinais!)

Se tivermos uma distribuição *contínua* de cargas, a somatória (3.2.1) é substituída por uma integral:

$$\boxed{\mathbf{E} = \frac{1}{4\pi\varepsilon_0}\int\frac{\hat{\mathbf{r}}}{r^2}dq = \frac{1}{4\pi\varepsilon_0}\int\frac{\mathbf{r}}{r^3}dq} \qquad \textbf{(3.2.3)}$$

onde [cf.(3.2.2)]

$$\mathbf{r} \equiv \mathbf{x} - \mathbf{x}', \qquad r \equiv |\mathbf{r}| \qquad \textbf{(3.2.4)}$$

e $\mathbf{x}$ é o vetor de posição do ponto P onde se calcula o campo, $\mathbf{x}'$ o vetor de posição do elemento de carga dq cuja contribuição se está calculando (Figura 3.2). As variáveis de integração são as coordenadas de $\mathbf{x}'$.

Se a distribuição de carga é tridimensional, temos $dq = \rho dv$, onde ρ é a *densidade volumétrica de carga* e dv o elemento de volume; se é uma distribuição superficial ou linear, empregamos as (2.4.3) ou (2.4.4), respectivamente.

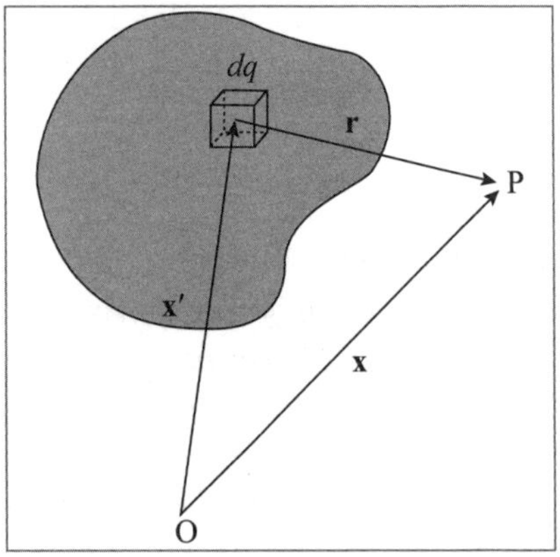

Figura 3.2 Campo de uma distribuição contínua de cargas num ponto P.

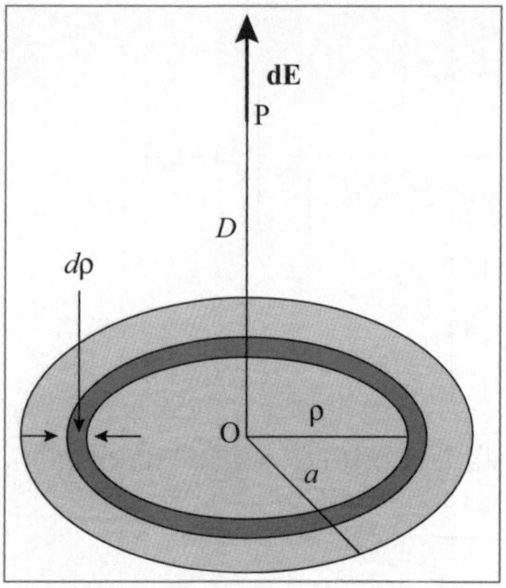

Figura 3.3 Campo de um disco circular.

Exemplo 2: *Um disco circular horizontal de raio a está uniformemente carregado com densidade superficial de carga σ. Qual é o campo num ponto do eixo vertical que atravessa o disco em seu centro, a uma distância D do centro?*

Conforme ilustra a Figura 3.3, podemos pensar no disco como subdividido em anéis de largura infinitesimal $d\rho$ e raio ρ variando de 0 a a. A carga de um anel é $2\pi\sigma\,\rho\,d\rho$ e o campo $d\mathbf{E}$ que ele cria no ponto P é dado pelo resultado do Exemplo 2 da Seção 2.4, ou seja, é vertical e de magnitude

$$|d\mathbf{E}| = \frac{2\pi\rho\,d\rho\,\sigma D}{4\pi\varepsilon_0\left(\rho^2 + D^2\right)^{3/2}} = \frac{\sigma D\,\rho\,d\rho}{2\varepsilon_0\left(\rho^2 + D^2\right)^{3/2}}$$

Como todas as contribuições têm a mesma direção, basta integrar essa expressão em relação a ρ desde 0 até a para obter o resultado final:

$$|\mathbf{E}| = \frac{\sigma D}{2\varepsilon_0}\int_0^a \frac{\rho d\rho}{\left(\rho^2 + D^2\right)^{3/2}} = -\frac{\sigma D}{2\varepsilon_0}\left(\rho^2 + D^2\right)^{-1/2}\Bigg|_0^a = \frac{\sigma}{2\varepsilon_0}\left[1 - \frac{D}{\left(a^2 + D^2\right)^{1/2}}\right]$$

O campo é vertical e aponta em direção ao disco se σ é negativo, em sentido oposto se σ é positivo (como foi suposto acima e na figura 2.4).

O Exemplo 2 permite obter, como caso limite, um resultado importante. Se fizermos a tender a ∞, *obtemos o campo elétrico produzido por um plano infinito uniformemente carregado com densidade superficial de carga* σ:

$$|\mathbf{E}| = \frac{|\sigma|}{2\varepsilon_0} \qquad \textbf{(3.2.5)}$$

O campo é perpendicular ao plano e aponta em direção a ele se $\sigma < 0$, e em sentido oposto para $\sigma > 0$. Temos, portanto,

$$\mathbf{E} = \pm\frac{\sigma}{2\varepsilon_0}\hat{\mathbf{z}} \quad (+ \text{ para } z > 0, - \text{ para } z < 0) \qquad \textbf{(3.2.6)}$$

onde $\hat{\mathbf{z}}$ é o vetor unitário do eixo z, tomado perpendicular ao plano.

O resultado obtido no Exemplo 2 já se reduz à (3.2.6), com muito boa aproximação, desde que seja $D << a$ (verifique!). Logo, se P, o *ponto de observação do campo*, está a uma distância das bordas muito maior do que a distância ao disco, o campo detectado em P é praticamente o mesmo que seria produzido por um plano infinito uniformemente carregado. É nesse sentido que devemos pensar em limites como $a \to \infty$.

Vemos também pela (3.2.6) que, *ao atravessar o plano, o campo elétrico sofre uma descontinuidade*, cuja magnitude é σ/ε_0. Isso resulta de termos idealizado a camada plana de carga como tendo espessura zero. Para uma camada de espessura finita, homogeneamente carregada, o campo variaria continuamente dentro da camada, entre os valores nos extremos.

3.3 LINHAS DE FORÇA

Sabemos que existe um campo elétrico numa região do espaço, quando uma carga de prova colocada nesse ponto detecta a existência de uma força. Será possível visualizar o campo elétrico de forma mais concreta?

Para o campo magnético de um ímã permanente, que discutiremos mais tarde, é familiar torná-lo visível usando limalha de ferro, que tende a alinhar-se na direção do campo em cada ponto, concentrando-se também mais nas regiões onde o campo é mais intenso. As curvas ao longo das quais a limalha se alinha são *linhas de força* do campo.

Uma linha de força é definida como uma *curva tangente em cada ponto à direção do campo neste ponto.* Assim, dada uma linha de força, podemos determinar imediatamente a *direção* do campo em cada um dos seus pontos, bastando traçar a tangente à curva, e podemos também obter o sentido do campo, indicando uma orientação sobre cada linha.

Assim, por exemplo, para uma carga puntiforme, o campo elétrico tem a direção radial, apontando para fora, se a carga for positiva, e para dentro, se for negativa. O aspecto das linhas de força correspondentes está indicado na Figura 3.4. Em ambos os casos, não se deve esquecer que o campo é tridimensional, tendo simetria de revolução em torno de qualquer eixo que passa pela carga.

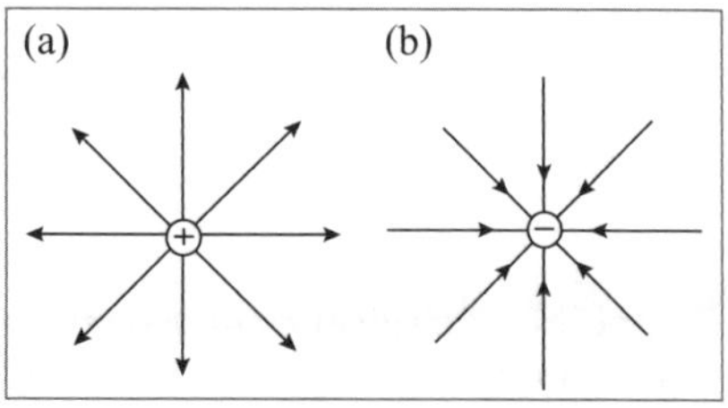

Figura 3.4 Linhas de força para uma carga puntiforme (a) positiva; (b) negativa.

No Exemplo 1 da seção anterior, em que se têm duas cargas puntiformes opostas, vimos que o campo no plano $z = 0$ é vertical. Na vizinhança imediata de cada uma das cargas, o campo deve ser dominado por essa carga e as linhas de força devem assemelhar-se às da Figura 3.4 (a) ou (b), o que dá uma ideia qualitativa do aspecto dessas linhas, que estão representadas na Figura 3.5.

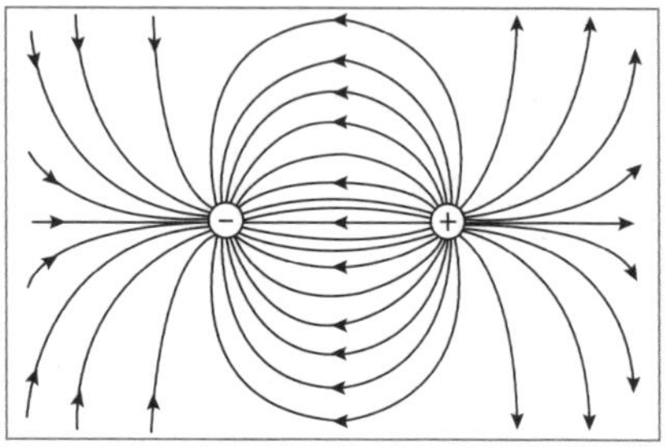

Figura 3.5 Linhas de força para um par de cargas puntiformes iguais e opostas.

Nesse caso, existe simetria axial em torno do eixo z, de forma que, em três dimensões, devemos imaginar o resultado da rotação dessa figura em torno do eixo que liga as duas cargas.

Para um plano uniformemente carregado, com o campo dado pela (3.2.6), o aspecto das linhas de força está representado na Figura 3.6. O campo é *uniforme* acima e abaixo do plano (linhas de força paralelas e igualmente espaçadas), mas tem sentidos opostos nos dois semi-espaços, com uma descontinuidade ao atravessar o plano, no qual nascem todas as linhas de força, a partir das cargas.

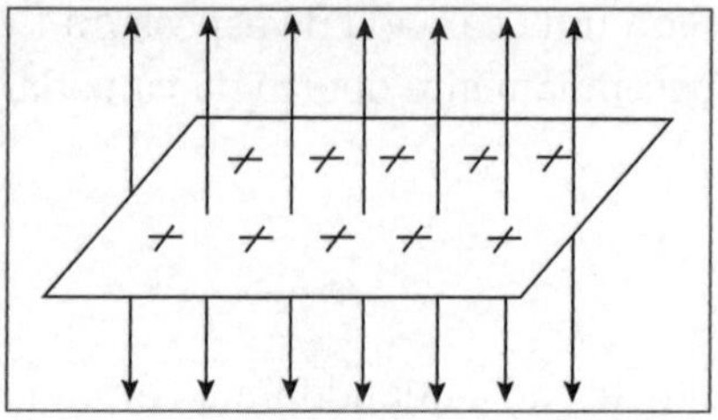

Figura 3.6 Linhas de força para plano uniformemente carregado.

É muito importante reconhecer os *elementos de simetria* de um problema, pois isso permite prever a simetria das linhas de força. Na Figura 3.6, *temos simetria plana*, e as linhas de força têm de ser perpendiculares ao plano. Na Figura 3.4, há *simetria esférica*, e as linhas de força têm de ser radiais.

Para um *fio cilíndrico infinito uniformemente carregado* (Figura 3.7), temos *simetria axial* (cilíndrica), e as linhas de força são *radiais* em planos perpendiculares ao fio, ou seja, têm a direção do vetor unitário $\hat{\boldsymbol{\rho}}$ em coordenadas cilíndricas (ρ, ϕ, z).

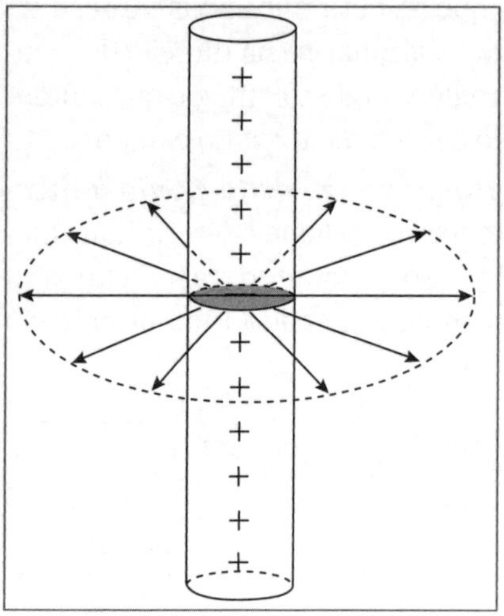

Figura 3.7 Fio cilíndrico uniformemente carregado.

Embora ajude a visualizar o campo, a representação por linhas de força tem limitações: indica a direção e o sentido do campo em cada ponto, mas não a sua magnitude. Entretanto, é possível ter-se uma ideia também da magnitude, convencionando-se que ela é inversamente proporcional ao *espaçamento* das linhas de força, o que foi feito nos exemplos acima.

Duas linhas de força *não podem se cruzar*, porque a direção do campo $\mathbf{E}$ (suposto $\neq 0$) num ponto de intersecção deixaria de ser única. Linhas de força *não são* trajetórias de partículas carregadas soltas em repouso no campo: indicam só, nesse caso, a direção inicial do movimento. Para partículas já em movimento, a direção da força num ponto da trajetória não coincide, em geral, com a direção da trajetória.

3.4 FLUXO E LEI DE GAUSS

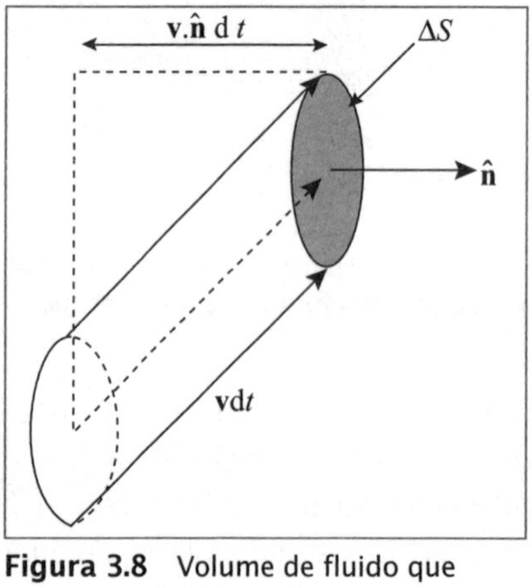

Figura 3.8 Volume de fluido que atravessa ΔS durante dt.

Vimos no curso de hidrodinâmica o conceito de *fluxo* ou *vazão* de um fluido através de uma superfície. No entorno de um ponto do fluido no qual a velocidade é $\mathbf{v}$, o volume de fluido que atravessa um elemento de superfície ΔS (cuja normal tem a direção $\hat{\mathbf{n}}$) durante um intervalo de tempo dt é o volume dv (Figura 3.8) contido num cilindro de base ΔS e geratriz $\mathbf{v}dt$ (altura $\mathbf{v} \cdot \hat{\mathbf{n}}dt$), ou seja:

$$dv = \left(\mathbf{v} \cdot \hat{\mathbf{n}}\ dt\right) \Delta S$$

O volume de fluido por unidade de tempo que se escoa através de ΔS (*fluxo*, vazão) é então

$$\mathbf{v} \cdot \hat{\mathbf{n}}\ \Delta S$$

Em particular, se o fluido é incompressível, e se S é uma superfície fechada dentro da qual não há *fontes* nem *sorvedouros* de fluido, e $\hat{\mathbf{n}}$ é o versor da normal externa a S (Figura 3.9),

$$\oint_S \mathbf{v} \cdot \hat{\mathbf{n}}\, dS = 0 \qquad \textbf{(3.4.1)}$$

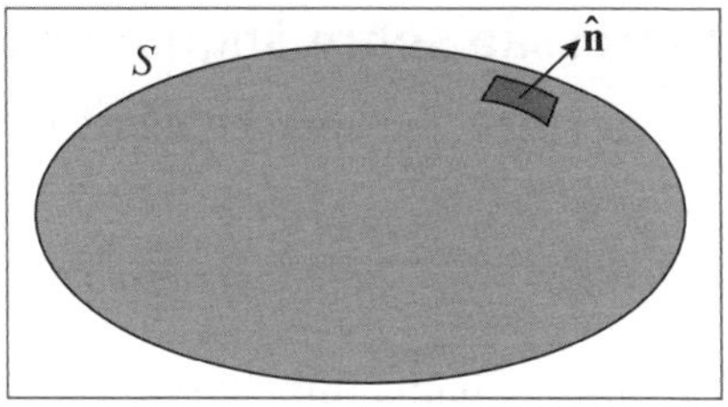

Figura 3.9 Superfície fechada S com normal externa $\hat{\mathbf{n}}$.

onde $\oint_S$ significa integral estendida a toda a superfície fechada S. Isso equivale a dizer que *o volume de fluido que sai através de S é igual ao que entra.*

Por analogia com a hidrodinâmica, denomina-se *fluxo* do campo elétrico através de um elemento de superfície ΔS (cujo versor da normal é $\hat{\mathbf{n}}$) a grandeza $\Delta\Phi$ definida por

$$\boxed{\Delta\Phi \equiv \mathbf{E} \cdot \hat{\mathbf{n}}\, \Delta S = |\mathbf{E}| \cos\theta\, \Delta S} \qquad \textbf{(3.4.2)}$$

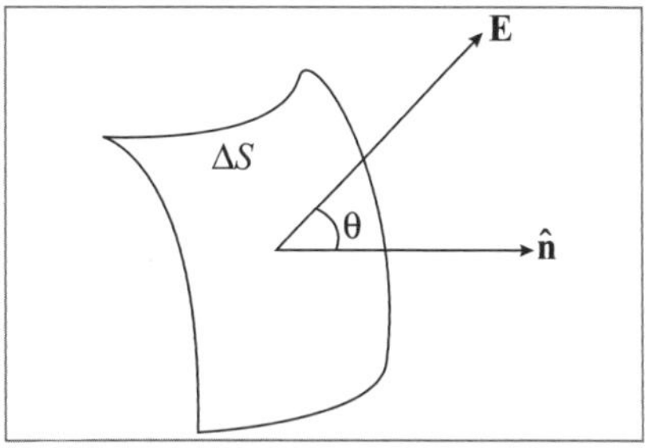

Figura 3.10 Fluxo através de ΔS.

onde θ é o ângulo entre $\mathbf{E}$ e $\hat{\mathbf{n}}$ (Figura 3.10)

Deve-se notar que:

(i) o elemento de superfície é *orientado*, ou seja, sua normal $\hat{\mathbf{n}}$ tem um sentido preferencial.

(ii) $\Delta\Phi$ é > 0 ou < 0 conforme θ seja agudo ou obtuso. Assim, na (3.4.1), contribuições positivas e negativas se cancelam.

(iii) A unidade de fluxo do campo elétrico é 1 $\text{N}\cdot\text{m}^2/\text{C}$.

Fluxo devido a uma carga puntiforme

Para uma carga q puntiforme situada num ponto O, o campo $\mathbf{E}$ num ponto P de um elemento de superfície ΔS é dado por

$$\mathbf{E}(\text{P}) = \frac{q}{4\pi\varepsilon_0} \frac{\hat{\mathbf{r}}}{r^2} \qquad \textbf{(3.4.3)}$$

onde $\hat{\mathbf{r}} = \mathbf{r}/r$ é o versor de **OP** (Figura 3.11).

O fluxo através de ΔS é então dado por

$$\Delta\Phi = \frac{q}{4\pi\varepsilon_0} \frac{\Delta S \cos\theta}{r^2} \qquad \textbf{(3.4.4)}$$

onde $\cos\theta = \hat{\mathbf{r}} \cdot \hat{\mathbf{n}}$.

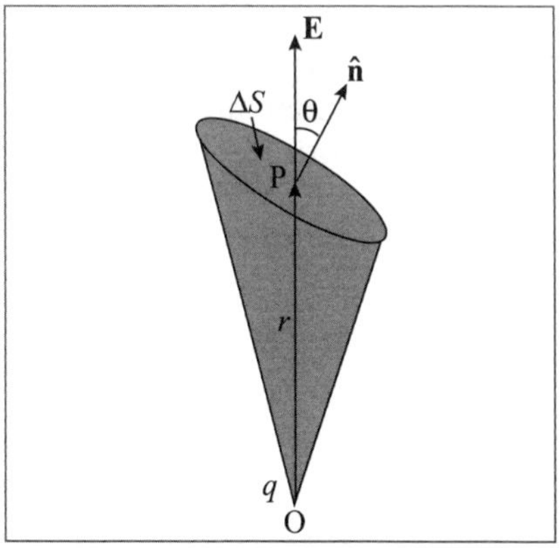

Figura 3.11 Fluxo devido a q.

Digressão sobre ângulo sólido

A expressão que aparece na (3.4.4)

$$\boxed{\Delta\Omega = \frac{\Delta S \cos\theta}{r^2}} \tag{3.4.5}$$

é o que se chama um *elemento de ângulo sólido*. Trata-se de uma extensão do conceito de ângulo plano expresso em radianos, cujas propriedades vamos discutir agora.

Num plano, o ângulo $\Delta\phi$ (em radianos) subtendido por um elemento de arco de curva orientado Δl em relação a um ponto O, situado à distância r de Δl, é o mesmo que aquele associado ao elemento de arco de círculo Δs com centro em O, de raio r, compreendido entre as mesmas direções (Figura 3.12), ou seja,

$$\Delta\phi = \Delta s / r = \Delta l \cos\theta / r \tag{3.4.6}$$

que pode ser positivo ou negativo, conforme a orientação do arco. Note-se que $\Delta\phi$ é o arco de um círculo de raio *unitário* compreendido entre essas direções: Δs é proporcional a r.

Analogamente, no espaço, o *ângulo sólido* $\Delta\Omega$, subtendido por um elemento de superfície orientado ΔS, com normal $\hat{\mathbf{n}}$, em relação a um ponto O, situado à distância r de ΔS, é o mesmo que para $\Delta\Sigma$, área correspondente da *esfera* de raio r compreendida dentro do mesmo cone de direções (Figura 3.12). Temos

$$\Delta\Sigma = \Delta S \cos\theta = \Delta S(\hat{\mathbf{n}} \cdot \mathbf{r}) \tag{3.4.7}$$

onde $\hat{\mathbf{n}}$ e $\hat{\mathbf{r}}$ são as normais a ΔS e $\Delta\Sigma$, respectivamente, áreas que crescem como r^2. Definimos assim

$$\Delta\Omega \equiv \Delta\Sigma / r^2 = \Delta S \cos\theta / r^2 \tag{3.4.8}$$

que se mede em *esterradianos*, e pode ser positivo ou negativo conforme θ seja agudo ou obtuso (o sinal muda com a orientação de $\hat{\mathbf{n}}$). Note-se que $|\Delta\Omega|$ é também a área de uma esfera *unitária* compreendida dentro do mesmo cone.

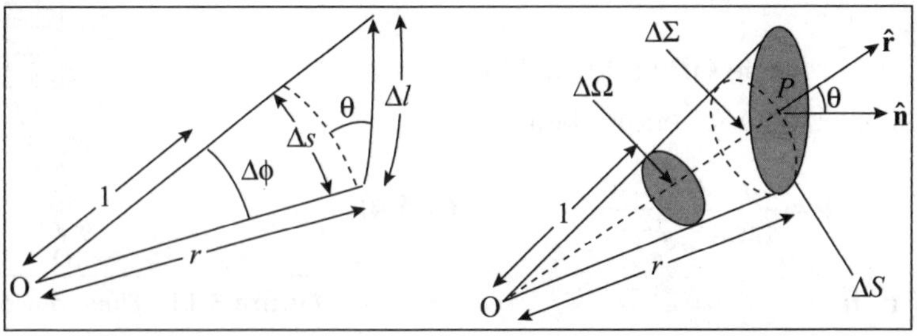

Figura 3.12 Comparação entre um ângulo plano Δϕ (radianos) e um ângulo sólido ΔΩ (esterradianos).

Seja S uma superfície *fechada*, orientada em cada ponto (segundo a normal *externa* $\hat{\mathbf{n}}$).

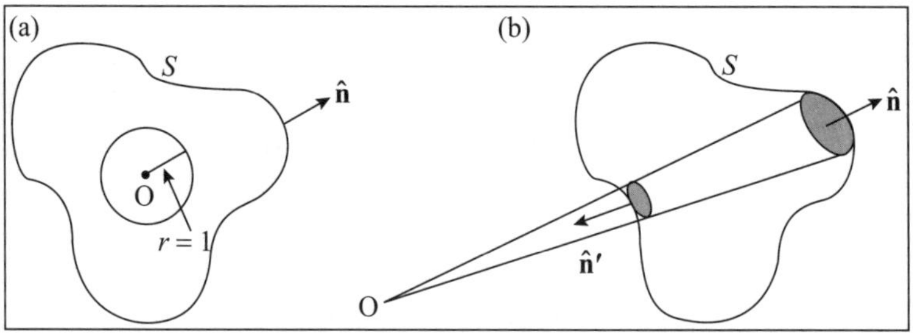

Figura 3.13 Ângulo sólido subtendido por uma superfície fechada S vista de um ponto O: (a) interno; (b) externo.

Temos então, se O é um ponto *interno* a S [Figura 3.13 (a)], e $\oint_S$ representa a integral sobre a superfície S fechada,

$$\Omega = \oint_S d\Omega = 4\pi \quad \text{(O interno)} \tag{3.4.9}$$

pois esta é a área de uma superfície esférica de raio $r = 1$.

Por outro lado, se O é um ponto *externo* a S [Figura 3.13 (b)],

$$\oint_S d\Omega = 0 \quad \text{(O externo)} \tag{3.4.10}$$

pois neste caso há duas intersecções e elementos correspondentes delas dão contribuições de mesmo módulo e sinais contrários ($\hat{\mathbf{n}}' = -\hat{\mathbf{n}}$).

Esses resultados sobre pontos internos e externos continuam valendo quando há mais de duas intersecções, como mostra a Figura 3.14 (contribuições adicionais em número par se cancelam).

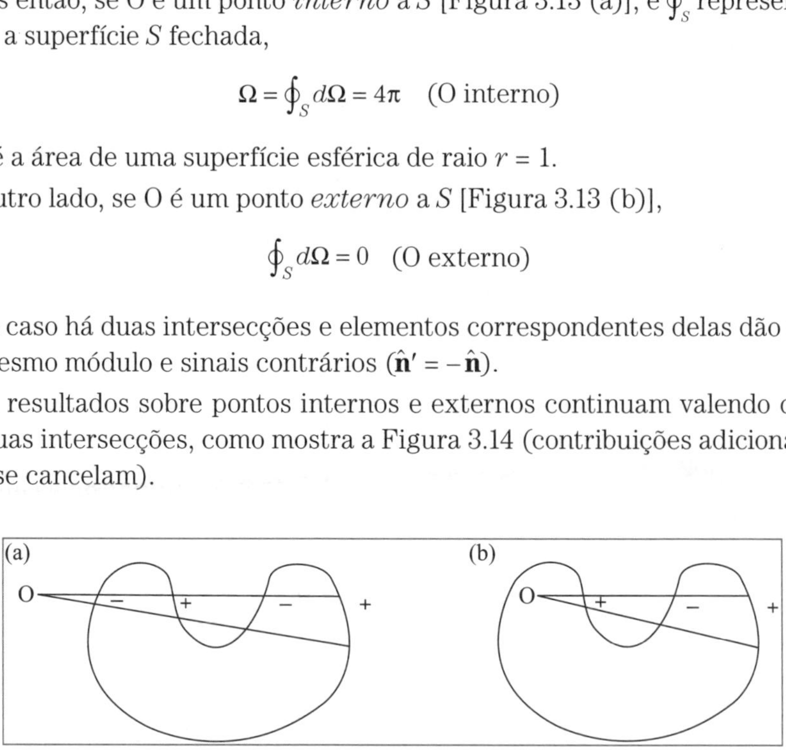

Figura 3.14 (a) Número par de intersecções, $\Omega = 0$; (b) Número ímpar de intersecções, $\Omega = 4\pi$.

O elemento de área dS sobre uma esfera de raio r, em coordenadas esféricas (Figura 3.15), é o produto dos arcos

$$\widehat{PP_1}(= r d\theta) \times \widehat{P_1P_2}(= r \,\text{sen}\, \theta \, d\phi)$$

o que resulta em

$$dS = r^2 \text{sen}\, \theta \, d\theta \, d\phi$$

e

$$\boxed{d\Omega \equiv dS / r^2 = \text{sen}\, \theta \, d\theta \, d\phi} \tag{3.4.11}$$

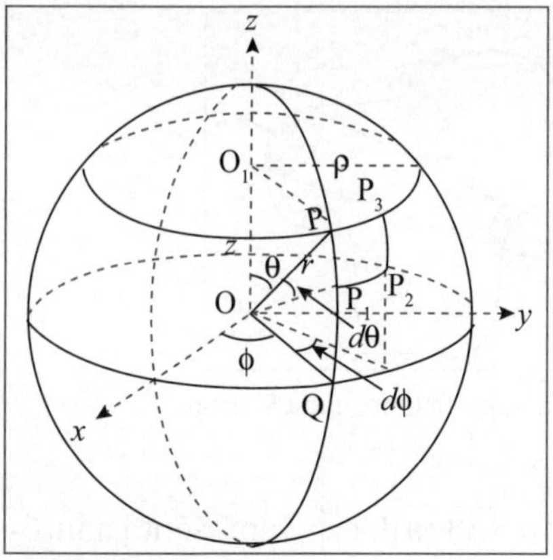

Figura 3.15 Elemento de área em coordenadas esféricas.

Essa expressão é importante em grande número de aplicações. Vamos usá-la, a título de exemplo, para calcular o ângulo sólido subtendido pelo círculo horizontal da esfera da Figura 3.15 com centro em O_1, de raio ρ, à distância $OO_1 = z$ do centro O. Para isso, basta integrar a expressão (3.4.11) sobre o domínio de variação das coordenadas esféricas ao longo desse círculo:

$$\Omega = \int_0^{2\pi} d\phi \int_0^{\theta} \operatorname{sen} \theta' d\theta' = 2\pi \left[-\cos \theta'\right]_0^{\theta}$$

o que resulta em

$$\Omega = 2\pi(1 - \cos \theta) \qquad \textbf{(3.4.12)}$$

ou seja, usando o triângulo OO_1P da Figura 3.16,

$$\Omega = 2\pi \left[1 - \frac{z}{\left(\rho^2 + z^2\right)^{1/2}}\right] \qquad \textbf{(3.4.13)}$$

Comparando essa expressão com o resultado obtido no Exemplo 2, Seção 3.2, vemos que aquele resultado (com $D \to \rho$ e $a \to z$) corresponde a (Ω = ângulo sólido subtendido pelo disco em P)

$$|\mathbf{E}| = \frac{\sigma}{2\varepsilon_0} \cdot \frac{\Omega}{2\pi} = \frac{\sigma\Omega}{4\pi\varepsilon_0} \qquad \textbf{(3.4.14)}$$

A razão é simples. Na contribuição de um anel de largura infinitésima para o campo (Figuras 3.4, 2.5), basta considerar, por simetria, a componente perpendicular, dada por (Figura 2.5)

$$|\mathbf{dE}_\perp| = |\mathbf{dE}| \cos \theta = \frac{\sigma\, dS \cos \theta}{4\pi\varepsilon_0 r^2} = \frac{\sigma}{4\pi\varepsilon_0} d\Omega$$

Em particular, para um plano infinito, tem-se $\Omega = 2\pi$ acima do plano, $\Omega = -2\pi$ abaixo dele, o que leva à (3.2.6).

Terminada essa digressão sobre o conceito de ângulo sólido, voltemos à expressão (3.4.4) para o fluxo do campo de uma carga q puntiforme através de um elemento de superfície dS, orientado com normal $\hat{\mathbf{n}}$. Vemos pela (3.4.4) que esse fluxo é

$$d\Phi = \frac{q}{4\pi\varepsilon_0} d\Omega \qquad \textbf{(3.4.15)}$$

onde $d\Omega$ é o ângulo sólido subtendido por dS, visto da posição da carga. O fluxo Φ_S através de uma superfície S fechada de normal externa $\hat{\mathbf{n}}$ é, então, pelas (3.4.9) e (3.4.10),

$$\Phi_S = \frac{q}{4\pi\varepsilon_0} \oint_S d\Omega = \begin{cases} q/\varepsilon_0 & \text{se } q \text{ está dentro de } S \\ 0 & \text{se } q \text{ está fora de } S \end{cases} \qquad \textbf{(3.4.16)}$$

Todos esses resultados valem para o campo de uma carga q puntiforme.

Como qualquer distribuição de cargas pode ser decomposta em elementos de carga assimiláveis a cargas puntiformes, e o campo resultante, pelo princípio de superposição, é a soma dos campos de todos esses elementos, resulta então a *lei de Gauss*:

$$\boxed{\Phi_S \equiv \oint_S \mathbf{E} \cdot \mathbf{dS} = Q / \varepsilon_0} \quad (3.4.17)$$

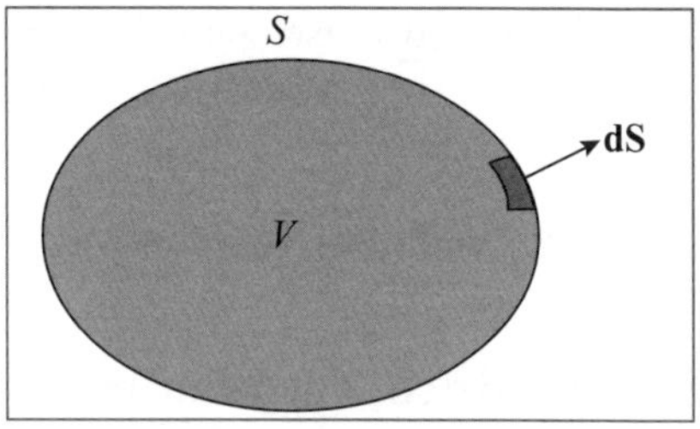

Figura 3.16 Superfície fechada *S*, com volume *V* interno e elemento de superfície orientado **dS**.

onde

$$\boxed{\mathbf{dS} \equiv \hat{\mathbf{n}}\, dS} \quad (3.4.18)$$

é o *elemento de superfície orientado associado à normal externa* $\hat{\mathbf{n}}$ à superfície fechada S, e Q é a *carga total* contida dentro do volume V interno à superfície S (Figura 3.16). Daqui por diante, adotaremos sempre a abreviação (3.4.18).

Vemos assim que é possível detectar a presença de carga dentro de uma superfície fechada pelo *fluxo* do campo elétrico através dessa superfície, da mesma forma como se pode detectar a presença de fontes (ou sorvedouros) de fluido dentro de uma superfície fechada medindo a *vazão total* do fluido através dela.

Dizemos assim que *as cargas são as fontes do campo eletrostático.*

3.5 APLICAÇÕES DA LEI DE GAUSS

A lei de Gauss permite simplificar grandemente o cálculo do campo eletrostático de uma distribuição de cargas. Para isso, entretanto, é essencial que a distribuição tenha *elementos de simetria* (plana, axial, esférica...), de tal forma que se possa exprimir o fluxo total através de uma *superfície gaussiana fechada*, judiciosamente escolhida para aproveitar a simetria, em termos da magnitude do campo, a mesma em qualquer ponto dessa superfície. Vejamos exemplos disso.

Plano uniformemente carregado

Neste caso, temos simetria em relação ao plano, e já vimos (Seção 3.3) que o campo é uniforme acima e abaixo do plano, mas com sentidos opostos (Figura 3.17):

$$\mathbf{E}_+ = E_+ \hat{\mathbf{z}} = -\mathbf{E}_-$$

Tomando para superfície gaussiana o paralelepípedo da figura, com bases de área A, só há fluxo através das bases, e vem

$$\Phi_S = 2E_+ A = Q / \varepsilon_0 = \sigma A / \varepsilon_0$$

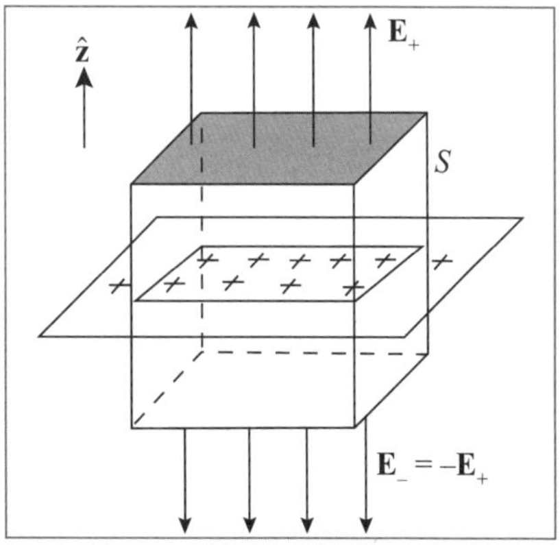

Figura 3.17 Superfície gaussiana *S* para um plano uniformemente carregado.

onde σ é a densidade superficial de carga, o que resulta em

$$\mathbf{E}_{\pm} = \pm\sigma/(2\varepsilon_0)\hat{\mathbf{z}} \quad (3.5.1)$$

o mesmo resultado da (3.2.6).

Fio cilíndrico, carga uniforme

Vimos na Seção 3.3 que, em coordenadas cilíndricas (ρ, ϕ, z), o campo deve ter a direção $\hat{\boldsymbol{\rho}}$ e, pela simetria axial, deve ser independente de ϕ e de z, o que resulta em

$$\mathbf{E} = E_\rho(\rho)\hat{\boldsymbol{\rho}} \quad (3.5.2)$$

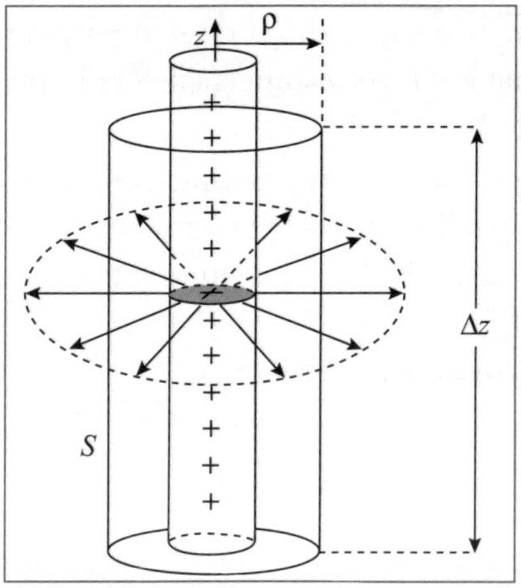

Figura 3.18 Superfície gaussiana S cilíndrica.

O campo mais geral teria três componentes, cada uma delas dependente de (ρ, ϕ, z), de modo que a simetria leva a uma grande simplificação.

A superfície gaussiana adaptada à simetria é aqui um cilindro coaxial de raio ρ e altura Δz (Figura 3.18), que contém em seu interior a carga $\lambda\,\Delta z$, onde λ é a densidade linear de carga sobre o fio. Só existe fluxo através da superfície lateral, de forma que a lei de Gauss leva a:

$$\Phi_S = 2\pi\,\rho\,\Delta z\,E_\rho(\rho) = \lambda\,\Delta z/\varepsilon_0$$

ou seja

$$\mathbf{E} = \frac{\lambda}{2\pi\,\varepsilon_0\,\rho}\hat{\boldsymbol{\rho}} \quad (3.5.3)$$

que cai mais lentamente com a distância (só com a primeira potência, em lugar do quadrado). Isso se deve a termos, neste caso, uma distribuição de cargas que se estende até o infinito (fio infinito).

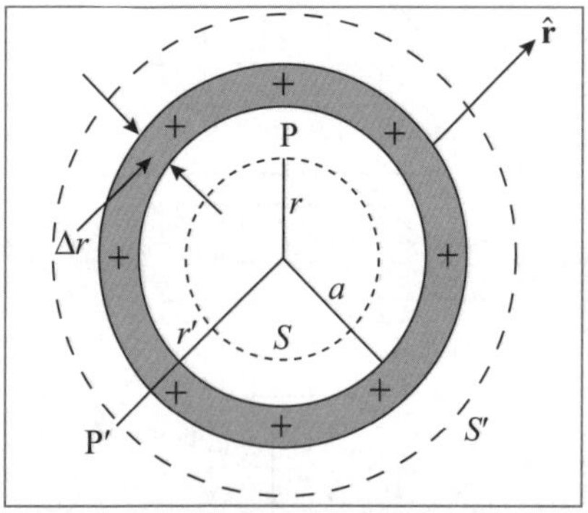

Figura 3.19 Camada esférica de carga e superfícies gaussianas *S* e *S*′.

Camada esférica, carga uniforme

Consideremos uma camada esférica de raio a e espessura infinitésima Δr (Figura 3.19), com densidade de carga ρ e carga total

$$\Delta Q = 4\pi\,a^2\,\Delta r\,\rho$$

Por simetria o campo é radial e só depende da coordenada esférica r, ou seja,

$$\mathbf{E} = E_r(r)\hat{\mathbf{r}} \quad (3.5.4)$$

onde $\hat{\mathbf{r}}$ é o vetor unitário radial. Para calcular o campo num ponto P, *interno* à camada, tomamos uma superfície gaussiana esférica concêntrica S passando por P (Figura 3.19).

Como não há cargas dentro de S, a lei de Gauss leva a

$$\mathbf{E}(r) = 0 \qquad (r < a) \tag{3.5.5}$$

Por outro lado, para um ponto P′ externo, a superfície gaussiana é uma esfera concêntrica S' que passa por P′ e contém toda a carga ΔQ da camada, de forma que a lei de Gauss dá

$$\Phi_S = 4\pi r^2 \; E_r(r) = \Delta Q / \varepsilon_0 = 4\pi a^2 \; \rho \; \Delta r / \varepsilon_0$$

ou seja

$$\mathbf{E}(r) = \frac{\Delta Q}{4\pi\varepsilon_0 r^2}\hat{\mathbf{r}} = \frac{\rho}{\varepsilon_0}\left(\frac{a}{r}\right)^2 \Delta r \; \hat{\mathbf{r}} \quad (r > a) \tag{3.5.6}$$

Assim, o campo externo à camada é o mesmo que seria se toda a carga da esfera estivesse concentrada no seu centro.

Esses resultados, mostrando que uma camada esférica uniforme não produz campo em seu interior, e que atua em pontos externos como se sua carga estivesse toda concentrada em seu centro, são inteiramente análogos aos obtidos por Newton para o campo gravitacional (**FB1**, Seção 10.9).

Por que o campo é nulo dentro da camada? Um elemento de superfície ΔS_1 da camada, à distância r_1 do ponto interno P (Figura 3.20) contém uma carga $\rho \; \Delta S_1 \; \Delta r$ e gera, em P, um campo de magnitude

$$\Delta E_1 = \frac{\rho \Delta r}{4\pi\varepsilon_0}\frac{\Delta S_1}{(r_1)^2} = \frac{\rho \Delta r}{4\pi\varepsilon_0}\Delta\Omega$$

onde $\Delta\Omega$ é o ângulo sólido subtendido por ΔS_1 em P.

O ângulo sólido "oposto pelo vértice" corta a camada segundo ΔS_2, que dá uma contribuição de sentido oposto (Figura 3.20) e magnitude

$$\Delta E_2 = \frac{\rho \Delta r}{4\pi\varepsilon_0}\frac{\Delta S_2}{(r_2)^2} = \frac{\rho \Delta r}{4\pi\varepsilon_0}\Delta\Omega = \Delta E_1$$

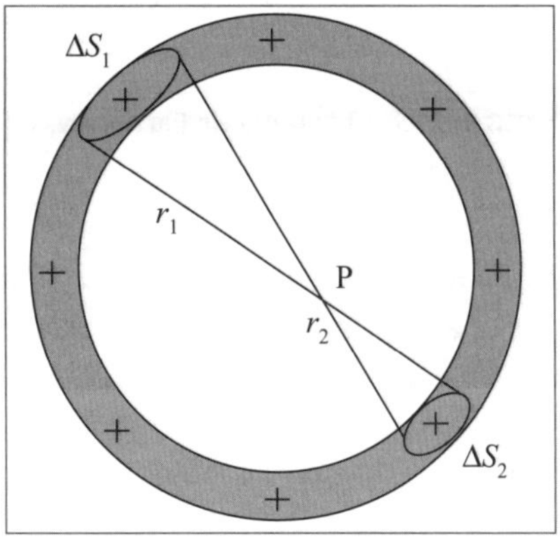

Figura 3.20 Cancelamento entre as contribuições de ΔS_1 e ΔS_2.

Essas duas contribuições são, portanto, iguais e opostas, o que explica o cancelamento. Deve ser notado, porém, que esse resultado depende crucialmente do fato de que a lei de forças é como a da gravitação, com proporcionalidade inversa ao quadrado da distância. Se em lugar disso se tivesse uma lei do tipo r^{-n} com $n \neq 2$, os campos não seriam proporcionais aos ângulos sólidos, e o cancelamento deixaria de ocorrer.

Como qualquer distribuição de carga esfericamente simétrica pode ser imaginada como resultado da superposição de camadas esféricas de espessuras infinitésimas, podemos agora aplicar os resultados acima a uma tal distribuição,

$$\rho = \rho(r) \tag{3.5.7}$$

para a qual, por simetria, o campo será da forma (3.5.4). Num ponto à distância r do centro, uma camada interna entre r' e $r' + dr'$, com $r' < r$, fornecerá uma contribuição do tipo (3.5.6), ou seja,

$$dE_r(r) = \frac{\rho(r')}{\varepsilon_0}\left(\frac{r'}{r}\right)^2 dr'$$

ao passo que as camadas externas ($r' > r$) não contribuem. Logo,

$$E_r(r) = \int_0^r dE_r(r') = \frac{1}{\varepsilon_0 r^2}\int_0^r \rho(r')r'^2\,dr' \tag{3.5.8}$$

o mesmo resultado que se teria se toda a carga até a distância r estivesse concentrada no centro.

O teorema de Earnshaw

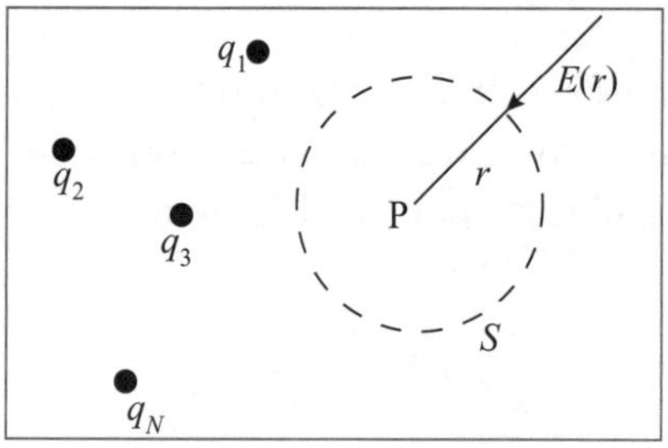

Figura 3.21 Teorema de Earnshaw.

Um conjunto de cargas puntiformes q_1, q_2, ..., q_N, em posições fixas, criam um campo eletrostático no vácuo. Seja P um ponto qualquer, não ocupado por nenhuma dessas cargas (Figura 3.21). Se colocarmos em P outra carga puntiforme q, poderá ela permanecer em equilíbrio *estável* nessa posição, sob a ação do campo criado pelas demais cargas? O *teorema de Earnshaw* diz que isso não acontece.

Para demonstrá-lo, consideremos as condições para o equilíbrio *estável* de q: (i) a força $q\mathbf{E}(\text{P})$ sobre q em P deve anular-se, ou seja, $\mathbf{E}(\text{P}) = 0$; (ii) (*estabilidade do equilíbrio*) para *qualquer* pequeno deslocamento $\mathbf{r}$ da carga a partir de P, a força correspondente deve ser *restauradora*, ou seja, $\mathbf{E}(\mathbf{r})$ deve apontar de volta para P. Logo, imaginando uma pequena superfície gaussiana S esférica de raio r com centro em P (Figura 3.21), a componente normal do campo E_r (r) deve ser < 0, o que dá, para o fluxo Φ_S (r) sobre S,

$$\Phi_S(r) < 0$$

por menor que seja r.

Mas isso, pela lei de Gauss, implicaria a existência de carga negativa em P, contra a hipótese de que P é um ponto do vácuo, situado fora da distribuição de cargas puntiformes dada. Isso demonstra o teorema de Earnshaw.

Uma das consequências desse resultado é que não pode ser construído um modelo clássico estável de um átomo com base numa distribuição de cargas fixas (estática). Veremos mais tarde que isso permanece válido para um modelo dinâmico, como o do átomo de Bohr, em que elétrons descrevem órbitas em torno de um núcleo atômico carregado positivamente. Nesse caso, a instabilidade, dentro da física clássica, resultaria da emissão de radiação. A estabilidade dos átomos e da matéria só pode ser explicada pela física quântica.

Campo elétrico na superfície de um condutor

Vimos na Seção 2.2 que uma carga pode se deslocar livremente no interior de um meio condutor. Logo, numa situação de equilíbrio eletrostático, não pode haver cargas (ou seja, $\rho = 0$) nem campo elétrico (tem de ser $\mathbf{E} = 0$) *dentro* do material condutor, pois as cargas se deslocariam sob a ação do campo, rompendo o equilíbrio estático:

$$\boxed{\rho(P) = 0 = \mathbf{E}(P), \text{ para } P \text{ no interior de um meio condutor (na eletrostática)}} \quad \textbf{(3.5.9)}$$

A relaxação para o equilíbrio de uma distribuição de cargas inicialmente colocada dentro de um meio condutor é um processo extremamente rápido: geralmente, para um corpo condutor macroscópico, leva apenas uma fração de segundo. Sabemos, por outro lado, que é possível comunicar carga a um condutor isolado. Onde então ela irá localizar-se? Só pode ser na *superfície* do corpo: com efeito, um ponto da fronteira é diferente de um ponto situado no interior do meio, pois separa dois meios diferentes, estando em contato com um isolante – o suporte do condutor ou a atmosfera. É o que acontece no eletroscópio (Figura 2.1).

Na descrição macroscópica, aparece, portanto na superfície de um condutor carregado uma *densidade superficial de carga* $\sigma \neq 0$. Microscopicamente, essa carga reside numa *camada de transição*, formada por algumas camadas atômicas na superfície.

Exatamente *na superfície*, do lado isolante, temos então $\mathbf{E} \neq 0$, mas este campo $\mathbf{E}$ não pode ter uma componente *tangencial* à superfície, pois ela produziria um deslocamento de cargas sobre a superfície (corrente superficial). Logo, a componente tangencial do campo elétrico, E_{tang}, *tem de se anular na superfície*,

$$\boxed{E_{\text{tang}} = 0 \text{ na superfície de um condutor}} \quad \textbf{(3.5.10)}$$

ou seja, *as linhas de força de* $\mathbf{E}$ *têm de ser normais à superfície do condutor.*

Consideremos então uma superfície gaussiana em forma de caixa cilíndrica, com a tampa ΔS na superfície de um condutor e a base dentro dele (Figura 3.22). Sobre ΔS, $\mathbf{E}$ tem a direção da normal externa $\hat{\mathbf{n}}$. Na base e na superfície lateral, que estão dentro do material condutor, $\mathbf{E} = 0$. Logo, o fluxo total de $\mathbf{E}$ sobre a superfície gaussiana é

$$\hat{\mathbf{n}} \cdot \mathbf{E}\ \Delta S = E_n\ \Delta S = \Delta Q / \varepsilon_0 = \sigma \Delta S / \varepsilon_0$$

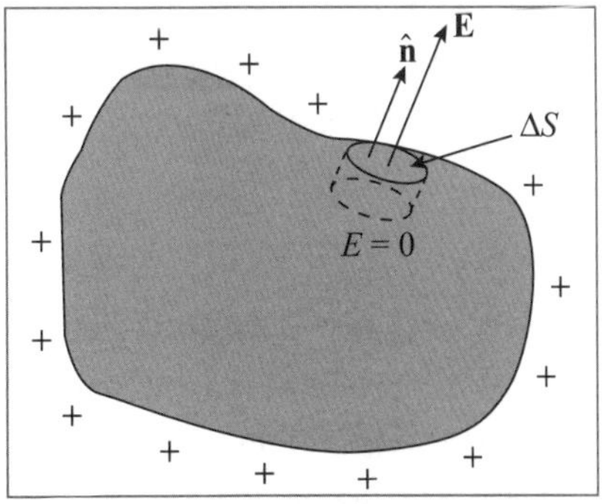

Figura 3.22 Superfície gaussiana (caixa cilíndrica) na superfície de um condutor.

usando a lei de Gauss. Obtemos assim, na superfície do condutor,

$$\mathbf{E} = E_n \hat{\mathbf{n}} = (\sigma / \varepsilon_0)\hat{\mathbf{n}} \quad \textbf{(3.5.11)}$$

onde σ é a densidade superficial da carga, tomada no ponto onde se calcula o campo $\mathbf{E}$.

Comparando com o resultado (3.2.6), válido logo acima (sinal +) e logo abaixo (sinal –) do centro de um disco circular uniformemente carregado, vemos que a (3.5.11) representa o *dobro* do campo acima do disco. A razão é simples: se subdividirmos a contribuição das cargas superficiais do condutor numa porção devida a um disco circular muito pequeno, com centro no ponto considerado, e noutra, devida ao resto das cargas, a segunda deve cancelar a primeira logo abaixo do disco – dentro do condutor, onde $\mathbf{E} = 0$ – logo, a duplica logo acima dele.

3.6 DIVERGÊNCIA DE UM VETOR E EQUAÇÃO DE POISSON

Numa teoria de campo, procura-se exprimir o estado do campo **E** num ponto P em termos de seu comportamento na *vizinhança imediata* de P. Pela lei de Gauss,

$$\Phi_S \equiv \oint_S \mathbf{E} \cdot \mathbf{dS}$$

é um indicador *global* da presença de cargas (fontes de **E**) no volume interno a S. Queremos agora encontrar um indicador *local* que sinalize a presença de fontes num ponto P.

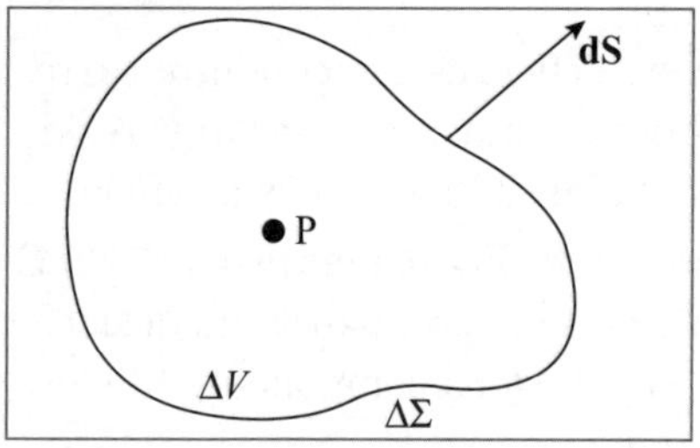

Figura 3.23 Volume ΔV limitado por uma superfície $\Delta\Sigma$ em torno de P.

Para isso, envolvemos P por uma superfície gaussiana fechada $\Delta\Sigma$, que limita um volume muito pequeno ΔV (Figura 3.23) e contém uma carga $\Delta q = \rho(\text{P})\,\Delta V$, onde $\rho(\text{P})$ é a densidade volumétrica de carga em P. Aplicando a lei de Gauss a $\Delta\Sigma$, obtemos

$$\Phi_{\Delta\Sigma} = \oint_{\Delta\Sigma} \mathbf{E} \cdot \mathbf{dS} = \Delta q / \varepsilon_0 = \rho(P)\Delta V / \varepsilon_0$$

o que dá

$$\boxed{\lim_{\Delta V \to 0} \left[\frac{1}{\Delta V} \oint_{\Delta\Sigma} \mathbf{E} \cdot \mathbf{dS} \right] = \frac{\rho(P)}{\varepsilon_0}} \qquad \textbf{(3.6.1)}$$

Esse limite, que caracteriza a *densidade de fontes do campo* em P, é independente da forma de $\Delta\Sigma$ e define assim uma *característica local do campo* **E**, que define sua *divergência*, e se representa pela notação div **E**. Para um vetor **v** qualquer, definimos

$$\boxed{\text{div } \mathbf{v}(P) \equiv \lim_{\Delta V \to 0} \left[\frac{1}{\Delta V} \oint_{\Delta\Sigma} \mathbf{v} \cdot \mathbf{dS} \right]} \qquad \textbf{(3.6.2)}$$

onde ΔV é um volume arbitrário que envolve o ponto P e **dS** é o elemento de superfície orientado segundo a normal externa à superfície $\Delta\Sigma$ de ΔV.

Das (3.4.30) e (3.4.31), decorre a *equação de Poisson* da eletrostática

$$\boxed{\text{div } \mathbf{E} = \rho / \varepsilon_0} \qquad \textbf{(3.6.3)}$$

que é a *forma local da lei de Gauss*. Em particular, no interior de um meio condutor, onde $\mathbf{E} = 0$, isso implica que temos também $\rho = 0$, conforme já havíamos visto.

A Figura 3.24 mostra a relação entre o sinal de div **v**(P) e o aspecto das linhas de força de **v**, num entorno de P. Em (a), temos uma *fonte* em P e div **v**(P) é > 0; em (b), temos um *sorvedouro* em P e div $\mathbf{v}(P) < 0$; em (c), não há fonte nem sorvedouro em P, e div $\mathbf{v}(P) = 0$.

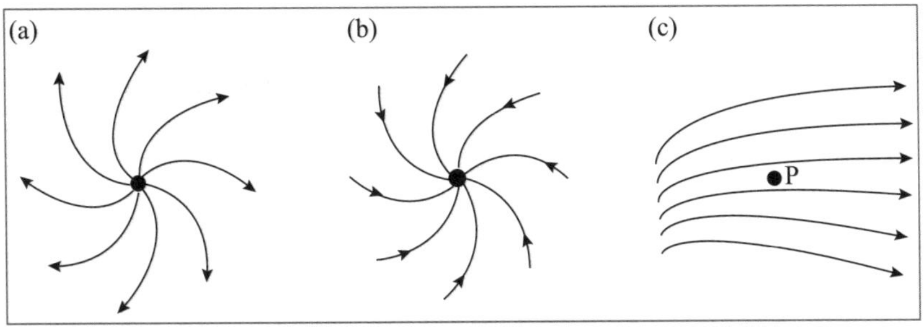

Figura 3.24 (a) div $\mathbf{v}(P) > 0$ (fonte); (b) div $\mathbf{v}(P) < 0$ (sorvedouro); (c) div $\mathbf{v}(P) = 0$.

Cálculo de div v em coordenadas cartesianas

Como a definição (3.6.2) de div **v** é independente da forma do elemento de volume ΔV, vamos escolher um elemento de volume com a forma de um paralelepípedo retângulo centrado no ponto $P(x, y, z)$ e de lados infinitésimos Δx, Δy e Δz (Figura 3.25), cujos vértices têm coordenadas $(x \pm \frac{1}{2}\,\Delta x,\ y \pm \frac{1}{2}\,\Delta y,\ z \pm \frac{1}{2}\,\Delta z)$.

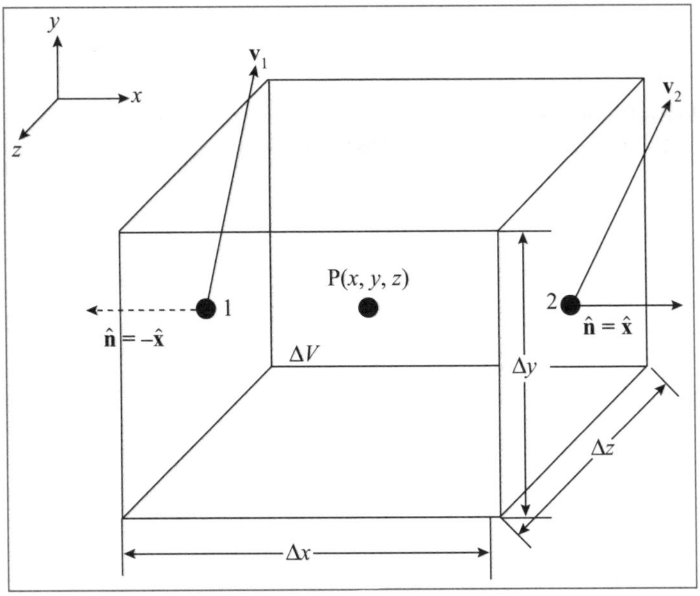

Figura 3.25 Elemento de volume para cálculo de div **E** em coordenadas cartesianas.

Vamos calcular o fluxo de **v** através das faces perpendiculares à direção x, com área $\Delta y\,\Delta z$, tomando os pontos 1 e 2, onde **v** é calculado, no centro destas faces. Assim, os pontos 1 e 2 têm coordenadas, respectivamente $(x \pm \frac{1}{2}\,\Delta x,\ y,\ z)$ ou seja, só diferem pela coordenada x, de Δx.

O fluxo Φ_x, através dessas duas faces, considerando que Δy e Δz são infinitésimos, pode ser aproximado por

$$\Phi_x = [v_x(2) - v_x(1)]\Delta S = [v_x(2) - v_x(1)]\Delta y \Delta z$$

Pela definição de derivada parcial, como Δx é infinitésimo,

$$v_x\left(x \pm \frac{1}{2}\Delta x,\, y,\, z\right) = v_x(x,\, y,\, z) \pm \frac{1}{2}\frac{\partial v_x}{\partial x}(x,\, y,\, z)\Delta x$$

o que resulta em

$$v_x(2) - v_x(1) = \frac{\partial v_x}{\partial x}(x,\, y,\, z)\Delta x$$

Substituindo na expressão acima de Φ_x, vem

$$\Phi_x = \frac{\partial v_x}{\partial x}\Delta x\, \Delta y\, \Delta z = \frac{\partial v_x}{\partial x}\Delta V$$

Para os fluxos sobre os dois outros pares de faces Φ_y e Φ_z, valem resultados análogos, o que leva a

$$\Phi_x + \Phi_y + \Phi_z = \oint_\Sigma \mathbf{v} \cdot \mathbf{dS} = \left(\frac{\partial v_x}{\partial x} + \frac{\partial v_y}{\partial y} + \frac{\partial v_z}{\partial z}\right)\Delta V$$

onde $\Delta\Sigma$ é a superfície gaussiana que delimita o volume ΔV.

Levando esse resultado para a (3.6.2), obtemos finalmente a expressão da divergência de um vetor em coordenadas cartesianas:

$$\boxed{\operatorname{div} \mathbf{v} = \frac{\partial v_x}{\partial x} + \frac{\partial v_y}{\partial y} + \frac{\partial v_z}{\partial z}} \qquad \textbf{(3.6.4)}$$

onde as derivadas parciais são todas calculadas no ponto $P(x, y, z)$.

Exemplo 1: Seja $\mathbf{v} = \mathbf{r} = x\hat{\mathbf{x}} + y\hat{\mathbf{y}} + z\hat{\mathbf{z}}$. Aplicando a definição (3.6.2), onde tomamos para Σ uma esfera de raio r com centro na origem, vem

$$\oint_\Sigma \mathbf{v} \cdot \mathbf{dS} = \oint_\Sigma r dS = rS = 4\pi r^3$$

e

$$\Delta V = \frac{4}{3}\pi r^3$$

o que leva a div $\mathbf{r} = 3$ na origem. Por outro lado pela (3.6.4),

$$\operatorname{div} \mathbf{r} = \frac{\partial v_x}{\partial x} + \frac{\partial v_y}{\partial y} + \frac{\partial v_z}{\partial z} = 1 + 1 + 1 = 3$$

Vemos que o resultado vale em qualquer ponto do espaço.

Exemplo 2: Consideremos uma carga puntiforme q na origem. O campo que produz num ponto $\mathbf{r}$ é, pela lei de Coulomb,

$$\mathbf{E}(r) = \frac{q}{4\pi\varepsilon_0}\frac{\mathbf{r}}{r^3}$$

Exceto na origem, a densidade de carga é = 0, de forma que a equação de Poisson (3.6.3) resulta em

$$\text{div}\,\mathbf{E} = 0 \qquad (r \neq 0)$$

Vamos verificar esse resultado. Temos

$$\frac{\partial E_x}{\partial x} = \frac{q}{4\pi\varepsilon_0}\frac{\partial}{\partial x}\left(\frac{x}{r^3}\right) = \frac{q}{4\pi\varepsilon_0}\left(\frac{1}{r^3} - \frac{3x}{r^4}\frac{\partial r}{\partial x}\right)$$

onde

$$\frac{\partial r}{\partial x} = \frac{\partial}{\partial x}\left(x^2+y^2+z^2\right)^{1/2} = \frac{1}{2}\frac{2x}{\left(x^2+y^2+z^2\right)^{1/2}} = \frac{x}{r}$$

Logo,

$$\frac{\partial E_x}{\partial x} = \frac{q}{4\pi\varepsilon_0}\left(\frac{1}{r^3} - \frac{3x^2}{r^5}\right)$$

e resultados correspondentes para as direções y e z, o que, para $r \neq 0$ resulta em,

$$\frac{\partial E_x}{\partial x} + \frac{\partial E_y}{\partial y} + \frac{\partial E_z}{\partial z} = \frac{q}{4\pi\varepsilon_0}\left[\frac{3}{r^3} - \frac{3\left(x^2+y^2+z^2\right)}{r^5}\right] = 0 \qquad (r \neq 0)$$

concordando com o resultado acima.

O teorema de Gauss

Para um volume ΔV suficientemente pequeno (infinitésimo), limitado por uma superfície $\Delta\Sigma$, a (3.6.2) fornece

$$\oint_{\Delta\Sigma} \mathbf{v}\cdot\mathbf{dS} = \text{div}\,\mathbf{v}\,\Delta V \qquad \textbf{(3.6.5)}$$

Qualquer volume V pode ser decomposto em elementos de volume ΔV aos quais podemos aplicar esse resultado. Se somarmos as contribuições de todos esses elementos, obtemos, no limite em que $\Delta V \to 0$,

$$\sum \text{div}\,\mathbf{v}\,\Delta V \to \int_V \text{div}\,\mathbf{v}\; dV$$

Por outro lado, ao somar os fluxos do 1° membro da (3.6.5) sobre todos os elementos, cada elemento de superfície de $\Delta\Sigma$, interno ao volume V, é comum a dois elementos

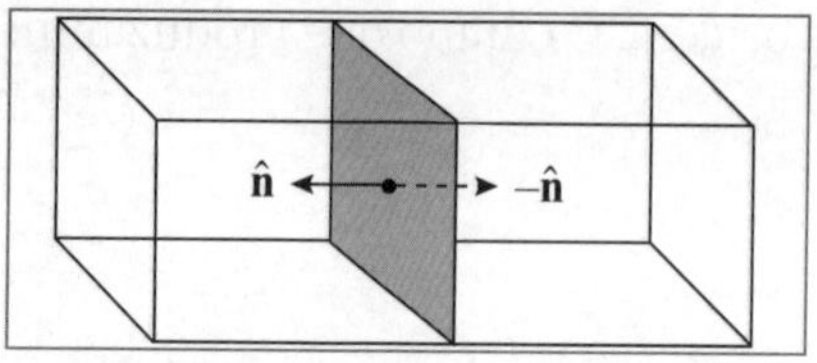

Figura 3.26 Fluxos sobre a face comum de elementos de volume adjacentes se cancelam.

de volume adjacentes, com suas normais externas orientadas em sentidos opostos (Figura 3.26). Assim, as contribuições ao fluxo dos elementos de superfície internos cancelam-se duas a duas, restando somente o fluxo sobre a *superfície externa* S do volume V, ou seja, a soma dos fluxos dá

$$\sum \oint_{\Delta\Sigma} \mathbf{v} \cdot \mathbf{dS} = \oint_S \mathbf{v} \cdot \mathbf{dS}$$

Resulta então finalmente,

$$\boxed{\int_V \operatorname{div} \mathbf{v}\, dV = \oint_S \mathbf{v} \cdot \mathbf{dS}} \qquad \textbf{(3.6.6)}$$

onde V é um volume limitado por uma superfície fechada S e $\mathbf{dS}$ é o elemento de superfície orientado segundo a normal externa. Esse resultado, que se aplica a qualquer campo vetorial $\mathbf{v}$, é o *teorema de Gauss.*

Em particular, tomando para $\mathbf{v}$ o campo eletrostático $\mathbf{E}$, e usando a equação de Poisson (3.6.3), resulta

$$\oint_S \mathbf{E} \cdot \mathbf{dS} = \int_V \operatorname{div} \mathbf{E}\, dV = \frac{1}{\varepsilon_0} \int \rho dV = \frac{Q}{\varepsilon_0}$$

que é a lei de Gauss. Vemos assim que *a equação de Poisson é equivalente à lei de Gauss.*

PROBLEMAS

3.1 A figura ao lado mostra as linhas de força associadas a um par de cargas puntiformes $+2q$ e $-q$, separadas por uma distância d. Analise o traçado e verifique qualitativamente o comportamento das linhas em pontos próximos e distantes das cargas, em diferentes regiões, procurando verificar também a lei de Gauss.

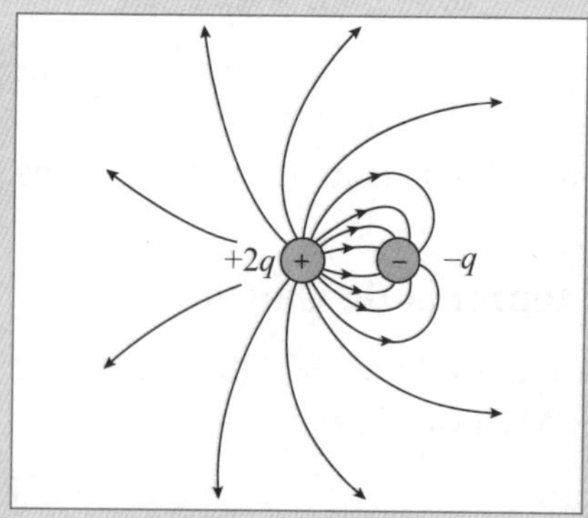

3.2 Um modelo clássico de uma molécula ionizada é constituído por um par de partículas fixas, ambas de carga $+e$, separadas por uma distância $2a$, com uma terceira partícula, de carga $-e$, massa m, descrevendo uma órbita circular de raio ρ, em torno do eixo que liga as duas outras cargas. Obtenha: (i) o campo elétrico que atua sobre a carga $-e$; (ii) a relação entre o raio ρ e a frequência angular de revolução ω.

3.3 Seja E a magnitude do campo num ponto P, situado a uma distância D de um plano uniformemente carregado com densidade superficial de carga σ. A maior contribuição para E provém dos pontos mais próximos de P sobre o plano. Mostre que a região do plano situada a uma distância $\leq 2D$ do ponto P é responsável pela metade ($E/2$) do campo em P.

3.4 Um fio retilíneo de comprimento l está uniformemente carregado com densidade linear de carga λ. (a) Calcule o campo elétrico num ponto situado sobre o prolongamento do fio, a uma distância d de sua extremidade, (b) Calcule a magnitude do campo, se $l = d = 5$ cm e a carga total do fio é de 3 μC.

3.5 Dois fios retilíneos de mesmo comprimento a, separados por uma distância b, estão uniformemente carregados com densidades lineares de carga λ e $-\lambda$ (figura). Calcule o campo elétrico no centro P do retângulo de lados a e b (veja a sugestão do Problema 2.8 do Capítulo 2).

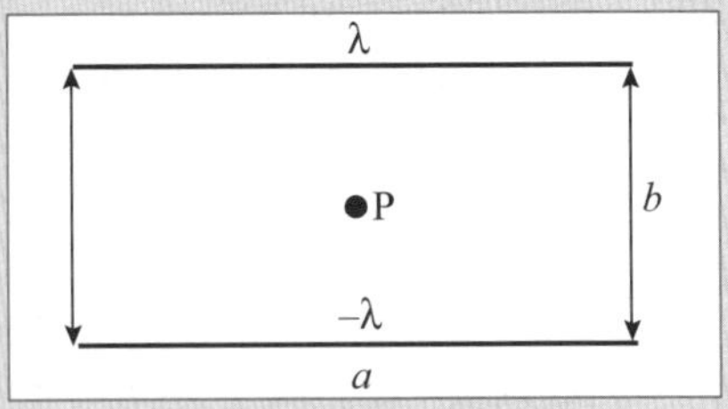

3.6 Um fio quadrado de lado $2l$ está uniformemente carregado com densidade linear de carga λ. Calcule o campo elétrico num ponto P situado sobre a perpendicular ao centro do quadrado, à distância D do seu plano (figura). *Sugestão*: Use componentes cartesianas e considerações de simetria.

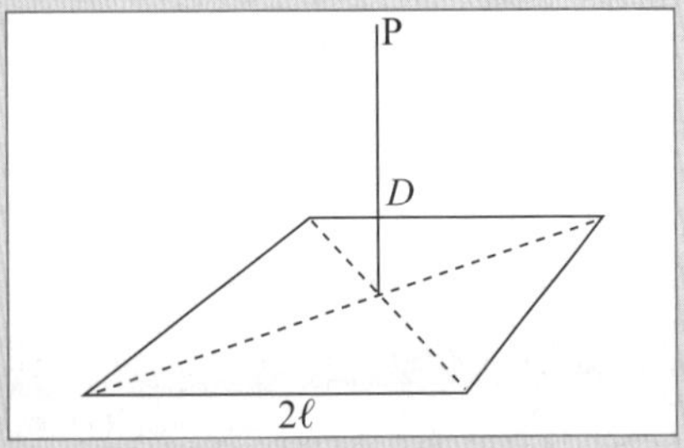

3.7 Uma carga puntiforme q é colocada numa caixa cúbica de aresta l. Calcule o fluxo do campo elétrico sobre cada uma das faces (a) se a carga ocupa o centro do cubo; (b) se é colocada num dos vértices.

3.8 O valor médio do campo elétrico na atmosfera num determinado dia, num ponto da superfície da Terra, é de 300 N/C, dirigido verticalmente para baixo. A uma altitude de 1.400 m, ele reduz-se a 20 N/C. Qual é a densidade média de carga na atmosfera abaixo de 1.400 m? [Para mais informações sobre eletricidade atmosférica, veja FEYNMAN, R. P. *Lectures on Physics.* v. 2. Addison-Wesley, Reading, 1964, Capítulo 9].

3.9 Dois planos paralelos estão uniformemente carregados, com densidades superficiais de carga σ e $-\sigma$, respectivamente. Calcule o campo elétrico em pontos acima de ambos, abaixo de ambos, e entre os dois. Represente as linhas de força nas três regiões.

3.10 No modelo clássico de J. J. Thomson para o átomo de hidrogênio, a carga $+e$ do núcleo era imaginada como estando uniformemente distribuída no interior de uma esfera de raio a da ordem de 10^{-8} cm (raio atômico) e o elétron era tratado como uma carga puntiforme $-e$ movendo-se no interior dessa distribuição. (*a*) Calcule o campo elétrico que atuaria sobre o elétron num ponto à distância $r < a$ do centro da esfera; (*b*) Mostre que o elétron poderia mover-se radialmente com um movimento harmônico simples; (*c*) Calcule a frequência de oscilação e compare-a com uma frequência típica da luz visível, bem como com o resultado do Problema 2.3 do Cap. 2.

3.11 Calcule div ($\mathbf{c} \times \mathbf{r}$), onde $\mathbf{c}$ é um vetor constante.

3.12 Uma casca esférica de raio interno b e raio externo c, uniformemente carregada com densidade de carga volumétrica ρ, envolve uma esfera concêntrica de raio a, também carregada uniformemente com a mesma densidade (figura). Calcule o campo elétrico nas quatro regiões diferentes do espaço: $0 \leq r \leq a$, $a \leq r \leq b$, $b \leq r \leq c$, $c \leq r$.

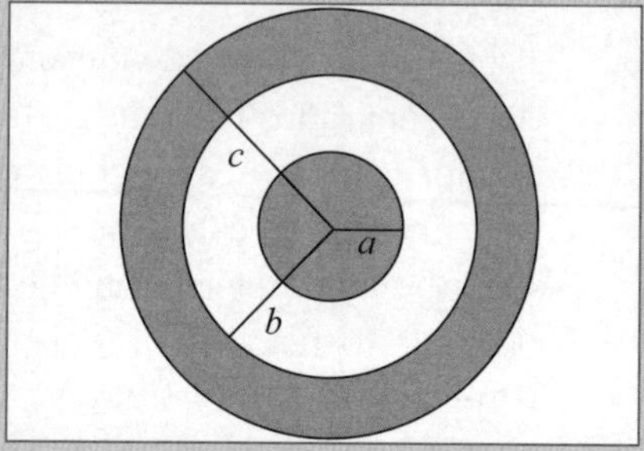

3.13 Uma distribuição de carga esfericamente simétrica tem densidade volumétrica de carga dada por

$$\rho(r) = \rho_0 \exp(-r/a) \quad (0 \leq r < \infty)$$

onde ρ_0 é uma constante e r é a distância à origem.

(a) Calcule a carga total da distribuição.

(b) Calcule o campo elétrico num ponto qualquer do espaço.

3.14 Uma camada carregada infinita compreendida entre os planos $y = -a$ e $y = a$ (figura) tem densidade volumétrica de carga ρ constante. Não há cargas fora dela. (a) Calcule o campo elétrico $\mathbf{E}$ dentro, acima e abaixo da camada; (b) Verifique que $\mathbf{E}$ satisfaz a equação de Poisson.

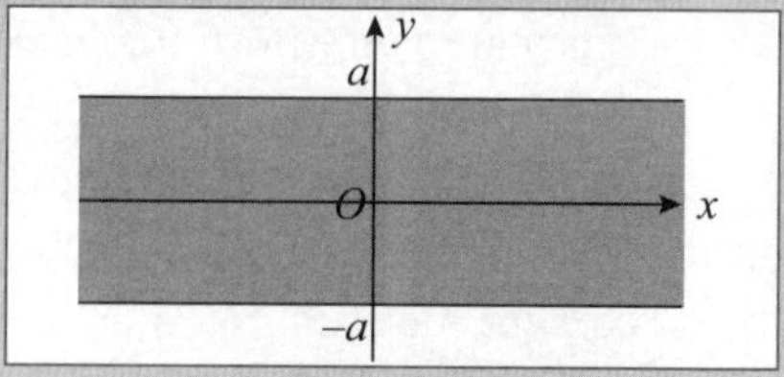

3.15 Uma esfera uniformemente carregada com densidade volumétrica ρ contém em seu interior uma cavidade esférica. Mostre que o campo no interior da cavidade é uniforme e é dado por $\mathbf{E} = \rho\, \mathbf{d}/(3\, \varepsilon_0)$, onde $\mathbf{d}$ é o vetor que liga os centros das duas esferas (figura). *Sugestão*: Use o princípio de superposição.

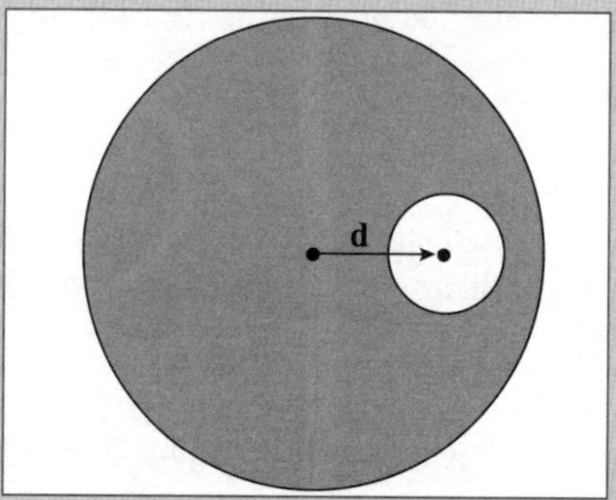

3.16 Um cilindro circular muito longo, de raio R, está uniformemente carregado, com densidade volumétrica de carga δ.

(a) Por argumentos de simetria (explicando-os), obtenha a direção e o sentido do campo **E** num ponto P à distância ρ do eixo do cilindro e sua dependência das coordenadas cilíndricas (ρ, ϕ, z).

(b) Calcule $|\mathbf{E}|$ num ponto P interno ao cilindro $(0 < \rho < R)$.

(c) Esboce um gráfico de $|\mathbf{E}|$ em função de ρ.

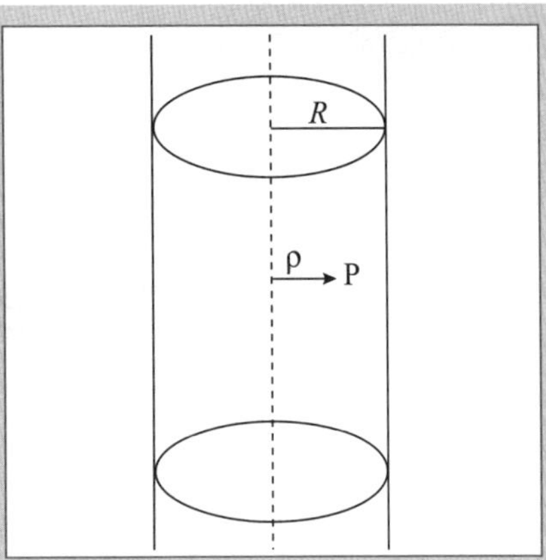

4

O potencial eletrostático

O campo eletrostático, como o campo gravitacional, é *conservativo*. Isso permite simplificar sua descrição, reduzindo-a a uma única função escalar, o *potencial eletrostático*, que trataremos neste capítulo. Veremos também uma forma de exprimir localmente o caráter conservativo do campo, introduzindo o *rotacional* de um campo vetorial.

4.1 RECAPITULAÇÃO SOBRE CAMPOS CONSERVATIVOS

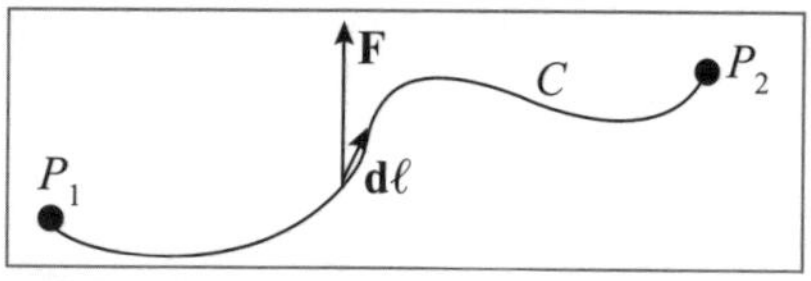

Figura 4.1 Trabalho da força **F** ao longo de *C*.

Vamos recapitular brevemente resultados gerais sobre campos conservativos já vistos no curso de Mecânica (**FB1**, Seções 7.2 a 7.5). Vimos que, se C é um caminho qualquer entre dois pontos P_1 e P_2, *orientado* de P_1 para P_2 (Figura 4.1), *o trabalho realizado por uma força* **F** ao longo deste caminho é definido por

$$W_{P_1 \to P_2}^{(C)} \equiv \int_{P_1(C)}^{P_2} \mathbf{F} \cdot \mathbf{dl} \qquad \textbf{(4.1.1)}$$

onde o elemento de linha **dl** tem a orientação de C. No SI, o trabalho se mede em J (joules). Em particular se C é a *trajetória* descrita por uma partícula de massa m, com velocidade $\mathbf{v}(t)$, sob a ação de **F**, temos

$$W_{P_1 \to P_2}^{(C)} = T_2 - T_1 \qquad \textbf{(4.1.2)}$$

onde $T = \frac{1}{2} m \mathbf{v}^2$ é a energia cinética da partícula; ou seja, o trabalho é igual à variação da energia cinética entre os dois pontos.

Se **F** é uma força central,

$$\mathbf{F}(\mathbf{r}) = F(r)\hat{\mathbf{r}} \qquad \textbf{(4.1.3)}$$

onde $\hat{\mathbf{r}}$ é o vetor unitário da direção radial, com origem no centro de forças, a (4.1.1) fica

$$W_{P_1 \to P_2}^{(C)} \equiv \int_{P_1(C)}^{P_2} F(r)\hat{\mathbf{r}} \cdot \mathbf{dl} = \int_{r_1}^{r_2} F(r)dr \tag{4.1.4}$$

o que não depende do caminho C, mas tão somente dos pontos inicial e final. Podemos escrever

$$\int_{r_1}^{r_2} F(r)dr = -[U(r_2) - U(r_1)] \tag{4.1.5}$$

onde

$$U(r) \equiv -\int_{r_0}^{r} F(r')dr' \tag{4.1.6}$$

em que r_0 é um ponto arbitrariamente escolhido, onde se toma $U = 0$.

As (4.1.2) a (4.1.5) dão então

$$T_1 + U_1 = T_2 + U_2 = E \tag{4.1.7}$$

que exprime a *conservação da energia*. A função $U(r)$ é a *energia potencial*, e E é a *energia total*. A energia potencial é definida a menos de uma constante aditiva arbitrária, que corresponde na (4.1.6) à arbitrariedade na escolha de r_0 (onde U se anula). A *variação* (4.1.5) da energia potencial entre dois pontos é bem definida, independendo da escolha dessa constante.

Uma força para a qual o trabalho (4.1.1) depende apenas dos pontos inicial e final, e não do caminho C entre eles, é chamada de *conservativa*.

A independência do caminho pode ser expressa de forma equivalente notando que, se invertermos o sentido de um dos dois caminhos C_1 e C_2 entre dois pontos, formamos um caminho fechado orientado $C = C_1 + (-C_2)$. A inversão do sentido de C_2 troca o sinal do trabalho sobre C_2, levando a

$$\boxed{\oint_C \mathbf{F} \cdot \mathbf{dl} = 0} \tag{4.1.8}$$

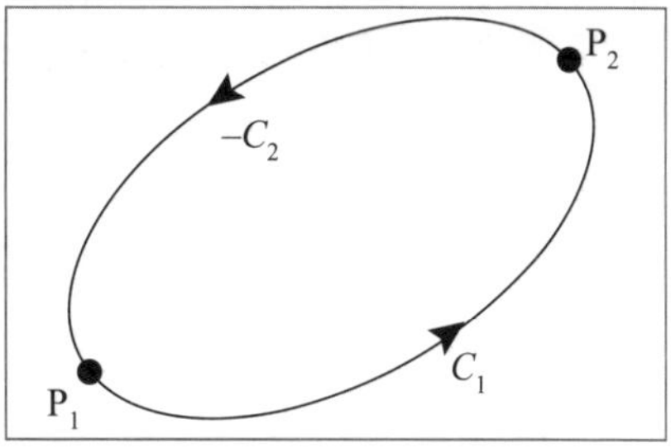

Figura 4.2 Caminho fechado $C = C_1 + (-C_2)$.

onde o 1° membro é chamado de *circulação da força* **F** *ao longo do caminho fechado orientado C*. O raciocínio também vale em sentido inverso. Logo, é *condição necessária e suficiente para que uma força seja conservativa que sua circulação ao longo de qualquer caminho fechado seja* = 0. Além das forças centrais, outros exemplos de forças conservativas foram vistos no curso de Mecânica.

A generalização da (4.1.5) é

$$\int_{P_1}^{P_2} \mathbf{F} \cdot \mathbf{dl} = -[U(P_2) - U(P_1)] \tag{4.1.9}$$

e, para um deslocamento infinitésimo, $\mathbf{dl} = dx\,\hat{\mathbf{x}} + dy\,\hat{\mathbf{y}} + dz\,\hat{\mathbf{z}}$,

$$\mathbf{F}\cdot\mathbf{dl} = -dU = -\left(\frac{\partial U}{\partial x}dx + \frac{\partial U}{\partial y}dy + \frac{\partial U}{\partial z}dz\right) \quad \textbf{(4.1.10)}$$

o que também pode ser escrito

$$\mathbf{F} = -\text{grad } U \quad \textbf{(4.1.11)}$$

onde, em coordenadas cartesianas,

$$\boxed{\text{grad } U = \frac{\partial U}{\partial x}\hat{\mathbf{x}} + \frac{\partial U}{\partial y}\hat{\mathbf{y}} + \frac{\partial U}{\partial z}\hat{\mathbf{z}}} \quad \textbf{(4.1.12)}$$

O gradiente é uma espécie de "derivada tridimensional" de uma função escalar. Projetando-o sobre uma direção de vetor unitário $\hat{\mathbf{s}}$, obtemos a *derivada direcional na direção* $\hat{\mathbf{s}}$:

$$\partial U / \partial s = \hat{\mathbf{s}}\cdot\text{grad } U \quad \textbf{(4.1.13)}$$

As derivadas nas direções dos eixos cartesianos na (4.1.12) são um caso particular.

Uma superfície em que U é constante é chamada de *superfície equipotencial*. Assim, para forças centrais, as superfícies equipotenciais são esferas concêntricas r = constante. Se **dl** é um deslocamento sobre uma superfície equipotencial, temos então

$$dU = \text{grad } U \cdot \mathbf{dl} = 0 \quad \textbf{(4.1.14)}$$

mostrando que grad U, portanto **F**, é *perpendicular às superfícies equipotenciais*. Logo, *as linhas de força de um campo conservativo são trajetórias ortogonais das superfícies equipotenciais desse campo.*

Temos ainda, pela primeira igualdade da (4.1.14), que dU é máximo quando **dl** é paralelo a grad U. Logo, a *direção de grad U é a da linha de maior aclive*, sobre a qual U cresce o mais rapidamente possível, e grad U aponta no sentido de U crescente.

Exemplo: Para qualquer função que só dependa de $r, f(r)$, a (4.1.13) resulta em

$$\text{grad } f(r) = \frac{df}{dr}\hat{\mathbf{r}} \quad \textbf{(4.1.15)}$$

Em particular, grad $r = \hat{\mathbf{r}}$, que aponta na direção em que r cresce o mais rapidamente possível (direção radial).

4.2 O POTENCIAL COULOMBIANO

O campo devido a uma carga puntiforme q na origem,

$$\mathbf{E}(\mathbf{r}) = \frac{q}{4\pi\varepsilon_0}\frac{\hat{\mathbf{r}}}{r^2} \quad \textbf{(4.2.1)}$$

que representa a força sobre uma carga de prova unitária, é central, e por conseguinte conservativo. O trabalho correspondente sobre a carga de prova *unitária*, levada de P_1 para P_2, é independente do caminho, e a (4.1.9) resulta em

$$\boxed{-\int_{P_1}^{P_2} \mathbf{E}\cdot\mathbf{dl} \equiv V(P_2)-V(P_1)} \tag{4.2.2}$$

o que define (de forma geral), a *diferença de potencial* entre P_2 e P_1. *É o trabalho que tem de ser realizado contra a força exercida pelo campo para levar uma carga unitária de P_1 para P_2*. Se $V(P_2) > V(P_1)$, a energia potencial de uma carga positiva é maior em P_2 do que em P_1.

Como trabalho por unidade de carga, a unidade de V é 1 J/C. Por definição,

$$1\ \mathrm{J/C} \equiv 1\ \mathrm{V(volt)} \tag{4.2.3}$$

A (4.2.1), para uma carga puntiforme q na origem, resulta em

$$V(r_2)-V(r_1) = -\int_{P_1}^{P_2} \mathbf{E}\cdot\mathbf{dl} = -\frac{q}{4\pi\varepsilon_0}\int_{r_1}^{r_2}\frac{dr}{r^2} = \frac{q}{4\pi\varepsilon_0}\left(\frac{1}{r_2}-\frac{1}{r_1}\right) \tag{4.2.4}$$

A escolha do nível zero para V é arbitrária (como para W). Para uma *distribuição de carga toda contida numa região finita do espaço* (como é o caso de uma carga puntiforme), é conveniente convencionar que

$$V(\infty) = 0 \tag{4.2.5}$$

Com essa convenção, a (4.2.4) resulta em

$$\boxed{V(r) = -\int_{\infty}^{r} \mathbf{E}\cdot\mathbf{dl} = \frac{q}{4\pi\varepsilon_0 r}} \tag{4.2.6}$$

para o *potencial coulombiano de uma carga puntiforme q na origem*. Ele representa o trabalho, por unidade de carga, necessário para trazer uma carga de prova, desde uma distância muito grande ("infinita") até uma distância r da carga q. Note que o potencial coulombiano de uma carga cai com $1/r$, em lugar de $1/r^2$, como o campo. As superfícies equipotenciais são esferas com centro na carga.

É importante observar que a convenção (4.2.5) para escolha do zero do potencial não pode ser adotada quando a distribuição de carga se estende até o infinito. Veremos exemplos mais adiante.

Cálculo do campo a partir do potencial

O análogo da (4.1.11) para uma carga de prova unitária é

$$\boxed{\mathbf{E} = -\mathrm{grad}\ V} \tag{4.2.7}$$

Em particular, para $V = V(r)$,

$$\mathbf{E} = -\frac{dV}{dr}\hat{\mathbf{r}} \tag{4.2.8}$$

o que recupera o campo coulombiano a partir da (4.2.6),

$$\mathbf{E} = -\frac{q}{4\pi\varepsilon_0}\frac{d}{dr}\left(\frac{1}{r}\right)\hat{\mathbf{r}} = \frac{q}{4\pi\varepsilon_0 r^2}\hat{\mathbf{r}}$$

A unidade de campo elétrico (1 N/C) é também equivalente a 1 V/m (volt por metro, mais familiar). Já vimos no curso de Mecânica* que também se usa o eV (elétron-volt) como unidade de energia: é a energia potencial adquirida por uma partícula de carga igual à do elétron ao atravessar uma diferença de potencial de 1 volt. Pela (2.5.1), temos, portanto,

$$1\ \text{eV} \approx 1.6\times10^{-19}\ \text{J} \tag{4.2.9}$$

Potencial de uma distribuição de cargas

Pelo princípio de superposição, para um sistema de cargas puntiformes como o da Figura 3.1,

$$\boxed{V(P) = \sum_j \frac{q_j}{4\pi\varepsilon_0 r_j}} \tag{4.2.10}$$

onde r_j é a distância da carga q_j ao ponto P.

Para distribuições contínuas de cargas, esse resultado se generaliza para

$$\boxed{V(P) = \frac{1}{4\pi\varepsilon_0}\int\frac{dq}{r}} \tag{4.2.11}$$

onde r é a distância do ponto P ao elemento de carga dq, e

$$dq = \begin{cases} \rho\ dv\ (\text{distribuição volumétrica}) \\ \sigma\ dS\ (\text{distribuição superficial}) \\ \lambda\ dl\ (\text{distribuição linear}) \end{cases} \tag{4.2.12}$$

Em geral é mais simples calcular V (uma só função escalar) e obter **E** como – grad V, do que calcular as três componentes de **E**.

Distribuições de cargas dadas e problemas de contorno

Vimos na (3.5.2) que o campo elétrico na superfície de um condutor é normal à superfície. Logo, *a superfície de um condutor é uma superfície equipotencial*. Como **E** = 0 no interior do meio condutor, o volume do condutor contíguo à superfície também está no mesmo potencial.

Em princípio, podemos produzir uma distribuição de cargas arbitrária num corpo *isolante*, pois a carga nele permanece onde foi colocada. Neste caso, a (4.2.11) resolve o problema do cálculo do potencial. Entretanto, isso não se aplica a condutores: quando

---

* **FB1**, Seção 7.5.

transmitimos carga a um corpo condutor, a distribuição de equilíbrio eletrostático é aquela para a qual o campo, no interior do meio, se anula. Logo, a carga terá de se distribuir sobre a superfície de forma a satisfazer a essa condição, o que equivale a dizer que a superfície tem de ser equipotencial.

A solução de um problema desse tipo é, portanto, especificada por condições a serem satisfeitas na superfície de condutores, que, por isso, são chamadas de *condições de contorno*, e o problema correspondente é chamado de *problema de contorno*. Não podemos resolvê-lo empregando a (4.2.11), porque não conhecemos a densidade de carga superficial σ no condutor; ela é uma das incógnitas do problema e, para um condutor de forma qualquer, σ variará em geral de ponto a ponto da superfície.

Em geral, é muito mais difícil resolver um problema de contorno com condutores do que um problema com isolantes, nos quais a distribuição de cargas é dada, cuja solução é a (4.2.11). Entretanto, podemos empregar uma tática inversa, que poderíamos chamar de "uma solução à procura de um problema", em lugar de um problema para o qual procuramos a solução. Dado um potencial (4.2.11) que corresponde a uma determinada distribuição de cargas, podemos determinar as suas superfícies equipotenciais. Uma vez obtidas, podemos imaginar uma ou mais dessas superfícies materializadas como superfícies de condutores. O potencial dado será, então, solução de um problema de contorno com esses condutores. Exemplos serão vistos a seguir.

4.3 EXEMPLOS DE CÁLCULO DE POTENCIAL

Exemplo 1: *Anel isolante uniformemente carregado, ponto P no eixo.* Para um anel de largura muito pequena, todos os pontos são equidistantes de um ponto P no eixo (Figura 4.3). Se Q é a carga total do anel, temos então

$$V(P) = \frac{Q}{4\pi\varepsilon_0 r} = \frac{Q}{4\pi\varepsilon_0\left(\rho^2 + z^2\right)^{1/2}} \tag{4.3.1}$$

o que resulta em

$$\mathbf{E} = -\text{grad } V = -\frac{dV}{dz}\hat{\mathbf{z}} = \frac{Q}{4\pi\varepsilon_0}\frac{z}{\left(\rho^2 + z^2\right)^{3/2}}\hat{\mathbf{z}} \tag{4.3.2}$$

que é obtido de forma bem mais simples do que seria o cálculo direto do campo.

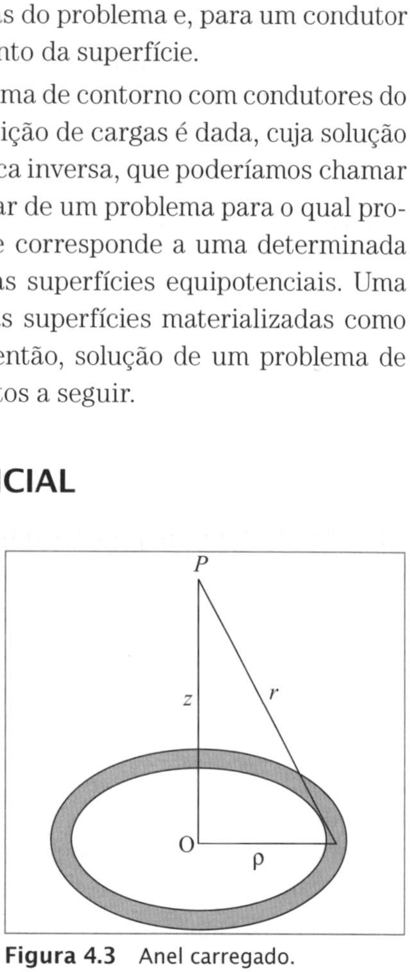

Figura 4.3 Anel carregado.

Exemplo 2: *Disco circular isolante uniformemente carregado, ponto P no eixo.* Seja a o raio do disco e σ a densidade superficial de carga. Podemos decompor o disco em anéis concêntricos de raio variável ρ, largura infinitesimal $d\rho$ e carga $dQ = 2\pi\rho\, d\rho \times \sigma$ (Figura 4.4) e usar o resultado (4.3.1) para obter $V(P)$:

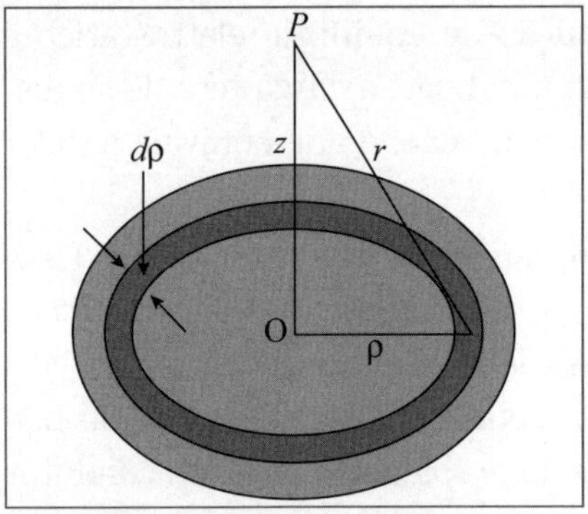

Figura 4.4 Disco carregado uniformemente.

$$V(z) = \int \frac{dQ}{4\pi\varepsilon_0 \left(\rho^2 + z^2\right)^{1/2}} = \frac{\sigma}{2\varepsilon_0} \int_0^a \frac{\rho d\rho}{\left(\rho^2 + z^2\right)^{1/2}}$$

$$= \frac{\sigma}{2\varepsilon_0} \left[\left(\rho^2 + z^2\right)^{1/2} \right]_0^a$$

o que resulta em

$$V(z) = \frac{\sigma}{2\varepsilon_0} \left[\left(a^2 + z^2\right)^{1/2} - |z| \right] \qquad \textbf{(4.3.3)}$$

onde o último termo é $(z^2)^{1/2} = |z|$.

O campo **E** é então

$$\mathbf{E} = -\text{grad } V = -\frac{dV}{dz}\hat{\mathbf{z}}$$

o que leva, notando que

$$\frac{d}{dz}|z| = \frac{z}{|z|} = \begin{cases} +1 (z > 0) \\ -1 (z < 0) \end{cases}$$

ao resultado

$$\mathbf{E}(z) = -\frac{\sigma}{2\varepsilon_0} \left[\frac{z}{\left(a^2 + z^2\right)^{1/2}} - \frac{z}{|z|} \right] \hat{\mathbf{z}}$$

que coincide com a expressão anterior (Exemplo 2, Seção 3.2) e, como já vimos, troca de sinal com z.

Em particular, no limite em que $a \to \infty$ (plano uniformemente carregado), voltamos a obter o resultado (3.2.6):

$$\mathbf{E} = \frac{\sigma}{2\varepsilon_0} \frac{z}{|z|} \hat{\mathbf{z}} \qquad \textbf{(4.3.4)}$$

Exemplo 3: *Cilindro circular condutor carregado.* Consideremos o problema de um fio uniformemente carregado com densidade linear de carga λ (Seção 3.5). Nesse caso, *não podemos* aplicar a fórmula (4.2.11), em que se supôs $V(\infty) = 0$, porque a distribuição de carga se estende até o infinito!

Porém, é sempre válida a expressão (4.2.2) para a *diferença de potencial* entre dois pontos 1 e 2, que resulta em

$$V(2) - V(1) = -\int_1^2 \mathbf{E} \cdot \mathbf{dl} \qquad \textbf{(4.3.5)}$$

Vimos na (3.4.21), como aplicação da lei de Gauss, que

$$\mathbf{E} = \frac{\lambda}{2\pi\varepsilon_0 \rho} \hat{\boldsymbol{\rho}} \qquad \textbf{(4.3.6)}$$

onde ρ é a distância ao eixo (Figura 4.5).

Substituindo essa expressão na (4.3.5), obtemos para $(\rho_1, \rho_2) \geq a$,

$$V(2)-V(1)=-\frac{\lambda}{2\pi\varepsilon_0}\int_1^2\frac{d\rho}{\rho}=-\frac{\lambda}{2\pi\varepsilon_0}[\ln\rho]_1^2=-\frac{\lambda}{2\pi\varepsilon_0}\ln\left(\frac{\rho_2}{\rho_1}\right)$$

Vemos, efetivamente, que $V(2) - V(1) \to \infty$ quando $\rho_2 \to \infty$.

Se escolhermos o nível zero do potencial em $\rho = a$, convencionando que $V(a) = 0$, isto resulta em

$$V(\rho)=-\frac{\lambda}{2\pi\varepsilon_0}\ln\left(\frac{\rho}{a}\right) \quad \textbf{(4.3.7)}$$

que é chamado de *potencial logarítmico*. Como a superfície do cilindro circular, $\rho = a$, é equipotencial, podemos materializá-la como a superfície de um *cilindro condutor*. A (4.3.6) fornece o potencial correspondente em função da carga total λ por unidade de comprimento sobre a superfície do cilindro. Para relacioná-la com a densidade superficial de carga σ sobre a superfície do cilindro, basta notar que a carga contida num comprimento L do cilindro é (Figura 4.5)

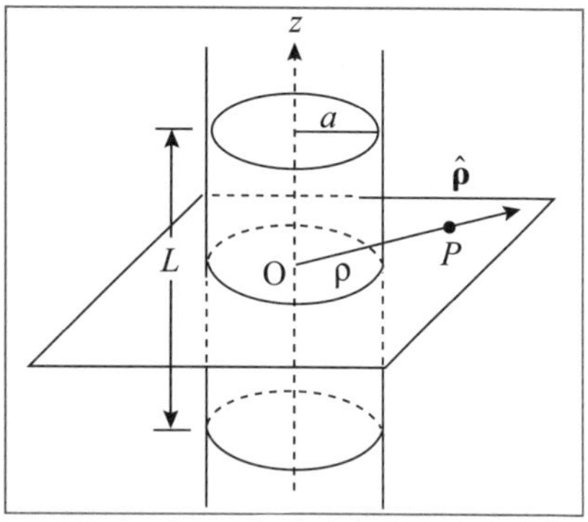

Figura 4.5 Cilindro circular condutor de raio *a*.

$$Q = \lambda L = \sigma S = 2\pi a\ L\sigma$$

o que resulta em $\lambda = 2\pi a\sigma$. O mesmo resultado se obtém comparando a (3.5.11) com a (4.3.6) para $\rho = a$. Substituindo-o na (4.3.7), encontramos

$$V(\rho)=-\frac{\sigma a}{\varepsilon_0}\ln\left(\frac{\rho}{a}\right) \quad \textbf{(4.3.8)}$$

para o potencial do cilindro condutor carregado de raio a. Essa é uma ilustração de "uma solução à procura de um problema".

Exemplo 4: *Campo uniforme.* Vimos, como exemplo de campos uniformes, que um plano uniformemente carregado com densidade superficial σ (Figura 3.18) produz, acima e abaixo dele, campos uniformes em sentidos opostos. Novamente, trata-se de uma distribuição de cargas que se estende até o infinito, e não podemos usar a (4.2.11) para calcular o potencial.

Entretanto, tomando, por exemplo, dois pontos 1 e 2 acima do plano carregado, a diferença de potencial entre eles é dada pela (4.3.5). Substituindo **E** pela sua expressão (4.3.4), com $z > 0$, resulta

$$V(2)-V(1)=-E(z_2-z_1)=-\frac{\sigma}{2\varepsilon_0}(z_2-z_1) \quad (z_1, z_2>0)$$

que efetivamente diverge para $z_2 \to \infty$.

Podemos tomar então, como potencial $V(z)$ associado a um campo uniforme $\mathbf{E} = E\hat{\mathbf{z}}$,

$$V(z) = -Ez + C \qquad \textbf{(4.3.9)}$$

onde C é uma constante arbitrária. Para defini-la, podemos escolher, por exemplo, o zero de potencial em $z = 0$, o que leva a

$$V(z) = -Ez$$

Esse exemplo é análogo ao campo gravitacional perto da superfície da Terra (**FB1**, Seção 7.3).

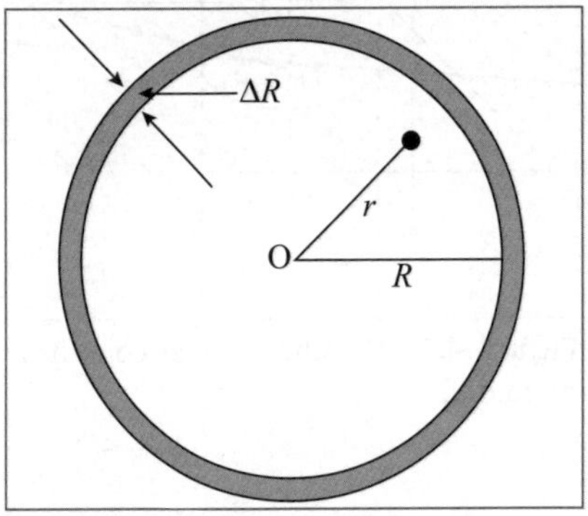

Figura 4.6 Casca esférica.

Exemplo 5: ***Casca esférica.*** Consideremos uma camada esférica de raio R e espessura $\Delta R << R$, uniformemente carregada com densidade volumétrica ρ; no limite em que a espessura é infinitésima, podemos tratá-la como uma distribuição superficial de densidade σ, onde ρ e σ estão relacionados por

$$\Delta Q = 4\pi R^2 \Delta R \rho = 4\pi R^2 \sigma \qquad \textbf{(4.3.10)}$$

sendo ΔQ a carga total da camada.

Novamente, é mais simples calcular V a partir de $\mathbf{E}$, já calculado usando a lei de Gauss; pelas (3.5.5) e (3.5.6), temos:

$$\mathbf{E} = \begin{cases} \dfrac{\Delta Q}{4\pi\varepsilon_0 r^2}\hat{\mathbf{r}} & (r > R) \\ 0 & (r < R) \end{cases}$$

e podemos tomar o nível zero do potencial no infinito, o que conduz a

$$V(r) = -\int_\infty^r E(r')dr' = \frac{\Delta Q}{4\pi\varepsilon_0 r} \qquad (r \geq R) \qquad \textbf{(4.3.11)}$$

ou seja, fora da casca, como para o campo, o potencial é o mesmo que se toda a carga estivesse concentrada no centro.

Já para $r < R$, temos, como $\mathbf{E} = 0$ dentro da casca,

$$V(r) = -\int_\infty^R E(r')dr' = \frac{\Delta Q}{4\pi\varepsilon_0 R} \qquad (0 \leq r \leq R) \qquad \textbf{(4.3.12)}$$

ou seja, o potencial dentro da casca é constante e igual ao seu valor na superfície dela.

Como a superfície da casca é uma superfície equipotencial, também podemos materializá-la como uma superfície condutora ("solução à procura de um problema").

Os resultados acima dão então o potencial devido a uma esfera condutora de raio R e carga total Q:

$$V(r) = \frac{V(R)R}{r} = \frac{Q}{4\pi\varepsilon_0 r} \qquad (r \geq R) \tag{4.3.13}$$

A Figura 4.7 mostra gráficos da componente radial do campo $E(r)$ e do potencial $V(r)$ para a casca esférica ou para uma esfera condutora maciça de raio R. O campo é descontínuo: é nulo até a superfície, onde tem um salto, e depois cai com $1/r^2$. Já o potencial é contínuo na superfície: é constante dentro da esfera e depois cai mais lentamente, com $1/r$.

Métodos análogos podem ser empregados para o cálculo do potencial de qualquer distribuição esfericamente simétrica de cargas (cf. Problemas do Cap. 4).

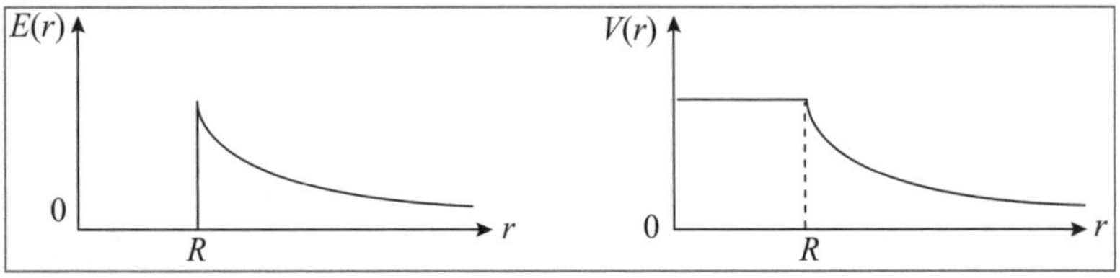

Figura 4.7 Campo radial $E(r)$ e potencial $V(r)$ para casca esférica ou esfera condutora.

4.4 DIPOLOS ELÉTRICOS

Um dipolo elétrico é um par de cargas de mesma magnitude e sinais opostos, q e $-q$, situadas em pontos diferentes, como no Exemplo 1 da Seção 3.2. A *carga total* do dipolo é = 0. Se $\mathbf{l}$ é o vetor de posição da carga positiva em relação à negativa (Figura 4.8), o *momento de dipolo elétrico* do dipolo é, por definição, o vetor

$$\boxed{\mathbf{p} = q\mathbf{l}} \tag{4.4.1}$$

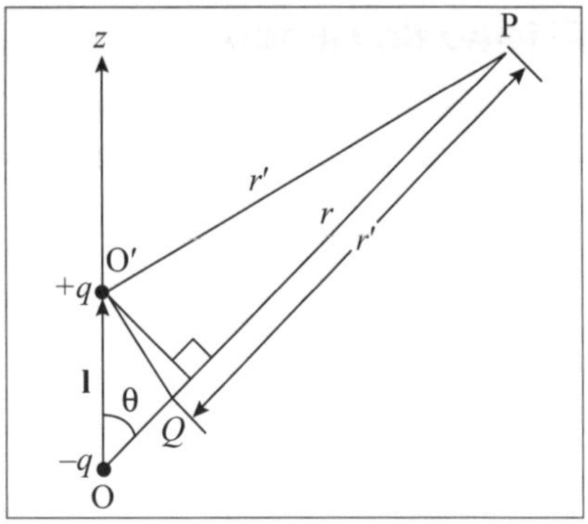

Figura 4.8 Potencial de um dipolo num ponto P distante.

Interessa-nos calcular V a distâncias muito maiores que o "braço" $l = |\mathbf{l}|$ do dipolo. Vamos tomar a origem O na carga $-q$ e o eixo Oz na direção de $\mathbf{l}$. O potencial do dipolo num ponto P, com $\mathbf{OP} = \mathbf{r}$, é

$$V(\mathbf{r}) = \frac{q}{4\pi\varepsilon_0}\left(\frac{1}{r'} - \frac{1}{r}\right) \tag{4.4.2}$$

onde r' e $r = |\mathbf{r}|$ são as distâncias de P a $+q$ e $-q$, respectivamente. Na Figura 4.8, onde PQ é o rebatimento de PO′ sobre a direção de PO, vemos que, desprezando termos de ordem superior, temos, para $r >> l$,

$$r' = r - l\cos\theta \tag{4.4.3}$$

onde θ é o ângulo entre $\mathbf{r}$ e Oz. Isso vale porque OQ quase se confunde com a projeção ortogonal de OO′ sobre OP. Daí decorre

$$\frac{1}{r'} \approx \frac{1}{r\left(1-\frac{l}{r}\cos\theta\right)} \approx \frac{1}{r}\left(1+\frac{l}{r}\cos\theta\right) = \frac{1}{r}+\frac{l\cos\theta}{r^2} \qquad \textbf{(4.4.4)}$$

desprezando-se termos da ordem de $(l/r)^2$ ou superior. Substituindo na (4.4.3), obtemos o potencial do dipolo num ponto distante:

$$\boxed{V(\mathbf{r}) = \frac{ql\cos\theta}{4\pi\varepsilon_0 r^2} = \frac{p\cos\theta}{4\pi\varepsilon_0 r^2} = \frac{\mathbf{p}\cdot\hat{\mathbf{r}}}{4\pi\varepsilon_0 r^2} = \frac{\mathbf{p}\cdot\mathbf{r}}{4\pi\varepsilon_0 r^3}} \qquad \textbf{(4.4.5)}$$

que cai como $(1/r)^2$ em lugar de $1/r$ (potencial coulombiano de uma carga), em razão da neutralização das contribuições de $+q$ e $-q$ a grande distância. Na (4.4.5), $p \equiv |\mathbf{p}|$.

Com $\mathbf{r} = (x, y, z)$, também podemos escrever, no sistema de eixos da Figura 4.8,

$$V(\mathbf{r}) = \frac{pz}{4\pi\varepsilon_0 r^3} \qquad \textbf{(4.4.6)}$$

Todos esses resultados valem para $r >> l$. Também se costuma definir o conceito idealizado de um "dipolo puntiforme" (como na idealização de uma "carga puntiforme"), tomando o limite em que $l \to 0$ e $q \to \infty$ mantendo constante o produto $p = ql$. Com essa interpretação, a (4.4.5) representa, para qualquer $r \neq 0$, o *potencial de um dipolo puntiforme situado na origem.*

Cálculo do campo

A (4.4.6) permite calcular $\mathbf{E} = -\,\text{grad}\,V$. Como o gradiente é um operador de derivação, vale a regra da derivada de um produto:

$$\text{grad}(fg) = (\text{grad}\,f)g + f\,\text{grad}\,g \qquad \textbf{(4.4.7)}$$

Logo, usando também a (4.1.15), obtemos

$$\text{grad}\left(\frac{z}{r^3}\right) = \frac{1}{r^3}\text{grad}\,z + z\,\text{grad}\left(\frac{1}{r^3}\right) = \frac{\hat{\mathbf{z}}}{r^3} - \frac{3z}{r^4}\hat{\mathbf{r}} = \frac{\hat{\mathbf{z}}}{r^3} - \frac{3\hat{\mathbf{z}}\cdot\hat{\mathbf{r}}}{r^3}\hat{\mathbf{r}}$$

e, como $\mathbf{p} = p\,\hat{\mathbf{z}}$, resulta

$$\boxed{\mathbf{E} = -\frac{\mathbf{p}}{4\pi\varepsilon_0 r^3} + \frac{3(\mathbf{p}\cdot\hat{\mathbf{r}})}{4\pi\varepsilon_0 r^3}\hat{\mathbf{r}}} \qquad \textbf{(4.4.8)}$$

Em particular, para pontos do plano (x, y) (com $z = 0$), temos $\mathbf{p}\cdot\hat{\mathbf{r}} = 0$ e a (4.4.8) fica

$$\mathbf{E}(x,\, y,\, 0) = -\frac{\mathbf{p}}{4\pi\varepsilon_0 r^3} \qquad \textbf{(4.4.9)}$$

que é antiparalelo a $\mathbf{p}$ e coincide com o resultado da Seção 3.2, Exemplo 1.

Por outro lado, para pontos ao longo do eixo z (alinhados com o dipolo), temos $r = |z|$ e $\hat{\mathbf{r}} = \hat{\mathbf{z}}$, o que resulta em

$$\mathbf{E}(0, 0, z) = \frac{\mathbf{p}}{2\pi\varepsilon_0 r^3} \tag{4.4.10}$$

que tem sentido oposto à (4.4.9) e magnitude dupla.

A Figura 4.9 mostra as linhas de força do campo de um dipolo puntiforme $\mathbf{p} = p\,\hat{\mathbf{z}}$ situado na origem. Ela deve ser comparada com a Figura 3.6, na qual, porém, o dipolo é horizontal e não é puntiforme: assim as linhas de força da Figura 3.6 têm o mesmo aspecto das da Figura 4.9 para distâncias muito maiores do que a separação entre as cargas.

O eixo Oz é uma particular linha de força, o que concorda com a (4.4.10); as linhas de força cruzam o plano xy na vertical, em concordância com a (4.4.9).

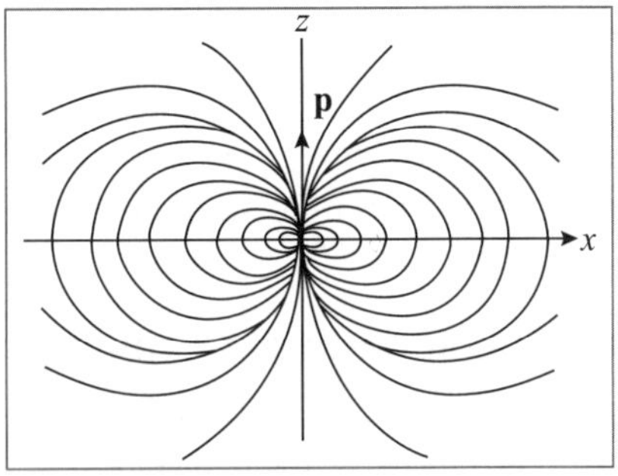

Figura 4.9 Linhas de força do campo de um dipolo **p** na origem, alinhado com o eixo z.

Exemplos de dipolos na escala microscópica

Na ausência de um campo externo, a nuvem de carga associada ao elétron num átomo de hidrogênio está centrada no próton (núcleo), e o átomo não tem momento de dipolo elétrico permanente. Quando se aplica um campo elétrico externo **E**, porém, o "centro de carga" negativo da nuvem eletrônica se desloca em sentido oposto a **E**, e o núcleo se desloca no sentido de **E**: aparece um dipolo elétrico, *induzido* pelo campo [Figura 4.10(a)]. Dizemos que o átomo se *polariza* sob a ação de um campo externo. O mesmo acontece com átomos mais complexos e com moléculas não polares, ou seja, que não possuem momento de dipolo permanente: os "centros de carga" positiva e negativa se separam e o campo externo produz polarização (momento de dipolo elétrico).

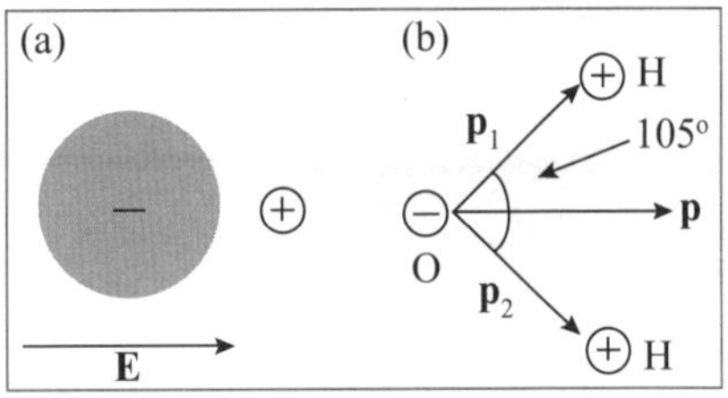

Figura 4.10 (a) Polarização da nuvem eletrônica no campo externo **E**; (b) Dipolo permanente da molécula de H_2O.

Moléculas sem centro de simetria podem ter *momentos de dipolo elétrico permanentes*: são chamadas de *moléculas polares*. Um exemplo importante é a molécula de água, em que as duas ligações O–H formam um ângulo de 105°. A nuvem eletrônica tende a se concentrar mais em torno do oxigênio, que se torna negativo em relação aos hidrogênios, formando dois momentos de dipolo $\mathbf{p}_1$ e $\mathbf{p}_2$ [Figura 4.10 (b)], cuja resultante $\mathbf{p}$ é o momento de dipolo permanente da molécula de H_2O. Seu valor é $|\mathbf{p}| \approx 6{,}2 \times 10^{-30}$ C·m, compatível com as constantes atômicas: a carga típica é da ordem da do elétron, $1{,}6 \times 10^{-19}$ C, e distâncias interatômicas típicas são da ordem de 10^{-10} m.

Da mesma forma que uma distribuição superficial de cargas, também se pode ter uma *distribuição superficial de dipolos*, que é chamada de *dupla camada*. Exemplos importantes são encontrados em biologia. Assim, a membrana de uma célula é um isolante, que separa o fluido no seu interior (citoplasma) do fluido externo. Ambos são soluções salinas diluídas, em que a maioria das moléculas dissolvidas estão ionizadas. Embora os fluidos sejam neutros, a superfície interna da membrana tem um excesso de íons negativos (ânions), ao passo que a superfície externa tem um excesso de cátions (íons positivos), em virtude das diferenças de permeabilidade da membrana a diferentes íons.

A espessura da membrana é da ordem de algumas dezenas de Å, de modo que podemos usar, como modelo da distribuição de cargas sobre ela, uma dupla camada. Vamos ver agora como se pode calcular o potencial eletrostático de uma dupla camada.

Potencial de dupla camada

Numa dupla camada, o momento de dipolo **dp** de um elemento de superfície orientado $\mathbf{dS} = \hat{\mathbf{n}}\, dS$ tem a direção da normal $\hat{\mathbf{n}}$ e é proporcional a dS:

$$\mathbf{dp} = \delta\, \mathbf{dS} = \delta \hat{\mathbf{n}}\, dS \equiv \boldsymbol{\delta}\, dS \qquad \textbf{(4.4.11)}$$

o que define as densidades superficiais escalar (δ) e vetorial ($\boldsymbol{\delta}$) de momento de dipolo elétrico.

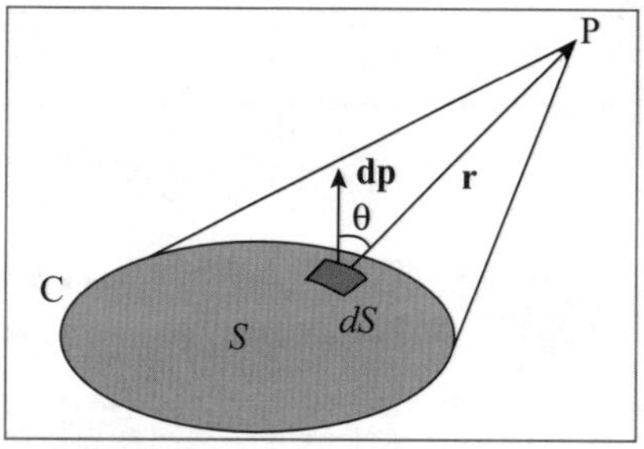

Figura 4.11 Potencial de dupla camada.

Pelas (4.4.5) e (4.4.11), um elemento de superfície dS da dupla camada contribui para o potencial num ponto P com

$$dV = \frac{\mathbf{dp} \cdot \hat{\mathbf{r}}}{4\pi\varepsilon_0 r^2} = \frac{\delta}{4\pi\varepsilon_0} \frac{\mathbf{dS} \cdot \hat{\mathbf{r}}}{r^2} \qquad \textbf{(4.4.12)}$$

onde **r** é o vetor de posição de P com origem em dS (Figura 4.11). Mas, pela (3.4.5),

$$\frac{\mathbf{dS} \cdot \hat{\mathbf{r}}}{r^2} = \frac{dS \cos\theta}{r^2} = d\Omega$$

é o elemento de ângulo sólido subtendido por dS em P.

Logo, para uma distribuição com densidade superficial δ = constante sobre uma superfície S, o potencial $V(\mathrm{P})$ é dado por

$$\boxed{V(\mathrm{P}) = \frac{\delta}{4\pi\varepsilon_0} \Omega} \qquad \textbf{(4.4.13)}$$

onde Ω é o *ângulo sólido total subtendido pela dupla camada em* P (Figura 4.11). O ângulo sólido Ω só depende do *contorno* C de S: é o mesmo para qualquer superfície de contorno C.

Em pontos P acima de S, para onde apontam os dipolos (do lado das cargas positivas), o ângulo θ é agudo e Ω é > 0; para P abaixo de S (lado das cargas negativas), θ é obtuso e $\Omega < 0$. Em particular, se P tende a um ponto P_+ de S do lado positivo, $\Omega \to 2\pi$; se P tende a um ponto P_- de S do lado negativo, $\Omega \to -2\pi$; o que resulta em

$$V(P+) = \frac{\delta}{2\varepsilon_0}, \quad V(P-) = -\frac{\delta}{2\varepsilon_0} \tag{4.4.14}$$

e isto leva a

$$\boxed{V(P+) - V(P-) = \frac{\delta}{\varepsilon_0}} \tag{4.4.15}$$

mostrando que o *potencial tem uma descontinuidade* δ/ε_0 através da dupla camada.

No caso da membrana celular, essa diferença de potencial através dela é chamada de *potencial de membrana* e é da ordem de grandeza, tipicamente, de uma centena de mV. Em células nervosas (neurônios), variações suficientemente grandes desse "potencial de repouso" desencadeiam um sinal ("potencial de ação"), cuja propagação ao longo do sistema nervoso é a base da transmissão de informações em nosso organismo.

Forças e torques sobre dipolos em campos elétricos

(a) Dipolo num campo uniforme

Se tivermos um dipolo num campo externo **E** uniforme, as forças que atuam sobre as cargas $+q$ e $-q$, respectivamente, são dadas por [Figura 4.12(a)]

$$\mathbf{F}_+ = q\mathbf{E} = -\mathbf{F}_- \tag{4.4.16}$$

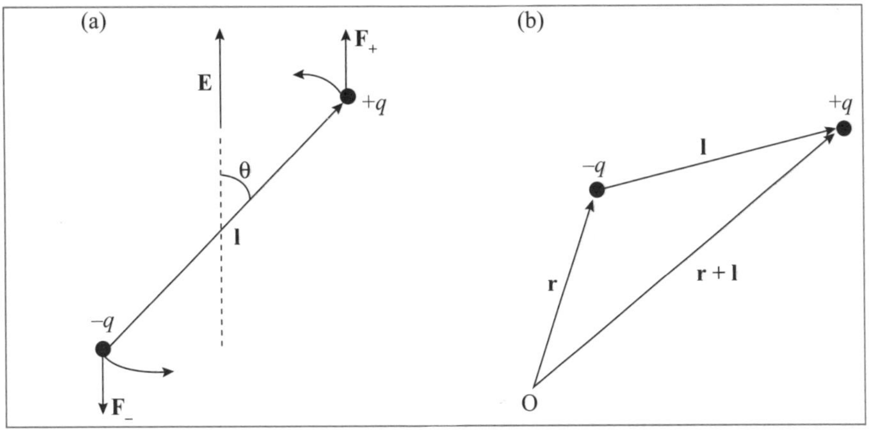

Figura 4.12 (a) Torque sobre um dipolo num campo uniforme; (b) Energia potencial de um dipolo num campo externo.

Este par de forças forma um *binário*, cujo *torque* é dado por

$$\boldsymbol{\tau} = \mathbf{l} \times \mathbf{F}_+ = q\mathbf{l} \times \mathbf{E} = \mathbf{p} \times \mathbf{E} \quad (\tau = pE\,\text{sen}\,\theta) \tag{4.4.17}$$

que tende a fazer o dipolo girar até alinhar-se paralelamente a **E**.

(b) Energia potencial e força num campo qualquer

Consideremos agora a energia potencial do dipolo e a força que atua sobre ele quando as cargas estão situadas em pontos **r** e **r** + **l** de um campo externo **E**(**r**) qualquer, que não precisa ser uniforme [Figura 4.12 (b)]. A origem O é tomada num ponto arbitrário.

Pela definição do potencial, a energia potencial de uma carga q num ponto **r** de um campo eletrostático externo **E** é $q\ \varphi(\mathbf{r})$, onde φ é o potencial associado a **E**. Usamos a notação φ para evitar confusão com o potencial V do campo *produzido* pelo dipolo. Logo, a energia potencial de um dipolo num campo externo **E** qualquer é

$$U(\mathbf{r}) = q\left[\varphi(\mathbf{r}+\mathbf{l}) - \varphi(\mathbf{r})\right] \tag{4.4.18}$$

Supondo desprezíveis as dimensões do dipolo, podemos tratar **l** como um infinitésimo e usar

$$\varphi(\mathbf{r}+\mathbf{l}) - \varphi(\mathbf{r}) = \mathbf{l}\cdot \operatorname{grad}\varphi \tag{4.4.19}$$

o que leva a $U(\mathbf{r}) = q\mathbf{l}\cdot \operatorname{grad}\varphi$, ou seja,

$$U(\mathbf{r}) = -\mathbf{p}\cdot\mathbf{E}(\mathbf{r}) \tag{4.4.20}$$

A *força* resultante sobre o dipolo é

$$\mathbf{F} = -\operatorname{grad} U \tag{4.4.21}$$

Num campo uniforme, **p** e **E** não dependem de **r**; logo, **F** = 0 [mas, como vimos, existe um torque sobre o dipolo, dado pela (4.4.17)].

Por outro lado, se o campo *não é uniforme* (campo *inomogêneo*), temos

$$U = -p_x E_x(\mathbf{r}) - p_y E_y(\mathbf{r}) - p_z E_z(\mathbf{r})$$

o que resulta em uma força não-nula sobre o dipolo (suposto *fixo*, isto é, com **p** independente de **r**):

$$\mathbf{F} = p_x \operatorname{grad} E_x(\mathbf{r}) + p_y \operatorname{grad} E_y(\mathbf{r}) + p_z \operatorname{grad} E_z(\mathbf{r}) \tag{4.4.22}$$

Por exemplo, no entorno de um ponto em que $\mathbf{p} = p\hat{\mathbf{x}}$ e $\mathbf{E} = E_x(x)\,\hat{\mathbf{x}}$, teríamos

$$\mathbf{F} = p\frac{dE_x}{dx}\hat{\mathbf{x}} \tag{4.4.23}$$

o que tem uma interpretação imediata: a força resultante sobre o par de cargas tem nesse caso a direção x e amplitude dada por

$$F_x(x+l) + F_x(x) = q\left[E_x(x+l) - E_x(x)\right] \approx ql\frac{dE_x}{dx} = p\frac{dE_x}{dx} \tag{4.4.24}$$

Vemos que o dipolo tende a se deslocar *no sentido do campo crescente* ($dE_x/dx > 0$), o que decorre, no caso geral, de

$$\mathbf{F} = \operatorname{grad}(\mathbf{p}\cdot\mathbf{E}) \tag{4.4.25}$$

e do que vimos: o gradiente aponta na direção do *máximo aclive*. A força sobre o dipolo é uma *força de gradiente*.

Podemos compreender agora por que um pente eletrizado atrai pedacinhos de papel (Figura 4.13). Por indução, o pente polariza um fragmento de papel, criando um dipolo, que é atraído para a região de campo mais intenso na vizinhança das pontas do pente ("poder das pontas", que voltará a ser discutido na Seção 4.7). Do ponto de vista da interação entre cargas, a carga negativa do pente atrai carga positiva do papel e repele carga negativa (polarização do fragmento), mas a carga positiva é mais atraída do que a negativa é repelida, porque a positiva está mais perto da ponta, onde a força é mais intensa.

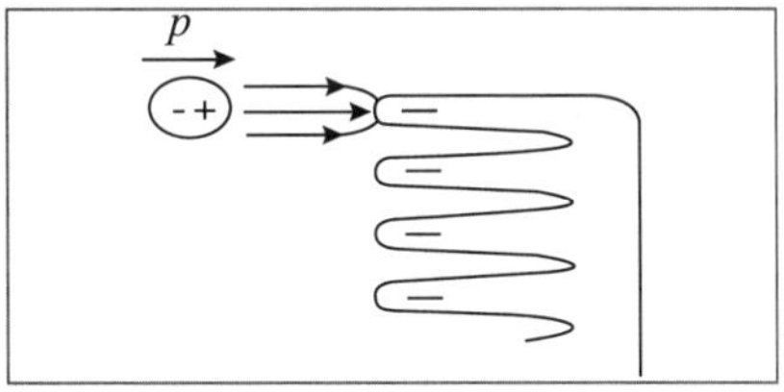

Figura 4.13 Atração de fragmento de papel por pente eletrizado.

4.5 CIRCULAÇÃO E O ROTACIONAL

Vimos que o caráter conservativo do campo eletrostático, equivalente à existência do potencial V, se exprime também pelo fato de que, se Γ *é qualquer curva fechada (orientada)*

$$\boxed{\oint_\Gamma \mathbf{E}\cdot d\mathbf{l} = 0} \tag{4.5.1}$$

ou seja, *a circulação do campo elétrico ao longo de* Γ *é igual a zero*.

Da mesma forma como fizemos para a lei de Gauss, vamos procurar agora uma *formulação local* desse resultado. Para isso, vamos de início recapitular resultados já vistos sobre *circulação de um fluido* na hidrodinâmica (**FB2**, Seção 2.6). Se $\mathbf{v}$ é o campo de velocidades no escoamento de um fluido, a *circulação* C_Γ do fluido ao longo da curva fechada orientada Γ é definida por

$$\boxed{C_\Gamma \equiv \oint_\Gamma \mathbf{v}\cdot d\mathbf{l}} \tag{4.5.2}$$

Exemplo: Consideremos um fluido num recipiente cilíndrico em rotação rígida em torno do eixo z, com velocidade angular ω. A velocidade num ponto P do circuito Γ da Figura 4.14 (círculo de raio ρ com centro no eixo) é

$$\mathbf{v}(\text{P}) = \omega\rho\hat{\boldsymbol{\phi}} \tag{4.5.3}$$

o que resulta, para a circulação ao longo de Γ, em

$$C_\Gamma \equiv \oint_\Gamma \mathbf{v}\cdot\rho\, d\phi\, \hat{\boldsymbol{\phi}} = \omega\rho^2 \oint d\phi = 2\omega S \tag{4.5.4}$$

onde $S = \pi\rho^2$ é a área contida dentro de Γ. Logo, a *circulação por unidade de área* para esse circuito é igual ao dobro da velocidade angular de rotação do fluido.

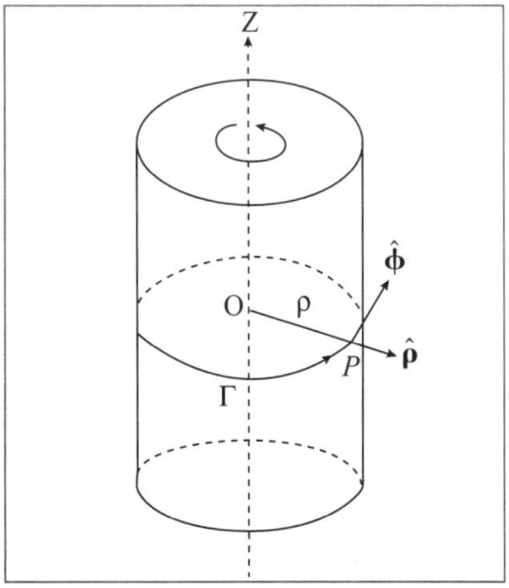

Figura 4.14 Cilindro fluido em rotação rígida.

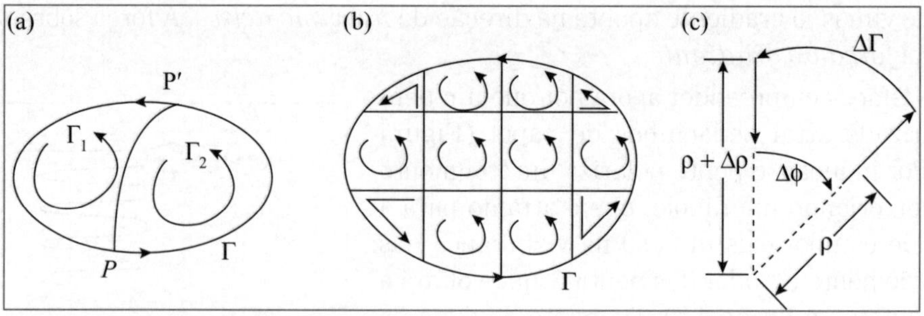

Figura 4.15 (a) Propriedade aditiva da circulação; (b) Decomposição de circuito em malhas; (c) Circuito ΔΓ.

Vamos ver agora que esse resultado vale não só para o circuito especial tomado, mas para *qualquer circuito fechado de mesma orientação no interior do fluido.* Para isto, começamos por observar que a circulação tem uma *propriedade aditiva*: se decompusermos um circuito fechado Γ em dois circuitos adjacentes Γ_1 e Γ_2, unindo os pontos P e P′ [Figura 4.15(a)], a circulação ao longo de Γ é a soma das circulações ao longo de Γ_1 e Γ_2. Com efeito, a contribuição do arco PP′ se cancela, porque ele é percorrido duas vezes, em sentidos opostos. Logo,

$$C_\Gamma \equiv \oint_\Gamma \mathbf{v}\cdot\mathbf{dl} = \oint_{\Gamma_1} \mathbf{v}\cdot\mathbf{dl} + \oint_{\Gamma_2} \mathbf{v}\cdot\mathbf{dl} = C_{\Gamma_1} + C_{\Gamma_2} \tag{4.5.5}$$

A Figura 4.15 (b) ilustra o fato de que qualquer circuito Γ pode ser decomposto em malhas arbitrariamente pequenas de mesma orientação; pela propriedade aditiva, a circulação sobre Γ é a soma das circulações sobre as malhas da decomposição: todas as contribuições de arcos internos se cancelam duas a duas. Logo, basta determinar a *circulação para uma malha infinitesimal*, cujo valor pode variar de ponto a ponto (propriedade local).

No exemplo do cilindro de fluido em rotação, tomando o circuito ΔΓ da Figura 4.15 (c), com centro no eixo e contido num plano perpendicular a ele, a (4.5.3) conduz a

$$\begin{aligned} C_{\Delta\Gamma} &= \omega(\rho+\Delta\rho)\cdot(\rho+\Delta\rho)\Delta\phi - \omega\rho\cdot\rho\Delta\phi \\ &= \omega\Delta\phi\left[(\rho+\Delta\rho)^2-\rho^2\right] \approx \omega\Delta\phi\cdot 2\rho\,\Delta\rho = 2\omega\cdot\Delta S \end{aligned}$$

onde ΔS é a área contida dentro de ΔΓ. Logo, para um circuito infinitesimal,

$$\lim_{\Delta S\to 0}\left(\frac{C_{\Delta\Gamma}}{\Delta S}\right) = 2\omega \tag{4.5.6}$$

que tem o mesmo valor em qualquer ponto do fluido, e indica uma característica importante do escoamento (velocidade angular). Usando a propriedade aditiva, recuperamos o resultado (4.5.4) acima para um circuito finito.

Um campo de escoamento de um fluido recebe o nome de *rotacional* ou *irrotacional*, conforme a circulação por unidade de área nos pontos do escoamento, seja ≠ 0 ou = 0. No primeiro caso, um elemento fluido centrado num ponto tem momento angular ≠ 0 em torno dele, ou seja, gira ao mesmo tempo que é transladado pelo movimento; no segundo caso, o momento angular de cada partícula fluida em torno de seu centro é = 0.

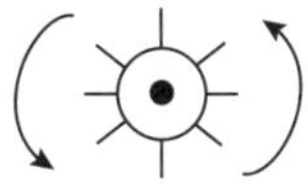

Um detector que distingue entre os dois casos é uma rodinha de pás colocada dentro do fluido: no primeiro caso, ela gira enquanto é transportada; já no segundo, sofre translação pura, sem girar.

Para *caracterizar localmente a circulação por unidade de área*, consideremos, primeiro, um retângulo infinitésimo, e tomemos o plano dele como plano (x,y), com eixos paralelos aos lados, de comprimentos, respectivamente, Δx e Δy. Com a orientação da Figura 4.16 (a), **dl** é paralelo a $\hat{\mathbf{x}}$ sobre o lado 1 e antiparalelo sobre o lado 3, de modo que a circulação correspondente a esses dois lados é

$$C_{(1)} + C_{(3)} = \Delta x\left[\mathbf{v}(1)\cdot\hat{\mathbf{x}} - \mathbf{v}(3)\cdot\hat{\mathbf{x}}\right] = \left[v_x(1) - v_x(3)\right]\Delta x$$

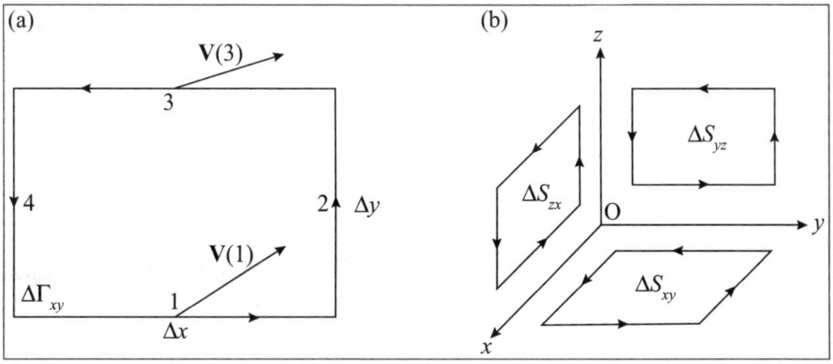

Figura 4.16 (a) Circulação sobre retângulo infinitésimo; (b) Orientações positivas de circuitos nos três planos coordenados.

As coordenadas em 3 diferem das em 1 por um acréscimo Δy infinitésimo, de forma que isto conduz a

$$C_{(1)} + C_{(3)} = \Delta x\left(-\frac{\partial v_x}{\partial y}\Delta y\right) = -\frac{\partial v_x}{\partial y}\Delta S_{xy}$$

onde $\Delta S_{xy} = \Delta x \Delta y$ é a área do circuito retangular. Analogamente,

$$C_{(2)} + C_{(4)} = \left[v_y(2) - v_y(4)\right]\Delta y = \left(\frac{\partial v_y}{\partial x}\Delta x\right)\Delta y = \frac{\partial v_y}{\partial x}\Delta S_{xy}$$

A circulação por unidade de área sobre o circuito retangular $\Delta\Gamma_{xy}$, é então

$$\frac{C_{\Delta\Gamma_{xy}}}{\Delta S_{xy}} = \frac{\partial v_y}{\partial x} - \frac{\partial v_x}{\partial y} \tag{4.5.7}$$

Resultados análogos valem para circuitos nos planos (y, z) e (z, x); as orientações são escolhidas sempre de tal forma que, vistos "de cima" dos eixos x, y ou z, os circuitos são percorridos no sentido *anti-horário* [Figura 4.16 (b)].

Obtemos então (verifique!)

$$\frac{C_{\Delta\Gamma_{yz}}}{\Delta S_{yz}} = \frac{\partial v_z}{\partial y} - \frac{\partial v_y}{\partial z}, \quad \frac{C_{\Delta\Gamma_{zx}}}{\Delta S_{zx}} = \frac{\partial v_x}{\partial z} - \frac{\partial v_z}{\partial x} \tag{4.5.8}$$

que resultam da (4.5.7) por permutações circulares; $x \to y \to z \to x$.

Por decomposição em malhas retangulares infinitésimas, esses resultados se estendem a circuitos de forma qualquer paralelos aos três planos coordenados.

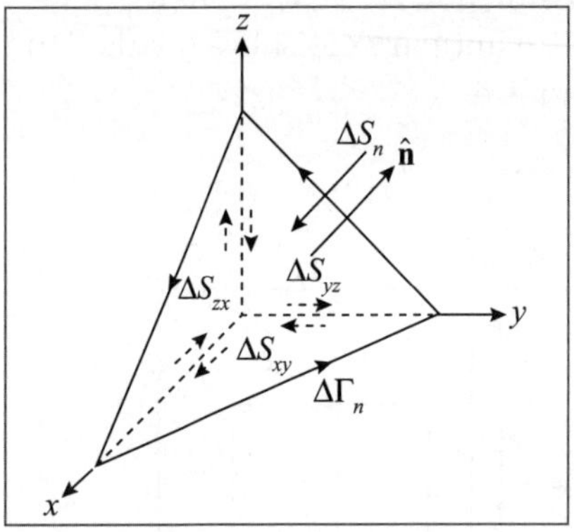

Figura 4.17 Circuito triangular oblíquo aos eixo.

Consideremos agora um circuito orientado de forma triangular, $\Delta\Gamma_n$, oblíquo aos planos coordenados, com a normal $\hat{\mathbf{n}}$ ao plano do triângulo orientada de tal forma que, visto da extremidade de $\hat{\mathbf{n}}$, o circuito $\Delta\Gamma_n$ é descrito no sentido anti-horário, e sejam ΔS_{xy}, ΔS_{yz} e ΔS_{zx}, as projeções de ΔS_n (área interna a $\Delta\Gamma_n$) sobre os três planos coordenados (Figura 4.17). Temos então

$$\begin{aligned} \Delta S_{xy} &= \Delta S_n \, \hat{\mathbf{n}} \cdot \hat{\mathbf{z}} \\ \Delta S_{yz} &= \Delta S_n \, \hat{\mathbf{n}} \cdot \hat{\mathbf{x}} \\ \Delta S_{zx} &= \Delta S_n \, \hat{\mathbf{n}} \cdot \hat{\mathbf{y}} \end{aligned} \tag{4.5.9}$$

pois a área da projeção do triângulo sobre um plano é a área dele multiplicada pelo cosseno do ângulo entre as duas normais. Por outro lado,

$$C_{\Delta\Gamma_n} = C_{\Delta\Gamma_{xy}} + C_{\Delta\Gamma_{yz}} + C_{\Delta\Gamma_{zx}}$$

porque as contribuições dos percursos sobre os eixos se cancelam duas a duas (Figura 4.17).

Substituindo nessa relação os resultados (4.5.7) a (4.5.9), resulta

$$C_{\Delta\Gamma_n} = \left(\frac{\partial v_y}{\partial x} - \frac{\partial v_x}{\partial y}\right) \hat{\mathbf{z}} \cdot \hat{\mathbf{n}} \, \Delta S_n + \left(\frac{\partial v_z}{\partial y} - \frac{\partial v_y}{\partial z}\right) \hat{\mathbf{x}} \cdot \hat{\mathbf{n}} \, \Delta S_n + \left(\frac{\partial v_x}{\partial z} - \frac{\partial v_z}{\partial x}\right) \hat{\mathbf{y}} \cdot \hat{\mathbf{n}} \, \Delta S_n$$

ou seja,

$$\boxed{\frac{C_{\Delta\Gamma_n}}{\Delta S_n} = \hat{\mathbf{n}} \cdot \operatorname{rot} \mathbf{v}} \tag{4.5.10}$$

é a circulação por unidade de área para orientação arbitrária (no espaço) de $\hat{\mathbf{n}}$ e para $\Delta\Gamma_n$ infinitésimo, onde

$$\boxed{\text{rot } \mathbf{v} = \left(\frac{\partial v_z}{\partial y} - \frac{\partial v_y}{\partial z}\right)\hat{\mathbf{x}} + \left(\frac{\partial v_x}{\partial z} - \frac{\partial v_z}{\partial x}\right)\hat{\mathbf{y}} + \left(\frac{\partial v_y}{\partial x} - \frac{\partial v_x}{\partial y}\right)\hat{\mathbf{z}}} \quad \textbf{(4.5.11)}$$

é a expressão em coordenadas cartesianas de um vetor cuja definição intrínseca (independente da escolha das coordenadas) resulta da (4.5.10): em termos da *circulação por unidade de área para uma área infinitésima* (compare com a definição de div **v** como fluxo por unidade de volume), temos

$$\boxed{\hat{\mathbf{n}} \cdot \text{rot } \mathbf{v} \equiv \lim_{\Delta S \to 0}\left[\frac{1}{\Delta S}\oint_{\Delta\Gamma} \mathbf{v} \cdot \mathbf{dl}\right]} \quad \textbf{(4.5.12)}$$

onde $\Delta\Gamma$ é o contorno do elemento de superfície ΔS (Figura 4.18).

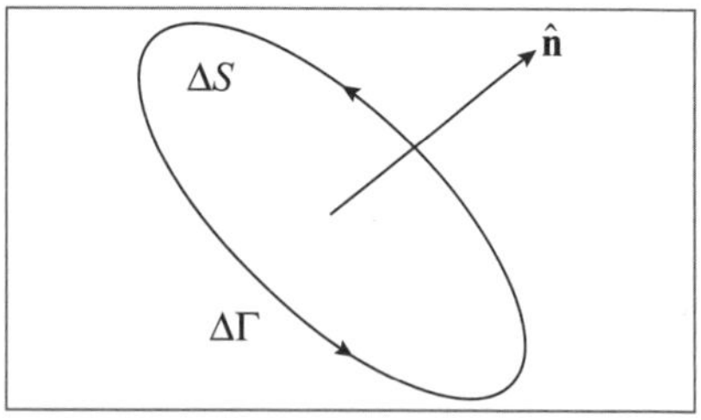

Figura 4.18 Contorno $\Delta\Gamma$.

Há uma diferença sutil entre a definição de $\hat{\mathbf{n}}$ neste caso e a da normal externa a uma superfície fechada. A orientação da normal externa não depende de uma convenção, mas a de $\hat{\mathbf{n}}$ neste caso depende de uma *convenção de orientação*: visto a partir da extremidade de $\hat{\mathbf{n}}$, o contorno $\Delta\Gamma$ é percorrido no sentido anti-horário. Como vimos no curso de Mecânica (**FB1**, Seção 11.2), isso implica que rot **v** é um *vetor axial* (o sentido de rot **v** depende de uma convenção de orientação, como o sentido do produto vetorial).

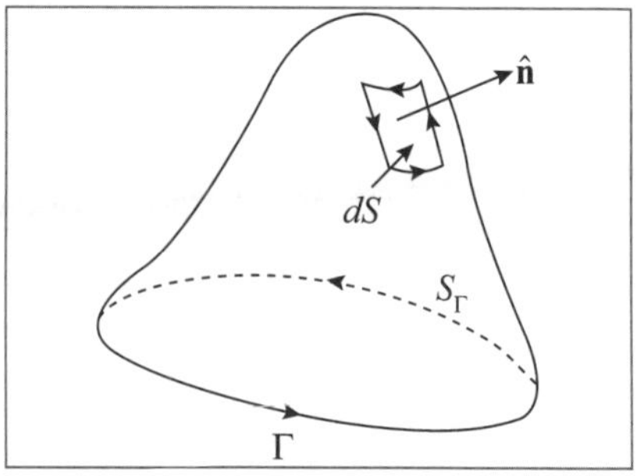

Figura 4.19 Superfície S_Γ de contorno Γ.

Decompondo uma superfície qualquer em elementos de superfície, e lembrando que a soma das circulações em torno dos elementos da malha assim formada (todas de mesma orientação) é a circulação em torno do contorno da malha, obtemos o *teorema de Stokes*

$$\boxed{\int_{S_\Gamma} \hat{\mathbf{n}} \cdot \text{rot } \mathbf{v}\, dS = \int_\Gamma \mathbf{v} \cdot \mathbf{dl}} \quad \textbf{(4.5.13)}$$

onde S_Γ é *qualquer superfície* (não necessariamente plana) de contorno Γ (Figura 4.19).

Se S_1 e S_2 são duas superfícies diferentes que se apoiam sobre Γ em semiespaços opostos, temos então

$$\oint_\Gamma \mathbf{v} \cdot \mathbf{dl} = \int_{S_1} \text{rot } \mathbf{v} \cdot \hat{\mathbf{n}}\, dS$$

$$\oint_{-\Gamma} \mathbf{v} \cdot \mathbf{dl} = \int_{S_2} \text{rot } \mathbf{v} \cdot \hat{\mathbf{n}}\, dS = -\oint_\Gamma \mathbf{v} \cdot \mathbf{dl}$$

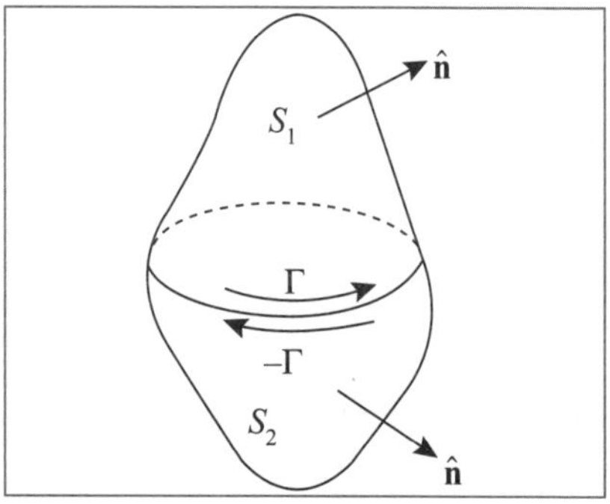

Figura 4.20 Superfície S_1 e S_2 de contorno comum Γ.

onde $(-\Gamma)$ é Γ percorrido em sentido oposto. Logo,

$$\int_{S_1} \text{rot } \mathbf{v} \cdot \hat{\mathbf{n}}\, dS = -\int_{S_2} \text{rot } \mathbf{v} \cdot \hat{\mathbf{n}}\, dS \quad \left\{ \int_{S_1+S_2} \text{rot } \mathbf{v} \cdot \hat{\mathbf{n}}\, dS = 0 \right.$$

Mas $S_1 + S_2$ é uma superfície fechada S, cuja normal externa é $\hat{\mathbf{n}}$. Logo,

$$\int_{S_1+S_2} \text{rot } \mathbf{v} \cdot \hat{\mathbf{n}}\, dS = \oint_S \text{rot } \mathbf{v} \cdot \hat{\mathbf{n}} dS = \int_V \text{div}(\text{rot } \mathbf{v}) dv = 0$$

qualquer que seja o volume V (volume dentro de S), o que só é possível se

$$\boxed{\text{div}(\text{rot } \mathbf{v}) = 0} \quad \textbf{(4.5.14)}$$

para qualquer vetor $\mathbf{v}$. Isto também decorre das definições em termos de componentes cartesianas (verifique!).

Por outro lado, vimos que a anulação da circulação,

$$C_\Gamma = \oint_\Gamma \mathbf{v} \cdot \mathbf{dl} = 0$$

para todo circuito Γ numa região, é a condição necessária e suficiente para que $\mathbf{v}$ "derive de um potencial φ", ou seja,

$$\boxed{\mathbf{v} = \text{grad } \varphi} \quad \textbf{(4.5.15)}$$

Logo, para qualquer função escalar φ, vale a identidade

$$\boxed{\text{rot}(\text{grad } \varphi) = 0} \quad \textbf{(4.5.16)}$$

Novamente, isto também decorre das expressões em termos das componentes cartesianas (verifique!).

Exemplo: Pela (4.1.15),

$$\text{grad } r = \hat{\mathbf{r}}$$

Logo, deve ser (verifique!)

$$\text{rot } \hat{\mathbf{r}} = 0$$

O operador ∇

É definido por

$$\nabla \equiv \hat{\mathbf{x}} \frac{\partial}{\partial x} + \hat{\mathbf{y}} \frac{\partial}{\partial y} + \hat{\mathbf{z}} \frac{\partial}{\partial z} \quad \textbf{(4.5.17)}$$

(lê-se "del"). Operando sobre uma função escalar f,

$$\boxed{\nabla f = \hat{\mathbf{x}} \frac{\partial}{\partial x} + \hat{\mathbf{y}} \frac{\partial}{\partial y} + \hat{\mathbf{z}} \frac{\partial}{\partial z} = \text{grad } f} \quad \textbf{(4.5.18)}$$

O produto escalar por um vetor **v** é

$$\boxed{\nabla \cdot \mathbf{v} = \frac{\partial}{\partial x} v_x + \frac{\partial}{\partial y} v_y + \frac{\partial}{\partial z} v_z = \text{div } \mathbf{v}} \tag{4.5.19}$$

Finalmente,

$$\boxed{\nabla \times \mathbf{v} = \begin{vmatrix} \hat{\mathbf{x}} & \hat{\mathbf{y}} & \hat{\mathbf{z}} \\ \frac{\partial}{\partial x} & \frac{\partial}{\partial y} & \frac{\partial}{\partial z} \\ v_x & v_y & v_z \end{vmatrix} = \text{rot } \mathbf{v}} \tag{4.5.20}$$

que é um vetor axial, como o produto vetorial.

Para qualquer função escalar f e qualquer vetor **v**, temos as identidades

$$\boxed{\text{rot } (\text{grad } f) = \nabla \times \nabla f = 0} \tag{4.5.21}$$

$$\boxed{\text{div } (\text{rot } \mathbf{v}) = \nabla \cdot (\nabla \times \mathbf{v}) = 0} \tag{4.5.22}$$

Como ∇ é um *operador diferencial* (como d/dx), quando é aplicado a um *produto de fatores*, vale a regra de Leibnitz, ou seja, o resultado é a soma de ∇ aplicada a *cada fator*, *mantendo os outros constantes*, o que indicamos pelo índice c:

$$\nabla (fg) = \nabla (f_c g) + \nabla (f g_c) = f \nabla g + g \nabla f$$

ou seja

$$\boxed{\text{grad } (fg) = f \text{ grad } g + g \text{ grad } f} \tag{4.5.23}$$

Analogamente,

$$\boxed{\text{div}(f\mathbf{v}) = f \text{ div } \mathbf{v} + \mathbf{v} \cdot \text{grad } f} \tag{4.5.24}$$

$$\boxed{\text{rot}(f\mathbf{v}) = f \text{ rot } \mathbf{v} + \text{grad } f \times \mathbf{v}} \tag{4.5.25}$$

$$\boxed{\text{div}(\mathbf{u} \times \mathbf{v}) = \mathbf{v} \cdot \text{ rot } \mathbf{u} - \mathbf{u} \cdot \text{rot } \mathbf{v}} \tag{4.5.26}$$

A demonstração dessas identidades será deixada como problema.

4.6 A FORMA LOCAL DAS EQUAÇÕES DA ELETROSTÁTICA

Já vimos que a forma local da lei de Gauss é a equação de Poisson para **E**,

$$\boxed{\text{div } \mathbf{E} = \rho / \varepsilon_0} \quad \text{(II)} \tag{4.6.1}$$

Vemos agora que a forma local da expressão da existência do potencial ($\mathbf{E} = -\text{grad } V$ = campo conservativo) é

$$\boxed{\text{rot } \mathbf{E} = 0} \quad \text{(I)} \qquad \textbf{(4.6.2)}$$

As equações (**I**) e (**II**) para **E** são as *equações locais do campo eletrostático*, caso particular das *equações de Maxwell* correspondente à eletrostática. Descrevem o campo gerado *no vácuo* por distribuições de cargas estáticas (ρ = densidade volumétrica de carga).

Há uma formulação equivalente em termos do potencial eletrostático V. Da (**I**),

$$\boxed{\mathbf{E} = -\text{grad } V} \quad \text{(I')} \qquad \textbf{(4.6.3)}$$

Substituindo na (**II**), obtemos

$$\boxed{\text{div}\left(\text{grad } \mathbf{v}\right) = -\rho / \varepsilon_0}$$

onde

$$\boxed{\text{div}\left(\text{grad } V\right) = \nabla \cdot \left(\nabla V\right) \equiv \nabla^2 V \equiv \Delta V} \qquad \textbf{(4.6.4)}$$

define o *operador laplaciano*.

$$\boxed{\nabla^2 \equiv \Delta = \frac{\partial^2}{\partial x^2} + \frac{\partial^2}{\partial y^2} + \frac{\partial^2}{\partial z^2}} \qquad \textbf{(4.6.5)}$$

Resulta a *equação de Poisson para V*,

$$\boxed{\Delta V = -\frac{\rho}{\varepsilon_0}} \quad \text{(II')} \qquad \textbf{(4.6.6)}$$

Em particular, num ponto onde não há cargas,

$$\boxed{\rho = 0 \Rightarrow \Delta V = 0} \qquad \textbf{(4.6.7)}$$

que é a *equação de Laplace para V*.

Combinando os resultados já expostos sobre interpretações físicas de div e grad, obtemos a

Interpretação física do laplaciano

Vimos que div $\mathbf{v} < 0$ num ponto P implica ter P o caráter de um "sorvedouro" de linhas de campo de $\mathbf{v}$ [Figura 3.25(b)]. Tomando $\mathbf{v}$ = grad φ, concluímos então que div $\mathbf{v} = \Delta\varphi$ é < 0 em P quando *P se comporta como um sorvedouro de linhas de campo de grad* φ.

Mas sabemos que grad φ aponta para a direção de *máximo aclive* para φ. Logo, $\Delta\varphi(P) < 0$ significa que existe em P uma *concentração do campo escalar* φ, ou seja, que

$\varphi(P)$ é maior que a média de φ em pontos vizinhos, por exemplo, a média sobre uma esfera de raio R suficientemente pequeno com centro em P, que designaremos por M_R (φ, P):

$$\boxed{\varphi(P) > M_R(\varphi, P) \quad (\text{concentração de } \varphi \text{ em } P) \equiv \Delta\varphi(P) < 0} \qquad \textbf{(4.6.8)}$$

Analogamente,

$$\boxed{\Delta\varphi(P) > 0 \equiv \quad \text{rarefação de } \varphi \text{ em } P \equiv \varphi(P) < M_R(\varphi, P)} \qquad \textbf{(4.6.9)}$$

Pela equação de Poisson, $\Delta\varphi = -\rho/\varepsilon_{0,}$ o 1° caso (*concentração*) ocorre quando existe em P uma densidade de carga *positiva*, $\rho > 0$; o 2° (*rarefação* de φ em P), quando ρ $(P) < 0$. A *equação de condução do calor*, que governa a distribuição (campo) de temperaturas num meio condutor de calor (como uma barra metálica) é

$$\boxed{\frac{\partial T}{\partial t} = K\Delta T \quad (K > 0)} \qquad \textbf{(4.6.10)}$$

onde $T(P, t)$ é a temperatura no ponto P no instante t. Assim, se $\Delta T < 0$ em P, existe em P uma concentração de temperatura, e $\partial T/\partial t < 0$, ou seja, a temperatura em P tende a *diminuir* com o tempo; se $\Delta T > 0$ (rarefação de T em P), $T(P, t)$ tenderá a *aumentar* com t. A condução do calor é um processo de *uniformização* da temperatura (resultados análogos valem para a *difusão*).

Por outro lado, se $\Delta\varphi$ $(P) = 0$, φ não tem nem concentração nem rarefação em P,

$$\boxed{\Delta\varphi(P) = 0 \quad \equiv \quad \varphi(P) = M_R(\varphi, P)} \qquad \textbf{(4.6.11)}$$

Em particular, pela (4.6.7), *V não pode ter máximos nem mínimos numa região onde não há cargas* $(\rho = 0)$: se cresce em certas direções, a partir de P, tem de decrescer em outras.

Isso corresponde ao *teorema de Earnshaw* da Seção 3.4. Em uma dimensão, $\partial^2\varphi/\partial x^2$ mede a *curvatura* do gráfico de $\varphi(x)$ (Figura 4.21). Em A, $\partial^2\varphi/\partial x^2 < 0$ *e a curva está acima* da corda $A'A''$ que une pontos vizinhos (bem como do valor médio $\bar{A}$); em B, $\partial^2\varphi/\partial x^2 > 0$, e a curva está *abaixo* da corda $B'B''$ e do valor médio $\bar{B}$. No ponto C, $\partial^2\varphi/\partial x^2 = 0$ (ponto de inflexão: acima de um lado, abaixo do outro).

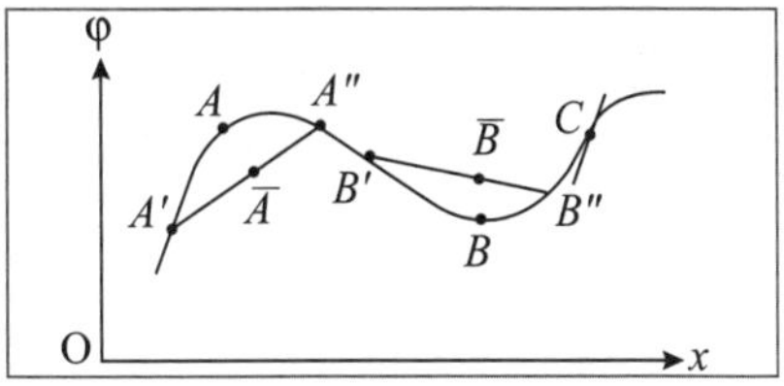

Figura 4.21 Curvatura e diferentes pontos de uma curva.

4.7 POTENCIAL DE CONDUTORES

Como vimos, em qualquer ponto interno de um condutor, tem de ser $\mathbf{E} = 0$. Logo, se 1 e 2 são dois pontos internos,

$$V(2) - V(1) = -\int_1^2 \mathbf{E} \cdot \mathbf{dl} = 0$$

tomando um caminho todo interno ao meio condutor (Figura 4.22).

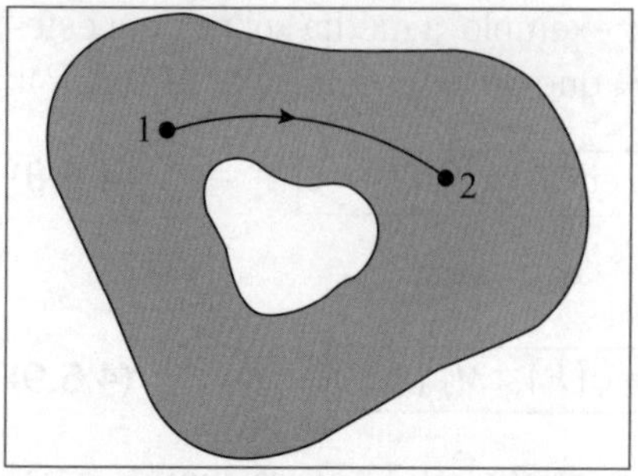

Figura 4.22 Caminho de 1 a 2 todo interno a um condutor.

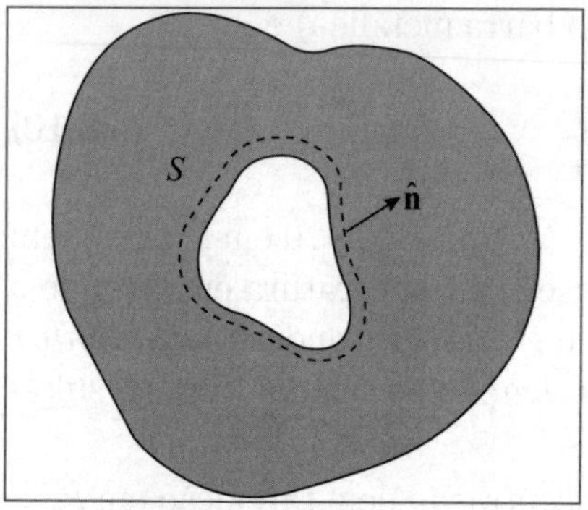

Figura 4.23 Condutor oco e superfície gaussiana *S*.

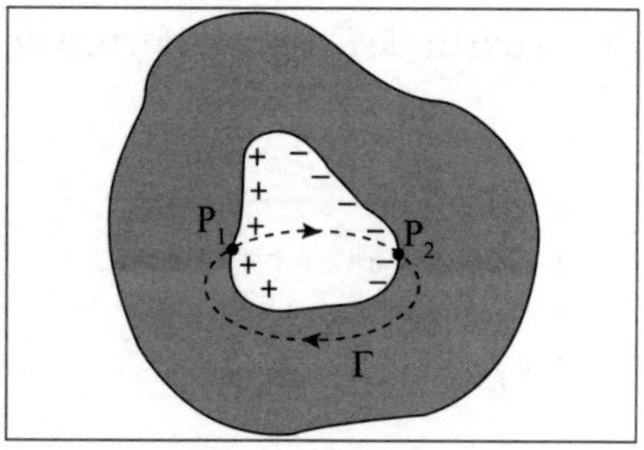

Figura 4.24 O circuito Γ.

Logo,

$$\boxed{V(2) = V(1) = \text{Constante}} \quad \textbf{(4.7.1)}$$

O *volume* do condutor é, portanto, um *volume equipotencial*. Em particular, sua superfície externa é uma superfície equipotencial, o que concorda com o fato já visto de que as linhas de força têm de ser ortogonais a ela ($\mathbf{E}_{\text{tang}} = 0$ na superfície).

Consideremos em particular um *condutor oco*, ou seja, com uma cavidade interna, e suponhamos também que não exista carga dentro da cavidade.

Se tomarmos então uma superfície gaussiana S coincidente com a superfície interna do condutor, que limita a cavidade (Figura 4.23), teremos

$$\boxed{\Phi_S = \oint_S \mathbf{E} \cdot \hat{\mathbf{n}}\, dS = 0} \quad \textbf{(4.7.2)}$$

mas isto não significa que não poderia existir uma distribuição de carga superficial sobre S Bastaria que sua densidade σ fosse compatível com carga *total* sobre $S = 0$.

Teria de haver, então, cargas + em algumas partes de S e – em outras partes. Linhas de força teriam de iniciar-se em cargas + nas paredes e terminar em cargas – (com $\mathbf{E} \neq 0$ dentro da cavidade). Mas se completássemos uma tal linha formando um circuito fechado Γ, com a parte adicional passando por dentro do condutor (onde $\mathbf{E} = 0$), teríamos (Figura 4.24)

$$\oint_\Gamma \mathbf{E} \cdot \mathbf{dl} = \int_{P_1}^{P_2} \mathbf{E} \cdot \mathbf{dl} \neq 0$$

porque **dl**//**E** sobre a linha de força. Isso contradiria a relação básica (4.5.1). Logo,

(i) *Se não há cargas dentro da cavidade, não pode haver cargas na superfície interna*;

(ii) $\mathbf{E} = 0$ *não só no interior do material condutor, mas também em toda a cavidade.*

Vemos assim que o resultado (ii) vale não só para uma cavidade esférica (caso considerado por Newton na gravitação), mas também para uma cavidade de forma qualquer. Ele vale quaisquer que sejam os campos eletrostáticos na região externa ao condutor, ou seja, a cavidade é *blindada* da ação desses campos.

Uma aplicação desse resultado é a "gaiola de Faraday", inventada por Michael Faraday em 1836. Um recipiente de paredes metálicas, ou mesmo formado por uma malha fina de fios metálicos, protege o seu interior de campos eletrostáticos externos, conforme ilustrado pela demonstração da Figura 4.25, no Palais de la Découverte em Paris.

Figura 4.25 Gaiola de Faraday protege de descarga elétrica.

Suponhamos agora que a carga puntiforme q está *dentro* da cavidade, mas *isolada* (sem contato condutor com as paredes), e que o condutor tem carga total = 0, ou seja, está descarregado.

Seja S uma superfície fechada interna ao condutor. Como devemos ter $\Phi_S = 0$, as linhas de força que emanam da carga q (suposta positiva na Figura 4.26) têm de terminar em cargas negativas nas paredes internas da cavidade, ou seja, a carga total distribuída sobre a superfície interna da cavidade é $= -q$. A carga $+q$ que lhe corresponde (carga total = 0) vai para a superfície externa do condutor, de forma consistente com o fluxo $\Phi_{S'}$, através da superfície externa, que tem de valer $+q/\varepsilon_0$. A separação das cargas $-q$ e $+q$ no condutor pode ser considerada como um fenômeno de indução eletrostática. Se já existe uma carga inicial $+Q$ no condutor, ela fica distribuída na superfície externa e seu fluxo se *superpõe* ao da carga $+q$.

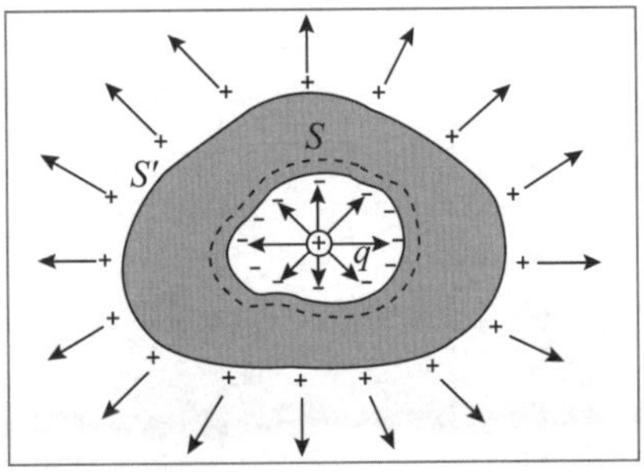

Figura 4.26 Condutor oco contendo carga q.

Contato entre condutores

Consideremos duas esferas condutoras de raios r_1 e r_2 cujos centros distam de uma distância $d >> (r_1, r_2)$. Se ambas estão inicialmente isoladas [Figura 4.27(a)] e têm cargas q_1 e q_2, respectivamente, seus potenciais são, com boa aproximação (desprezando termos q_i/d em confronto com q_j/r_j)

$$V_1 = \frac{1}{4\pi\varepsilon_0}\left(\frac{q_1}{r_1} + \frac{q_2}{d}\right) \approx \frac{q_1}{4\pi\varepsilon_0 r_1}$$

$$V_2 = \frac{1}{4\pi\varepsilon_0}\left(\frac{q_2}{r_2} + \frac{q_1}{d}\right) \approx \frac{q_2}{4\pi\varepsilon_0 r_2}$$

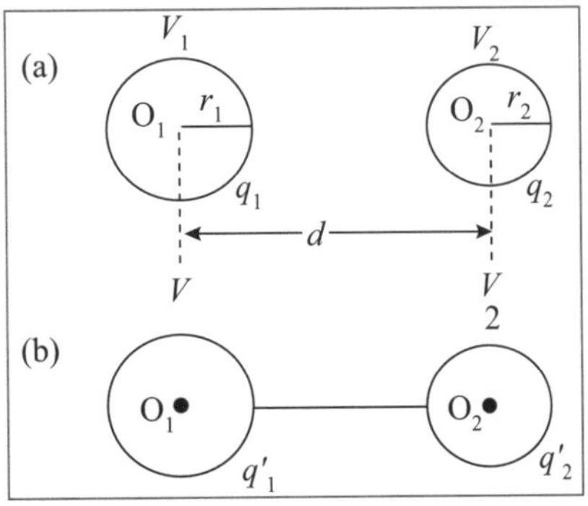

Figura 4.27 Esferas condutoras carregadas (a) isoladas; (b) ligadas.

Se agora ligarmos as duas esferas por um fio condutor *muito fino* [Figura 4.27(b)], elas formarão um condutor único, que tem de estar todo no mesmo potencial V. Nessas condições, a carga total $q \equiv q_1 + q_2$ se redistribui entre eles, com cargas q'_1 e q'_2 em cada um. Desprezando a contribuição de cada condutor ao potencial do outro e a perturbação do fio, teremos, então, aproximadamente,

$$V \approx \frac{q_1'}{4\pi\varepsilon_0 r_1} \approx \frac{q_2'}{4\pi\varepsilon_0 r_2} \qquad \left\{ \frac{q_1'}{q_2'} \approx \frac{r_1}{r_2} \right.$$

$$q = q_1' + q_2' = q_1'\left(1 + \frac{r_2}{r_1}\right) \qquad \left\{ q_1' \approx \frac{q r_1}{r_1 + r_2}; \quad q_2' \approx \frac{q r_2}{r_1 + r_2} \right.$$

As densidades superficiais de carga são dadas por

$$\left.\begin{aligned} \sigma_1 &= \frac{q_1'}{4\pi r_1^2} \\ \sigma_2 &= \frac{q_2'}{4\pi r_2^2} \end{aligned}\right\} \quad \frac{\sigma_1}{\sigma_2} = \frac{q_1'}{q_2'} \cdot \left(\frac{r_2}{r_1}\right)^2 \quad \left\{ \boxed{\frac{\sigma_1}{\sigma_2} \approx \frac{r_2}{r_1}} \right. \tag{4.7.3}$$

Logo, *a densidade de carga é inversamente proporcional ao raio de curvatura da superfície condutora.*

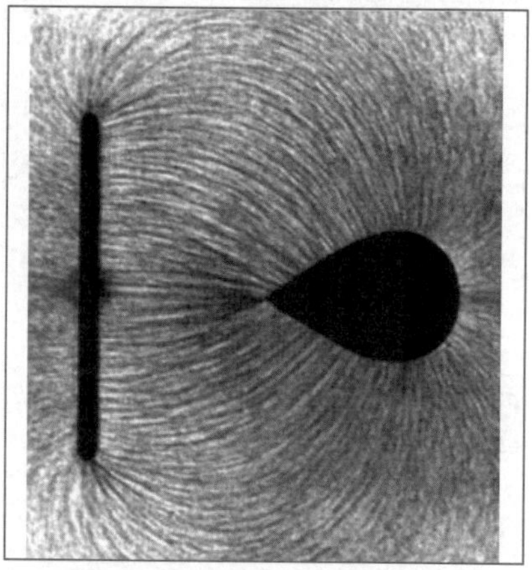

Figura 4.28 Poder das pontas.

Por outro lado, o campo na superfície do condutor é dado por σ/ε_0, de forma *que a mesma distribuição vale para o campo*. Isso explica o *poder das pontas*: o campo elétrico torna-se mais intenso na vizinhança de uma ponta, onde o raio de curvatura do condutor diminui. Na Figura 4.28, as linhas de força entre um condutor pontiagudo carregado e um plano condutor (visualizadas polvilhando partículas leves sobre um fluido isolante), tornam aparente a variação inversa com o raio de curvatura.

Na atmosfera existem normalmente íons (átomos ou moléculas são ionizados pela radioatividade natural do solo e por raios cósmicos). O campo intenso no ar perto de uma ponta atrai íons de carga oposta e repele os de mesmo sinal; a aceleração que esses íons adquirem pode ser suficiente para produzir outros íons por colisão, desencadeando um processo de avalanche, que tende a descarregar o condutor; pode produzir luminosidade ("efeito corona") ou até faíscas. A rigidez dielétrica do ar (campo máximo que pode subsistir na atmosfera sem produzir descarga) é da ordem de 3×10^6 V / m.

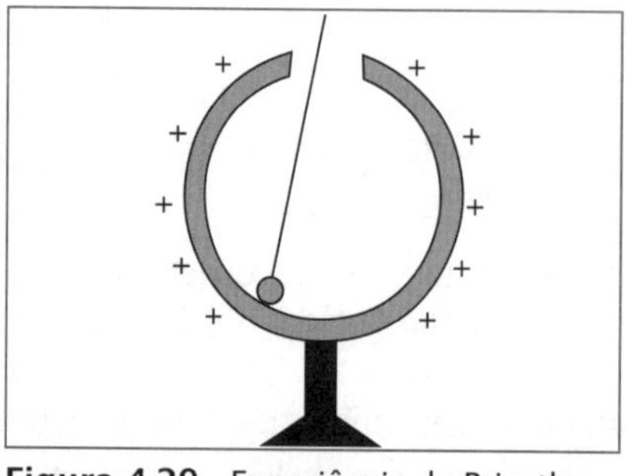

Figura 4.29 Experiência de Priestley.

O fato de que não há cargas na parede interna de um condutor oco carregado foi observado por Benjamin Franklin em 1755, suspendendo um pedacinho de rolha por um fio de seda e colocando-o dentro de uma lata carregada (Figura 4.29), e foi por ele comunicado a Joseph Priestley, que, lembrando-se do resultado dos "Principia" e tendo repetido a experiência em 1766, concluiu no ano seguinte que a interação eletrostática devia ser proporcional a r^{-2}, como a gravitacional (cf. Seção 2.3).

Se introduzirmos uma carga q dentro da cavidade, como vimos, aparecem cargas $-q$ e q nas superfícies interna e externa, respectivamente. Se tocarmos a parede interna com a carga q, ela neutraliza a carga $-q$, e o efeito global é o mesmo que o de *transferir q ao condutor.* Isso vale qualquer que seja a carga Q já existente no condutor.

Essa é a base do funcionamento do gerador eletrostático de van de Graaff (em lugar de tocar a parede, a transferência da carga se dá pelo efeito corona). É o que permite elevar gradualmente o potencial do terminal do gerador, que acaba sendo limitado apenas pela rigidez dielétrica da atmosfera em torno dele (nitrogênio sob pressão, no caso do "tandem"). Atingem-se assim potenciais da ordem de 10 a 20 MV no terminal. Um gerador "tandem" desse tipo funciona na Universidade de São Paulo.

4.8 ENERGIA ELETROSTÁTICA

Para estabelecer uma determinada configuração de cargas, é preciso realizar trabalho contra as forças elétricas entre as cargas (por exemplo, se tiverem todas o mesmo sinal, elas se repelem). Pela conservação da energia, esse trabalho deve ficar armazenado na configuração. Aonde?

A resposta será diferente, conforme adotemos o ponto de vista da *ação a distância* ou o ponto de vista do *campo.* Do ponto de vista da ação a distância, a energia permanece armazenada *nas cargas*, sob a forma de *energia potencial* de interação entre elas. Veremos na Seção 5.5 que, do outro ponto de vista, a energia fica armazenada *no campo*, ou seja, em todo o espaço no qual existe campo. Esses pontos de vista são equivalentes na eletrostática (mas não na eletrodinâmica!).

Cálculo da energia potencial

Para uma carga puntiforme q num ponto $\mathbf{x}$ de um campo *preestabelecido* de potencial $V(\mathbf{x})$, sabemos que a energia potencial é

$$U(\mathbf{x}) = qV(\mathbf{x})$$

Para obter U associado a uma configuração de cargas puntiformes (Figura 4.30), temos de levar em conta que a presença de cada carga muda o campo sobre as outras. Para isso imaginamos trazer as cargas sucessivamente, uma a uma, do infinito (onde o potencial é nulo) para a posição que vão ocupar. Os resultados são os seguintes:

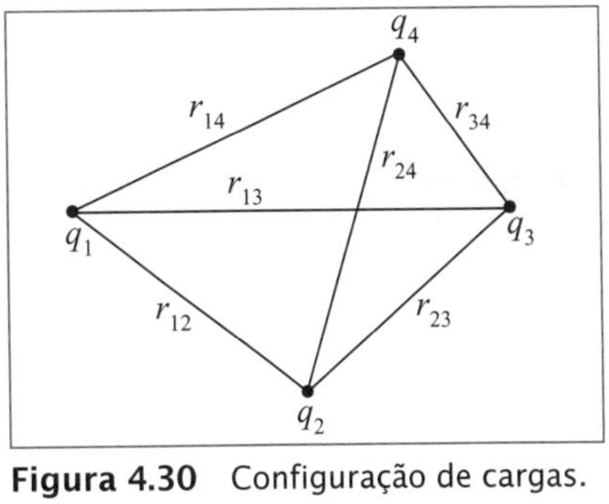

Figura 4.30 Configuração de cargas.

Carga	Posição	Trabalho necessário
q_1	$\mathbf{x}_1$	0
q_2	$\mathbf{x}_2$	$\frac{q_1\, q_2}{4\pi\, \varepsilon_0\, r_{12}}$
q_3	$\mathbf{x}_3$	$\frac{q_3}{4\pi\, \varepsilon_0}\left(\frac{q_1}{r_{13}}+\frac{q_2}{r_{23}}\right)$
q_4	$\mathbf{x}_4$	$\frac{q_4}{4\pi\, \varepsilon_0}\left(\frac{q_1}{r_{14}}+\frac{q_2}{r_{24}}+\frac{q_3}{r_{34}}\right)$

e assim por diante (se houver mais cargas), onde r_{ij} é a distância entre $\mathbf{x}_i$ e $\mathbf{x}_j$.

Logo, a energia potencial da configuração é

$$\boxed{U=\sum_{i<j}\frac{q_i q_j}{4\pi\varepsilon_0 r_{ij}}=\frac{1}{2}\sum_{i\neq j}\frac{q_i q_j}{4\pi\varepsilon_0 r_{ij}}} \tag{4.8.1}$$

que é a soma de todas as interações entre *pares de cargas*. Na segunda somatória, cada par é contado duas vezes: daí o fator 1/2.

Também podemos escrever este resultado como

$$\boxed{U=\frac{1}{2}\sum_i q_i\sum_{j\neq i}\frac{q_j}{4\pi\varepsilon_0 r_{ji}}=\frac{1}{2}\sum_i q_i\, V_i} \tag{4.8.2}$$

onde V_i é o potencial *na posição da carga i*, devido a todas as demais cargas. A generalização a uma distribuição contínua é

$$U=\frac{1}{2}\int\rho(\mathbf{r})\, V(\mathbf{r})\, dv \tag{4.8.3}$$

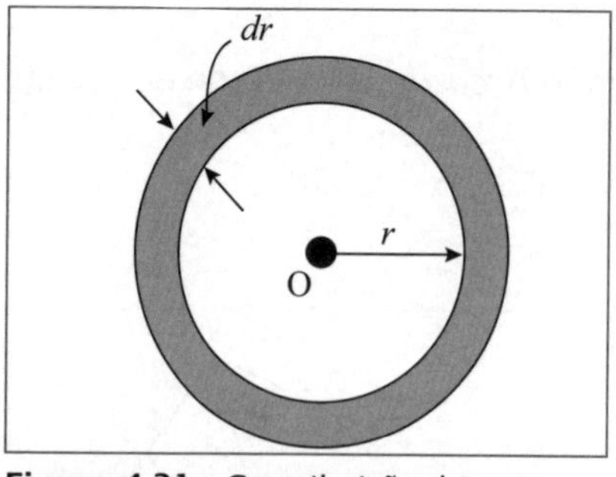

Figura 4.31 Contribuição de uma casca esférica.

Exemplo: Uma esfera de raio R uniformemente carregada, com densidade volumétrica ρ, pode ser "construída" como uma cebola, por cascas sucessivas (Figura 4.31). Para uma casca,

$$dU=\frac{q(r)\, dq}{4\pi\varepsilon_0 r}=dq\; V(r)$$

onde $V(r)$ é o potencial da carga $q\ (r)$, concentrada no centro da esfera.

Como

$$q(r)=\frac{4}{3}\pi\, r^3\,\rho$$

resulta:

$$dq=4\pi\, r^2 dr\cdot\rho$$

$$dU(r) = \frac{4\pi r^2 \rho \cdot \frac{4}{3}\pi r^3 \rho}{4\pi\varepsilon_0 r} dr = \frac{4\pi}{3}\frac{\rho^2}{\varepsilon_0} r^4 dr$$

o que conduz a

$$U = \int_0^R dU(r) = \frac{4\pi}{3}\frac{\rho^2}{\varepsilon_0} \cdot \int_0^R r^4 dr = \frac{4\pi}{3}\frac{\rho^2}{\varepsilon_0}\frac{R^5}{5}$$

ou seja,

$$\left.\begin{array}{l} U = \dfrac{4\pi\,\rho^2}{15\varepsilon_0} R^5 \\ \rho = \dfrac{Q}{\frac{4}{3}\pi R^3} \left\{ \rho^2 = \dfrac{9\,Q^2}{(4\pi)^2 R^6} \right. \end{array}\right\} \boxed{U = \frac{3}{5}\frac{Q^2}{4\pi\varepsilon_0 R}} \qquad (4.8.4)$$

onde Q é a carga total da esfera.

Uma aplicação desse resultado à fissão nuclear aparece no Problema 4.8.

■ PROBLEMAS

4.1 Um par de cargas puntiformes $+2q$ e $-q$ estão separadas por uma distância l. Mostre que a superfície equipotencial $V = 0$ é uma esfera e determine o seu centro e raio (veja a figura do Problema 3.1).

4.2 Uma esfera de raio R está uniformemente carregada, com carga total q. (a) Determine o potencial V em pontos internos e externos à esfera e trace um gráfico de V em função da distância ao centro. (b) Tomando $q = -e$, com uma carga puntiforme $+e$ no centro da esfera, como modelo para o átomo de hidrogênio, qual é a expressão do potencial, nesse caso?

4.3 Determine a energia potencial $U(\mathbf{r})$ de uma carga puntiforme q num ponto $\mathbf{r}$ de um campo eletrostático uniforme $\mathbf{E}$.

4.4 Uma carga puntiforme q encontra-se no prolongamento do eixo de um dipolo de momento $\mathbf{p}$, a uma distância z do dipolo muito maior que as dimensões do mesmo. (a) Calcule a energia potencial da carga no campo eletrostático do dipolo. (b) Calcule a força exercida pela carga sobre o dipolo. (c) A molécula de HCl é polar, com momento de dipolo permanente de $3{,}48 \times 10^{-30}$ C· m. Com que força atua sobre um elétron alinhado com ela, a uma distância de 10Å? A força é atrativa ou repulsiva?

4.5 Calcule a energia potencial de interação entre dois dipolos $\mathbf{p}_1$ e $\mathbf{p}_2$, sendo $\mathbf{r}$ o vetor de posição de $\mathbf{p}_2$ em relação a $\mathbf{p}_1$ (com $|\mathbf{r}|$ muito maior que as dimensões dos dipolos). (a) Obtenha o resultado geral. (b) Particularize para dipolos alinhados com $\mathbf{r}$, paralelos ou antiparalelos. (c) Particularize para dipolos perpendiculares a $\mathbf{r}$, paralelos ou antiparalelos. Qual das quatro situações em (b) e (c) é energeticamente favorecida? (d) Nesse caso mais favorecido, calcule a energia de interação dipolar entre duas moléculas de água à distância de 5 Å uma da outra, e compare-a com a energia térmica kT à temperatura ambiente. O momento de dipolo elétrico permanente de uma molécula de água é de $6{,}2 \times 10^{-30}$ C · m.

4.6 Em suas célebres experiências de 1906 que levaram à descoberta do núcleo atômico, Rutherford bombardeou uma fina folha de ouro (número atômico 79) com partículas α (núcleos de He, de carga $2e$), produzidas por uma fonte radioativa, e observou que algumas delas chegavam a sofrer deflexões de 180° (retroespalhamento). A energia cinética inicial das α era de 7,68 MeV. Considere uma colisão frontal entre uma partícula α e um núcleo de ouro, na qual ela é retroespalhada. Qual é a distância de mínima aproximação entre as duas partículas carregadas? Rutherford estimou que o raio do núcleo deveria ser da ordem dessa distância.

4.7 No modelo de Bohr para o átomo de hidrogênio (Cap. 2, Probl. 3), calcule: (a) a razão da energia potencial eletrostática do elétron à sua energia cinética; (b) a energia necessária para ionizar o átomo, em elétron-volts.

4.8 Uma gota líquida de raio R, uniformemente carregada com carga Q, se divide em duas, de raios e cargas iguais, que se separam e se afastam até ficar a grande distância uma da outra, (a) Qual é a variação da energia potencial eletrostática nesse processo? (b) Se adotássemos esse modelo para a fissão do U^{235}, admitindo que ele pudesse se fissionar dessa forma, qual seria a energia liberada na fissão, em MeV? Calcule o raio do núcleo pela fórmula: $R \approx 1{,}3 \times A^{1/3}$ F, onde 1F (fermi) = 10^{-13} cm e A é o *número de massa* (nº de prótons + nº de nêutrons).

4.9 Demonstre as identidades (4.5.24) a (4.5.26).

4.10 Uma casca hemisférica de raio R está uniformemente carregada com carga positiva de densidade superficial σ (figura).

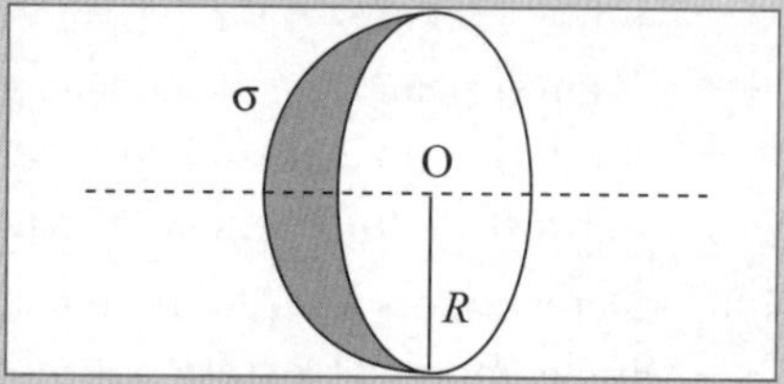

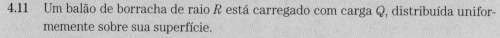

(a) Ache o potencial $V(O)$ no ponto central O [tomando $V(\infty) = 0$].

(b) Uma partícula de massa m e carga q positiva é colocada no ponto O e largada a partir do repouso. A que velocidade a partícula tenderá quando se afastar muito de O?

4.11 Um balão de borracha de raio R está carregado com carga Q, distribuída uniformemente sobre sua superfície.

(a) Determine a energia eletrostática total contida no campo.

(b) Calculando a variação dessa energia para uma variação infinitesimal dR do raio, demonstre que a força eletrostática radial por unidade de área, na superfície do balão, é igual à densidade de energia eletrostática na superfície.

5

Capacitância e capacitores. Dielétricos

Em 1746, o físico holandês Pieter van Musschenbroek, professor em Leiden, estava tentando introduzir carga elétrica na água de uma garrafa, através de um fio de cobre mergulhado na água e ligado a um cilindro metálico carregado. Um estudante estava segurando a garrafa, enquanto Pieter carregava o cilindro por atrito. Quando o estudante esbarrou no fio com a outra mão, levou um violento choque! Repetiram o experimento, trocando os papéis, e Pieter levou um choque ainda maior (o estudante se esmerou na carga...).

Assim foi descoberta a "garrafa de Leiden", o primeiro capacitor (ou "condensador"), capaz de armazenar carga elétrica.

5.1 CAPACITOR PLANO

Consideremos um par de placas metálicas planas paralelas carregadas com cargas $+Q$ e $-Q$, respectivamente (Figura 5.1a), por exemplo, por estarem ligadas aos terminais de uma bateria. Se a distância d entre as placas é muito menor que as dimensões das placas, podemos tratá-las, em primeira aproximação, como se fossem planos infinitos, desprezando os "efeitos de beirada" nas bordas dos planos, que aparecem na Figura 5.1(b), onde a distância entre as placas é comparável às suas dimensões.

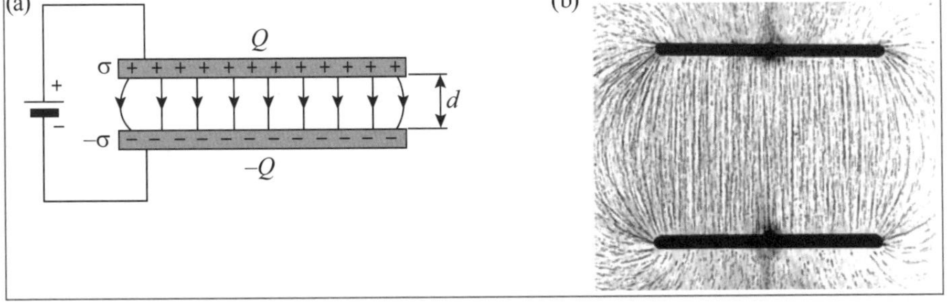

Figura 5.1 (a) Capacitor plano; (b) Linhas de campo elétrico observadas.

Sabemos então pela (3.2.6) (superpondo os campos das duas placas) que o campo elétrico entre as placas pode ser considerado como *uniforme*, com

$$\boxed{E = |\mathbf{E}| = \frac{\sigma}{\varepsilon_0}, \qquad \sigma = \frac{Q}{A}} \tag{5.1.1}$$

onde A é a área das placas.

A *diferença de potencial* V entre as placas é

$$\boxed{V \equiv V_+ - V_- = \int_+^- \mathbf{E} \cdot \mathbf{dl} = Ed} \tag{5.1.2}$$

pois $\mathbf{E}$ aponta no sentido da placa positiva para a negativa. Logo,

$$\boxed{V = \frac{\sigma d}{\varepsilon_0} = \frac{Qd}{\varepsilon_0 A}} \tag{5.1.3}$$

é proporcional à carga Q da placa positiva.

Essa proporcionalidade vale para qualquer *par de condutores* (de forma qualquer) entre os quais se estabelece uma diferença de potencial V, em consequência de carregá-los com cargas $\pm Q$, o que decorre do princípio de superposição.

O coeficiente de proporcionalidade inverso, de Q em relação a V, é chamado de *capacitância* C do par de condutores, que se diz constituir um *capacitor*. Q é a *carga do capacitor*.

$$\boxed{C \equiv \frac{Q}{V}} \tag{5.1.4}$$

Para C suficientemente grande, a (5.1.4) mostra que um capacitor permite armazenar uma carga Q grande com V pequeno. Para um capacitor plano, pela (5.1.3),

$$\boxed{C = \frac{\varepsilon_0 A}{d}} \tag{5.1.5}$$

desprezando efeitos de bordas. Note que o fator 4π não aparece nessa fórmula, em razão da escolha de k, feita na (2.3.2).

A unidade de capacitância, o *farad* (F), é definida por

$$\frac{1\ \text{C}}{1\ \text{V}} \equiv 1\ \text{F} \tag{5.1.6}$$

Vemos pelo resultado que as dimensões de C são dadas por

$$[C] = [\varepsilon_0][L]$$

de modo que a constante ε_0 da lei de Coulomb pode ser medida em farads/metro. Seu valor no SI é [cf. (2.3.2)]

$$\varepsilon_0 = 8{,}85 \times 10^{-12}\ \text{F/m} \tag{5.1.7}$$

Assim, para ter C = 1F com um capacitor de placas planas paralelas e d = 1 mm, precisaríamos de uma área das placas

$$A = \frac{dC}{\varepsilon_0} = \frac{10^{-3} \times 1}{8,85 \times 10^{-12}} = 1,13 \times 10^8 \text{ m}^2$$

o que corresponde a cerca de 100 km²! Isso mostra que 1F é uma unidade muito grande de capacitância; as mais usadas são o μF e o pF.

5.2 CAPACITOR CILÍNDRICO

É formado por dois cilindros coaxiais, de raios a e b (Figura 5.2). Já vimos que o campo nesse caso é da forma (cf. Seção 3.5)

$$\boxed{\mathbf{E} = E(\rho)\hat{\boldsymbol{\rho}} = \frac{B}{\rho}\hat{\boldsymbol{\rho}}} \tag{5.2.1}$$

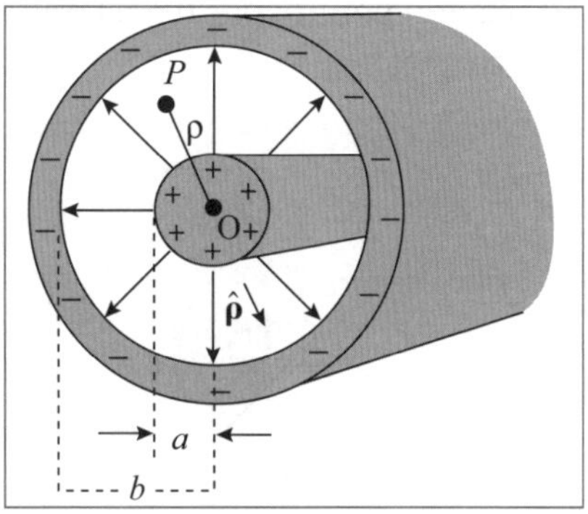

Figura 5.2 Capacitor cilíndrico.

onde $\hat{\boldsymbol{\rho}}$ é o vetor unitário radial num plano transversal e B é uma constante. Pela (3.5.3),

$$\left.\begin{aligned} E(a) &= \frac{\sigma_+}{\varepsilon_0} = \frac{B}{a} = \frac{Q}{2\pi a l \varepsilon_0} \\ -E(b) &= \frac{\sigma_-}{\varepsilon_0} = -\frac{B}{b} = -\frac{Q}{2\pi b l \varepsilon_0} \end{aligned}\right\} B = \frac{Q}{2\pi l \varepsilon_0} \tag{5.2.2}$$

onde l é o comprimento do capacitor (desprezando efeitos de beirada).

A diferença de potencial entre as placas do capacitor é

$$V = V_+ - V_- = \int_+^- E(\rho)d\rho = B\int_a^b \frac{d\rho}{\rho} = B \ln\left(\frac{b}{a}\right)$$

o que resulta em, pela (5.2.2),

$$\boxed{C = \frac{2\pi\varepsilon_0 l}{\ln\left(\frac{b}{a}\right)}} \tag{5.2.3}$$

A garrafa de Leiden era um capacitor desse tipo (mas com vidro entre as placas, feitas em geral de folha de alumínio).

Se $b = a + d$, com $d << a$ (d = distância entre as placas), vem

$$\ln\left(\frac{b}{a}\right) = \ln\left(1 + \frac{d}{a}\right) \approx \frac{d}{a} \qquad \left(\frac{d}{a} << 1\right)$$

e fica

$$C \approx \frac{2\pi a \cdot l\varepsilon_0}{d} = \frac{\varepsilon_0 A}{d}$$

onde $A = 2\pi a l$ é a área da superfície lateral do cilindro, mostrando que o capacitor cilíndrico é como um capacitor plano "enrolado". Para dimensões da ordem típica de uma "garrafa" de Leiden, l = 20 cm; a = 5 cm; d = 1 mm, resulta

$$C \approx \frac{2\pi \times 2\times 10^{-1} \times 8,85\times 10^{-12}}{\ln\left(\frac{5,1}{5}\right)} = 5,6\times 10^{-10}\ \text{F} = 560\ \text{pF}$$

5.3 CAPACITOR ESFÉRICO

É formado por um par de esferas condutoras concêntricas de raios R_1 e R_2 (Figura 5.3). Neste caso,

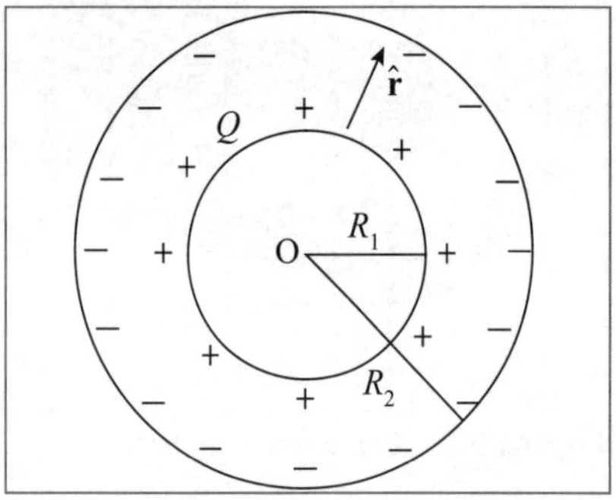

Figura 5.3 Capacitor esférico.

$$\mathbf{E} = E(r)\hat{\mathbf{r}} = \frac{Q}{4\pi\varepsilon_0 r^2}\hat{\mathbf{r}}$$

$$V = V_1 - V_2 = \frac{Q}{4\pi\varepsilon_0}\left(\frac{1}{R_1} - \frac{1}{R_2}\right)$$
$$= \frac{Q}{4\pi\varepsilon_0}\cdot\left(\frac{R_2 - R_1}{R_1 R_2}\right)$$

o que resulta em (note que aqui, com simetria esférica, 4π aparece)

$$\boxed{C = 4\pi\varepsilon_0 \cdot \left(\frac{R_1 R_2}{R_2 - R_1}\right)} \quad \textbf{(5.3.1)}$$

Se $R_2 - R_1 = d << R_1$, obtemos novamente como limite a (5.1.5) (verifique!).

Em particular, se a esfera externa está suficientemente afastada ($R_2 \to \infty$), obtemos a *capacitância C de uma esfera de raio R*:

$$\boxed{C = 4\pi\varepsilon_0 R} \quad \textbf{(5.3.2)}$$

As linhas de força nesse caso vão da superfície da esfera ao "infinito". Um exemplo é a Terra, cujo raio é $R \approx 6,37 \times 10^3$ km, o que leva a (admitindo que possa ser tratada como um bom condutor)

$$C \approx 4\pi \times 6,37\times 10^{6} \times 8,85\times 10^{-12}\ \text{F} \approx 7,1\times 10^{-4}\ \text{F} = 710\ \mu\text{F}$$

Este valor é suficientemente grande para podermos escoar bastante carga para a terra sem alterar apreciavelmente o seu potencial (ligação "terra" num circuito).

5.4 ASSOCIAÇÕES DE CAPACITORES

A Figura 5.4 mostra um exemplo de *conexão em paralelo*, cujos terminais podem estar ligados, por exemplo, aos polos de uma bateria, que mantém entre eles a diferença de potencial V.

As placas superiores formam um condutor único, de carga total

$$Q = Q_1 + Q_2 + Q_3$$

e potencial V_+; igualmente para as inferiores, com carga $-Q$ e potencial V_-. Assim,

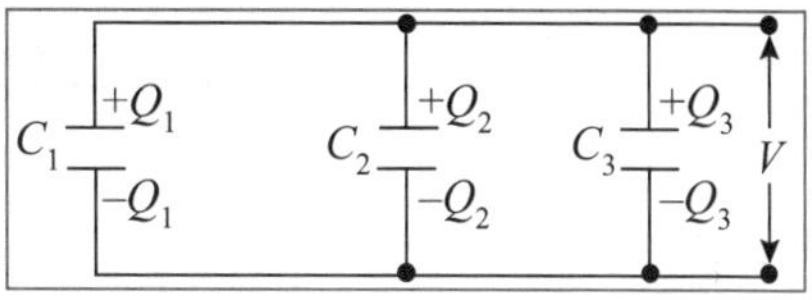

Figura 5.4 Conexão em paralelo.

$$\left.\begin{aligned} Q_1 &= C_1 V \\ Q_2 &= C_2 V \\ Q_3 &= C_3 V \end{aligned}\right\} Q = (C_1 + C_2 + C_3)V, \quad \text{onde } V \equiv V_+ - V_-$$

Logo, o conjunto é equivalente a um capacitor único, de *capacitância equivalente*

$$\boxed{C = C_1 + C_2 + \ldots + C_N} \qquad \textbf{(5.4.1)}$$

(no caso, $N = 3$). Note que $C \geq$ Máx $(C_1, C_2, \ldots, C_N)$.

Vejamos agora a *conexão em série*, representada na Figura 5.5. Nesse sistema, cada um dos conjuntos intermediários, tais como a e b na figura, forma um condutor único, inicialmente neutro, no qual as cargas $+Q$ e $-Q$ são separadas por indução. A diferença de potencial total entre as extremidades P_+ e P_- é

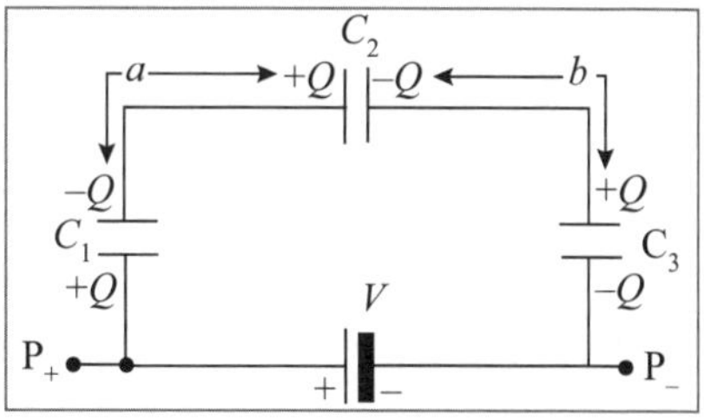

Figura 5.5 Conexão em série.

$$V_+ - V_- \equiv V = \frac{Q}{C_1} + \frac{Q}{C_2} + \frac{Q}{C_3} \equiv \frac{Q}{C}$$

Logo, a capacitância equivalente é

$$\boxed{\frac{1}{C} = \frac{1}{C_1} + \frac{1}{C_2} + \ldots + \frac{1}{C_N}} \qquad \textbf{(5.4.2)}$$

Note que $C \leq$ Min $(C_1, C_2, \ldots C_N)$.

5.5 ENERGIA ELETROSTÁTICA ARMAZENADA

Consideremos a carga *gradual* do capacitor por uma bateria, começando com ele descarregado. Num instante em que a carga já armazenada é q, a diferença de potencial instantânea entre as placas é

$$v = \frac{q}{C}$$

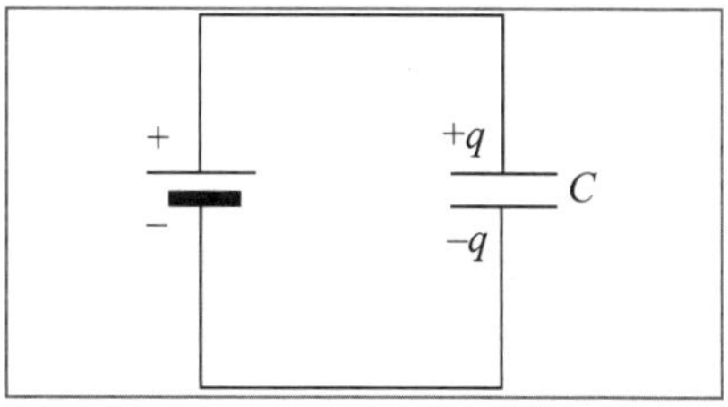

Figura 5.6 Carga de um capacitor.

e a bateria realiza um *trabalho* $v\,dq$ para transferir uma carga adicional dq. Logo,

$$dU = v\, dq = \frac{q\, dq}{C} \qquad \left\{ \quad U = \int_{q=0}^{q=Q} dU = \frac{1}{C}\int_0^Q q\, dq = \left.\frac{q^2}{2C}\right|_0^C \right.$$

o que resulta em

$$\boxed{U = \frac{Q^2}{2C} = \frac{1}{2}CV^2 = \frac{1}{2}QV} \tag{5.5.1}$$

para a energia total armazenada até atingir a carga final Q.

Para um capacitor plano, isto leva a

$$\boxed{U = \frac{1}{2}\cdot\frac{\varepsilon_0 A}{d}V^2 = \frac{\varepsilon_0}{2}Ad\left(\frac{V}{d}\right)^2 = \frac{\varepsilon_0}{2}E^2\cdot Ad} \tag{5.5.2}$$

Nessa expressão, Ad é o volume do espaço entre as placas do capacitor, no qual o campo elétrico fica confinado (desprezando os efeitos de bordas). Logo, do ponto de vista de campo, podemos pensar na energia como estando *armazenada no campo elétrico*, no espaço entre as placas, com uma *densidade de energia*

$$\boxed{u = \frac{\varepsilon_0}{2}\mathbf{E}^2} \tag{5.5.3}$$

Consideremos agora uma *esfera condutora* (isolada) com carga Q. Tratando-a como um capacitor, a energia potencial armazenada é

$$\boxed{U = \frac{Q^2}{2C} = \frac{Q^2}{8\pi\varepsilon_0 R}} \tag{5.5.4}$$

o que também resulta de ser

$$V = \frac{Q}{4\pi\varepsilon_0 R}$$

o potencial na superfície, e de ser

$$\frac{1}{2}\int V\sigma dS = \frac{1}{2}QV$$

a energia potencial das cargas distribuídas na superfície com densidade σ.

Do ponto de vista de campo, consideraríamos que a energia está armazenada em todo o espaço *externo* à esfera, onde $\mathbf{E} \neq 0$. Se admitirmos que a (5.5.3) permanece válida, seria

$$u(\mathbf{r}) = \frac{\varepsilon_0}{2}\mathbf{E}^2(\mathbf{r}) = \frac{\varepsilon_0}{2}\frac{Q^2}{16\pi^2\varepsilon_0^2 r^4}$$

num ponto $\mathbf{r}$ à distância $r = |\mathbf{r}|$ do centro, pois

$$\mathbf{E}(\mathbf{r}) = \frac{Q}{4\pi\varepsilon_0 r^2}\hat{\mathbf{r}}$$

Logo, a energia contida numa camada esférica de raio r e espessura dr seria

$$dU(r) = 4\pi r^2 dr\ u(r) = \frac{Q^2}{8\pi\varepsilon_0 r^2} dr$$

e a energia total contida no campo seria

$$U = \int_R^\infty dU(r) = \frac{Q^2}{8\pi\varepsilon_0} \underbrace{\int_R^\infty \frac{dr}{r^2}}_{=1/R} \qquad \Bigg\{ \qquad U = \frac{Q^2}{8\pi\varepsilon_0 R}$$

o que concorda com o valor anterior (5.5.4).

Esses exemplos ilustram um resultado geral. A expressão geral (4.8.3) da energia potencial eletrostática, obtida do ponto de vista de sua *armazenagem nas cargas*, pode ser transformada numa expressão em que ela aparece como *armazenada no campo*:

$$\boxed{U = \frac{1}{2}\int \rho(\mathbf{r}) V(\mathbf{r}) dv = \frac{\varepsilon_0}{2}\int \mathbf{E}^2(\mathbf{r}) dv} \qquad \textbf{(5.5.5)}$$

Demonstração: Partindo da equação de Poisson (4.6.1),

$$\text{div}\ \mathbf{E} = \frac{\rho}{\varepsilon_0}$$

substituímos ρ na primeira integral por ε_0 div $\mathbf{E}$:

$$U = \frac{\varepsilon_0}{2}\int V(\mathbf{r})\,\text{div}\ \mathbf{E}\ dv$$

Aplicamos agora a identidade (4.5.24),

$$\text{div}(fv) = f\ \text{div}\ \mathbf{v} + \mathbf{v}\cdot\text{grad}\ f$$

que resulta em:

$$\text{div}(V\mathbf{E}) = V\ \text{div}\ \mathbf{E} + \mathbf{E}\cdot\text{grad}\ V = V\ \text{div}\ \mathbf{E} - \mathbf{E}^2$$

$$U_v = \frac{\varepsilon_0}{2}\int_v \mathbf{E}^2\ dv + \frac{\varepsilon_0}{2}\int_v \text{div}\ (V\mathbf{E}) dv$$

onde integramos sobre um volume v limitado por uma superfície S, por exemplo, uma esfera de raio R. Pelo teorema da divergência,

$$\int_v \text{div}(V\mathbf{E}) dv = \oint_S V(\mathbf{r})\mathbf{E}(\mathbf{r})\cdot\mathbf{dS}$$

Se afastarmos a superfície S indefinidamente, $V(\mathbf{r})$ sobre S cai como $1/R$, $\mathbf{E}(\mathbf{r})$ cai como $1/R^2$ e dS cresce como R^2. Logo, a $\oint_S$ cai como $1/R$ e tende a zero para $R \to \infty$. Resulta

$$U = \frac{\varepsilon_0}{2}\int \mathbf{E}^2(\mathbf{r}) dv$$

onde integramos sobre todo o espaço, o que demonstra a (5.5.5).

Energia própria ("self-energy") de uma carga puntiforme

Vimos que uma carga de dimensões da ordem de R, vista de uma distância >> R, se comporta como se fosse puntiforme. Uma distribuição esfericamente simétrica atua exatamente como se toda a carga estivesse concentrada no seu centro.

Neste caso, para uma distribuição esférica *volumétrica uniforme* de raio R, a (4.8.4) resulta em

$$U = \frac{3}{5}\frac{Q^2}{4\pi\varepsilon_0 R}$$

e, para uma distribuição de carga *superficial* (esfera condutora), a (5.5.4) leva a

$$U = \frac{1}{2}\frac{Q^2}{4\pi\varepsilon_0 R}$$

Em ambos os casos, o resultado tem a mesma ordem de grandeza,

$$U \sim \frac{Q^2}{4\pi\varepsilon_0 R}$$

e *diverge* para $R \to 0$, ou seja, para uma carga "realmente" puntiforme. Essa é uma dificuldade básica do eletromagnetismo clássico, se tentarmos aplicá-lo, microscopicamente, a uma partícula que se acredita ser "realmente" puntiforme, como o elétron.

Segundo a relatividade restrita (a ser tratada em **FB4**), a energia tem inércia, ou seja, a uma energia U está associada uma massa *inercial*

$$\boxed{m = \frac{U}{c^2}} \qquad \textbf{(5.5.6)}$$

onde c é a velocidade da luz no vácuo. Se procurássemos imaginar um modelo clássico para o elétron, atribuindo a *toda* a sua massa origem eletromagnética, deveríamos ter, para um modelo esférico de raio r_0, do elétron,

$$\boxed{m_e \sim \frac{e^2}{4\pi\varepsilon_0 r_0 c^2} \quad \left\{ \quad r_0 \sim \frac{e^2}{4\pi\varepsilon_0 m_e c^2} \right.} \qquad \textbf{(5.5.7)}$$

onde $m_e \approx 9{,}11 \times 10^{-31}$ kg é a massa do elétron. Isso daria

$$r_0 \sim \frac{9\times 10^9 \times \left(1{,}6\times 10^{-19}\right)^2}{9{,}11\times 10^{-31}\times\left(3\times 10^8\right)^2}\,\text{m} \sim 2{,}8\times 10^{-15}\ \text{m}$$

que é chamado de *raio clássico do elétron.*

As forças coulombianas repulsivas entre elementos de carga de mesmo sinal não permitiriam a existência de um modelo *estável* para o elétron (teorema de Earnshaw), sem a intervenção de forças de outra natureza para contrabalançar a repulsão. Não faria sentido, porém, um modelo clássico para uma partícula como o elétron: já bem antes de chegar à escala de distâncias da ordem de r_0, efeitos quânticos se manifestam.

A teoria quântica, combinada com a relatividade, levou à formulação da teoria quântica dos campos e à eletrodinâmica quântica, em que a divergência da energia própria persiste. Essa divergência está associada ao comportamento do modelo teórico para energias extremamente elevadas; na eletrodinâmica quântica, ela foi superada por métodos de cálculo bem-sucedidos, conhecidos como "renormalização". Mais recentemente, reconheceu-se que são formas efetivas de contornar nosso desconhecimento de possíveis efeitos novos em energias ainda inacessíveis.

Energia de condutores carregados

Quando aplicamos a expressão

$$U = \frac{1}{2}\int \rho(\mathbf{r})V(\mathbf{r})dv$$

a um *sistema de N condutores carregados*, temos de substituir $\rho\, dv \to \sigma\, dS$ e integrar sobre as superfícies $S_1, S_2, ..., S_N$ de todos os condutores, o que conduz a

$$\boxed{U = \frac{1}{2}\sum_{i=1}^{N}\int_{S_i} \sigma(\mathbf{r})V(\mathbf{r})dS} \qquad \textbf{(5.5.8)}$$

Mas, sobre a superfície S_i, $V = V_i$ = constante. Logo,

$$U = \frac{1}{2}\sum_i V_i \int_{S_i} \sigma(r)dS, \quad \left\{ \boxed{U = \frac{1}{2}\sum_{i=1}^{N} Q_i V_i} \right. \qquad \textbf{(5.5.9)}$$

onde Q_i é a carga do condutor i, distribuída sobre S_i. Em particular, para um capacitor, com cargas $\pm Q$,

$$\boxed{U = \frac{1}{2}Q(V_+ - V_-) = \frac{1}{2}Q\ V}$$

onde V é a diferença de potencial entre as duas placas. Isso leva a outra demonstração do resultado (5.5.1).

Há uma diferença importante entre a (5.5.9) e a expressão

$$U = \frac{1}{2}\sum_{i=1}^{N} q_i V_i$$

para a energia de *interação* entre cargas puntiformes, obtida na Seção 4.8. Naquele caso, U representa somente a energia de *interação entre pares de cargas*, e V_i é o potencial na carga q_i devido às outras cargas q_j ($j \neq i$). Na (5.5.9), porém, U é a energia *total* do sistema, e V_i é o potencial do condutor devido a *todas* as cargas, inclusive aquelas distribuídas sobre ele próprio.

Energia potencial de cargas num campo externo

Se $\varphi_i \equiv \varphi(\mathbf{r}_i)$ é o potencial do campo *externo* $\mathbf{E} = -\nabla\varphi$ na posição da carga q_i, temos neste caso

$$\boxed{U = \sum_{i=1}^{N} q_i\ \varphi_i} \qquad \textbf{(5.5.10)}$$

conforme decorre da definição do potencial. Note a ausência do fator 1/2 nesse caso.

Força ponderomotriz sobre a superfície de um condutor

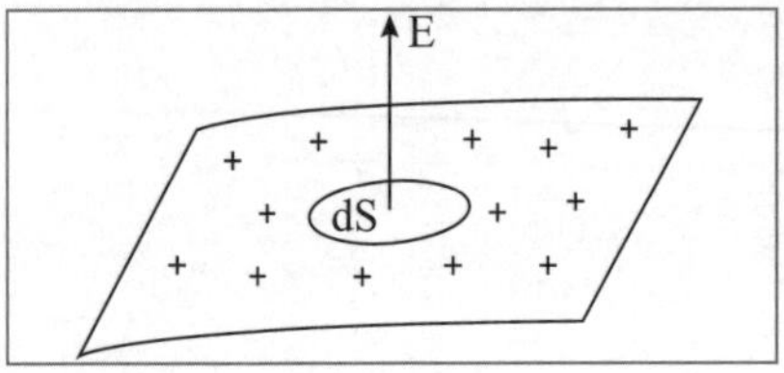

Figura 5.7 Elemento de superfície de um condutor carregado.

Consideremos um elemento de carga $dq = \sigma\, dS$ contido num elemento de superfície dS de um condutor (Figura 5.7). Vimos após a (3.5.11) que o campo na superfície é metade, proveniente de dS e metade proveniente de distribuição de carga sobre o resto do condutor. Essa carga devida ao resto do condutor exerce uma força sobre dq, dada por

$$\mathbf{dF} = dq \cdot \frac{\sigma}{2\varepsilon_0}\hat{\mathbf{n}} = \frac{\sigma^2}{2\varepsilon_0}\hat{\mathbf{n}}\ dS$$

onde $\sigma\hat{\mathbf{n}}/(2\varepsilon_0)$ é o campo devido ao resto do condutor. Note que $\mathbf{dF}$ tem sempre a direção e sentido da normal *externa* $\hat{\mathbf{n}}$, independentemente do sinal de σ, pois é proporcional a σ^2.

Essa *força ponderomotriz* equivale a uma *tensão* (força por unidade de superfície)

$$\boxed{\frac{\mathbf{dF}}{dS} = \frac{\sigma^2}{2\varepsilon_0}\hat{\mathbf{n}} = \frac{\varepsilon_0}{2}\cdot\left(\frac{\sigma}{\varepsilon_0}\right)^2 \hat{\mathbf{n}} = \frac{\varepsilon_0}{2}\mathbf{E}^2\hat{\mathbf{n}} = u\ \hat{\mathbf{n}}} \qquad \textbf{(5.5.11)}$$

onde u é a densidade de energia (5.5.3) num ponto vizinho a dS.

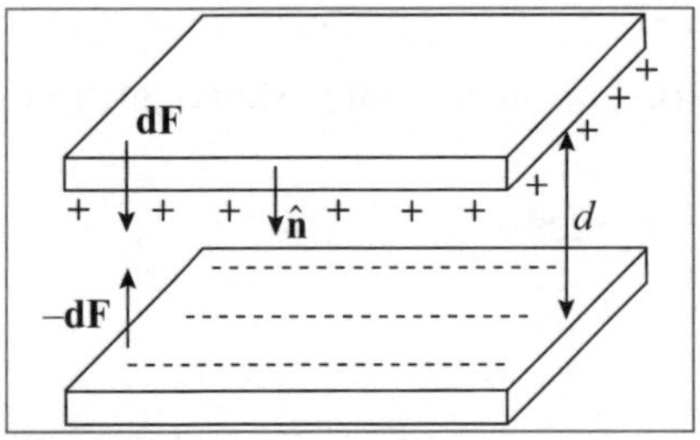

Figura 5.8 Atração entre as placas de um capacitor plano.

Num capacitor plano, como $\hat{\mathbf{n}}$ é dirigido para dentro, essa tensão (Figura 5.8) representa uma força *atrativa* entre as placas (atração entre as cargas Q e $-Q$). Se quisermos aumentar de δd a separação entre as placas, *mantendo Q constante* (ou seja, com as placas isoladas), a força externa F_{ext} aplicada tem de realizar um trabalho contra essa força atrativa ($F_{ext} = -F$) dado por

$$F_{ext}\ \delta d = \left|\frac{\mathbf{dF}}{dS}\right| A(\delta d) = u\ \delta V = \delta U$$

onde δV é a variação do volume entre as placas, e δU é a variação da energia eletrostática armazenada nesse volume. Assim, a força atrativa entre as placas (mantidas *isoladas*!) é

$$F = -F_{ext} = -\delta U / \delta d$$

Pelas (5.5.1) e (5.5.2),

$$U = \frac{Q^2}{2C} = \frac{Q^2}{2\varepsilon_0 A} d \qquad \left\{ \boxed{F = -\frac{Q^2}{2\varepsilon_0 A}} \right. \tag{5.5.12}$$

5.6 DIELÉTRICOS

Até agora, só discutimos campos elétricos no vácuo ou na presença de condutores, dentro dos quais **E** = 0. Que acontece com o campo na presença de um material isolante?

Cavendish (em 1773) e Faraday, independentemente (em 1837), descobriram que a capacitância de um capacitor *aumenta* quando se coloca um isolante entre as placas. Se o espaço entre as placas estiver totalmente preenchido pelo isolante, a capacitância aumenta por um fator κ que só depende da natureza do material isolante, e não da forma ou tipo de capacitor, conforme mostra a experiência. Esse fator é chamado de *constante dielétrica* do isolante, e este também é chamado de *dielétrico*:

$$\boxed{C = \kappa\, C_0} \tag{5.6.1}$$

onde C_0 se refere ao vácuo (para o qual, portanto, κ = 1)

Valores de κ para alguns materiais típicos

Substância	Ar 1 atm. 20 °C	Água destilada 20 °C	Vidro	Quartzo	Borracha	Porcelana	Papel
κ	1,00059	80,4	~ 4 a 10	~ 5	7	~ 6,5 a 7	3,7

Por que razão C aumenta? Antes de colocarmos o dielétrico, tínhamos

$$Q = C_0 V = \frac{\varepsilon_0 A}{d} V$$

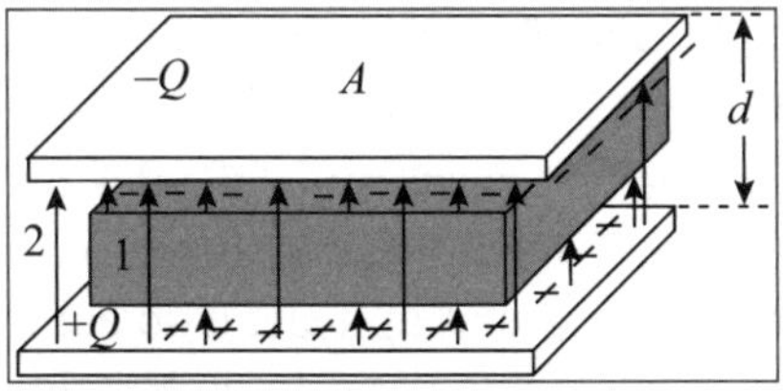

Figura 5.9 Capacitor plano com dielétrico.

onde consideramos um capacitor plano (Figura 5.9). Com o dielétrico, a carga Q das placas não mudou, mas $C_0 \to \kappa C_0$. Logo, é a *voltagem* (tensão) V (diferença de potencial entre as placas) que deve ter *caído* por um fator 1/κ:

$$\boxed{V_0 \to \frac{V_0}{\kappa}} \tag{5.6.2}$$

Mas $V = -\int \mathbf{E}\cdot d\mathbf{l}$. Logo, é o *campo* **E** que deve ter-se reduzido: $\mathbf{E}_0 \to \mathbf{E}_0/\kappa$ (Embora ainda não tenhamos definido **E** dentro do meio, podemos tomá-lo do lado de fora, como na Figura 5.9, onde a lâmina dielétrica é um pouco mais curta que as placas).

No pequeno intervalo entre o dielétrico e cada placa, porém, o campo ainda deve ser $E_0 = \sigma/\varepsilon_0$, porque a densidade superficial σ nas placas não mudou, o que não muda o campo da placa. Logo, *ao atravessar a superfície do dielétrico*, o campo (que é perpendicular a ela), sofre uma *descontinuidade*

$$\hat{\mathbf{n}}_{12} \cdot (\mathbf{E}_2 - \mathbf{E}_1) = E_0 - E = E_0\left(1 - \frac{1}{\kappa}\right) = (\kappa - 1)E \quad \textbf{(5.6.3)}$$

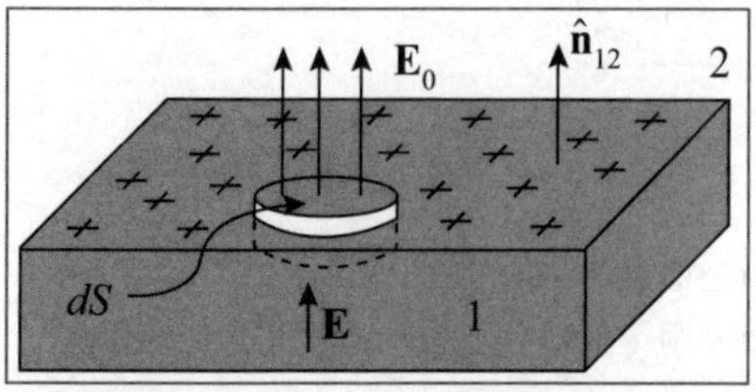

Figura 5.10 Superfície gaussiana.

onde $\hat{\mathbf{n}}_{12}$ é o vetor unitário da normal à interface entre o dielétrico (meio 1) e o vácuo (meio 2), orientado no sentido 1 → 2. Tomando uma superfície gaussiana cilíndrica, como na Figura 5.10, o fluxo que entra pela base inferior é, portanto, menor do que aquele que sai pela base superior. Pela lei de Gauss,

$$\hat{\mathbf{n}}_{12} \cdot (\mathbf{E}_2 - \mathbf{E}_1)dS = dq_p / \varepsilon_0 = \sigma_p \, dS / \varepsilon_0 \quad \textbf{(5.6.4)}$$

o que indica a presença, sobre a base superior da lâmina, de uma densidade de carga (positiva) superficial σ_p, com

$$\boxed{\sigma_p = \varepsilon_0 (E_0 - E) = \varepsilon_0 (\kappa - 1) E} \quad \textbf{(5.6.5)}$$

onde E é o campo elétrico no interior do meio.

Analogamente, na base inferior da lâmina dielétrica, deve existir uma densidade negativa correspondente, $-\sigma_p$: a lâmina, como um todo, se mantém neutra.

Vemos que o efeito é análogo ao da *indução eletrostática*, que ocorreria se a lâmina fosse condutora. Entretanto, num condutor, os elétrons se deslocam livremente, explicando o efeito de indução, ao passo que num isolante não há elétrons livres: os elétrons estão *ligados* a átomos ou moléculas, formando sistemas *neutros*.

Como já vimos, porém, a aplicação de um campo elétrico a um sistema neutro tende a produzir um *momento de dipolo elétrico* numa molécula não polar, ou a alinhar o dipolo com o campo, numa molécula polar (Seção 4.4).

Para ver de que maneira isso dá origem às densidades de carga superficial $\pm\sigma_p$, consideremos as consequências da *polarização* (criação de momentos de dipolo) de moléculas não polares, sob a ação do campo dentro do dielétrico. A aplicação do campo produz um deslocamento (Figura 5.11) das cargas positivas na direção de **E** e das negativas no sentido oposto, *criando* o dipolo. Mesmo na escala microscópica, esse deslocamento é extremamente pequeno, porque os campos **E** aplicados têm intensidades tipicamente muitíssimo menores que os campos intra-atômicos: por exemplo, a ordem de grandeza do campo do próton sobre o elétron no átomo de H (raio ~ 0.5 Å $= \frac{1}{2} \times 10^{-10}$ m) é

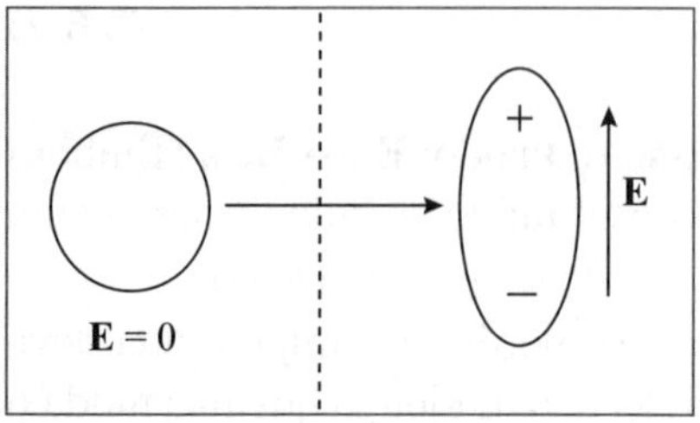

Figura 5.11 Criação de um dipolo.

$$E_{at} \sim \frac{9\times10^{9}\times\left(1{,}6\times10^{-19}\right)}{\left(\frac{1}{2}\times10^{-10}\right)^{2}} \sim 6\times10^{11}\,\frac{V}{\text{m}} = \frac{6\text{ GV}}{\text{cm}}!$$

Mesmo um campo aplicado de 60 kV/cm, extremamente intenso do ponto de vista macroscópico, ainda é da ordem de 10^5 vezes menor, e produz um deslocamento de carga ~ 10^{-5} vezes o raio atômico.

Num material com moléculas polares (gás ou líquido, por exemplo), o alinhamento num campo aplicado também produz uma polarização preferencial na direção do campo (análogo ao discutido na Seção 11.5 para o caso magnético).

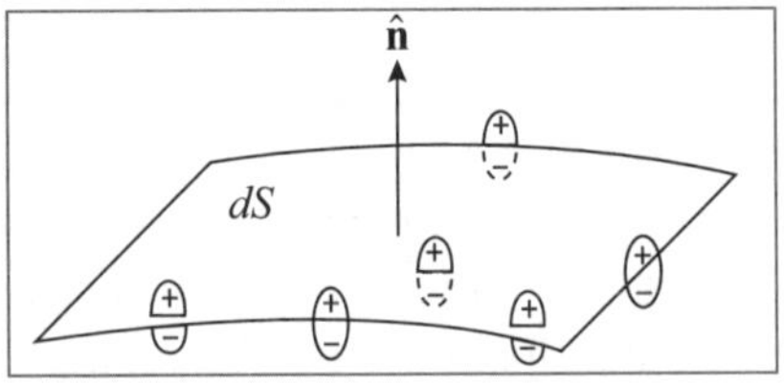

Figura 5.12 Fluxo de carga através de dS.

Um *elemento de superfície orientado* $\mathbf{dS} = \hat{\mathbf{n}}\,dS$ ($\hat{\mathbf{n}}$ = versor da normal) dentro do dielétrico é atravessado (Figura 5.12) por uma carga total dq como consequência deste deslocamento. Essa carga varia com a orientação $\hat{\mathbf{n}}$ da mesma forma que o fluxo através de uma superfície $\mathbf{dS}$ no escoamento de um fluido, ou seja, como o fluxo de um vetor $\mathbf{P}$:

$$\boxed{dq = \mathbf{P}\cdot\mathbf{dS} = \mathbf{P}\cdot\hat{\mathbf{n}}\,dS \equiv P_n\,dS} \qquad \textbf{(5.6.6)}$$

onde $\mathbf{P}$ tem a direção do deslocamento das cargas ($\mathbf{P}$ // $\mathbf{E}$) para um meio *isotrópico* (existem meios anisotrópicos, em que isto não acontece, mas não vamos considerá-los), e tem dimensões de $[dq/dS]$, ou seja de uma *densidade superficial* de carga.

Consideremos primeiro, para simplificar, o caso em que a polarização é *homogênea* (a mesma em qualquer elemento de volume). Nesse caso, para um elemento de volume dv totalmente interno ao dielétrico, não há variação de sua carga total, pois a carga que o atravessa para fora através da base superior é compensada pela que entra através da base inferior.

Mas *isso não acontece na superfície do dielétrico*: faltam vizinhos de um lado, de forma que não há compensação. Pela definição de $\mathbf{P}$, a carga não compensada na superfície é, para um elemento dS,

$$dq = P_n\,dS \equiv \sigma_p\,dS \quad \left\{ \quad \boxed{\sigma_p = P_n = \hat{\mathbf{n}}\cdot\mathbf{P}} \right. \qquad \textbf{(5.6.7)}$$

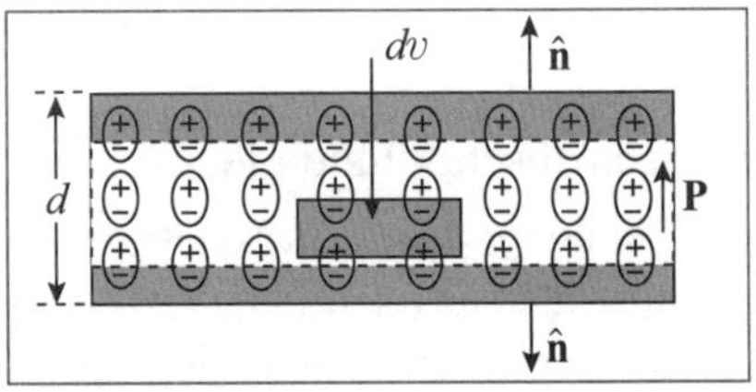

Figura 5.13 Polarização homogêmea.

que tem sinais opostos no topo da camada, onde $\hat{\mathbf{n}}$ é paralelo a $\mathbf{P}$ ($\sigma_p = +P$) e na base, onde é antiparalelo ($\sigma_p = -P$). Note que $\hat{\mathbf{n}}$ é orientada para fora do dielétrico (Figura 5.13).

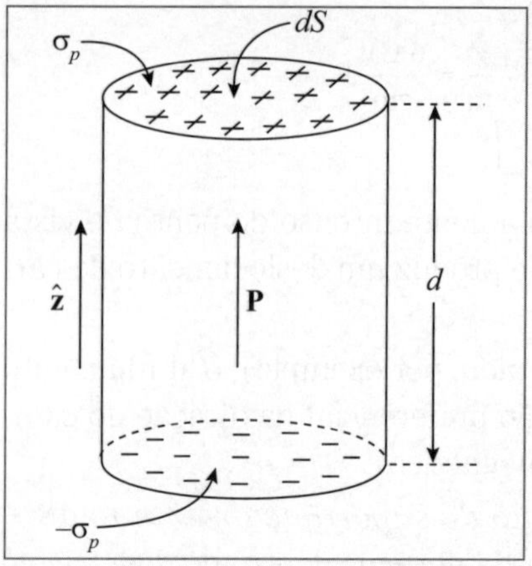

Figura 5.14 Cilindro polarizado.

Isso explica o aparecimento das densidades de carga σ_p, que são chamadas de *cargas de polarização*. Se considerarmos um cilindro que vai do topo da camada à sua base, ele adquire então um *momento de dipolo elétrico* (Figura 5.14)

$$\mathbf{dp} = \hat{\mathbf{z}}(dq)\, d = \hat{\mathbf{z}}\sigma_p (dS)\cdot d = P\hat{\mathbf{z}}\, dv = \mathbf{P}\, dv$$

onde dv é o volume do cilindro. Logo,

$$\boxed{\mathbf{P} = \frac{\mathbf{dp}}{dv}} \tag{5.6.8}$$

O vetor **P** é chamado de *polarização dielétrica*: vemos que representa o *momento de dipolo por unidade de volume* induzido pelo campo dentro do meio isolante. Qual é a relação entre a polarização **P** e o campo **E**? Para obtê-la, precisamos de um *modelo microscópico* da estrutura do dielétrico, a fim de obter o momento de dipolo criado pelo campo, ou seja, a resposta de cada átomo ou molécula ao campo aplicado. Isso requer o emprego da mecânica quântica.

Entretanto, como vimos, para campos aplicados típicos, a perturbação que produzem é muito pequena em confronto com os campos intra-atômicos. O resultado é que a polarização é *proporcional ao campo aplicado*, uma espécie de análogo atômico da lei de Hooke (deslocamento a partir do equilíbrio proporcional à força aplicada):

$$\boxed{\mathbf{P} = \chi\, \varepsilon_0\, \mathbf{E}} \tag{5.6.9}$$

onde χ é uma constante numérica característica do material, denominada *susceptibilidade dielétrica* (para campos muito intensos, isto deixa de ser verdade, podendo aparecer *efeitos não lineares*, proporcionais a $\mathbf{E}^2$, $\mathbf{E}^3$, ..., o que também é análogo aos desvios da lei de Hooke). Finalmente, resulta

$$\boxed{\sigma_p = P = \chi\varepsilon_0 E = \varepsilon_0(\kappa - 1)E} \tag{5.6.10}$$

ou seja,

$$\boxed{\kappa = 1 + \chi} \tag{5.6.11}$$

o que relaciona a constante dielétrica do material com a sua susceptibilidade.

As cargas de polarização σ_p são também chamadas de *cargas ligadas*, porque resultam de cargas ligadas a átomos e moléculas, em contraposição às *cargas livres* sobre condutores (devidas a elétrons livres), como as cargas das placas metálicas do capacitor, que são livres para se deslocarem. *Todas as cargas*, livres e ligadas, têm de ser levadas em conta no cálculo do campo elétrico **E**.

Polarização inomogênea

Se a polarização varia de ponto a ponto dentro do dielétrico, por ser ele inomogêneo, deixa de ser verdade que as cargas de polarização só aparecem na superfície.

Com efeito, nesse caso, pela definição de **P**, a carga total que *sai* de um volume Δv situado dentro do dielétrico, através de sua superfície ΔS (Figura 5.15), em consequência de sua polarização pelo campo, é

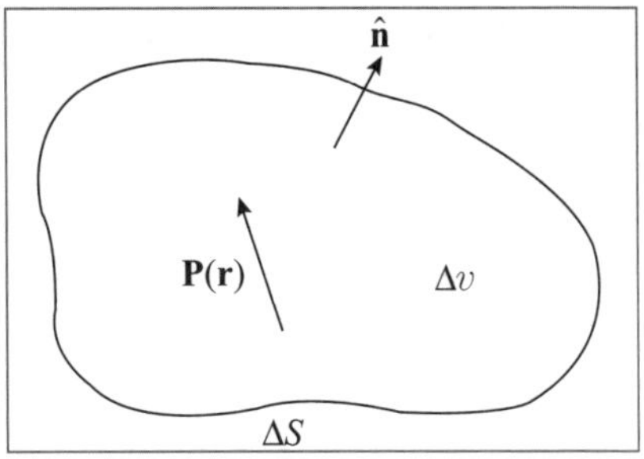

Figura 5.15 Volume dentro de um dielétrico.

$$\int_{\Delta S} \mathbf{P} \cdot \hat{\mathbf{n}}\, dS = \int_{\Delta v} (\text{div } \mathbf{P})\, dv$$

onde $\hat{\mathbf{n}}$ é o versor da normal externa.

Logo, pela conservação da carga total, se $\mathbf{P} = \mathbf{P}(\mathbf{r})$, com div $\mathbf{P} \neq 0$ (caso inomogêneo), a carga contida dentro de Δv, como consequência da polarização, é

$$\Delta q = -\int_{\Delta v} \text{div } \mathbf{P}\, dv$$

o que equivale a uma densidade *volumétrica* de carga de polarização.

$$\boxed{\rho_p = -\text{div } \mathbf{P}} \qquad \textbf{(5.6.12)}$$

Se, além disso, existirem dentro do dielétrico cargas *livres* de densidade volumétrica ρ (por exemplo, cargas no ar, que é um dielétrico), a densidade de carga *total* que gera o campo **E** é $\rho + \rho_p$, de forma que a equação de Poisson fica

$$\text{div } \mathbf{E} = \frac{\rho + \rho_p}{\varepsilon_0} = \frac{\rho}{\varepsilon_0} - \frac{1}{\varepsilon_0} \text{div } \mathbf{P} \qquad \textbf{(5.6.13)}$$

Como $\mathbf{P} = \varepsilon_0 \chi \mathbf{E}$, pela (5.6.10), podemos reescrever a (5.6.13) em função apenas da *densidade de carga livre* ρ:

$$\boxed{\text{div}\left[(1+\chi)\mathbf{E}\right] = \frac{\rho}{\varepsilon_0} = \text{div}(\kappa \mathbf{E}) = \text{div } \mathbf{D}} \qquad \textbf{(5.6.14)}$$

onde definimos o novo campo **D** (*vetor deslocamento elétrico*)

$$\boxed{\mathbf{D} \equiv \kappa \mathbf{E}} \qquad \textbf{(5.6.15)}$$

A (5.6.14) é a *equação de Poisson no interior de um dielétrico*. Note que χ e κ permanecem dentro de div (...), porque, no caso inomogêneo, não são contantes: variam de ponto a ponto.

Por outro lado, o campo **E** continua sendo conservativo, ou seja,

$$\boxed{\text{rot } \mathbf{E} = 0} \qquad \textbf{(5.6.16)}$$

As (5.6.14) e (5.6.16) dão a *forma local das equações básicas da eletrostática num meio dielétrico geral*, onde κ pode variar de ponto a ponto. São as *equações de Maxwell da eletrostática.*

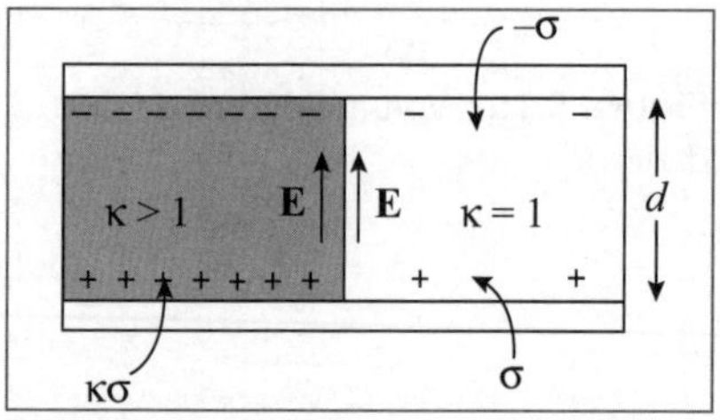

Figura 5.16 Capacitor semi-preenchido por dielétrico.

Exemplo: Consideremos (Figura 5.16) um capacitor de placas planas paralelas metade do qual é preenchida com um dielétrico ($\kappa > 1$), a outra metade não ($\kappa = 1$). As placas metálicas são equipotenciais. Logo, sua diferença de potencial V define um campo E uniforme, $E = V/d$, o mesmo nas duas metades. Assim, $E = \sigma/\varepsilon_0$ onde σ é a densidade superficial de carga (livre) na metade da placa inferior, onde $\kappa = 1$.

Na outra metade, porém, o *mesmo* E resulta da soma da carga livre com a carga de polarização, que tem sinal oposto e vale, como vimos,

$$\sigma_p / \varepsilon_0 = -(\kappa - 1)E = E - \kappa E = E - \left[(\kappa\sigma)/\varepsilon_0\right]$$

Logo,

$$E = (\sigma_p + \kappa\sigma)/\varepsilon_0$$

e a carga *livre* na outra metade da placa tem densidade superficial $\kappa\sigma$. Assim, a carga total da placa é

$$Q = \frac{A}{2}\sigma + \frac{A}{2}\kappa\sigma = \frac{1}{2}(\kappa+1)\sigma A = \frac{1}{2}(\kappa+1)\varepsilon_0 A \; E = \frac{1}{2}(\kappa+1)\varepsilon_0 \frac{A}{d} V$$

o que leva a

$$\boxed{C = \frac{1}{2}(\kappa+1)\frac{\varepsilon_0 A}{d}} \qquad \textbf{(5.6.17)}$$

O resultado é equivalente à associação em paralelo de dois capacitores de área $A/2$, um com dielétrico e o outro sem ele, como é natural.

Note que o campo elétrico *tangencial* à lâmina dielétrica se conserva na interface, ao contrário da componente *normal* à lâmina nas bases superior e inferior, no caso em que o dielétrico não preenche toda a cavidade [cf. (5.6.3)].

Energia

O raciocínio anterior, em que calculamos a energia armazenada num capacitor pelo trabalho necessário para carregá-lo, permanece válido, ou seja, continua valendo

$$U = \frac{1}{2} C\, V^2$$

Mas C aumenta por um fator κ na presença de um dielétrico (para o mesmo V). Logo, a *densidade de energia do campo* dentro do dielétrico é

$$\boxed{u = \frac{\varepsilon_0}{2} \kappa \mathbf{E}^2} \tag{5.6.18}$$

um fator κ maior do que no vácuo.

É preciso realizar um trabalho maior para chegar à mesma carga total, porque parte dele é gasta em polarizar (ou orientar) o material, ficando armazenada como energia interna das moléculas polarizadas (como a energia armazenada numa mola distendida, no caso da lei de Hooke).

5.7 CONDIÇÕES DE CONTORNO

A interface entre dois meios diferentes, como a lâmina dielétrica e o ar na Figura 5.10, é uma "superfície de descontinuidade". Do ponto de vista microscópico, é na realidade uma *camada de transição*, de espessura típica da ordem de algumas camadas atômicas, onde as propriedades do meio variam continuamente entre as de um dos meios e as do outro, mas de forma tão rápida na escala macroscópica que a idealizamos por uma superfície de descontinuidade.

Ao aplicar a lei de Gauss na Figura 5.10, tomamos como superfície ΔS um cilindro achatado, de base dS e altura (perpendicular à interface) h, onde h, que poderia ser identificado com a espessura da camada de transição, tende a zero. A base superior do cilindro está no meio 2 e a inferior em 1; $\hat{\mathbf{n}}_{12}$ é o versor da normal, orientada de $1 \to 2$. Como o fluxo através da superfície lateral $\to 0$ com h, o fluxo total através de S é, como na (5.6.4),

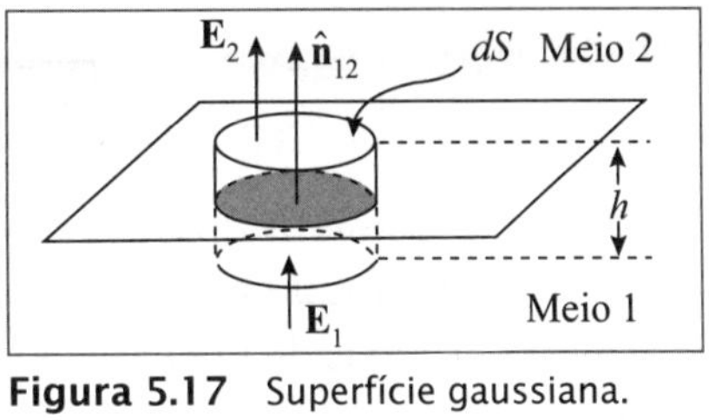

Figura 5.17 Superfície gaussiana.

$$\oint_{\Delta S} \mathbf{E} \cdot \hat{\mathbf{n}}\, dS = \hat{\mathbf{n}}_{12} \cdot (\mathbf{E}_2 - \mathbf{E}_1) \cdot dS = \lim_{h \to 0} (\text{div}\, \mathbf{E} \cdot \Delta v)$$

onde $\Delta v = h \cdot dS$. Resulta

$$\boxed{\lim_{h \to 0} (h \text{ div } \mathbf{E}) = \mathbf{n}_{12} \cdot (\mathbf{E}_2 - \mathbf{E}_1) \equiv \text{Div } \mathbf{E}} \tag{5.7.1}$$

onde Div **E** é chamada de a *divergência superficial* de **E**.

Como as fontes de **E** são *todas* as cargas (livres e de polarização), pela (5.6.13),

$$\text{div } \mathbf{E} = (\rho + \rho_p) / \varepsilon_0$$

e temos

$$\lim_{h\to 0}\left(h \text{ div } \mathbf{E}\right) = \frac{1}{\varepsilon_0}\lim_{h\to 0}\left[h\left(\rho+\rho_p\right)\right] = \frac{1}{\varepsilon_0}\left(\sigma+\sigma_p\right)$$

onde σ e σ_p são as densidades *superficiais* de carga livre e de carga de polarização, respectivamente.

Logo, a forma limite da equação de Poisson para **E** numa superfície de descontinuidade entre dois meios é

$$\boxed{\text{Div } \mathbf{E} \equiv \hat{\mathbf{n}}_{12}\cdot\left(\mathbf{E}_2-\mathbf{E}_1\right) = \left(\sigma+\sigma_p\right)/\varepsilon_0} \qquad \textbf{(5.7.2)}$$

O resultado da (5.6.4) é um caso particular, em que $\sigma = 0$.

A *divergência superficial* de um vetor mede a *descontinuidade da sua componente normal* ao atravessar a superfície de descontinuidade.

Já para o vetor **D**, cujas fontes, pela (5.6.14), são apenas as cargas *livres*

$$\boxed{\text{div } \mathbf{D} = \frac{\rho}{\varepsilon_0} \Rightarrow \text{Div } \mathbf{D} = \hat{\mathbf{n}}_{12}\cdot\left(\mathbf{D}_2-\mathbf{D}_1\right) = \frac{\sigma}{\varepsilon_0}} \qquad \textbf{(5.7.3)}$$

onde σ é a densidade superficial de carga livre na interface.

Em particular, se não há cargas superficiais livres na interface entre os meios 1 e 2, resulta

$$\boxed{\hat{\mathbf{n}}_{12}\cdot\left(\mathbf{D}_2-\mathbf{D}_1\right) = D_{2,n}-D_{1,n} = 0} \qquad \textbf{(5.7.4)}$$

ou seja, *a componente normal* D_n *de* **D** *é contínua na interface* (*sem carga livre*) *entre dois meios*, ao passo que a componente normal de **E** é *descontínua*, devido às cargas superficiais de polarização, σ_p. Isso é bem visível no diagrama de linhas de força da Figura 5.9: as linhas de força de **E** são mais densas fora do que dentro do meio, ao passo que as de **D** seriam contínuas.

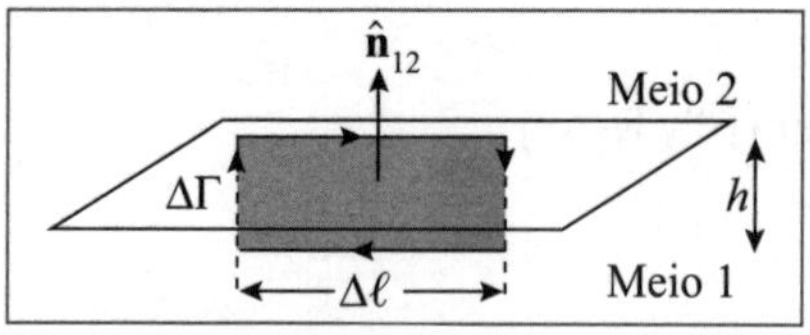

Figura 5.18 Circuito $\Delta\Gamma$.

Podemos proceder de forma análoga com a circulação

$$\oint_{\Delta\Gamma}\mathbf{E}\cdot\mathbf{dl}$$

de **E** ao longo de um circuito fechado $\Delta\Gamma$ de altura h e lados Δl situados um em cada meio. Na circulação, intervém apenas a componente de **E** tangencial à superfície. Aplicando o teorema de Stokes à circulação de **E** ao longo de $\Delta\Gamma$, e desprezando a contribuição dos lados de altura h ($h \to 0$), vem

$$\int_{\Delta\Gamma}\mathbf{E}\cdot\mathbf{dl} = \mathbf{E}_2\cdot\hat{\mathbf{t}}\,\Delta l-\mathbf{E}_1\cdot\hat{\mathbf{t}}\,\Delta l = \int_{\Delta S}\text{rot } \mathbf{E}\cdot\hat{\mathbf{N}}\,dS = \hat{\mathbf{N}}\cdot\text{rot } \mathbf{E}\ h\ \Delta l = \hat{\mathbf{N}}\cdot\text{rot } \mathbf{E}\ \Delta S$$

onde $\hat{\mathbf{t}}$ é o versor da tangente à curva $\Delta\Gamma$ no meio 2 e $\hat{\mathbf{N}}$ é o versor da normal à área $\Delta S = h\ \Delta\ l$ contida dentro de $\Delta\Gamma$.

Por conseguinte, para $h \to 0$,

$$\boxed{(\mathbf{E}_2 - \mathbf{E}_1)\cdot\hat{\mathbf{t}} = (h \text{ rot } \mathbf{E})\cdot\hat{\mathbf{N}}} \qquad \textbf{(5.7.5)}$$

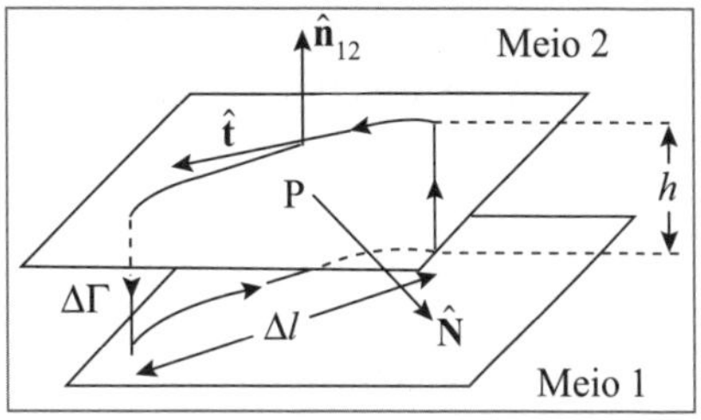

Figura 5.19 Vetores unitários na interface.

Vemos pela Figura 5.19 que

$$\boxed{\hat{\mathbf{t}} = \hat{\mathbf{N}} \times \hat{\mathbf{n}}_{12}} \qquad \textbf{(5.7.6)}$$

o que resulta em

$$\boxed{(\mathbf{E}_2 - \mathbf{E}_1)\cdot\hat{\mathbf{t}} = (\mathbf{E}_2 - \mathbf{E}_1)\cdot(\hat{\mathbf{N}} \times \hat{\mathbf{n}}_{12}) = \hat{\mathbf{n}}_{12} \times (\mathbf{E}_2 - \mathbf{E}_1)\cdot\hat{\mathbf{N}}} \qquad \textbf{(5.7.7)}$$

usando a invariância do produto misto de três vetores por permutação circular.

Comparando com a (5.7.5) e notando que a orientação de $\hat{\mathbf{N}}$ num plano paralelo à interface é arbitrária, concluímos que*

$$\boxed{\lim_{h\to 0}(h \text{ rot } \mathbf{E}) = \hat{\mathbf{n}}_{12} \times (\mathbf{E}_2 - \mathbf{E}_1) \equiv \text{Rot } \mathbf{E}} \qquad \textbf{(5.7.8)}$$

onde Rot **E**, o *rotacional superficial* de **E**, mede, portanto, a *descontinuidade na componente tangencial* de **E**.

Como o campo eletrostático é sempre irrotacional, rot **E** = 0, obtemos

$$\boxed{\text{Rot } \mathbf{E} = \hat{\mathbf{n}}_{12} \times (\mathbf{E}_2 - \mathbf{E}_1) = 0} \qquad \textbf{(5.7.9)}$$

ou seja, *a componente tangencial do campo eletrostático é sempre contínua.*

Juntamente com a equação $\hat{\mathbf{n}}_{12}\cdot(\mathbf{E}_2 - \mathbf{E}_1) = (\sigma + \sigma_p)/\varepsilon_0$, que indica a descontinuidade na componente normal, esta condição define inteiramente $(\mathbf{E}_2 - \mathbf{E}_1)$; o conjunto destas duas equações é chamado de *condições de contorno*. Vemos que representa simplesmente a forma limite das equações de Maxwell para div **E** e rot **E**, numa superfície de descontinuidade entre dois meios diferentes: *o comportamento do campo é inteiramente descrito pelas equações de Maxwell* (inclusive neste caso limite).

* Sendo sempre $\hat{\mathbf{N}}\cdot\hat{\mathbf{n}}_{12} = 0$, poderia haver uma componente de h rot **E** paralela a $\hat{\mathbf{n}}_{12}$. Porém, tomando Oz paralelo a $\hat{\mathbf{n}}_{12}$, essa componente seria

$$h\left(\frac{\partial E_y}{\partial x} - \frac{\partial E_x}{\partial y}\right)$$

que $\to 0$ com h, porque as derivadas de **E** em direções tangenciais à interface permanecem finitas.

Em particular, se o meio 1 é um condutor ($\mathbf{E}_1 = 0$), e $\hat{\mathbf{n}}_{12} \equiv \hat{\mathbf{n}}$ aponta para *fora* dele, obtemos na superfície,

$$\boxed{\hat{\mathbf{n}}_{12} \times \mathbf{E}_2 = \hat{\mathbf{n}} \times \mathbf{E} = 0} \tag{5.7.10}$$

ou seja, o campo $\mathbf{E}$ é *normal* à superfície do condutor, e

$$\boxed{\hat{\mathbf{n}}_{12} \cdot \mathbf{E}_2 = \hat{\mathbf{n}} \cdot \mathbf{E} = E = \sigma / \varepsilon_0} \tag{5.7.11}$$

que é o resultado (3.5.11) para o campo na superfície de um condutor.

Vemos ainda, que, na superfície de descontinuidade,

$$\boxed{\lim_{h \to 0} (h \nabla) = \hat{\mathbf{n}}_{12} \mathcal{D}} \tag{5.7.12}$$

onde $\mathcal{D}$ é o operador de *diferença*,

$$\boxed{\mathcal{D}[\mathbf{E}] \equiv \mathbf{E}_2 - \mathbf{E}_1} \tag{5.7.13}$$

Assim,

$$\begin{aligned} \text{Div } \mathbf{E} &= \hat{\mathbf{n}}_{12} \cdot \mathcal{D}[\mathbf{E}] \\ \text{Rot } \mathbf{E} &= \hat{\mathbf{n}}_{12} \times \mathcal{D}[\mathbf{E}] \end{aligned} \tag{5.7.14}$$

■ PROBLEMAS

5.1 No experimento de Millikan, uma gota de óleo microscópica, de 2μm de raio, é introduzida entre as placas de um capacitor plano, cujo espaçamento é de 5 cm. A densidade do óleo é de 0,78 g/cm^3. Com as placas inicialmente descarregadas, observa-se que a gota cai, atingindo, em virtude da resistência do ar, uma velocidade terminal constante v. Quando se aplica entre as placas uma diferença de potencial de 40 kV, com o campo elétrico orientado para cima, verifica-se que a velocidade de queda duplica. Qual é o sinal e o valor da carga, em unidades da carga do elétron?

5.2 Dois capacitores, de capacitâncias C e $2C$, estão carregados com a mesma carga Q e inicialmente isolados um do outro. Se as placas negativas de ambos forem ligadas à terra e as positivas ligadas uma à outra, (a) qual será o potencial final das placas positivas? (b) qual é a variação de energia neste processo? (c) que acontece com essa energia?

5.3 Na *ponte de capacitâncias* da figura, o eletrômetro E detecta a diferença de potencial entre os dois pontos entre os quais está ligado. Mostre que, quando a leitura de E é zero, vale a relação

$$\frac{C_1}{C_2} = \frac{C_3}{C_4}$$

que pode ser usada para medir C_1 em função de C_2 e da razão C_3/C_4.

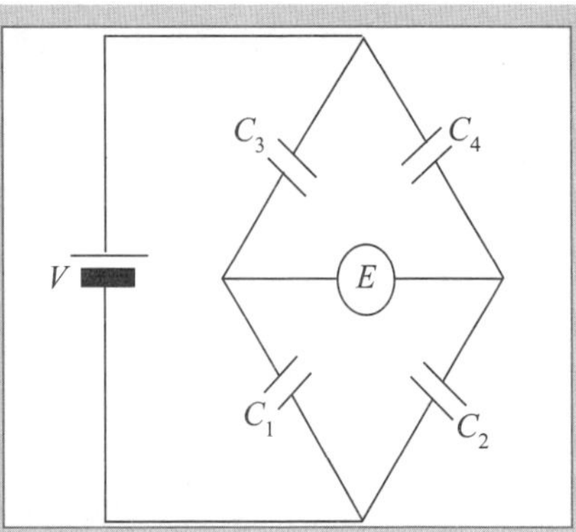

5.4 Mostre que é possível substituir o sistema de capacitores da figura por um único capacitor equivalente entre os pontos a e b e calcule a capacitância deste capacitor.

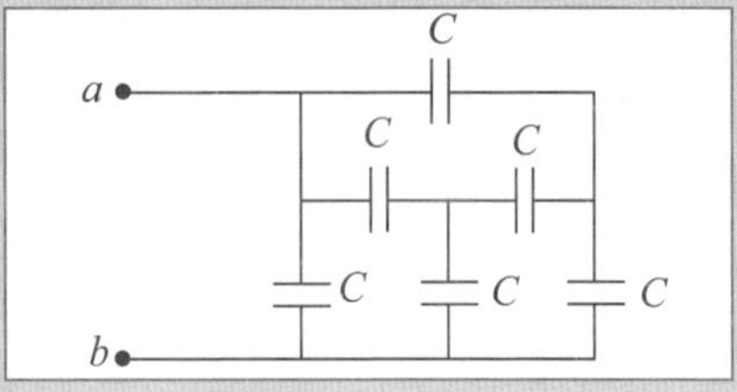

5.5 Ache a capacitância equivalente ao sistema da figura, entre os pontos a e b.

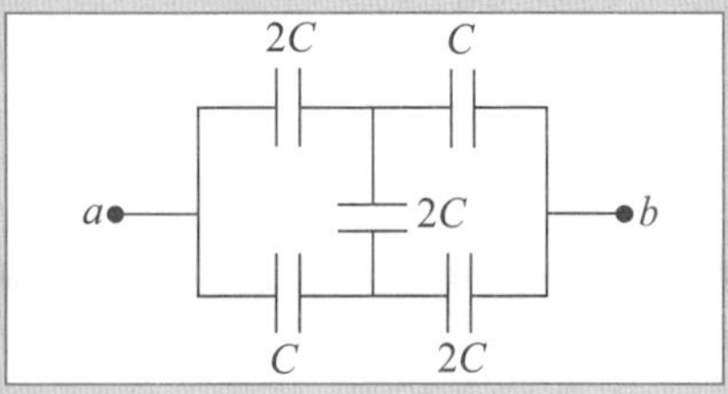

5.6 Ache a capacitância equivalente ao sistema infinito de capacitores da figura, entre os pontos a e b. *Sugestão*: Note que a capacitância à direita da linha vertical interrompida equivale à do sistema todo, por ser ele infinito.

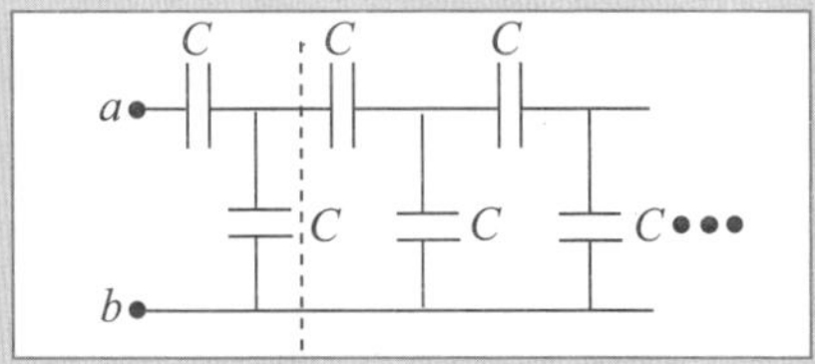

5.7 Um capacitor de placas paralelas de área A e espaçamento D tem, inserida entre elas, uma lâmina de dielétrico de mesma área A, de constante dielétrica κ e espessura $d < D$. Demonstre que a capacitância do sistema é a mesma que a de um capacitor de espaçamento $D - d$, com ar entre as placas, em série com um capacitor de espaçamento d, todo preenchido com o dielétrico de constante dielétrica κ.

5.8 Um capacitor esférico de raio interno a e raio externo b tem o espaço entre as placas totalmente preenchido por duas camadas concêntricas de dielétricos diferentes superpostas, uma de espessura $c - a$ e constante dielétrica κ_1, e outra de espessura $b - c$ e constante dielétrica κ_2. Calcule a capacitância desse capacitor.

5.9 O espaço entre as placas (de área A) de um capacitor plano está preenchido por duas camadas dielétricas adjacentes, de espessuras d_1 e d_2 e constantes dielétricas κ_1 e κ_2, respectivamente. A diferença de potencial entre as placas é V e o campo aponta de 1 para 2. Ache:

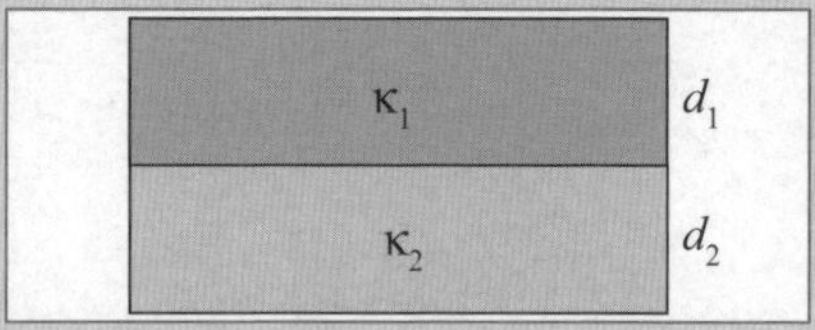

(a) A capacitância C do capacitor.

(b) A densidade superficial de carga livre σ nas placas.

5.10 Uma esfera de material dielétrico homogêneo com constante dielétrica κ, de raio a, está uniformemente carregada com densidade volumétrica de carga ρ.

(a) Calcule o vetor campo elétrico **E** dentro e fora da esfera,

(b) Ache a diferença de potencial V entre o centro e a superfície da esfera.

6

Corrente elétrica

6.1 INTENSIDADE E DENSIDADE DE CORRENTE

Se ligarmos por um fio metálico as placas de um capacitor carregado, não pode haver equilíbrio eletrostático, pois as extremidades do fio condutor estão com potenciais diferentes. Sabemos o que acontece: uma *corrente elétrica* passa através do fio quando a conexão é feita. Essa corrente resulta do movimento de elétrons livres, que se deslocam da placa negativa à positiva através do fio. Entretanto, por razões históricas (Seção 2.1), convencionou-se definir como *sentido* da corrente aquele que corresponderia ao deslocamento de cargas positivas (oposto ao sentido do movimento dos elétrons).

A *intensidade i da corrente* através de uma dada secção do fio condutor é definida como a *quantidade de carga que atravessa esta secção por unidade de tempo*:

$$\boxed{i = \frac{dq}{dt}} \tag{6.1.1}$$

A unidade de corrente no SI é o *ampère*, que será definido mais tarde (Capítulo 8), em termos do qual definimos o coulomb. Numa corrente de 1 A, a secção do fio é atravessada a cada segundo por 1 C de carga, equivalente a

$$\frac{1\,\text{C}}{e} = \frac{1\,\text{C}}{1{,}6\times10^{-19}\,\text{C}} \approx 6{,}2\times10^{18} \quad \text{elétrons}$$

Podemos considerar, em lugar de uma secção transversal, uma secção oblíqua de orientação qualquer. Em particular, considerando um elemento de área dS cujo versor da normal $\hat{\mathbf{n}}$ define essa orientação, a corrente di que o atravessa pode ser considerada como o *fluxo* através de dS de um vetor $\mathbf{j}$ (Figura 6.1):

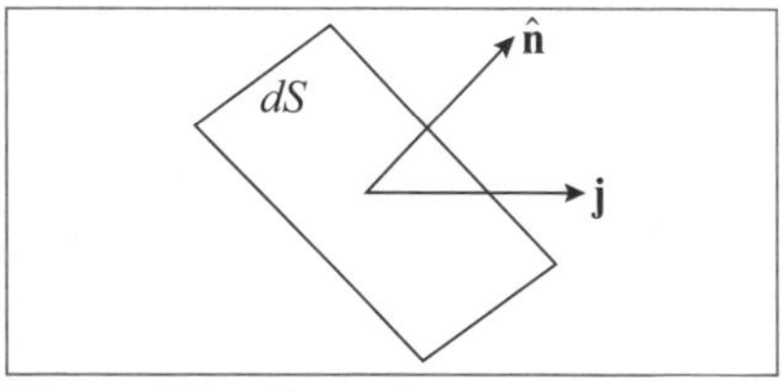

Figura 6.1 Fluxo de corrente.

$$\boxed{di = \mathbf{j}\cdot\hat{\mathbf{n}}\;dS} \tag{6.1.2}$$

onde **j** tem a direção e o sentido que corresponderiam ao movimento das cargas positivas. O vetor **j** recebe o nome de *densidade de corrente*: vemos que está associado à *corrente por unidade de área*, e suas unidades são A/m^2.

Os portadores da corrente podem ser de vários tipos, conforme a natureza do meio em que passa a corrente. Num metal, conforme foi mencionado, são os elétrons. Num tubo de descarga gasosa (como uma lâmpada fluorescente), os portadores são tanto elétrons como íons positivos do gás, que se deslocam em sentidos opostos sob a ação do campo que produz a descarga. Num eletrólito, como uma solução de HCl em água, os portadores são íons positivos H^+ e negativos Cl^-.

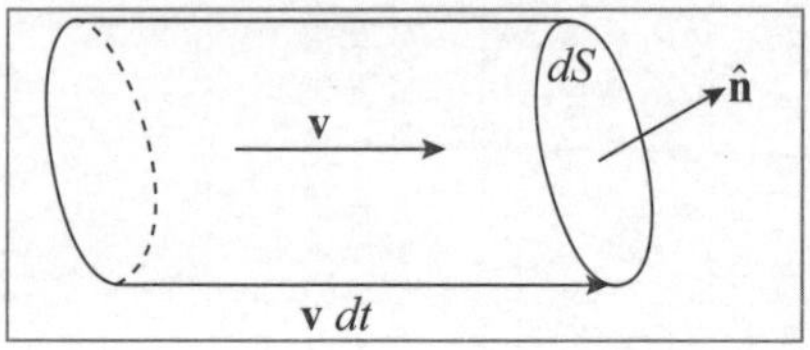

Figura 6.2 Cilindro de carga.

Suponhamos primeiro, para simplificar, que os portadores sejam todos do mesmo tipo e se desloquem à mesma velocidade **v**. Nesse caso, a carga total que atravessará dS durante um intervalo de tempo dt é a carga contida num cilindro de base dS e geratrizes $\mathbf{v}dt$ (Figura 6.2), cujo volume é

$$dv = \mathbf{v}dt \cdot \hat{\mathbf{n}}\, dS$$

Se ρ é a densidade volumétrica de carga associada aos portadores, a carga total contida em dv é $dq = \rho\, d\, v$. Logo, a contribuição à corrente será

$$\boxed{di = \rho \mathbf{v} \cdot \hat{\mathbf{n}}\, dS} \qquad \textbf{(6.1.3)}$$

e, comparando com a (6.1.2), vemos que

$$\boxed{\mathbf{j} = \rho \mathbf{v}} \qquad \textbf{(6.1.4)}$$

Se a carga dos portadores é q e a *densidade de portadores* (*número de portadores por unidade de volume*) é n, temos

$$\boxed{\rho = nq} \qquad \textbf{(6.1.5)}$$

e

$$\boxed{\mathbf{j} = nq\, \mathbf{v}} \qquad \textbf{(6.1.6)}$$

Podemos agora imediatamente generalizar essa expressão a uma situação em que existam diferentes grupos de portadores movendo-se com velocidades diferentes. Se n_i é o número de portadores com carga q_i e velocidade $\mathbf{v}_i$, por unidade de volume ($i = 1, 2, ...$), teremos

$$\boxed{\mathbf{j} = \sum_i n_i q_i \mathbf{v}_i} \qquad \textbf{(6.1.7)}$$

onde a soma se estende a todos os grupos de portadores de cargas.

Sabemos que um corpo macroscópico *neutro* é formado de cargas (elétrons, prótons, ...) agregadas em átomos e moléculas. Quando esse corpo se desloca como um todo, não há corrente elétrica associada, porque as densidades de corrente associadas a cargas positivas e negativas se cancelam.

6.2 CONSERVAÇÃO DA CARGA E EQUAÇÃO DA CONTINUIDADE

Um princípio tão geral quanto o da conservação da energia e para o qual também não se encontrou até hoje nenhuma violação é o da *conservação da carga elétrica*: a carga *total* (soma *algébrica* das cargas) de um sistema isolado nunca se altera. É possível criar ou aniquilar cargas, mas sempre de forma consistente com esse princípio.

Por exemplo, em processos envolvendo energias elevadas, um elétron e um pósitron (cargas $-e$ e $+e$) podem sofrer um processo de *aniquilação*, dando origem a fótons (raios γ), que são partículas neutras. Reciprocamente, a energia de um fóton de raios γ, passando através da matéria, pode converter-se num par elétron-pósitron (*criação de pares*). Nesses processos, partículas carregadas são criadas ou aniquiladas, mas sempre de forma consistente com a conservação da carga total.

Consideremos então um volume arbitrário V limitado por uma superfície S, e seja $\hat{\mathbf{n}}$ o versor da normal *externa* a S (Figura 6.3). Pela definição de $\mathbf{j}$, o fluxo $\oint_S \mathbf{j} \cdot \hat{\mathbf{n}}\, dS$ representa a quantidade total de carga que *sai* de V por unidade de tempo através de S, num dado instante; a quantidade que sai durante um intervalo dt é

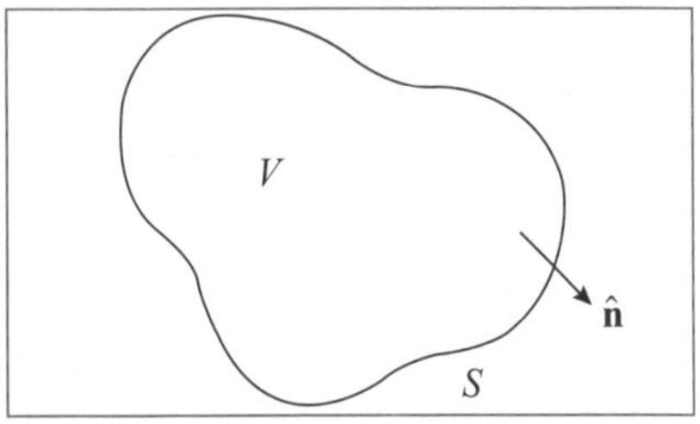

Figura 6.3 Volume de integração.

$$dt \oint_S \mathbf{j} \cdot \hat{\mathbf{n}}\, dS$$

Mas, pela lei de conservação da carga, isso representa também a *redução* $-dq$ da carga total contida dentro de V no instante considerado, ou seja,

$$\boxed{\int_S \mathbf{j} \cdot \hat{\mathbf{n}}\, dS = -\frac{dq}{dt}} \qquad \textbf{(6.2.1)}$$

onde

$$\boxed{q = \int_V \rho\, dv} \qquad \textbf{(6.2.2)}$$

é a carga *total* contida dentro de V num dado instante (ρ = densidade volumétrica de carga). Tomando para V um volume *fixo*,

$$\boxed{\frac{dq}{dt} = \int_V \frac{\partial \rho}{\partial t} dv} \qquad \textbf{(6.2.3)}$$

Por outro lado, pelo teorema da divergência,

$$\boxed{\oint_S \mathbf{j} \cdot \hat{\mathbf{n}}\, dS = \int_V \text{div}\, \mathbf{j}\, dv} \qquad \textbf{(6.2.4)}$$

Identificando as duas expressões, como o resultado deve valer qualquer que seja V, obtemos a *forma local do princípio de conservação da carga elétrica*,

$$\boxed{\text{div } \mathbf{j} = -\frac{\partial \rho}{\partial t}} \tag{6.2.5}$$

que é denominada *equação da continuidade*. Um resultado análogo se obtém na hidrodinâmica para o escoamento de um fluido (**FB2**, Seção 2.2), onde ρ é a densidade de massa e $\mathbf{j} = \rho\, \mathbf{v}$ a densidade de corrente do fluido; neste caso exprime a conservação da *massa* do fluido.

Um exemplo é a polarização de um dielétrico. Vimos que, neste caso, quando o meio se polariza, cada elemento de superfície, $\mathbf{dS} = \hat{\mathbf{n}}\, dS$ é atravessado por uma quantidade de *carga de polarização*

$$dq_p = \mathbf{P} \cdot \mathbf{dS} = \mathbf{P} \cdot \hat{\mathbf{n}}\ dS$$

Logo, a *densidade de corrente de polarização* é

$$\boxed{\mathbf{j}_p = \frac{\partial \mathbf{P}}{\partial t}} \tag{6.2.6}$$

Por outro lado, vimos que, num dielétrico inomogêneo, aparece uma *densidade volumétrica de carga de polarização* ρ_p dada pela (5.6.12),

$$\boxed{\rho_p = -\text{div } \mathbf{P}} \tag{6.2.7}$$

Desses dois resultados decorre que

$$\boxed{\text{div } \mathbf{j}_p = -\frac{\partial \rho_p}{\partial t}} \tag{6.2.8}$$

ou seja, as cargas de polarização obedecem à equação da continuidade.

Diz-se que uma distribuição de correntes é *estacionária* quando ela não varia com o tempo. Não se usa a expressão "estática" porque correntes estão associadas a cargas em movimento. É o "regime de escoamento" que é estacionário.

Se uma corrente é estacionária, devemos ter $\partial \rho / \partial t = 0$; logo, a equação da continuidade fica

$$\boxed{\text{div } \mathbf{j} = 0} \tag{6.2.9}$$

Como sabemos, isso implica que as *linhas de corrente* (linhas de campo do vetor $\mathbf{j}$) não têm fontes nem sorvedouros: ou são *fechadas*, ou teriam de começar e terminar no infinito ("fechadas no infinito"). Outra vez, isso é análogo ao escoamento estacionário de um fluido.

A forma integral desse resultado é

$$\boxed{\int_S \mathbf{j}\cdot\hat{\mathbf{n}}\, dS = 0} \tag{6.2.10}$$

ou seja, *para correntes estacionárias, o fluxo total de corrente através de uma superfície fechada é* = 0: toda a corrente que entra tem de sair. Essa é a origem de uma das *leis de Kirchhoff* na teoria de circuitos elétricos, que veremos no Capítulo 10.

6.3 LEI DE OHM E CONDUTIVIDADE

A corrente dentro de um meio material resulta da resposta das partículas carregadas desse meio às forças a elas aplicadas; em geral, interessa-nos a resposta a um campo elétrico. Essa resposta (relação entre **j** e **E**) depende da natureza do meio material; por isto, recebe o nome de *equação constitutiva*. Um exemplo já visto é a relação entre **P** e **E** num dielétrico: para um meio *linear*, homogêneo e isotrópico, vimos que é dada por $\mathbf{P} = \varepsilon_0\chi\mathbf{E}$, onde a susceptibilidade elétrica χ é uma constante característica do material.

Para uma grande variedade de materiais *isotrópicos* líquidos e sólidos (não para gases), a relação é dada pela *lei de Ohm* (formulada em 1826, por analogia com a lei de condução do calor):

$$\boxed{\mathbf{j} = \sigma\, \mathbf{E}} \tag{6.3.1}$$

onde a constante σ, característica do material, é a sua *condutividade elétrica*.

Consideremos (Figura 6.4), um trecho *dl* de um fio condutor de secção transversal *S* sobre o qual a corrente **j** é longitudinal e homogênea (a mesma em qualquer ponto da secção *S*); pela lei de Ohm, o mesmo acontece com o campo.

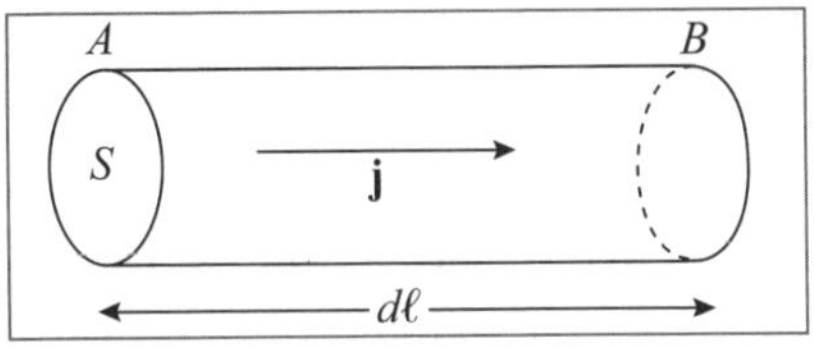

Figura 6.4 Trecho de fio condutor.

A diferença de potencial *dV* entre as secções *inicial A* e *final B* é

$$\boxed{V_A - V_B \equiv dV = \int_A^B \mathbf{E}\cdot \mathbf{dl} = E\, dl} \tag{6.3.2}$$

pois **E** é uniforme e paralelo a **dl** (note que esta é a *queda* de potencial no sentido da corrente).

Por definição, a *intensidade* da corrente que atravessa esse trecho do fio é

$$\boxed{i = \int_S \mathbf{j}\cdot\hat{\mathbf{n}}\, dS = j\cdot S = \sigma E S} \tag{6.3.3}$$

Logo,

$$\boxed{dV = \frac{i}{\sigma S}\, dl} \tag{6.3.4}$$

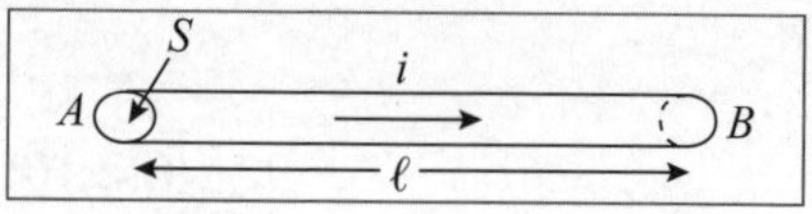

Figura 6.5 Fio de secção constante.

e, se o fio tem secção constante, obtemos, para um comprimento l de fio, entre os pontos A e B (Figura 6.5)

$$\boxed{V_A - V_B \equiv V = Ri} \tag{6.3.5}$$

onde

$$\boxed{R = \frac{l}{\sigma S} \equiv \rho \frac{l}{S}} \tag{6.3.6}$$

é a *resistência* do fio entre os pontos A e B; $\rho \equiv 1/\sigma$ é a *resistividade* do material. Vemos que a resistência de uma porção do fio é diretamente proporcional ao seu comprimento e inversamente proporcional à área da secção transversal do fio.

A unidade de medida da resistência é o *ohm* e representa-se por Ω:

$$\boxed{1\,\Omega = \frac{1\,\text{V}}{1\,\text{A}}} \tag{6.3.7}$$

ou seja, uma corrente de 1 A produz, numa resistência de 1 Ω, uma queda de potencial de 1 V. Como dimensionalmente $[\rho] = [R] \cdot [L]$, a unidade de medida de ρ é 1 Ω-m (ohm-metro).

Para uma ampla gama de substâncias, é um fato experimental que a resistividade varia, com boa aproximação, *linearmente* com a temperatura, dentro de uma larga faixa de temperaturas:

$$\boxed{\rho = \rho_0\left[1 + \alpha\left(T - T_0\right)\right]} \tag{6.3.8}$$

onde ρ é a resistividade à temperatura T e ρ_0 é a resistividade à temperatura T_0. A constante α é chamada de *coeficiente de temperatura* da resistividade. É geralmente positiva para metais (ρ aumenta com T), mas assume valores negativos para materiais *semicondutores*. Consideraremos em geral temperaturas não muito distantes da temperatura ambiente. A temperaturas geralmente bem mais baixas, podem ocorrer efeitos novos, tais como a *supercondutividade*, o desaparecimento brusco da resistência abaixo de uma temperatura crítica (Seção 6.6).

A resistividade varia por muitas ordens de grandeza conforme a natureza do material, sendo casos extremos os bons condutores, como o cobre, e isolantes como o quartzo, cujas resistividades diferem por fatores $> 10^{20}$!

	Material	**ρ a 20°C em Ω - m**	α (a 20°C)	
Metais	Cobre	$1,7 \times 10^{-8}$	$\sim 4 \times 10^{-3}$	
	Prata	$1,6 \times 10^{-8}$	$\sim 4 \times 10^{-3}$	
	Alumínio	$2,8 \times 10^{-8}$	$\sim 4 \times 10^{-3}$	
	Ferro	10×10^{-8}	~ 5 a 6×10^{-3}	
	Chumbo	22×10^{-8}	$\sim 4 \times 10^{-3}$	
Semicon-dutores	Silício puro	$\sim 3 \times 10^{-3}$	$\sim -7 \times 10^{-2}$	$\alpha < 0$
	Germânio	~ 10	$\sim -5 \times 10^{-2}$	
Isolantes	Vidro	~ 10 a 10^{14}		
	Quartzo fundido	$\sim 10^{16}$		
	Papel	$\sim 10^{12}$ a 10^{16}		
	Borracha dura	$\sim 10^{16}$		

6.4 MODELO CINÉTICO PARA A LEI DE OHM

Embora modelos microscópicos para a origem de constantes materiais devam basear-se na mecânica quântica, é útil ter uma ideia qualitativa da origem da lei de Ohm, ainda que com base na física clássica, da mesma forma que é útil construir um modelo microscópico de um gás na teoria cinética dos gases, com base na mecânica clássica. Entretanto, é preciso estar sempre consciente das limitações de tal modelo (cf. Seção 6.5).

Vimos que uma corrente de 1A corresponde à passagem de $\sim 10^{19}$ elétrons por segundo através da secção de um fio condutor. Num metal como o cobre, *um* elétron por átomo (elétron de valência) está muito fracamente ligado ao resto do átomo e "perambula" pela rede cristalina, o que levou à ideia de "elétrons livres" como portadores de carga na corrente de condução metálica.

$$\left.\begin{cases}\text{Densidade do cobre}: 8{,}92\ \text{g}/\text{cm}^3 \\ \text{Massa atômica do cobre} \approx 63{,}5 \Rightarrow 1\ \text{mol} = 63{,}5\ \text{g}\end{cases}\right\}\text{número de moles}/\text{cm}^3 = \frac{8{,}92}{63{,}5}$$

Número de átomos/mol = $A = 6{,}02 \times 10^{23}$

$$\frac{\text{número de átomos}}{\text{cm}^3} = 6{,}02 \times 10^{23} \times \frac{8{,}92}{63{,}5} \approx 8{,}5 \times 10^{22}$$

ou seja,

$$n \cong 8{,}5 \times 10^{28}\ \text{elétrons}/\text{m}^3,\ \text{para o cobre} \tag{6.4.1}$$

Logo, os números de portadores com que estamos lidando são da mesma ordem que números típicos da teoria cinética dos gases, e esperamos aqui também que grandezas macroscópicas como a corrente e a condutividade tenham de ser obtidas por métodos estatísticos, a partir de *valores médios de grandezas microscópicas*. Podemos pensar num "gás de elétrons livres" contido num "recipiente", que é o material condutor.

Nesse caso, em que há um único tipo de portadores, de carga (– *e*), a expressão para a corrente ficaria

$$\boxed{\mathbf{j} = -ne\langle \mathbf{v} \rangle} \tag{6.4.2}$$

onde <**v**> é *o valor médio* da velocidade *adquirida* pelos elétrons sob a ação do campo **E**. A lei de Ohm resulta se <**v**> for proporcional a **E**.

À primeira vista, isso parece peculiar, pois poderíamos pensar que a *aceleração* média, e não a velocidade média, fosse afetada pela força externa *e***E**. Entretanto, conhecemos na mecânica um caso em que aparece uma *velocidade* proporcional a uma força externa constante: é o movimento de uma partícula num meio viscoso, com atrito interno proporcional à velocidade (por exemplo, a queda livre de uma bilha num líquido viscoso). Nesse caso, para um valor bem definido da velocidade, a resistência de atrito compensa exatamente a força externa, e esta *velocidade terminal* (proporcional à força externa) se mantém constante.

Se estimássemos classicamente (sabendo de antemão que o resultado não é confiável) a velocidade quadrática média de agitação térmica dos elétrons à temperatura ambiente *T*, obteríamos

$$\frac{1}{2}m_e\langle v^2\rangle = \frac{3}{2}kT \qquad \left\{ \sqrt{\langle v^2\rangle} = \sqrt{\frac{3\,kT}{m_2}} \approx \sqrt{\frac{3\times\left(1{,}38\times10^{-23}\right)\times300}{9{,}1\times10^{-31}}}\ \frac{\text{m}}{\text{s}} \right.$$

ou seja,

$$v_{qm} \equiv \sqrt{\langle v^2\rangle} \approx 1{,}17\times10^5 \text{ m/s} \tag{6.4.3}$$

Efetivamente essa estimativa não é correta: a mecânica quântica leva para os elétrons de condução no cobre a uma velocidade térmica típica uma ordem de grandeza maior, a *velocidade de Fermi* $v_F \approx 1{,}57 \times 10^6$ m/s à temperatura ambiente (Seção 6.5).

Por outro lado, estimemos a velocidade <**v**> associada à corrente, para uma corrente de 1 A num fio de cobre de 2 mm de raio:

$$j = \frac{i}{S} = \frac{1\text{A}}{\pi\times4\times10^{-6}\text{ m}^2} = \frac{1\text{C/s}}{1{,}26\times10^{-5}\text{ m}^2} \sim 8\times10^4\,\frac{\text{C}}{\text{m}^2\text{s}}$$

$$= ne\langle v\rangle = 8{,}5\times\frac{10^{28}}{\text{m}^3}\times1{,}6\times10^{-19}\text{C}\langle v\rangle \sim 1{,}36\times10^{10}\,\frac{\text{C}}{\text{m}^3}\langle v\rangle$$

o que resulta em um valor da ordem da velocidade do rastejar de um caracol,

$$\langle v\rangle \approx 6\times10^{-6}\,\frac{\text{m}}{\text{s}} = 0{,}006 \text{ mm/s} \sim 2 \text{ cm/h!}$$

Assim, a velocidade média adquirida sob a ação do campo é, tipicamente, mais de dez ordens de grandeza menor do que a velocidade típica de agitação térmica. Podemos comparar a situação à de um enxame de abelhas voando rapidamente em todas as direções e sendo arrastado muitíssimo devagar por uma brisa suave.

Dado o elevado valor de n e de v_{qm}, deve haver um número extremamente elevado de colisões por segundo, levando a variações de momento por colisão muito superiores a $m_e <v>$, a magnitude média do momento devida à ação do campo. Se τ é o *intervalo de tempo médio entre duas colisões*, este momento adquirido é dado por $-e\mathbf{E}<\tau>$ (pois a única força que atua sobre o elétron entre duas colisões é $-e\mathbf{E}$), o que resulta em

$$m_e\langle \mathbf{v}\rangle = -e\mathbf{E}\langle\tau\rangle \quad \left\{ \quad \langle \mathbf{v}\rangle = -\frac{e}{m}\mathbf{E}\langle\tau\rangle \right.$$

Pela (6.4.1), resulta

$$j = n\frac{e^2}{m_e}\langle\tau\rangle\mathbf{E}$$

que é a lei de Ohm, com

$$\boxed{\sigma = n\frac{e^2}{m_e}\langle\tau\rangle} \qquad \textbf{(6.4.4)}$$

Para o cobre a 20 °C, temos, pela (6.4.1) e pela tabela da Seção 6.3,

$$\sigma = \frac{1}{\rho} \approx \frac{1}{1,7\times10^{-8}} = \underbrace{8,5\times10^{28}}_{n}\times\frac{\left(1,6\times10^{-19}\right)^2}{9,1\times10^{-31}}\langle\tau\rangle$$

$$\therefore \langle\tau\rangle \approx \frac{9,1\times10^{-31}}{1,7\times8,5\times(1,6)^2\times10^{-18}}s \quad \left\{\langle\tau\rangle \approx 2,5\times10^{-14}\text{s}\right.$$

O *livre caminho médio* entre duas colisões é dado por

$$\langle l\rangle \approx v_F\langle\tau\rangle \approx 1,57\times10^6\times2,5\times10^{-14}\text{ m} \approx 3,9\times10^{-8}\text{ m} = 390\text{ Å}$$

o que equivale a ~ 10^2 espaçamentos entre os átomos na rede cristalina (para o cobre, o espaçamento e de 2,6Å). Por conseguinte, a imagem clássica de que as colisões responsáveis pelo "atrito" (resistividade) do meio seriam colisões entre os elétrons livres e os íons Cu^+ da rede, não funciona: a rede é muito mais "transparente" aos elétrons do que seria previsível nesta imagem clássica (note que uma colisão aqui não corresponde ao choque de bolas de bilhar, mas ao *espalhamento* dos elétrons pelos íons, levando a mudanças de direção).

Outro defeito grave do modelo clássico de elétrons livres, já comentado no curso de termodinâmica (**FB2**, Seção 1.5), é que cada elétron livre tem três graus de liberdade de translação, associado, portanto, pelo teorema de equipartição da energia, a uma contribuição dos elétrons livres de 3/2 R ao calor específico molar. Essa contribuição, que se somaria aos 6/2 R = 3 R da lei de Dulong e Petit, não é, porém, observada.

A própria ideia de que os elétrons possam ser tratados como livres, confirmada pela "transparência" da rede cristalina ao seu movimento encontrada acima, é incompreensível classicamente, pois esperaríamos que seu livre caminho médio fosse da ordem do espaçamento entre os sítios da rede, e não duas ordens de grandeza maior.

Conforme havíamos antecipado, essas dificuldades são sintomáticas da impossibilidade de tratar, pela física clássica, propriedades de meios materiais que dependem de sua estrutura microscópica. Para tratá-las, é indispensável empregar a física quântica.

6.5 PROPRIEDADES ONDULATÓRIAS DOS ELÉTRONS

Uma introdução à física quântica será objeto do próximo volume deste curso (**FB4**). Entretanto, vamos antecipar aqui, de forma apenas qualitativa, alguns resultados que serão tratados mais tarde com maior detalhamento.

Até o final do século passado, acreditava-se que as propriedades da luz haviam sido bem explicadas pela *teoria ondulatória*, especialmente depois que Maxwell identificou a luz com ondas eletromagnéticas.

Entretanto, isso levava a graves dificuldades quando se procurava explicar o espectro da radiação emitida por um corpo aquecido (sabemos que um corpo incandescente se torna luminoso, e que a cor predominante na luz emitida varia com a temperatura). Foi para sobrepujar essas dificuldades que Max Planck introduziu, em 1900, sua "hipótese dos quanta", segundo a qual a energia da radiação eletromagnética de frequência v emitida ou absorvida por um corpo aquecido não poderia variar continuamente, mas somente por múltiplos inteiros de um "quantum de energia"

$$\boxed{E = h\nu} \tag{6.5.1}$$

onde h é uma nova constante universal, a *constante de Planck*,

$$\boxed{h \cong 6{,}6 \times 10^{-34}\,\mathrm{J \cdot s}} \tag{6.5.2}$$

Diz-se que a energia da radiação é "*quantizada*".

Em 1905, Albert Einstein mostrou que era possível explicar o *efeito fotoelétrico* (o fato de que a luz ultravioleta ejeta elétrons quando incide sobre um metal) empregando uma hipótese ainda mais arrojada que a de Planck, a de que a radiação eletromagnética de frequência ν *consiste* de "quanta" de energia $h\nu$, depois chamados de *fótons*, comportando-se como partículas. Era, de certa forma, um retorno a uma teoria corpuscular da luz, mas convivendo com propriedades ondulatórias, como se vê pela própria relação $E = h\nu$, onde ν é a frequência de uma onda. Essa relação entre energia e frequência da luz foi empregada por Niels Bohr em 1913, no seu modelo do átomo de hidrogênio, levando a uma explicação do espectro desse elemento.

Em 1923, o físico francês Louis de Broglie sugeriu que o duplo caráter, ondulatório e corpuscular da luz, deveria ser uma propriedade de toda a matéria. Assim, partículas como os elétrons deveriam também ter propriedades ondulatórias. Por analogia com os resultados de Einstein para os fótons, de Broglie propôs que existisse uma relação entre o comprimento de onda λ da onda associada a um elétron *livre* e a magnitude p do *momento* desse elétron:

$$\boxed{\lambda = \frac{h}{p}} \tag{6.5.3}$$

onde λ é chamado de *comprimento de onda de de Broglie* do elétron.

A hipótese de de Broglie foi comprovada experimentalmente entre 1925 e 1927, por meio de experiências de difração de elétrons (difração é um efeito tipicamente ondulatório, que também será estudado posteriormente: cf. **FB4**).

Sabemos que ondas clássicas *confinadas* numa certa região do espaço são fortemente afetadas pelas condições na fronteira desta região (*condições de contorno*). Assim, por exemplo, uma corda vibrante presa nas extremidades (Figura 6.6) só pode oscilar em um conjunto *discreto* de *modos normais de vibração* (**FB2**, Seção 5.7), cujos semi-comprimentos de onda são submúltiplos inteiros do comprimento l da corda:

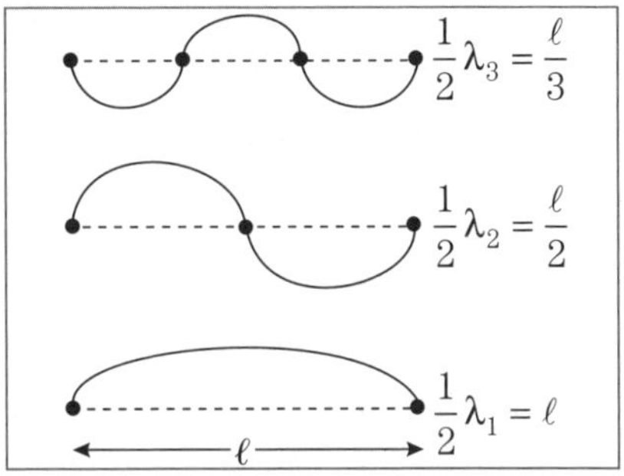

Figura 6.6 Modos de vibração.

$$\boxed{\lambda_n = \frac{2l}{n} \quad (n = 1, 2, 3, \ldots)} \tag{6.5.4}$$

Vimos que valem resultados análogos para ondas confinadas em mais dimensões, por exemplo, num tubo de órgão ou cavidade acústica ressonante.

Estendendo esse resultado a um elétron confinado em uma dimensão, dentro de um intervalo de comprimento l, temos, pela relação de de Broglie, que o momento do elétron só pode assumir os valores

$$\boxed{p_n = \pm\frac{h}{\lambda_n} = \pm\, n\frac{h}{2l} \quad (n = 1, 2, 3, \ldots)} \tag{6.5.5}$$

correspondendo às energias ($E = p^2/2m$ para um elétron livre, onde m é a massa do elétron)

$$\boxed{E_n = \frac{1}{2m}p_n^2 = n^2 \cdot \frac{h^2}{8ml^2} \quad (n = 1, 2, 3, \ldots)} \tag{6.5.6}$$

ou seja, obtemos *quantização da energia* (níveis de energia discretos) como consequência do *confinamento* das ondas de de Broglie associadas ao elétron.

Esse é um resultado geral: *partículas quânticas confinadas têm níveis de energia discretos*, ou, como se diz também, um *espectro discreto* de energia. Isso se aplica, em particular, a um elétron confinado num átomo ou molécula. Também se aplica a fótons confinados dentro de uma cavidade metálica, como uma cavidade ressonante de micro-ondas, por exemplo.

Entretanto, a teoria quântica mostra que há uma diferença básica entre fótons e elétrons. Nada impede que exista um número arbitrariamente grande de fótons num mesmo *estado quântico*, no mesmo nível de energia. Assim, por exemplo, uma onda eletromagnética dentro de uma cavidade de micro-ondas pode conter ~ 10^{20} fótons, todos no mesmo *modo* da cavidade (o análogo de uma configuração da corda vibrante com um dado valor de n no exemplo apresentado aqui).

Para elétrons, porém, isso não vale. Wolfgang Pauli formulou em 1925 o *princípio de exclusão*, segundo o qual *não pode haver mais de um elétron ocupando um dado estado quântico*. O estado quântico de um elétron, porém, não é especificado somente por variáveis como a energia, mas inclui também a orientação do seu *spin* (um momento angular intrínseco do elétron), variável quântica que pode assumir dois valores opostos, como ↑ e ↓. Assim, dois elétrons de spins opostos podem ocupar o mesmo nível de energia.

Imaginemos, para simplificar, que se tenha uma amostra de um metal sob a forma de um *cubo de aresta* L, e vejamos quais são os efeitos, sobre o espectro de níveis de energia dos elétrons livres nesta amostra, do fato de estarem confinados a ela, levando em consideração o princípio de Pauli. Inicialmente, não consideraremos o efeito da temperatura, supondo que a amostra está à temperatura $T = 0$ (na escala K); seja N o *número total de elétrons livres* na amostra.

Em virtude do confinamento, as componentes (p_x, p_y, p_z) do momento $\mathbf{p}$ do elétron só variarão por valores discretos, da ordem de h/L, como na (6.5.5), de forma que um nível de energia eletrônico ocupa um volume

$$\boxed{\Delta p_x \; \Delta p_y \; \Delta p_z = \left(\frac{h}{L}\right)^3 = \frac{h^3}{V}} \qquad \textbf{(6.5.7)}$$

no "espaço dos momentos" (o espaço de coordenadas p_x, p_y, p_z), onde $V = L^3$ é o volume da amostra.

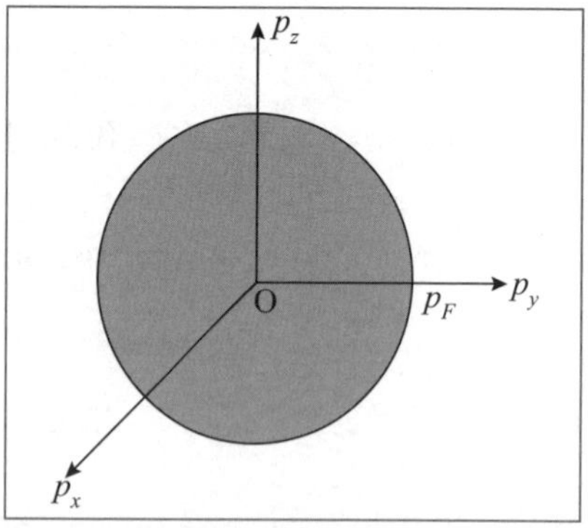

Figura 6.7 A esfera de Fermi.

Pelo princípio de Pauli, só podemos acomodar dois elétrons (de spins opostos) nesse nível. Por outro lado, à temperatura $T = 0$, queremos minimizar a energia total dos elétrons, que é a soma de suas energias cinéticas, colocando os pontos (p_x, p_y, p_z) representativos de cada elétron tão próximos da origem $(p_x = p_y = p_z = 0)$ quanto possível.

O melhor que podemos fazer, dada a limitação apresentada aqui, é situá-los, em células de volume h^3/V cada uma, com dois elétrons em cada célula, dentro de uma esfera de raio p_F com centro na origem (Figura 6.7), onde

$$\boxed{2\frac{\frac{4}{3}\pi p_F^3}{\left(h^3/V\right)} = N} \qquad \textbf{(6.5.8)}$$

é o *número total de elétrons livres* contido na amostra.

O momento p_F é chamado de *momento de Fermi*.

A relação (6.5.8) dá

$$p_F^3 = \frac{3}{8\pi}\frac{N}{V}h^3 \quad \Bigg\{ \quad \boxed{p_F = h\left(\frac{3n}{8\pi}\right)^{1/3}} \tag{6.5.9}$$

onde $n \equiv N/V$ é a *densidade volumétrica* de elétrons livres.

Para o cobre, vimos na (6.4.1) que $n \cong 8{,}5 \times 10^{28}$ elétrons/m^3. Logo, a *velocidade de Fermi*,

$$\boxed{v_F \equiv \frac{p_F}{m}} \tag{6.5.10}$$

onde m é a massa do elétron, é dada por

$$v_F = \frac{h}{m}\left(\frac{3n}{8\pi}\right)^{1/3} = \frac{6{,}6\times10^{-34}}{9{,}1\times10^{-31}}\left(\frac{3}{8\pi}\times8{,}5\times10^{28}\right)^{1/3} \text{ m/s}$$

o que resulta em

$$\boxed{v_F \cong 1{,}57\times10^{6}\,\frac{\text{m}}{\text{s}}} \tag{6.5.11}$$

o valor citado na Seção 6.4.

A energia máxima dos elétrons livres à temperatura $T = 0$ é a *energia de Fermi*, dada por

$$\boxed{E_F = \frac{p_F^2}{2m} = \frac{1}{2}mv_F^2} \tag{6.5.12}$$

o que, para o cobre, conduz a

$$E_F = \frac{1}{2}\times9{,}1\times10^{-31}\times(1{,}57)^2\times10^{12}\text{ J} \cong 11{,}2\times10^{-19}\text{ J}$$

ou, medindo-a em eV (1 eV = 1,6 × 10^{-19} J),

$$\boxed{E_F \cong 7\text{ eV}} \tag{6.5.13}$$

Convém comparar esse resultado com a energia térmica média à temperatura ambiente, dada por

$$\boxed{\frac{3}{2}kT \approx \frac{3}{2}\times(1{,}38)\times10^{-23}\times300\text{ J} \cong 6{,}21\times10^{-21}\text{ J} \cong 0{,}04\text{ eV} \cong \frac{1}{25}\text{ eV}} \tag{6.5.14}$$

Vemos que E_F é duas ordens de grandeza maior, o que é consistente com o resultado uma ordem de grandeza maior para v_F em relação à velocidade quadrática média clássica de uma partícula em equilíbrio térmico a $T = 300$ K.

Podemos, assim, ter uma ideia de como é a *distribuição de energia* dos elétrons livres à temperatura $T = 0$, e de como ela evolui com a temperatura. Como N é um número da ordem do número de Avogadro, o intervalo de energia entre dois níveis consecutivos é muito pequeno, de modo que podemos tratar a energia E como uma variável "quase contínua".

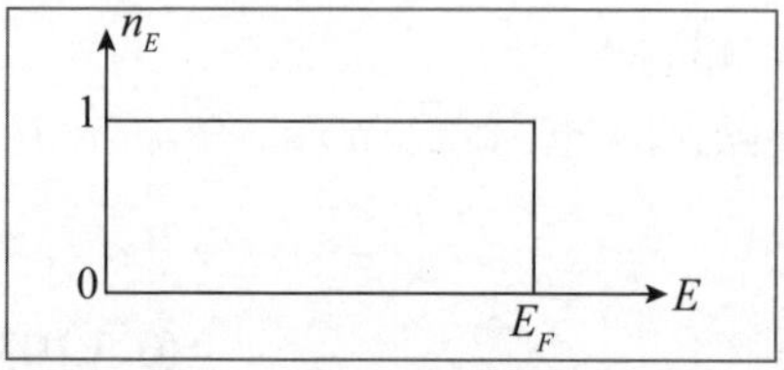

Figura 6.8 Distribuição de Fermi para $T = 0$.

Seja n_E o número médio de elétrons no nível de energia E com uma dada orientação do spin: $0 \leq n_E \leq 1$, e cada nível acomoda no máximo dois elétrons de spins opostos. Para $T = 0$, n_E tem o aspecto da Figura 6.8: todos os níveis com $E \leq E_F$ estão ocupados (cada um por um par de elétrons), e todos os níveis com $E > E_F$ estão vazios. A distribuição da Figura 6.8 é a *distribuição de Fermi* para $T = 0$; vemos que é totalmente diferente da distribuição clássica de Maxwell-Boltzmann para um gás de partículas livres (**FB2**, Seção 12.2). Embora seja $T = 0$, os elétrons se movem em todas as direções com velocidades variáveis de 0 a v_F (preenchendo a *esfera de Fermi* no espaço dos momentos).

Que acontece para $T > 0$? A energia térmica média ganha por cada elétron é $\sim kT$, que, como vimos, é $<< E_F$ à temperatura ambiente. Os elétrons com energia $< E_F - kT$ não podem passar do nível onde estão a níveis kT acima, porque todos esses níveis já estão ocupados (princípio de Pauli). Só elétrons numa "casquinha" de espessura $\sim kT$ abaixo da energia de Fermi podem ser "promovidos" a níveis superiores, de energia $> E_F$, porque só estes estão vazios.

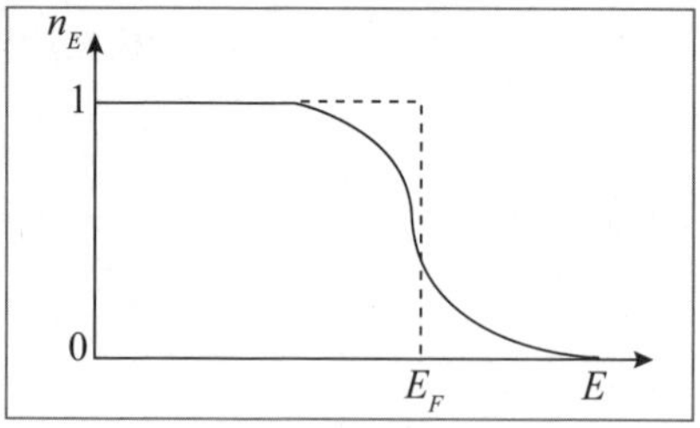

Figura 6.9 Distribuição de Fermi para $T > 0$.

Logo, o aspecto da distribuição de Fermi para $T > 0$, geralmente, é o que está representado na Figura 6.9, com um ligeiro arredondamento do degrau e uma pequena cauda de elétrons ocupando níveis de energia $E > E_F$, e deixando "lacunas" desocupadas dentro de uma faixa de espessura $\sim kT$ abaixo* de E_F.

Como somente uma fração $\sim kT/E_F$ dos elétrons é excitada para níveis mais altos, o acréscimo na energia interna devido ao aquecimento é $\sim kT \times (kT/E_F) = (kT)^2/E_F$, e o calor específico eletrônico por mol é menor do que $\frac{3}{2}R$ por um fator $\sim kT/E_F$, sendo, pois, desprezível à temperatura ambiente, o que explica imediatamente por que os elétrons livres não contribuem para o calor específico do metal.

O princípio de Pauli tem outra consequência extremamente importante. Até aqui, tratamos os elétrons como partículas livres, apenas confinadas dentro do volume L^3 do

* Na realidade, E_F é definido, para $T > 0$, como a energia para a qual n_E se torna $= 1/2$, de modo que E_F também varia ligeiramente com T, mas essa variação é desprezível à temperatura ambiente.

metal (esquecendo inteiramente do resto da rede cristalina, cujo efeito discutiremos a seguir). Mas estamos desprezando também os efeitos da interação coulombiana repulsiva entre os elétrons, que deveriam levar suas trajetórias a se desviarem umas da outras (colisões). Quando dois elétrons de momentos iniciais $\mathbf{p}_1$ e $\mathbf{p}_2$ colidem, deveriam passar a ter momentos finais $\mathbf{p}'_1$ e $\mathbf{p}'_2$ diferentes dos iniciais. Mas, em geral, os estados associados aos momentos $\mathbf{p}'_1$ e $\mathbf{p}'_2$ já estarão ocupados por outros elétrons, de forma que o princípio de Pauli proíbe a colisão. Assim, a *interação entre os elétrons é fortemente inibida pelo princípio de Pauli*, o que contribui para justificar o tratamento dos elétrons como se fossem livres.

6.6 ESPECTRO DE BANDAS: CONDUTORES, ISOLANTES E SEMICONDUTORES

Vejamos agora qual é o efeito exercido sobre os elétrons de valência (um elétron por átomo, no caso do cobre), devido a todo o resto da rede cristalina na qual se movem, formada pelos "íons" de cobre (átomos despidos do elétron de valência, com carga efetiva $+e$). Quando um elétron se desloca ao longo de uma fileira de "íons", o potencial sentido por ele tem o aspecto da Figura 6.10: ele é atraído, pela interação coulombiana, para as posições + dos "íons" (sítios da rede).

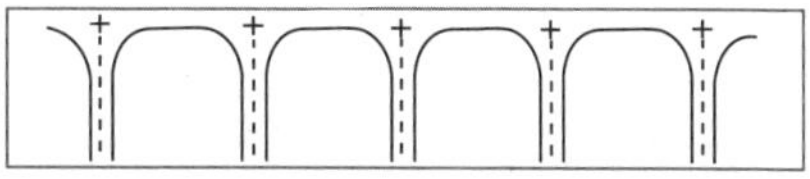

Figura 6.10 Potencial devido à rede.

Uma característica básica desse potencial é a sua *periodicidade espacial* em três dimensões, que é a periodicidade da rede cristalina. Ela produz um efeito que, de novo, é tipicamente *ondulatório*: a existência de faixas do comprimento de onda que não podem propagar-se através da estrutura – *intervalos onde a propagação é proibida*. Esse efeito é encontrado na propagação de quaisquer tipos de ondas (inclusive na física clássica) em quaisquer estruturas periódicas. Um exemplo em circuitos elétricos (filtros) será visto mais adiante (Seção 10.9).

Em decorrência da relação de de Broglie, o comprimento de onda, na física quântica, está relacionado com a energia das partículas, de forma que os intervalos proibidos são aqueles em que não podem *existir níveis de energia* dos elétrons.

Daí resulta que os estados quânticos dos elétrons na rede cristalina, além de discretos (em virtude do confinamento no interior do metal), agrupam-se em *bandas ou faixas de energia*, separadas por intervalos proibidos, que não contêm níveis. Diz-se que os elétrons têm um *espectro de bandas*. Com base nesse resultado e no princípio de Pauli, podemos entender a origem das diferenças entre isolantes, condutores e semicondutores.

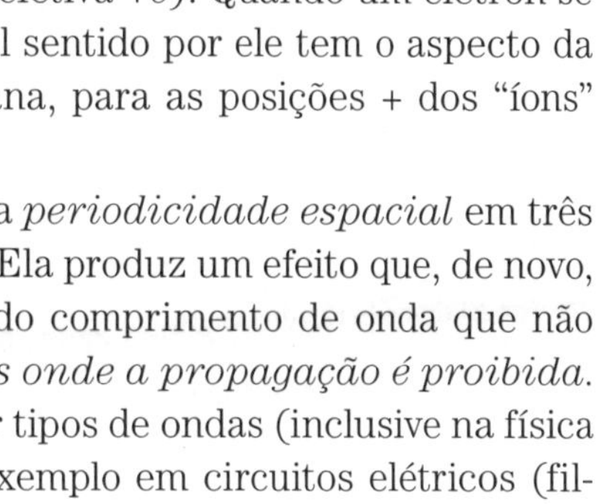

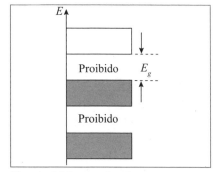

Figura 6.11 Bandas de energia num isolante.

Num *isolante* típico, as bandas de energia mais baixas têm seus níveis *totalmente preenchidos* pelos elétrons (dois de spins opostos em cada nível, de conformidade com o princípio de Pauli). O nível mais alto preenchido está separado do nível mais baixo da camada seguinte por um *intervalo proibido* de largura E_g (Figura 6.11). Para isolantes típicos, E_g é da ordem de alguns eV.

A distribuição estatística dos elétrons sobre os níveis de energia, quando estão em equilíbrio térmico à temperatura T, é bastante diferente na física quântica do que seria classicamente, como vimos para a distribuição de Fermi com $T = 0$. Entretanto, ainda tem importância decisiva o *fator de Boltzmann* $e^{-E/kT}$, em que E é a energia e k a constante de Boltzmann (**FB2**, Seção 12.2).

Assim, a probabilidade de que um elétron consiga, por excitação térmica, transpor o intervalo de largura E_g entre a banda mais alta preenchida (chamada *banda de valência*) e a mais baixa contígua, vazia (*chamada banda de condução*) resulta ser da ordem de

$$\boxed{p \sim e^{-E_g/(2kT)}} \quad \textbf{(6.6.1)}$$

Como vimos, $kT \sim 1/40$ eV à temperatura ambiente ($T = 300$ K). Logo, para $E_g \sim 5$ eV, temos $p \sim e^{-100} \sim 10^{-44}$, o que é praticamente desprezível. Assim, num isolante, os elétrons permanecem *ligados* aos sítios da rede, não havendo portadores de corrente disponíveis. Daí o porquê de a resistividade de um bom isolante poder ser até $\sim 10^{30}$ vezes maior que a de um bom condutor.

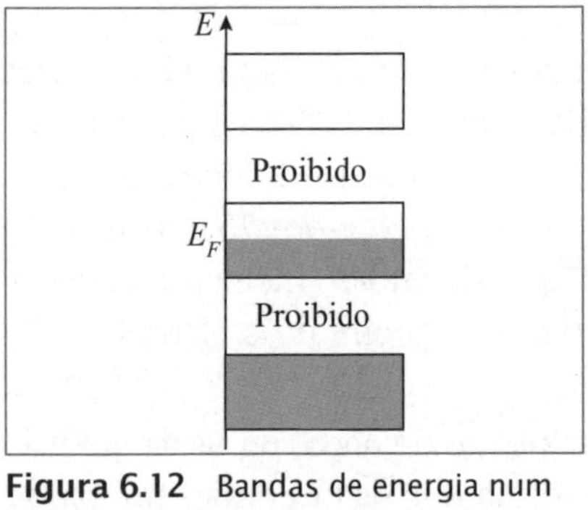

Figura 6.12 Bandas de energia num metal.

Num *metal* típico, a banda mais elevada onde há elétrons encontra-se apenas *parcialmente preenchida* (Figura 6.12), até uma energia E_F que corresponde ao *nível de Fermi*, para $T = 0$.

Para $T > 0$, a energia térmica $\sim kT$ é suficiente para excitar os elétrons na vizinhança de E_F a níveis contíguos desocupados; estes são os elétrons livres, de velocidade $\sim v_F$, que podem servir como portadores da corrente.

Que acontece se aplicarmos um campo elétrico ao metal? O resultado obtido no modelo de Drude, de que a condutividade σ é diretamente proporcional ao *tempo livre médio* $\langle\tau\rangle$ entre duas colisões, permanece válido na teoria quântica. Mas o conceito de colisão é profundamente modificado quando levamos em conta as propriedades ondulatórias do elétron.

Para uma onda, uma "colisão" com um obstáculo perturba sua propagação e resulta na geração de ondas *espalhadas* em todas as direções. É o que acontece com as ondas eletromagnéticas da luz solar ao atravessar a atmosfera da Terra: a luz que recebemos do céu é luz solar espalhada (para ver luz direta, teríamos de olhar em direção ao Sol).

Mas, numa rede cristalina perfeitamente periódica, as ondas de de Broglie dos elétrons livres propagam-se livremente, (adaptando-se à periodicidade, o que leva a uma "massa efetiva" para o transporte da corrente), sem produzir espalhamento. Assim, num cristal perfeito ideal, teríamos $\langle\tau\rangle \to \infty$ e, por conseguinte, $\sigma \to \infty$: *um cristal perfeito seria um condutor perfeito, de resistividade nula*!

Entretanto, mesmo no limite de temperatura $T \to 0$, nenhum cristal real possui uma rede cristalina perfeita: sempre existem *defeitos* e *impurezas* que espalham as ondas eletrônicas e dão origem a uma "resistividade residual" $\rho_0 > 0$.

Para $T > 0$, os íons da rede *vibram* em torno das suas posições de equilíbrio, contribuindo para o espalhamento dos elétrons e para a resistividade. Essa contribuição cresce com T, explicando o crescimento de ρ com T. As vibrações da rede estão associadas com ondas sonoras, que na teoria quântica correspondem a *fônons*, de modo que esta contribuição está associada à *interação entre elétrons e fônons*. Conforme veremos abaixo, esse é o mecanismo de dissipação de energia associado ao efeito Joule (geração de calor pela passagem da corrente), que discutiremos na Seção 6.7.

Para temperaturas suficientemente baixas, da ordem de alguns graus K, diversos materiais tornam-se *supercondutores*. Esse fenômeno foi descoberto em 1911 por Kammerlingh Onnes, em Leiden, quando estudava a variação com T da resistividade do mercúrio. Baixando T, ele verificou que, a uma *temperatura crítica* T_c (para Hg, tem-se $T_c = 4{,}15$ K), a resistividade cai abruptamente para valores quase nulos (a Figura 6.13 reproduz o diagrama original de Onnes), permitindo obter *correntes persistentes*, que podem manter-se por tempos muito longos, sem dissipação.

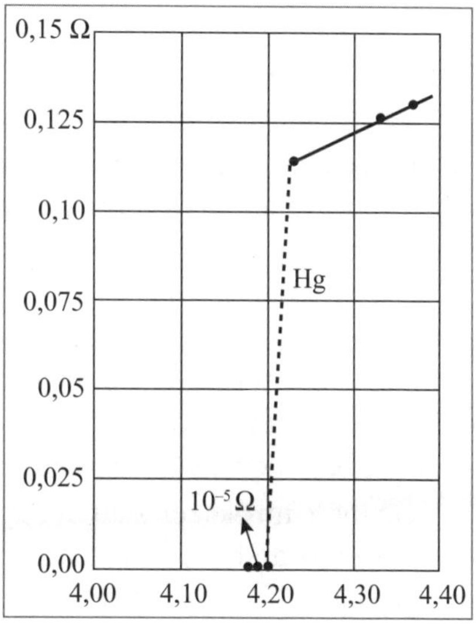

Figura 6.13 Resistência de Hg × temperatura (em K).

O mecanismo responsável pela supercondutividade permaneceu um mistério até 1957, quando foi elucidado (nos casos até então conhecidos) por Bardeen, Cooper e Schrieffer, o que lhes valeu o Prêmio Nobel. Ele também resulta de uma interação entre elétrons e a rede (fônons).

Um elétron tende a atrair para si os íons positivos, deformando ligeiramente a rede em torno dele. Um segundo elétron tende a ser atraído para essa região mais positiva. Em circunstâncias apropriadas, essa *atração efetiva* entre dois elétrons liga um ao outro, de tal forma que se requer uma energia mínima para dissociar este par de elétrons ("par de Cooper"). A baixas temperaturas, a energia térmica não é suficiente para dissociá-los, e eles se tornam insensíveis a colisões, permitindo transportar corrente "sem atrito" (com $\rho = 0$).

Até recentemente, só se conheciam substâncias em que T_c era no máximo ~ 20 K, mas, a partir dos trabalhos de K. A. Müller e J. G. Bednorz, que lhes proporcionaram o Prêmio Nobel de 1987, vem sendo desenvolvida uma nova classe de supercondutores, com T_c elevado, aproximando-se cada vez mais da temperatura ambiente (chegando em 1993 a T_c ~ 133 K), com grande potencial de aplicações. O mecanismo da supercondutividade nesses novos materiais ainda não foi bem elucidado.

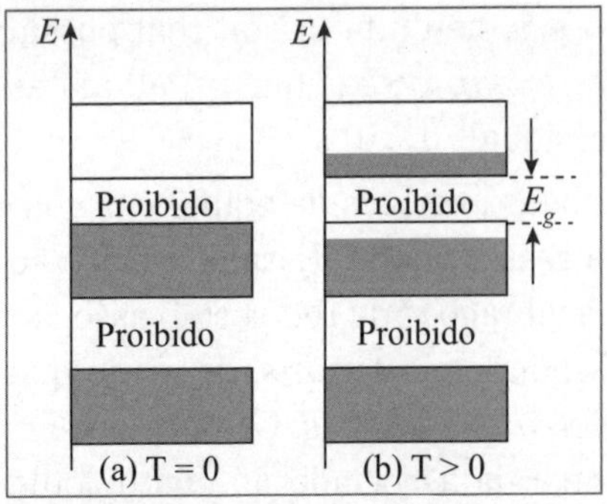

Figura 6.14 Espectro de bandas em semicondutores.

Finalmente, num *semicondutor intrínseco* (material puro), a baixas temperaturas ($T \to 0$), a situação é análoga à de um isolante, com a banda de valência toda preenchida e a de condução vazia, mas o intervalo E_g que separa uma da outra é relativamente pequeno, da ordem de 0,5 eV [Figura 6.14(a)].

Assim, à temperatura ambiente,

$$e^{-E_g/(2kT)} \sim e^{-10} \sim 5\times10^{-5}$$

o que implica uma fração significativa dos elétrons termicamente excitada para a banda de condução [Figura 6.14(b)]. Isso leva a condutividades típicas à temperatura ambiente pelo menos 10^{10} vezes maiores que as dos isolantes.

Como o fator de Boltzmann é extremamente sensível à temperatura, é ele que produz o efeito dominante sobre a resistividade. Com o aumento de T, aumenta rapidamente a densidade n de portadores de corrente, e σ cresce com n [cf.(6.4.4)].

Isso explica por que α, o coeficiente de temperatura da resistividade, é negativo para semicondutores (tabela da Seção 6.3). É verdade que, quando T aumenta, também diminui, como no caso de um metal, o tempo livre médio $<\tau>$ entre colisões, o que atua em sentido inverso. Entretanto, o efeito da variação de n com T é bem mais forte (em razão da exponencial) e predomina.

Quando um elétron (carga $-e$) é excitado da banda de valência para a de condução, ele deixa na banda de valência uma *lacuna* ("buraco") de carga $+e$. Ao aplicarmos um campo elétrico, as lacunas também se deslocam, em sentido oposto ao dos elétrons, contribuindo para a corrente.

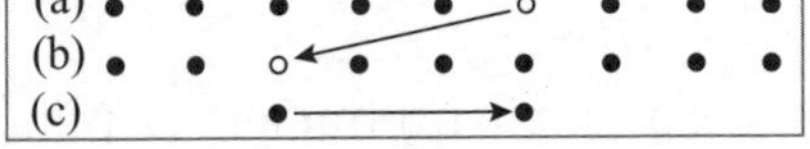

Figura 6.15 Contribuição das lacunas na condução.

A Figura 6.15 explica como isso ocorre. Quando uma lacuna (a) se move para um sítio à esquerda (b), o efeito é o mesmo que ocorreria se o elétron que estava nessa posição tivesse se deslocado para a direita (c), ocupando o lugar da lacuna. Assim, tanto elétrons como lacunas são portadores de corrente.

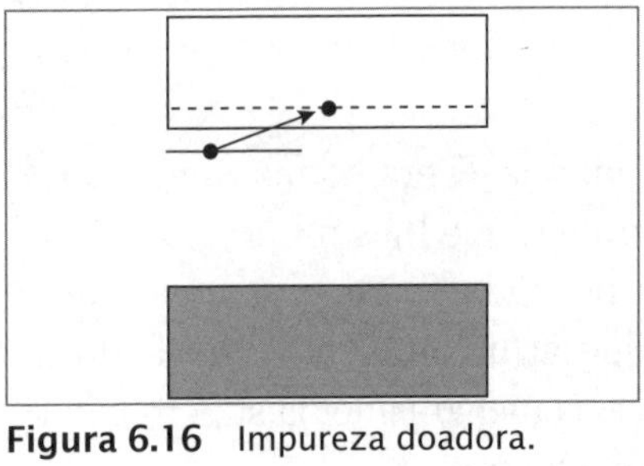

Figura 6.16 Impureza doadora.

Na prática, têm grande importância os *semicondutores extrínsecos*, dopados com impurezas, por exemplo, germânio dopado com boro ou arsênio. O Ge é tetravalente (tem quatro elétrons de valência, que ligam cada Ge com seus quatro vizinhos na rede). Se introduzirmos numa rede de Ge uma impureza de As, que é pentavalente, o quinto elétron do As fica muito fracamente ligado, ocupando um nível de energia (Figura 6.16) situado pouco abaixo da banda de condução. Logo, uma energia de excitação térmica é suficiente para transferi-lo à banda de condução. Diz-se que a impureza é *doadora*, e o semicondutor dopado é de tipo n (portador de carga *n*egativo).

Já se a impureza é trivalente, como o B, fica faltando um elétron de valência no sítio por ela ocupado para efetuar a ligação com os sítios vizinhos. Uma pequena energia de excitação é suficiente para que um elétron da banda de valência do Ge se transfira para o B, deixando uma *lacuna* portadora de carga na banda de valência. Aqui, a impureza é *receptora* (Figura 6.17), e o semicondutor é tipo p (portadores *p*ositivos). Junções p-n tem propriedades de *retificação*, e junções p-n-p ou n-p-n são a base dos transistores, em que um sinal elétrico pequeno é usado para controlar outro muito maior (amplificação).

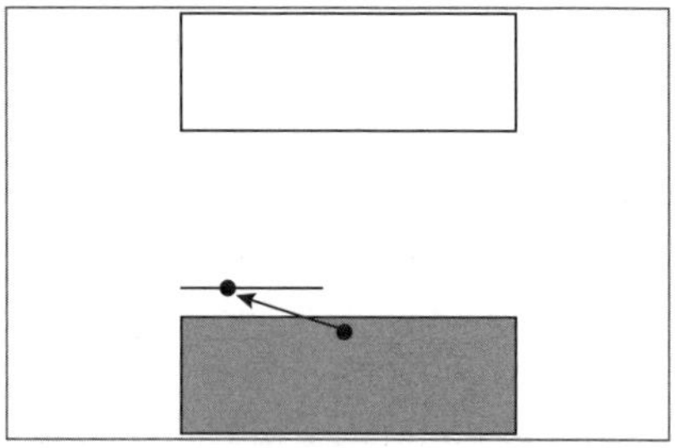

Figura 6.17 Impureza receptora.

6.7 O EFEITO JOULE

Para transportar uma carga dq atravessando uma diferença de potencial V (por exemplo, de um ao outro eletrodo da bateria), é preciso fornecer-lhe uma energia Vdq. Logo, para manter uma corrente $i = dq/dt$ durante um tempo dt atravessando V, é preciso fornecer uma energia

$$dW = (i\,d\,t)V$$

o que corresponde a uma *potência* (energia por unidade de tempo)

$$\boxed{\frac{dW}{dt} \equiv P = iV} \qquad (6.7.1)$$

Para $i = 1$ A e $V = 1$ V, resulta $P = 1$ W (watt).

Para uma corrente num trecho dl de um condutor de secção S, no qual a *queda* de potencial é dV, temos

$$dP = i\frac{dV}{dl}dl = i\,dl\,E = j\ S\ dl \cdot E = \mathbf{j} \cdot \mathbf{E}dv$$

onde $dv = Sdl$ é o volume do elemento de condutor considerado, e $\mathbf{j}$ é paralelo a $\mathbf{E}$. Logo, a *densidade de potência* (potência por unidade de volume) é

$$\boxed{\frac{dP}{dv} = \mathbf{j} \cdot \mathbf{E}} \qquad (6.7.2)$$

Para um condutor ôhmico, com $\mathbf{j} = \sigma\,\mathbf{E}$, isto leva a

$$\boxed{\frac{dP}{dv} = \sigma\mathbf{E}^2 = \frac{\mathbf{j}^2}{\sigma}} \qquad (6.7.3)$$

Que acontece com essa potência? Como em outros processos onde há atrito, ela é *dissipada sob a forma de calor* (por exemplo, num chuveiro elétrico), podendo também produzir radiação térmica visível, como no aquecimento ao rubro da resistência de um aquecedor ou fogão elétrico.

Em termos da resistência R do condutor, fica

$$\boxed{P = i^2 R = \frac{V^2}{R}} \tag{6.7.4}$$

Essa conversão de energia elétrica em calor é conhecida como *efeito Joule*: foi descoberta por Joule no decurso de suas experiências sobre o equivalente mecânico da caloria.

Em termos microscópicos, o calor corresponde à energia de vibração da rede, resultante da interação elétron-fônon. O "atrito" transfere energia da corrente para os fônons.

6.8 FORÇA ELETROMOTRIZ

A passagem de uma corrente i atravessando uma queda de voltagem (tensão) V gera, por unidade de tempo, uma energia iV. Essa energia elétrica pode ser convertida em outras formas de energia: mecânica, se a corrente for usada, por exemplo, para alimentar um motor de corrente contínua; térmica, se for usada para aquecimento, por meio do efeito Joule etc.. Os "relógios de luz" das companhias fornecedoras de eletricidade registram o trabalho fornecido, em kW·h.

De onde vem essa energia necessária para manter a corrente estacionária? À primeira vista, poderíamos pensar, com base na lei de Ohm, $\mathbf{j} = \sigma\mathbf{E}$ (onde $\mathbf{j}$ é constante, de forma que $\mathbf{E}$ não varia com o tempo), que a corrente pudesse ser mantida por um campo eletrostático ao longo do condutor.

Entretanto, é fácil verificar que isso não seria possível. Com efeito, vimos, como consequência da lei de conservação da carga (equação da continuidade) que, para uma corrente *estacionária*, $\text{div}\,\mathbf{j} = 0$, de forma que as *linhas de corrente são fechadas*. Mas pela lei de Ohm, isso implicaria que as linhas de força de $\mathbf{E}$ também teriam de ser fechadas, o que é incompatível com um campo eletrostático, para o qual $\oint_C \mathbf{E} \cdot \mathbf{dl} = 0$ ao longo de qualquer curva fechada C. Concluímos que *são necessárias forças não eletrostáticas para manter uma corrente estacionária*.

Historicamente, a descoberta do primeiro mecanismo capaz de manter correntes estacionárias foi devida ao físico italiano Alessandro Volta, em 1800. Investigando efeitos de contração muscular de patas de rãs, sob a ação de descargas elétricas, que já haviam sido observados em 1780 por Galvani, Volta descobriu que, quando dois discos de metais diferentes, como cobre e zinco, estavam separados por um disco de pano ou papelão umedecido, de preferência com água salgada ou acidulada, aparecia uma diferença de potencial entre o cobre e o zinco. Era possível amplificar essa diferença empilhando vários "sanduíches" desse tipo. Essa "pilha voltaica" foi a primeira *bateria*, produzindo correntes estacionárias graças à conversão da energia oriunda de *reações químicas* produzidas nos *terminais* de cobre e zinco. A origem dessa energia química é explicada pela física quântica.

Podemos representar o efeito não eletrostático que ocorre dentro da bateria, generalizando a lei de Ohm para

$$\boxed{\mathbf{j} = \sigma\left(\mathbf{E} + \mathbf{E}^{(e)}\right)} \tag{6.8.1}$$

onde $\mathbf{E}^{(e)}$ corresponde a um "campo elétrico equivalente" que só existe, neste exemplo, dentro da bateria, e é chamado de "campo impresso". $\mathbf{E}^{(e)}$ representa a força, por unidade de carga, que atua sobre os portadores da corrente, e que tem *origem não eletrostática*.

Um dos exemplos mais simples é uma solução diluída, digamos de HCl, em que há dissociação em íons H^+ e Cl^- e na qual existe um *gradiente de concentração*, ou seja, o número n de íons por unidade de volume (que tomamos igual para as duas espécies, $n_+ = n_- = n$) varia com a posição. Por exemplo (Figura 6.18), a concentração pode ser maior do lado esquerdo do que do lado direito da solução. Sabemos que, nesse caso, grad n está dirigido da direita para a esquerda (máximo aclive).

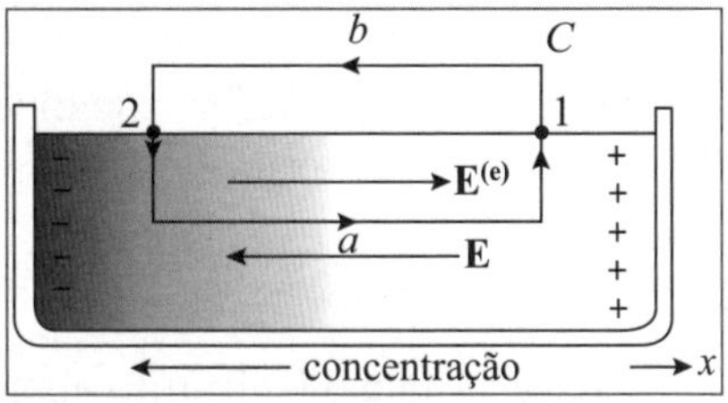

Figura 6.18 Caminho de integração *C*.

Vai ocorrer então um processo *puramente mecânico* de difusão, facilmente compreensível em termos da teoria cinética: a agitação térmica leva mais íons de concentração maiores para menores do que em sentido inverso. Esse efeito tende a uniformizar a concentração, levando a uma *densidade de corrente de partículas* dada pela *lei de Fick da difusão*

$$\boxed{\mathbf{g} = -D \text{ grad } n} \tag{6.8.2}$$

onde $\mathbf{g}$ é a densidade de corrente de *partículas* e D é chamado de o *coeficiente de difusão*. O sentido de $\mathbf{g}$, na Figura 6.18, seria da esquerda para a direita – inverso ao de grad n.

Entretanto, os íons H^+ (massa atômica 1) são bem mais leves que os Cl^- (massa atômica ~35,5), de modo que seu coeficiente de difusão D_+ é $\gg D_-$, o coeficiente de difusão dos íons Cl^-. O processo de difusão tende portanto a acumular carga + à direita e – à esquerda, criando um *campo elétrico* $\mathbf{E}$, orientado da direita para a esquerda. Esse campo também atua sobre os íons, que adquirem, sob a ação dele e do *atrito interno* (viscosidade) movendo-se através do fluido, velocidades terminais $\mathbf{v}$ constantes, proporcionais à força elétrica $\mathbf{F}$ do campo. A constante de proporcionalidade μ é chamada de *mobilidade* do íon:

$$\boxed{\mathbf{v} \equiv \mu\, \mathbf{F}} \tag{6.8.3}$$

A corrente elétrica resultante da ação combinada de grad n e de $\mathbf{E}$ será, com $\mathbf{F}_+ = e\,\mathbf{E}$ e $\mathbf{F}_- = -e\,\mathbf{E}$,

$$\boxed{\mathbf{j} = -e\left(D_+ - D_-\right)\text{grad } n + ne\left(\mu_+\mathbf{F}_+ - \mu_-\mathbf{F}_-\right)} \tag{6.8.4}$$

ou seja, com boa aproximação, considerando que a *mobilidade* μ_+ também é $\gg \mu_-$, e desprezando os termos pequenos,

$$\boxed{\mathbf{j} \approx -eD_+ \text{ grad } n + ne^2\mu_+\mathbf{E} = \sigma\left(\mathbf{E} + \mathbf{E}^{(e)}\right)} \quad \textbf{(6.8.5)}$$

onde $n\, e^2\, \mu_+\, \mathbf{E}$ representa a corrente ôhmica $ne\mathbf{v}$ no eletrólito e

$$\mathbf{E}^{(e)} = -\frac{D_+}{e\mu_+}\frac{\text{grad}\, n}{n} = -\frac{D_+}{e\mu_+}\text{grad}(\log n) \quad \textbf{(6.8.6)}$$

é o *campo impresso*, de origem puramente cinética.

Será atingido equilíbrio quando o campo elétrico **E**, devido à acumulação de íons + à direita, compensar exatamente o campo impresso devido ao gradiente de concentração:

$$\boxed{\mathbf{E} = -\mathbf{E}^{(e)}} \quad \textbf{(6.8.7)}$$

Nessa situação ("circuito aberto") teremos $\mathbf{j} = 0$.

Consideremos, em equilíbrio, uma curva fechada C como a da Figura 6.18, e a integral sobre C

$$\mathcal{E} \equiv \oint_C \left(\mathbf{E} + \mathbf{E}^{(e)}\right) \cdot \mathbf{dl} \quad \textbf{(6.8.8)}$$

O campo **E** é, *no equilíbrio*, um campo *eletrostático*, produzido pela distribuição de cargas + e –, de forma que $\mathbf{E} \neq 0$ dentro e fora da solução, e

$$\boxed{\oint \mathbf{E} \cdot \mathbf{dl} = 0} \quad \textbf{(6.8.9)}$$

Entretanto, $\mathbf{E}^{(e)}$ só é $\neq 0$ dentro da solução, e vem

$$\boxed{\mathcal{E} = \oint_C \mathbf{E}^{(e)} \cdot \mathbf{dl} = \int_{2(a)}^{1} \mathbf{E}^{(e)} \cdot \mathbf{dl} \quad (\neq 0)} \quad \textbf{(6.8.10)}$$

que recebe o nome de *força eletromotriz** associada à curva fechada C.

Como $\mathbf{E}^{(e)} = -\mathbf{E}$ dentro da solução, temos também

$$\boxed{\mathcal{E} = -\int_2^1 \mathbf{E} \cdot \mathbf{dl} = V_1 - V_2} \quad \textbf{(6.8.11)}$$

ou seja, $\mathcal{E}$ é igual à *diferença de potencial em circuito aberto* entre os pontos 1 e 2 (numa bateria de 1,5V, tem-se $\mathcal{E}$ = 1,5V).

Podemos calcular $\mathcal{E}$ explicitamente no exemplo dado: tomando um eixo Ox da esquerda para a direita, e supondo $n = n(x)$,

$$\mathcal{E} = -\frac{D_+}{e\mu_+}\int_2^1 \frac{1}{n}\underbrace{\text{grad } n \cdot \mathbf{dl}}_{\frac{dn}{dx}dx} = -\frac{D_+}{e\mu_+}\int_2^1 \frac{d}{dx}\ln n dx$$

* Este é o nome tradicional, mas note que $\mathcal{E}$ não é uma força: tem as dimensões de uma voltagem.

Logo,

$$\boxed{\mathcal{E} = -\frac{D_+}{e\mu_+} \ln \left[\frac{n(x_1)}{n(x_2)}\right]} \tag{6.8.12}$$

Se materializarmos o trecho *externo à solução* do circuito C por um fio condutor de condutividade σ, passará por ele uma corrente $\mathbf{j} = \sigma\,\mathbf{E} \neq 0$, e teremos agora uma intensidade de corrente i dada por*

$$\boxed{\mathcal{E} = V_1 - V_2 = V = Ri} \tag{6.8.13}$$

onde R é a resistência do fio condutor.

Na realidade, não podemos desprezar a dissipação dentro da própria bateria (solução), que corresponde a uma *resistência interna* equivalente r. Assim, o *diagrama de circuito* que representa essa situação é o da Figura 6.19, e temos

$$\boxed{i = \frac{\mathcal{E}}{R+r}} \tag{6.8.14}$$

de forma que a diferença de potencial entre os pontos 1 e 2 *em circuito fechado* é

$$\boxed{V = Ri = \frac{R}{R+r}\mathcal{E} < \mathcal{E}} \tag{6.8.15}$$

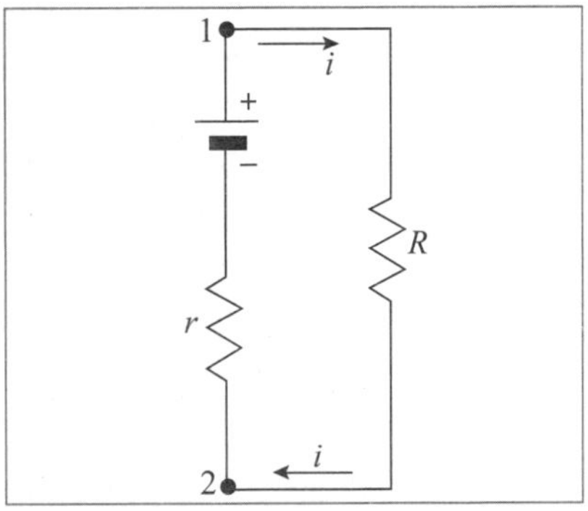

Figura 6.19 Circuito equivalente de uma bateria.

devido à resistência interna da bateria.

Note que as linhas de corrente de $\mathbf{j}$ são fechadas, como têm de ser para uma corrente estacionária. *Fora da bateria, a corrente tem o sentido da queda de potencial* (de V_1 para $V_2 < V_1$), mas *dentro* dela é o inverso: a corrente vai de V_2 para V_1, e as cargas *ganham* energia, em razão do *campo impresso* (gradiente de concentração).

Podemos comparar a situação com o escoamento de água dentro de uma canalização fechada (circuito). O fluxo de água é mantido por bombeamento: a bateria desempenha aqui um papel análogo ao da bomba.

Existem muitos outros tipos de fem (*força eletromotriz*). Os efeitos que produzem o campo impresso e a fem associada podem provir de *reações químicas* nos eletrodos, como numa pilha de lanterna ou bateria de automóvel, da *conversão de energia térmica em elétrica*, como num par termoelétrico (junções entre dois fios de metais diferentes mantidas a temperaturas diferentes), de *energia da radiação*, como numa célula solar etc.

* Não estamos levando em conta aqui os efeitos do contato entre o fio metálico e a solução (diferença de potencial de contato).

PROBLEMAS

6.1 Uma válvula diodo da era pré-transistor contém um par de placas planas paralelas de espaçamento d, no vácuo. Estabelece-se entre elas uma diferença de potencial V. Um feixe de elétrons com área de secção transversal A e de velocidade inicial v_0 é emitido a partir de uma das placas (cátodo) e acelerado até a outra (ânodo), produzindo uma corrente estacionária de intensidade i. (a) Calcule a velocidade $v(x)$ de um elétron à distância x do cátodo. (b) Calcule a densidade $n(x)$ de elétrons no feixe como função de x. Suponha que i é suficientemente fraco para que o campo gerado pelos elétrons seja desprezível em confronto com o campo acelerador.

6.2 Um cilindro metálico carregado, de 5 cm de raio, desloca-se ao longo do seu eixo com uma velocidade constante, de 10 cm/s. O campo elétrico radial produzido pelas cargas, na superfície lateral do cilindro, é de 500 V/cm. Qual é a intensidade da corrente devida ao movimento do cilindro?

6.3 A lampadinha de uma lanterna alimentada por uma bateria de 9 V tem um filamento de tungstênio, cuja resistência à temperatura ambiente (20 °C) é de 4,5 Ω. Quando acesa, dissipa uma potência de 1,5 W. Calcule a temperatura do filamento, sabendo que o coeficiente de temperatura da resistividade do tungstênio é $\alpha = 4{,}5 \times 10^{-3}$.

6.4 O campo elétrico médio na atmosfera, perto da superfície terrestre, é de 100 V/m; dirigido para a Terra. A corrente média de íons que atinge a totalidade da superfície da Terra é de 1.800 A. Supondo que a distribuição da corrente é isotrópica, calcule a condutividade do ar na vizinhança da superfície da Terra.

6.5 As placas de um capacitor plano de capacitância C, preenchido com um dielétrico de constante dielétrica κ, estão ligadas aos terminais de uma bateria, que mantém entre elas uma diferença de potencial V. O dielétrico tem uma condutividade σ, o que produz uma *corrente de perda*. (a) Calcule a resistência R do dielétrico como função de C. (b) Mostre que o resultado permanece válido para um capacitor cilíndrico ou esférico. (c) Você consegue demonstrar que vale em geral?

6.6 A condutividade de um cilindro de comprimento l e área de secção transversal S cresce linearmente com a distância, assumindo o valor σ_0 numa extremidade e σ_1 na outra. Calcule a resistência total do cilindro.

6.7 Uma bateria de fem $\mathcal{E}$ e resistência interna r fornece corrente a um aparelho de resistência R. (a) Para que valor de R a potência fornecida é máxima? (b) Para esse valor de R, qual é a relação entre a potência fornecida e aquela dissipada na própria bateria?

6.8 Quando uma bateria de fem igual a 1,5 V fornece uma corrente de 1A a uma resistência externa R, a tensão medida entre seus terminais cai para 1,4V. (a) Qual é o valor de R? (b) Qual é a resistência interna da bateria? (c) Qual é a taxa de conversão de energia química em energia elétrica na bateria, por unidade de tempo, nessas condições? (d) Qual é a potência convertida em calor na resistência externa? (e) Qual é a perda de potência na bateria?

6.9 Um aquecedor elétrico de imersão ligado a uma fonte de corrente contínua de 110 V, demora 6 min para levar 0,5 l de água até a fervura, partindo da temperatura ambiente de 20 °C. A intensidade da corrente é de 5 A. Qual é a eficiência do aquecedor? (A eficiência é a porcentagem da energia gerada que é utilizada no aquecimento da água).

6.10 Considere o exemplo visto na Seção 6.8 de uma solução iônica de HCl com um gradiente de concentração na direção x, em circuito aberto, em equilíbrio térmico à temperatura T. (a) Usando os resultados obtidos, calcule a razão $n(x_2)/n(x_1)$ das concentrações de íons nos terminais x_2 e x_1, entre os quais existe uma fem $\mathcal{E}$. (b) Identificando o resultado com o fator de Boltzman $\exp[-E/(kT)]$, demonstre a *relação de Einstein* $D_+/\mu_+ = kT$. (c) Para uma razão de concentrações $n(x_1)/n(x_2) = 10$, à temperatura ambiente, calcule a fem resultante $\mathcal{E}$.

7

Campo magnético

Já na Grécia antiga se conheciam as propriedades de um minério de ferro encontrado na região da Magnésia, a *magnetita* (Fe_3O_4): um pedaço de magnetita é um *ímã permanente*, que atrai pequenos fragmentos (limalha) de ferro. Em 1100 a.C., os chineses já haviam descoberto que uma agulha de magnetita capaz de se orientar livremente num plano horizontal alinha-se aproximadamente na direção norte-sul, e usavam esse aparelho, a *bússola*, na navegação.

Em 1600, William Gilbert publicou um importante tratado sobre o magnetismo, no qual observa, pela primeira vez, que a própria Terra atua como um grande ímã. O magnetismo terrestre é atribuído atualmente a correntes de convecção no ferro liquefeito do núcleo externo terrestre, movido pela rotação da Terra.

Um ímã permanente (em particular, a agulha magnética de uma bússola) tem um *polo norte* (N) e um *polo sul* (S), e é fácil verificar, com dois ímãs, que seus polos de mesmo nome (N e N ou S e S) se repelem, e que seus polos de nomes contrários (N e S) se atraem.

Poderíamos, então, pensar em descrever o magnetismo produzido por ímãs permanentes de forma análoga à eletrostática, introduzindo cargas magnéticas N e S por analogia com cargas elétricas + e –. Entretanto, a experiência mostra que não é possível separar um do outro os polos N e S de um ímã. Se partirmos o ímã em dois, cada um dos fragmentos continuará tendo polos N e S.

Em anos recentes, fez-se um grande esforço experimental para verificar se existem partículas com "carga magnética", que seriam polos N ou S isolados (*monopolos magnéticos*). Caso existissem, um belo argumento, devido a Dirac, explicaria a quantização da carga elétrica. Nenhum jamais foi detectado. É, portanto, um fato experimental básico no estudo do magnetismo que *não existem cargas magnéticas* (polos magnéticos isolados).

Podemos pensar numa barra ou agulha imantada como análoga a um *dipolo* – magnético em lugar de elétrico. Uma barra magnetizada seria análoga a um *dielétrico polarizado*, e os polos norte e sul que aparecem em suas faces seriam análogos às cargas de polarização ligadas sobre as extremidades de uma barra dielétrica polarizada (note que, também neste caso, se partíssemos uma barra em duas, cargas superficiais de polarização apareceriam nas novas faces).

Sabemos que a posição de equilíbrio de um dipolo num campo elétrico uniforme corresponde ao dipolo *alinhado* com o campo (Seção 4.4). Por analogia, podemos mapear a direção e o sentido de um *campo magnético* num dado ponto como a direção de equilíbrio e o sentido S → N de uma pequena bússola colocada nesse ponto, que funciona como um corpo de prova.

Quando salpicamos limalha de ferro sobre um ímã, cada pequeno fragmento de ferro se *magnetiza* por indução e funciona como uma minúscula agulha imantada (bússola), indicando a direção do campo, de modo que materializamos assim as *linhas de força magnéticas*.

7.1 DEFINIÇÃO DE B

Para definir **E**, consideramos a força **F** = q**E** que atua sobre uma carga de prova puntiforme q colocada num campo elétrico. Já o campo magnético exerce forças sobre *cargas em movimento*. Verifica-se experimentalmente que a força é proporcional à carga e à magnitude da velocidade da partícula. Entretanto, a direção da força é *perpendicular* às direções da velocidade **v** e do campo magnético. A força **F** é dada por

$$\boxed{\mathbf{F} = kq\ \mathbf{v} \times \mathbf{B}} \tag{7.1.1}$$

onde k é uma constante positiva, que depende da escolha do sistema de unidades, e **v** é a velocidade da partícula de carga q em relação a um referencial *inercial*.

Logo $|\mathbf{F}| \propto \text{sen}\theta$, onde θ é o ângulo entre **B** e **v**; **F** é perpendicular a **v** e a **B**, e anula-se se **v** é paralelo a **B**. No SI, toma-se k=1. Logo,

$$\boxed{\mathbf{F} = q\ \mathbf{v} \times \mathbf{B}} \tag{7.1.2}$$

o que define a *magnitude* de **B**. Em particular, se **v** é perpendicular a **B** e se $|\mathbf{v}|$ = 1 m/s, q = 1 C e $|\mathbf{F}|$ = 1 N, obtemos a *unidade* de $|\mathbf{B}|$ nesse sistema, que é chamada de 1 T (*Tesla*):

$$\boxed{1\ \mathrm{T} = 1\frac{\mathrm{N/C}}{\mathrm{m/s}}} \tag{7.1.3}$$

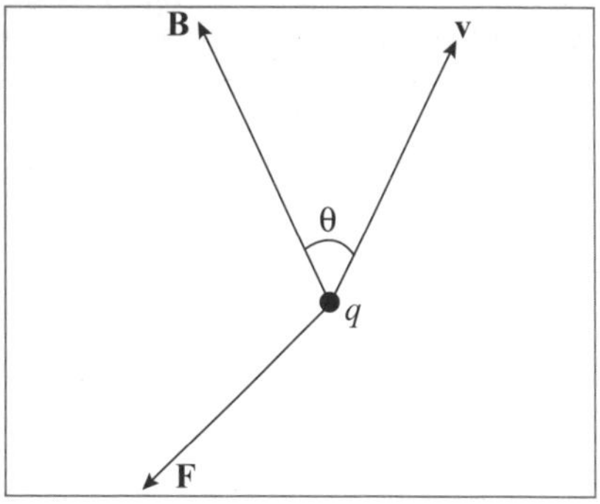

Figura 7.1 Força magnética sobre uma carga.

1 T corresponde a um campo magnético muito intenso. É também muito usada a unidade de $|\mathbf{B}|$ no sistema CGS, que é o *Gauss* (G):

$$\boxed{1\ \mathrm{G} = 10^{-4}\,\mathrm{T}} \tag{7.1.4}$$

O campo magnético da Terra é ~ 0,6 G = 6×10^{-5} T. Campos magnéticos muito intensos produzidos em laboratório, durante tempos muito curtos, atingem algumas centenas de T.

Consideramos acima uma situação em que só existe campo magnético atuando sobre a carga q. Se existir, além disso, um campo elétrico **E**, a força resultante será:

$$\boxed{\mathbf{F} = q(\mathbf{E} + \mathbf{v} \times \mathbf{B})} \qquad \textbf{(7.1.5)}$$

que recebe o nome de *força de Lorentz*.

E, como **F**, é um vetor *polar*. Como **v** também é um vetor polar, para que o produto vetorial **v** × **B** seja polar é preciso que **B** seja um vetor *axial*, ou seja, o *sentido* de **B** está associado a uma *convenção*. Da forma como o definimos, é a convenção S → N da agulha magnética de prova.

Se a carga q sofre um deslocamento **dl** durante um intervalo de tempo infinitésimo dt, temos **dl** = **v** dt, e o trabalho realizado pela força de Lorentz é

$$dW = \mathbf{F} \cdot \mathbf{dl} = \mathbf{F} \cdot \mathbf{v}\ dt = q\ \mathbf{E} \cdot \mathbf{v}\ dt$$

pois $\mathbf{v} \cdot (\mathbf{v} \times \mathbf{B}) = 0$.

Logo,

$$\boxed{\frac{dW}{dt} = q\ \mathbf{E} \cdot \mathbf{v}} \qquad \textbf{(7.1.6)}$$

é a potência [trabalho/(unidade de tempo)] associada à força de Lorentz, que se deve exclusivamente ao campo elétrico. *O campo magnético não realiza trabalho*, porque a força magnética é sempre perpendicular à velocidade da partícula.

Assim, a energia cinética de uma partícula carregada num campo puramente magnético permanece constante.

Exemplo: *Movimento num campo* **B** *uniforme*. Tomando o eixo Oz // **B**, temos $\mathbf{B} = B\,\hat{\mathbf{z}}$. Se a velocidade inicial $\mathbf{v}_0$ da partícula tem uma componente $v_{0z} \neq 0$, esta componente não se altera, porque $F_z = 0$. Logo, basta considerar a projeção do movimento sobre o plano (xy) perpendicular a **B**.

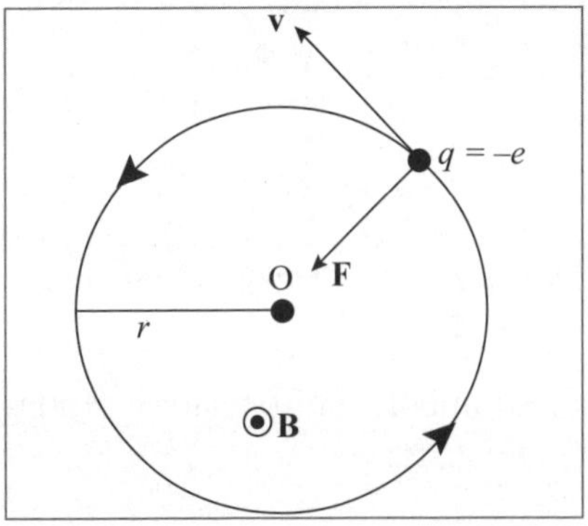

Figura 7.2 Órbita circular num campo **B** (**B** aponta para cima).

Como a energia cinética não se altera, a *magnitude* da velocidade no plano (xy) é constante, e a força (portanto, também a aceleração) é sempre perpendicular à velocidade, o que é uma característica da aceleração centrípeta no movimento *circular uniforme* (Figura 7.2). Se $v \equiv |\mathbf{v}|$ é a velocidade inicial no plano (xy), temos

$$F = q\ v\ B = m\frac{v^2}{r}$$

o que, para o raio r da órbita circular, leva a:

$$\boxed{r = \frac{mv}{qB}} \qquad \textbf{(7.1.7)}$$

e

$$\boxed{\omega = \frac{v}{r} = \frac{q}{m}B} \qquad (7.1.8)$$

é a frequência angular correspondente ("frequência de cíclotron"), que só depende de (q/m) e B. Essa frequência angular é independente da velocidade da partícula: o raio r cresce com v, mas o tempo para uma volta completa independe de v (cf. **FB1**, Seção 5.4).

Se $v_{0z} \neq 0$, é preciso superpor ao movimento circular em torno de **B** um movimento uniforme na direção de **B**, de forma que as partículas carregadas descrevem *hélices*, espiralando em torno das linhas de **B**.

Trajetórias circulares de partículas carregadas em campos **B** uniformes tornam-se visíveis em instrumentos empregados na física de partículas. Historicamente, um dos mais importantes foi a *câmara de Wilson*, um recipiente contendo vapor de água quase saturado, em que se faz uma expansão adiabática súbita, resfriando-o, o que torna o vapor supersaturado. Gotinhas de água tendem então a condensar-se em torno dos íons existentes na câmara, produzidos pela passagem da partícula carregada que se quer detectar, cuja trajetória é, assim, materializada e pode ser fotografada.

Com um campo **B** perpendicular ao plano da trajetória na câmara, ela é um círculo ou arco de círculo, cujo raio $mv/(qB)$ indica a informação sobre a magnitude do momento $p = mv$ da partícula; se conhecermos o sentido de percurso, também dá o sinal da carga (na Figura 7.2, o sentido de percurso anti-horário é para uma carga negativa; para uma carga positiva, o sentido seria horário).

Um exemplo famoso foi a foto obtida, em 1932, por Carl Anderson, em que a partícula atravessava uma placa de chumbo, com **B** dirigido para dentro do plano da foto, reproduzida na Figura 7.3. A trajetória tinha características típicas de um elétron. A diminuição do raio de curvatura r de baixo para cima, associada com uma perda de momento ao atravessar a placa, mostra que o sentido é anti-horário. Isso permitiu concluir que a carga era *positiva* e levou à descoberta do pósitron, que só difere do elétron por ter carga oposta.

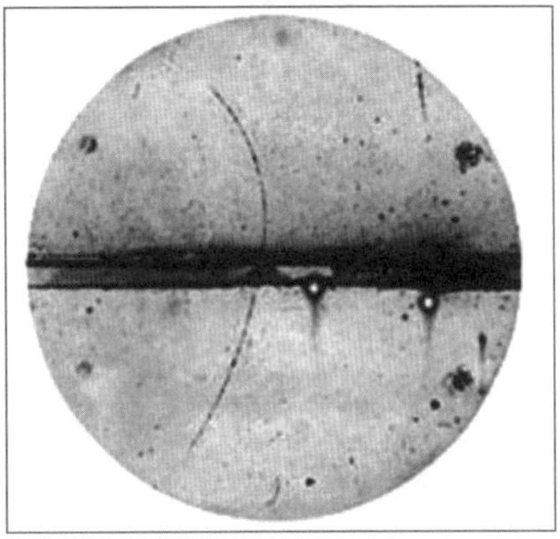

Figura 7.3 A foto original de Anderson revelando a existência do pósitron.

Aplicações importantes do movimento de partículas carregadas em campos elétricos e magnéticos já foram vistas no curso de Mecânica (**FB1**, Seção 5.4): a determinação de e/m_e nas experiências de J. J. Thomson, o filtro de velocidades, o espectrômetro de massa, o cíclotron. Exemplos encontram-se nos problemas do final deste capítulo.

O fluxo de B

O fluxo de **B** através de uma superfície S, com versor da normal $\hat{\mathbf{n}}$, é definido por

$$\boxed{\Phi = \int_S \mathbf{B} \cdot \hat{\mathbf{n}}\, dS} \qquad \textbf{(7.1.9)}$$

Como não existem cargas magnéticas (monopolos), o análogo magnético da lei de Gauss é

$$\boxed{\oint_S \mathbf{B} \cdot \hat{\mathbf{n}}\, dS = 0} \qquad \textbf{(7.1.10)}$$

para *qualquer* superfície fechada. Se V é o volume contido dentro de S, isto implica, pelo teorema da divergência,

$$\boxed{\int_V \operatorname{div} \mathbf{B}\, dv = 0} \qquad \textbf{(7.1.11)}$$

o que só é possível, sendo V qualquer, se

$$\boxed{\boxed{\operatorname{div} \mathbf{B} = 0}} \qquad \textbf{(7.1.12)}$$

Essa é uma das equações de Maxwell, representando uma propriedade fundamental do campo **B**. Dela decorre, como sabemos, que *as linhas de força magnéticas são sempre fechadas* (não há fontes nem sorvedouros de **B**), ou, então, têm-se de iniciar e terminar no infinito (são "fechadas no infinito").

A unidade de fluxo magnético é 1 Wb (Weber). Temos [cf. (7.1.3)]

$$\boxed{1\ \mathrm{T} = 1 \frac{\mathrm{Wb}}{\mathrm{m}^2}} \qquad \textbf{(7.1.13)}$$

7.2 FORÇA MAGNÉTICA SOBRE UMA CORRENTE

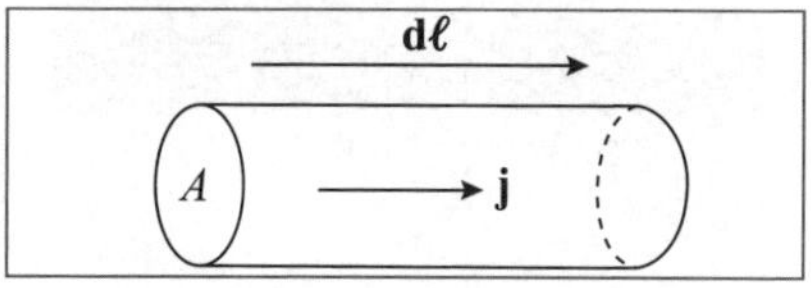

Figura 7.4 Trecho condutor com corrente **J**.

Consideremos um trecho infinitésimo **dl** de um fio condutor de secção transversal A (Figura 7.4), percorrido por uma corrente elétrica *estacionária* de densidade **j**. Supondo, para fixar ideias, que se trate de um fio condutor metálico, no qual os portadores de carga são elétrons livres, sabemos que

$$\boxed{\mathbf{j} = -ne\langle \mathbf{v} \rangle} \qquad \textbf{(7.2.1)}$$

onde n é o número médio de elétrons livres por unidade de volume e $\langle\mathbf{v}\rangle$ é a velocidade média dos elétrons associada à corrente.

Num campo magnético **B**, a força média sobre cada elétron livre será então $-e\langle\mathbf{v}\rangle \times \mathbf{B}$, e a *densidade de força* **f** (força por unidade de volume) exercida pelo campo magnético sobre a corrente será

$$\mathbf{f} = -ne\,\langle \mathbf{v} \rangle \times \mathbf{B} \quad \Big\{ \quad \boxed{\mathbf{f} = \mathbf{j} \times \mathbf{B}} \qquad \textbf{(7.2.2)}$$

A força total **dF** exercida sobre os elétrons livres contidos no volume Adl do condutor será então

$$\mathbf{dF} = \mathbf{f}\ A\ dl = \mathbf{j}\ A\ dl \times \mathbf{B}$$

ou seja, se i é a intensidade da corrente,

$$\boxed{\mathbf{dF} = i\ \mathbf{dl} \times \mathbf{B}} \tag{7.2.3}$$

onde $i\mathbf{dl}$ recebe o nome de *"elemento de corrente"* (veja Seção 8.3). Admitindo que essa força se transmite ao fio (veremos na Seção 7.3 o mecanismo pelo qual isto acontece), temos que **dF** é a força exercida pelo campo magnético sobre o trecho dl do fio condutor.

A força resultante sobre o circuito fechado C por onde passa a corrente (uma corrente estacionária sempre flui num circuito fechado, como vimos na Seção 6.2) é

$$\boxed{\mathbf{F} = i \oint_C \mathbf{dl} \times \mathbf{B}} \tag{7.2.4}$$

Em particular, se o campo é *uniforme*, temos

$$\mathbf{F} = i\left(\oint_C \mathbf{dl}\right) \times \mathbf{B} = 0$$

pois $\oint_C \mathbf{dl} = 0$, pela regra da adição de vetores. Logo, *a força resultante* sobre qualquer circuito percorrido por uma corrente estacionária é nula. Isso não significa, porém, que o *torque* resultante seja nulo.

Com efeito, consideremos um circuito retangular de lados a e b percorrido por uma corrente estacionária i e situado num campo uniforme, que supomos primeiro paralelo ao lado a. (Figura 7.5).

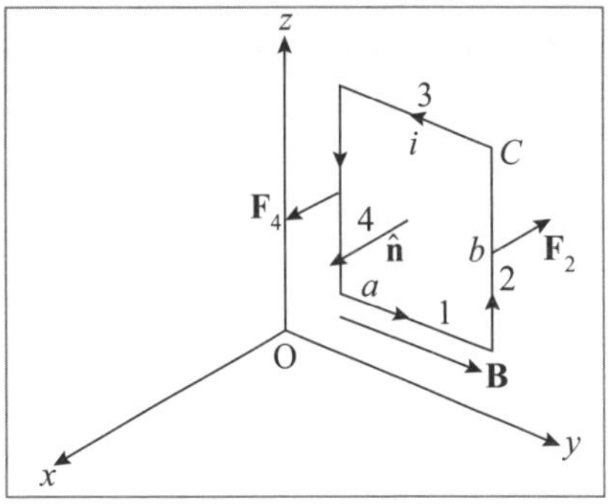

Figura 7.5 Espira retangular num campo **B** uniforme.

Como os lados 1 e 3 são paralelos a **B**, não contribuem para as forças. No sistema de coordenadas da Figura 7.5, a força $\mathbf{F}_2$ sobre o lado 2 é $ib\,\hat{\mathbf{z}} \times (B\hat{\mathbf{y}}) = -\,i\,B\,b\,\hat{\mathbf{x}}$, igual e contrária à força $\mathbf{F}_4$ sobre o lado 4, o que corresponde a um *binário* de torque

$$\boxed{\boldsymbol{\tau} = (i\ B\ b)a\ \hat{\mathbf{z}} = i\ S\ B\ \hat{\mathbf{z}} = \mathbf{m} \times \mathbf{B}} \tag{7.2.5}$$

em que $S = ab$ *é* a área do circuito C e definimos

$$\boxed{\mathbf{m} = i\ S\ \hat{\mathbf{x}} = i\ S\ \hat{\mathbf{n}} \equiv i\ \mathbf{S}} \tag{7.2.6}$$

onde $\hat{\mathbf{n}}$ é o versor da normal orientada ao plano do circuito (*orientação*: visto da extremidade de $\hat{\mathbf{n}}$, o circuito é percorrido em sentido anti-horário).

Se considerarmos outra orientação do plano de C, como na Figura 7.6, teremos

$$\mathbf{F}_1 = i(a\cos\phi\ \hat{\mathbf{x}} + a\ \mathrm{sen}\ \phi\ \hat{\mathbf{y}}) \times B\ \hat{\mathbf{y}} = i\ a\ B\cos\phi\ \hat{\mathbf{z}}$$

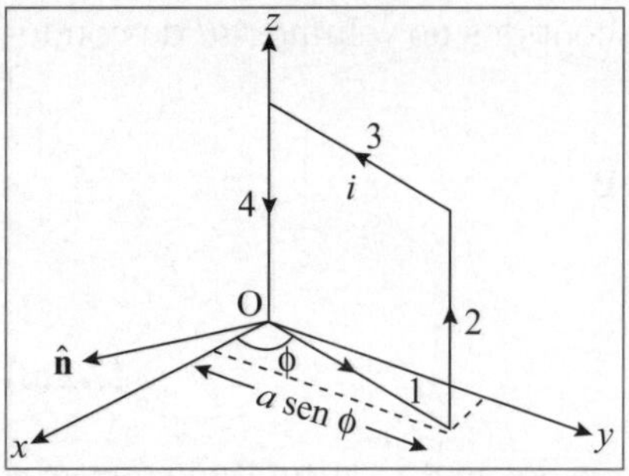

Figura 7.6 Outra orientação de espira.

que, com $\mathbf{F}_3 = -\mathbf{F}_1$, não produz torque. Por outro lado, $\mathbf{F}_2$ e $\mathbf{F}_4$ não se alteram, mas o braço do binário é agora a sen ϕ, de modo que, com $\hat{\mathbf{n}} = \text{sen}\,\phi\;\hat{\mathbf{x}} - \cos\phi\;\hat{\mathbf{y}}$, vem

$$\boldsymbol{\tau} = (i\;B\;b)a\;\text{sen}\;\phi\;\hat{\mathbf{z}} = i\;S\;B\;\text{sen}\;\phi\;\hat{\mathbf{z}} =$$
$$= i\;S(\text{sen}\;\phi\;\hat{\mathbf{x}} - \cos\phi\;\hat{\mathbf{y}})\times(B\;\hat{\mathbf{y}}) = i\;S\;\hat{\mathbf{n}}\times\mathbf{B} = \mathbf{m}\times\mathbf{B}$$

Assim, o resultado (7.2.5) permanece válido.

A expressão do torque é inteiramente análoga à da (4.4.17) para um dipolo elétrico **p** num campo elétrico uniforme **E** ($\boldsymbol{\tau} = \mathbf{p}\times\mathbf{E}$). Dizemos por isso que o circuito se comporta como tendo um *momento de dipolo magnético*

$$\boxed{\mathbf{m} = i\;\mathbf{S}} \qquad \textbf{(7.2.7)}$$

onde $\mathbf{S} = S\hat{\mathbf{n}}$ é a sua *área orientada*.

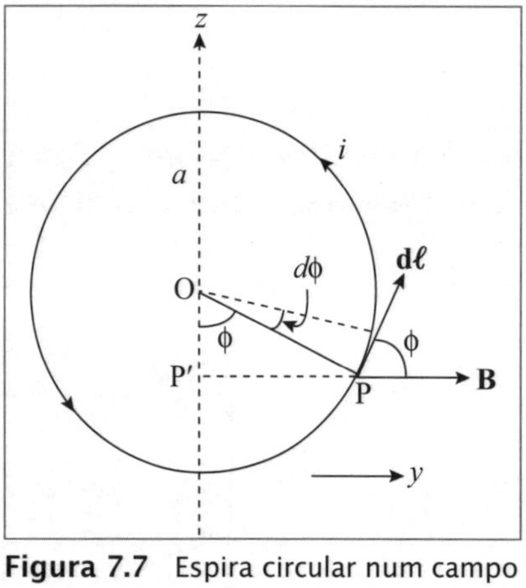

Figura 7.7 Espira circular num campo uniforme.

Embora tenhamos obtido esse resultado para um circuito retangular, ele permanece válido para circuitos de forma qualquer. Se considerarmos, por exemplo, uma espira circular de raio a, com $\mathbf{B} = B\hat{\mathbf{y}}$, teremos (Figura 7.7)

$$\mathbf{dl}\times\mathbf{B} = (a\;d\phi)B\;\text{sen}\;\phi(-\hat{\mathbf{x}})$$

ou seja,

$$\mathbf{dF} = -i\;a\;\text{sen}\;\phi\cdot B\;d\phi\;\hat{\mathbf{x}}$$

cujo torque em relação ao eixo z é

$$\mathbf{d}\boldsymbol{\tau} = \mathbf{P'P}\times d\mathbf{F} = a\;\text{sen}\;\phi\;\hat{\mathbf{y}}\times d\mathbf{F} = i\;a^2B\;\text{sen}^2\phi\;\hat{\mathbf{z}}\;d\phi$$

e o torque total é

$$\boldsymbol{\tau} = \int d\boldsymbol{\tau} = ia^2B\left(\int_0^{2\pi}\text{sen}^2\phi\;d\phi\right)\hat{\mathbf{z}} = ia^2\frac{B}{2}\left[\phi - \frac{1}{2}\text{sen}(2\phi)\right]_0^{2\pi}\hat{\mathbf{z}}$$

Finalmente,

$$\tau = i(\pi a^2)B\;\hat{\mathbf{z}} = i\;S\;B\;\hat{\mathbf{z}} = \mathbf{m}\times\mathbf{B}$$

confirmando que as (7.2.5) e (7.2.6) permanecem válidas.

A posição de equilíbrio corresponde a **m** // **B**, ou seja, $\hat{\mathbf{n}}$ // **B**: o circuito tende a orientar-se *perpendicularmente* ao campo magnético. A Figura 7.8 apresenta uma regra mnemônica para lembrar qual é a "face norte" e qual a "face sul" do dipolo magnético equivalente ao circuito (**m** aponta do sul para o norte).

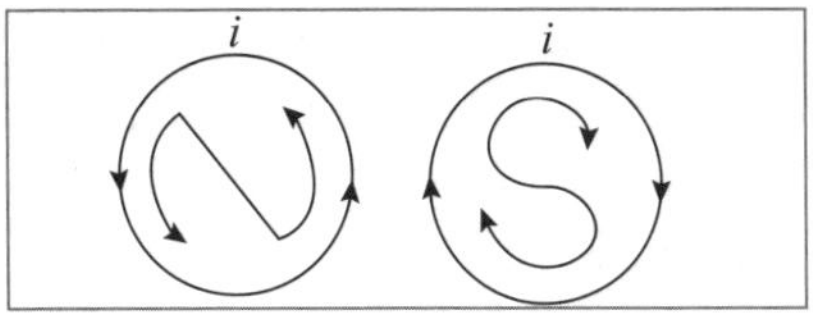

Figura 7.8 Face norte e face sul de uma espira com corrente.

O torque sobre uma espira ou bobina percorrida por uma corrente e situada num campo magnético é a base de aparelhos de medida da intensidade da corrente, como galvanômetros (Figura 7.9a) e amperímetros (pois o torque é proporcional à intensidade), bem como dos motores de corrente contínua (Figura 7.9b), em que um comutador inverte o sentido da corrente a cada meia volta, mantendo, assim, o sentido da rotação.

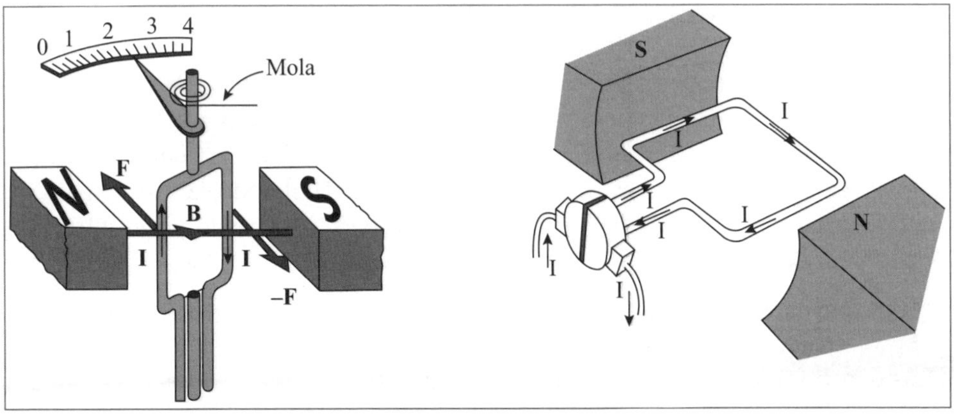

Figura 7.9 (a) Galvanômetro; (b) Motor de corrente contínua.

7.3 O EFEITO HALL

Consideremos uma barra condutora por onde passa uma corrente de densidade **j** (tomamos Ox // **j**), situada num campo magnético uniforme $\mathbf{B} = B\,\hat{\mathbf{z}}$ (Figura 7.10). Supondo a corrente devida a um único tipo de portadores, de carga q, temos

$$\boxed{\mathbf{j} = n\, q\langle \mathbf{v} \rangle = n\, q\langle v \rangle \hat{\mathbf{x}}} \qquad (7.3.1)$$

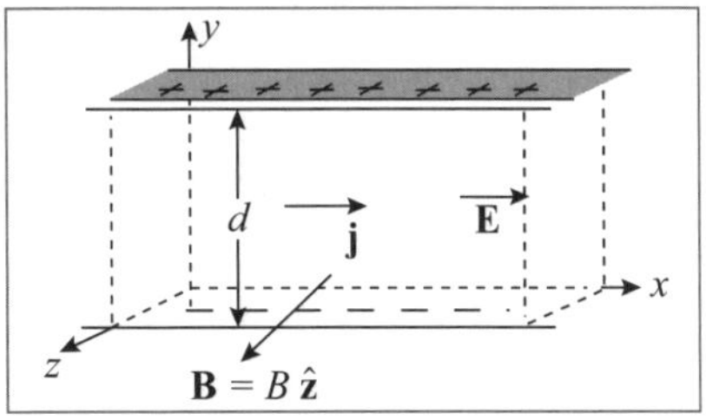

Figura 7.10 Barra com corrente num campo **B**.

onde n é a densidade de portadores.

Na presença do campo **B**, atua sobre cada portador a força média

$$q\langle \mathbf{v} \rangle \times \mathbf{B} = q\langle v \rangle B\ \hat{\mathbf{x}} \times \hat{\mathbf{z}} = -q\langle v \rangle B\hat{\mathbf{y}}$$

dirigida para *baixo*, pois tem o sentido de $\mathbf{j} \times \mathbf{B}$ (se os portadores são elétrons, $q = -e < 0$ e $\langle v \rangle < 0$, pois eles se movem para a esquerda, se $\mathbf{j}$ é para a direita). Logo, acumula-se* um excesso de cargas q embaixo, deixando um excesso de cargas de sinal oposto em cima (Figura 7.10).

Para fixar as ideias, suponhamos que os portadores são elétrons. As cargas negativas continuam se acumulando embaixo, deixando carga positiva oposta em cima, até que o *campo efetivo* (Seção 6.8) vertical $\mathbf{E}^{(e)}$ assim gerado, dirigido de cima para baixo, compense exatamente o efeito do campo magnético sobre cada portador de carga:

$$q\left|\mathbf{E}^{(e)}\right| = q\left|\langle \mathbf{v} \rangle \times \mathbf{B}\right|$$

Se d é a largura da barra, a *força eletromotriz* transversal à corrente assim gerada é

$$\boxed{\mathcal{E} = \left|\mathbf{E}^{(e)}\right| d = \left|\langle \mathbf{v} \rangle\right| B\, d = \frac{j}{nq} Bd} \qquad \textbf{(7.3.2)}$$

Esse efeito foi descoberto por E. H. Hall em 1879, e a fem é chamada de *fem Hall*. Note que a parte de cima da barra na configuração acima estará a potencial mais *alto* que a de baixo se os portadores têm carga negativa, como elétrons, mas estará a potencial mais *baixo* se tiverem carga positiva. Logo, o efeito Hall pode ser usado para determinar o sinal dos portadores de carga**. Também pode ser usado para determinar o *coeficiente de Hall* $R_H \equiv \frac{1}{nq}$ e, a partir dele, a densidade de portadores n.

A fem Hall é extremamente pequena. Por exemplo, para uma fita de cobre de largura $d = 1$ cm e espessura de 0,1 mm, transportando uma corrente $i = 10$ A num campo magnético $B = 1$ T, obtemos (à temperatura ambiente)

$$\left.\begin{array}{l} j = \dfrac{i}{A} = \dfrac{10}{10^{-2} \times 10^{-4}} = 10^{7}\, \dfrac{A}{\mathrm{m}^2} \\[2ex] n \approx 8.5 \times 10^{28} \text{ elétrons}/\mathrm{m}^3 \\[2ex] |q| = e = 1.6 \times 10^{-19}\,\mathrm{C} \end{array}\right\} \mathcal{E} = \frac{10^{7}}{8{,}5 \times 1{,}6 \times 10^{9}} \times 10^{-2}\,\mathrm{V} \approx 7{,}4\,\mu\mathrm{V}$$

* A pressão devida ao impacto das cargas sobre as paredes, transmitida ao condutor, é o mecanismo microscópico de geração da força (7.2.3).

** Verifica-se assim que, em alguns metais, os portadores de corrente são *buracos* (carga $+e$) em lugar de elétrons (carga $-e$).

■ PROBLEMAS

7.1 Uma bússola tende a oscilar antes de alinhar-se com o campo magnético da Terra. Considere uma agulha imantada de momento de dipolo magnético **m** e momento de inércia I, suspensa de forma a poder oscilar livremente em torno de um eixo vertical, situada num campo magnético horizontal uniforme $\mathbf{B}_0$. As direções de **m** e $\mathbf{B}_0$ formam inicialmente um pequeno ângulo θ_0. Calcule a frequência angular de oscilação (desprezando o amortecimento) e mostre que sua determinação permite medir $|\mathbf{m}|\cdot|\mathbf{B}_0|$.

7.2 A agulha imantada do problema 1 também *produz* um campo magnético, que, conforme será visto no capítulo 8, só difere do campo de um dipolo elétrico **p** pelas substituições $\mathbf{p} \rightarrow \mathbf{m}$, $\varepsilon_0 \rightarrow 1/\mu_0$, onde μ_0 é uma constante (permeabilidade magnética do vácuo). (a) Usando esse resultado, determine o campo magnético **B** (em módulo, direção e sentido) produzido pela agulha num ponto P situado em seu prolongamento, a uma distância d da agulha. (b) Suponha que, com a agulha imobilizada numa direção horizontal, perpendicular ao campo magnético $\mathbf{B}_0$ da Terra, outra agulha imantada seja trazida para o ponto P definido na parte (a), ficando sujeita aos campos **B** e $\mathbf{B}_0$. Determine o ângulo α entre a orientação de equilíbrio da segunda agulha e $\mathbf{B}_0$. Mostre que, medindo-o, pode-se determinar a razão $|\mathbf{m}|/|\mathbf{B}_0|$. Combinando esse resultado com o do problema 1, obtém-se os valores de **m** e de $\mathbf{B}_0$. Esse método é devido a Gauss.

7.3 (a) Calcule a frequência angular de rotação de um elétron no campo magnético da Terra, numa região em que ele possa ser tratado como uniforme e de intensidade 0,5 Gauss. (b). Para um elétron com energia cinética de 1 keV, típica daquela encontrada na aurora boreal, calcule o raio de curvatura nesse campo.

7.4 No espectrógrafo de massa de Bainbridge (figura), há um campo elétrico uniforme **E** e um campo magnético uniforme **B** perpendicular ao plano da figura na região entre as placas PP, ajustados de modo a formar um *filtro de velocidades*, ou seja, só deixar passar íons de velocidade v bem definida para a região semicircular inferior, onde existe um outro campo uniforme **B′** também perpendicular ao plano da figura. Mostre que, para íons de carga e, o raio R da órbita semicircular é proporcional à massa do íon, de forma que a placa fotográfica C registra um *espectro de massa*, em que a distância ao longo da chapa é proporcional à massa do íon.

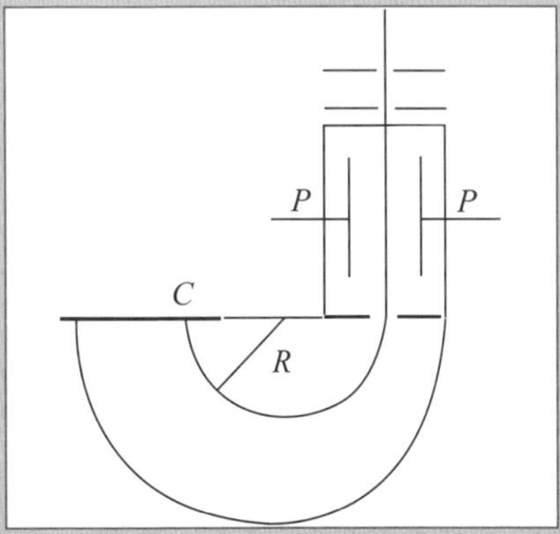

7.5 Considere uma espira circular de raio a suspensa por um fio vertical VV de constante de torção k, situada num campo magnético **B** uniforme, com a orientação inicial da figura. O momento de inércia da espira em relação ao eixo VV é I. Faz-se passar através da espira um pulso rápido de corrente de duração t e intensidade máxima i, tão curto que a espira não tem tempo de se mover durante o tempo t. Mostre que o ângulo de deflexão máximo do plano da espira, θ_0, é proporcional à carga total $q = it$ contida no pulso. Este é o princípio do *galvanômetro balístico* (em geral se utiliza uma bobina com muitas espiras).

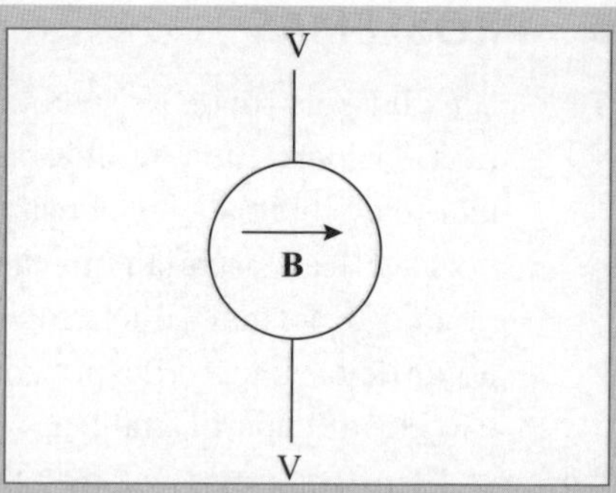

8

A lei de Ampère

No capítulo precedente, discutimos os *efeitos* do campo magnético sobre partículas carregadas em movimento e sobre correntes em circuitos, sem nos preocuparmos com as *fontes* do campo magnético (exceto pela existência de ímãs permanentes, cuja natureza microscópica não foi analisada). Já que não existem polos magnéticos isolados, quais são as fontes de **B**?

Em 1819, o físico dinamarquês Hans Christian Oersted, procurando ver se uma corrente elétrica atuaria sobre um ímã, colocou uma bússola (agulha imantada) perpendicularmente a um fio retilíneo por onde passava corrente, e não observou nenhum efeito. Entretanto, descobriu que, quando ela era colocada *paralelamente* ao fio, a bússola sofria uma deflexão, acabando por orientar-se perpendicularmente a ele! Além disso, com o fio num plano horizontal e a bússola abaixo dele, a deflexão era em sentido oposto ao de quando era colocada acima, o que interpretou em termos de uma circulação, como um vórtice, em torno do fio. Pela primeira vez, ao contrário das forças gravitacional e coulombiana, uma força entre dois corpos não atuava em linha reta entre eles.

Por conseguinte, *uma corrente produz um campo magnético* e, para um fio retilíneo que transporta corrente, as linhas de força magnéticas são *círculos* em planos perpendiculares ao fio, (Figura 8.1), cuja orientação (que dá o sentido de **B**) é *anti-horária* quando vista por um observador que vê o sentido da corrente atravessá-lo dos seus pés para a sua cabeça. Os resultados de Oersted foram apresentados por Arago em 1820 numa reunião da Academia de Ciências da França, em Paris. André Marie Ampère, auto-didata (educou-se por leituras na biblioteca de seu pai), aos 45 anos e até então alheio à física, assistiu à apresentação. Imediatamente após, deu início a uma série de experimentos belíssimos, cujo primeiro resultado, anunciado uma semana depois, dizia respeito à interação magnética entre dois fios transportando correntes paralelas, mostrando que se atraem ou se repelem conforme as correntes sejam no mesmo sentido ou em sentidos opostos. Ampère foi chamado por Maxwell de "o Newton da eletricidade".

8.1 A LEI DE AMPÈRE

Como div **B** = 0, as linhas de força magnéticas são necessariamente *fechadas* (possivelmente no infinito). Um exemplo são as linhas de força circulares em torno de um fio retilíneo com corrente (Figura 8.1). Logo, a *circulação* de $\mathbf{B}$ ao longo de uma linha de força fechada é necessariamente $\neq 0$ (positiva ou negativa conforme a orientação que se dê ao elemento de linha $\mathbf{dl}$). Para uma curva fechada C qualquer orientada, com orientação definida como indicado na Figura 8.1, a circulação é

$$\oint_C \mathbf{B} \cdot \mathbf{dl} > 0$$

que, às vezes, é chamada de "força magnetomotriz", por analogia com a (6.8.10).

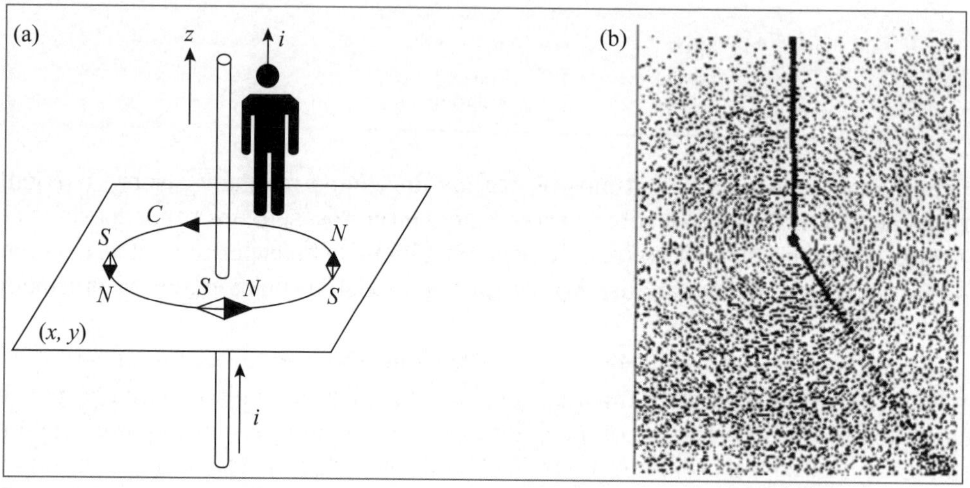

Figura 8.1 (a) Campo magnético de uma corrente; (b) Linhas de força do campo.

Resulta das experiências de Ampère que essa circulação é *proporcional à intensidade de corrente i total que atravessa a curva C*: isto vale para *correntes estacionárias.*

$$\oint_C \mathbf{B} \cdot \mathbf{dl} = ki$$

Como $|\mathbf{B}|$ mede-se em

$$\frac{\mathrm{N}}{\mathrm{C} \cdot \dfrac{\mathrm{m}}{\mathrm{s}}}$$

e i em C/s, as unidades de k são

$$\frac{\mathrm{N}}{(\mathrm{C}/\mathrm{s})^2} = \frac{\mathrm{N}}{\mathrm{A}^2}$$

No SI

$$\boxed{\int_C \mathbf{B} \cdot \mathbf{dl} = \mu_0 i} \qquad \textbf{(8.1.1)}$$

onde se toma o valor *exato*

$$\boxed{\mu_0 \equiv 4\pi \times 10^{-7} \frac{\mathrm{N}}{\mathrm{A}^2}} \qquad \textbf{(8.1.2)}$$

A (8.1.1) é a *lei de Ampère para correntes estacionárias* e a constante μ_0 é chamada de *permeabilidade magnética do vácuo* (cf. Seção 11.2).

Na lei de Ampère, C é uma curva fechada *arbitrária* e i a corrente *total* que a atravessa. Em particular, se a curva C é inteiramente externa à região onde existem correntes, $i = 0$ no 2° membro.

Se aplicarmos a lei de Ampère no interior da distribuição de corrente, a uma superfície S limitada pelo contorno C, teremos (Figura 8.2)

$$\boxed{i = \int_S \mathbf{j} \cdot \hat{\mathbf{n}}\, dS} \qquad \textbf{(8.1.3)}$$

e, pelo teorema de Stokes (4.5.13),

$$\boxed{\oint_C \mathbf{B} \cdot \mathbf{dl} = \int_S \text{rot } \mathbf{B} \cdot \hat{\mathbf{n}}\, dS} \qquad \textbf{(8.1.4)}$$

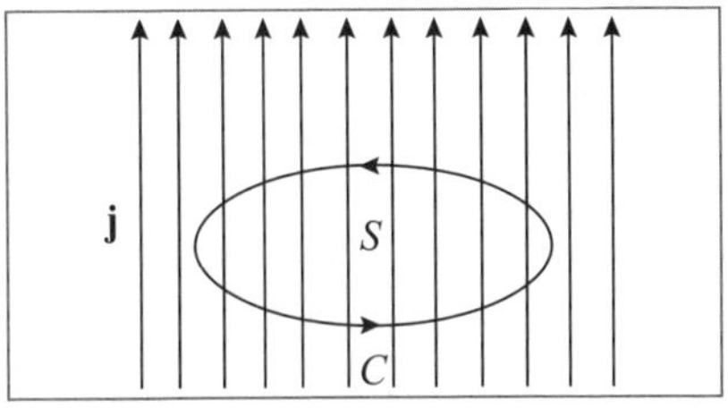

Figura 8.2 Circuito C interno à distribuição de corrente.

onde a convenção sobre a orientação da normal $\hat{\mathbf{n}}$ é a mesma nos dois casos. Logo,

$$\int_S \text{rot } \mathbf{B} \cdot \hat{\mathbf{n}}\, dS = \mu_0 \int_S \mathbf{j} \cdot \hat{\mathbf{n}}\, dS$$

o que tem de valer qualquer que seja S. Isso só é possível se

$$\boxed{\text{rot } \mathbf{B} = \mu_0\, \mathbf{j}} \qquad \textbf{(8.1.5)}$$

As equações

$$\boxed{\begin{aligned} &\text{div } \mathbf{B} = 0 \\ &\text{rot } \mathbf{B} = \mu_0\, \mathbf{j} \end{aligned}} \qquad \textbf{(8.1.6)}$$

são as *equações de Maxwell para o campo magnético no vácuo produzido por correntes estacionárias*, da mesma forma que

$$\boxed{\begin{aligned} &\text{rot } \mathbf{E} = 0 \\ &\text{div } \mathbf{E} = \frac{\rho}{\varepsilon_0} \end{aligned}} \qquad \textbf{(8.1.7)}$$

são as *equações de Maxwell para o campo eletrostático no vácuo produzido por cargas estáticas.*

Note que, se associarmos $\mathbf{B}$ com $\mathbf{E}$ e $\mathbf{j}$ com ρ, o análogo de ε_0 é $1/\mu_0$:

$$\boxed{\varepsilon_0 \leftrightarrow 1/\mu_0} \qquad \textbf{(8.1.8)}$$

A restrição a correntes *estacionárias* está embutida na forma local da lei de Ampère, rot $\mathbf{B} = \mu_0\, \mathbf{j}$. Com efeito, como foi observado ao discutir os operadores vetoriais associados a ∇, para qualquer vetor vale a identidade (4.5.14):

$$\boxed{\text{div rot } \mathbf{v} = \nabla \cdot (\nabla \times \mathbf{v}) = 0} \qquad \textbf{(8.1.9)}$$

Logo,

$$\text{rot } \mathbf{B} = \mu_0 \mathbf{j} \quad \Rightarrow \quad \text{div}(\text{rot } \mathbf{B}) = 0 = \mu_0 \text{ div } \mathbf{j} \; \{ \; \text{div } \mathbf{j} = 0$$

que é a condição para que a distribuição de correntes seja estacionária.

A lei de Ampère é útil para o cálculo de **B** quando e somente quando a distribuição de correntes é especialmente *simétrica*: é preciso que a direção e sentido de **B** possam ser obtidos como consequência da simetria, e que a magnitude |**B**| também esteja simetricamente distribuída, permitindo assim o cálculo da força magnetomotriz. Há uma grande analogia com a utilização da lei de Gauss para o cálculo de **E** na eletrostática.

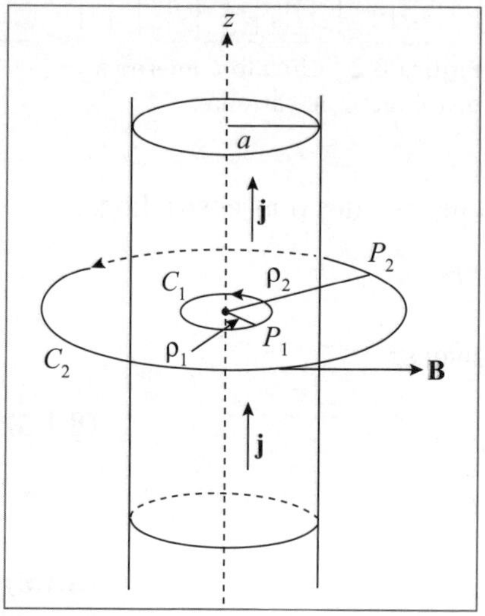

Figura 8.3 Linhas de força de **B** em torno de uma corrente num fio cilíndrico.

Exemplo: *Campo magnético de uma corrente retilínea.* Consideremos um fio condutor muito longo, cilíndrico, de raio a, que transporta uma corrente i. A densidade de corrente **j** está uniformemente distribuída sobre a secção transversal, de forma que

$$i = \pi a^2 j$$

Pela simetria axial, as linhas de força de **B**, dentro e fora do fio, são círculos concêntricos, orientados como na Figura 8.3, e a magnitude B de **B** não varia ao longo de cada um desses círculos.

Logo, tomando coordenadas cilíndricas com eixo Oz // **j**, temos, no plano de uma secção transversal (Figura 8.4),

$$\mathbf{B} = B(\rho)\hat{\boldsymbol{\varphi}}$$

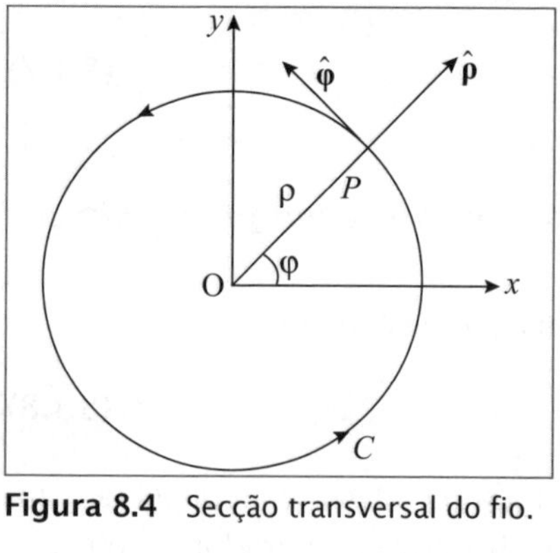

Figura 8.4 Secção transversal do fio.

o que, com $\mathbf{dl} = \rho \, d\varphi \, \hat{\boldsymbol{\varphi}}$, resulta em

$$\oint_C \mathbf{B} \cdot \mathbf{dl} = 2\pi\rho B(\rho)$$

Para um ponto P_2 externo ao fio ($\rho \geq a$, Figura 8.3), a corrente que atravessa C é a corrente total i. Logo, a lei de Ampère dá

$$2\pi\rho B(\rho) = \mu_0 i \quad \left\{ \quad \boxed{B(\rho) = \frac{\mu_0 i}{2\pi\rho} (\rho \geq a)} \right. \qquad \textbf{(8.1.10)}$$

Já para um ponto P_1 interno ($\rho < a$), a corrente que atravessa C é

$$\pi\rho^2 j = \pi\rho^2 \cdot \frac{i}{\pi a^2} = \frac{\rho^2}{a^2} i$$

Logo,

$$2\pi\rho B(\rho) = \mu_0 \frac{\rho^2}{a^2} i \qquad \left\{ \quad \boxed{B(\rho) = \frac{\mu_0 i}{2\pi} \frac{\rho}{a^2} (\rho \le a)} \right. \tag{8.1.11}$$

Finalmente,

$$\mathbf{B} = \begin{cases} \dfrac{\mu_0 i}{2\pi} \dfrac{\rho}{a^2} \hat{\varphi} (0 \le \rho \le a) \\ \dfrac{\mu_0 i}{2\pi} \dfrac{1}{\rho} \hat{\varphi} (a \le \rho) \end{cases} \tag{8.1.12}$$

O comportamento de |**B**| em função de ρ está representado no gráfico da Figura 8.5.

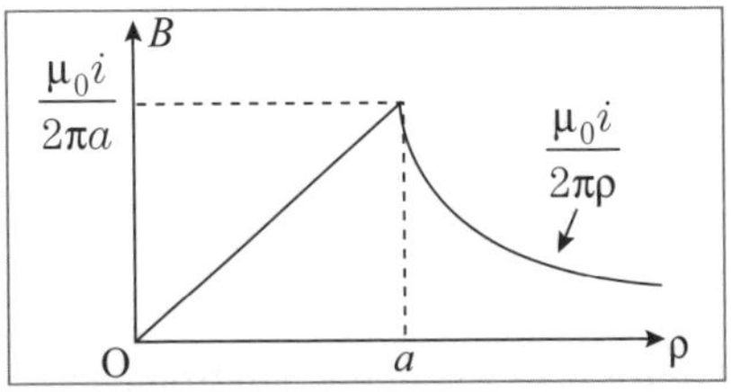

Figura 8.5 Magnitude de **B** em função da distância ao eixo.

8.2 O POTENCIAL ESCALAR MAGNÉTICO

Consideremos uma espira plana C percorrida por uma corrente i. O interior da espira é uma área plana S. Pela lei de Ampère, como qualquer curva fechada Γ_2 que não corta S não é atravessada pela corrente (Figura 8.6), temos

$$\boxed{\oint_{\Gamma_2} \mathbf{B} \cdot \mathbf{dl} = 0} \tag{8.2.1}$$

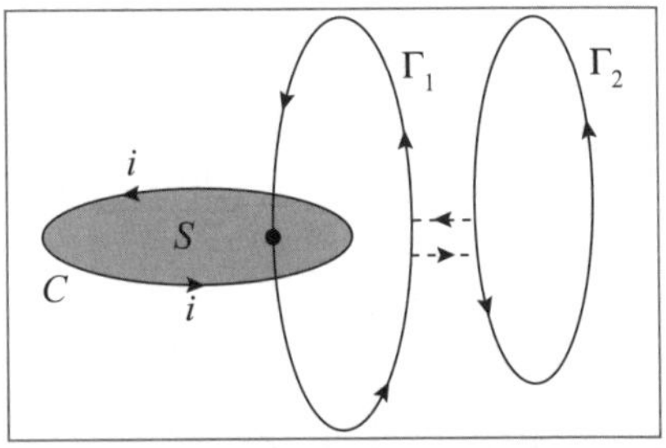

Figura 8.6 O caminho Γ_1 atravessa C; Γ_2 não atravessa.

ou seja,

$$\int_1^2 \mathbf{B} \cdot \mathbf{dl}$$

é *independente do caminho* que liga 1 a 2, *desde que só se considerem caminhos que não cortam S.*

Com essa restrição, podemos definir, por analogia com $\mathbf{E} = -\text{grad}\ \varphi$, um *potencial escalar magnético* ψ tal que

$$\boxed{\mathbf{B} = -\text{grad}\ \psi; \quad \int_1^2 \mathbf{B} \cdot \mathbf{dl} = -\int_1^2 d\psi = \psi_1 - \psi_2} \tag{8.2.2}$$

Entretanto, se admitirmos um caminho como Γ_1 na Figura 8.6, que é atravessado pela corrente i no sentido negativo, a lei de Ampère leva a

$$\boxed{\oint_{\Gamma_1} \mathbf{B} \cdot \mathbf{dl} = -\mu_0 i} \tag{8.2.3}$$

e, em sentido oposto, teríamos $+\mu_0 i$. Se percorrêssemos Γ_1 n vezes seguidas, teríamos $-n\,\mu_0 i$; em sentido oposto, $+n\,\mu_0 i$.

Como ilustrado na Figura 8.6, podemos ligar Γ_2 a Γ_1 por uma "ponte", que é percorrida duas vezes em sentidos opostos $\left(\begin{smallmatrix}\leftarrow \\ \rightarrow\end{smallmatrix}\right)$, de modo que as contribuições se cancelam, e obter um novo caminho fechado que atravessa S – e pode atravessar S um número qualquer de vezes, em ambos os sentidos.

Assim, se não introduzirmos restrições, ψ poderá assumir, em cada ponto, infinitos valores, que diferem uns dos outros por múltiplos inteiros de $\mu_0 i$.

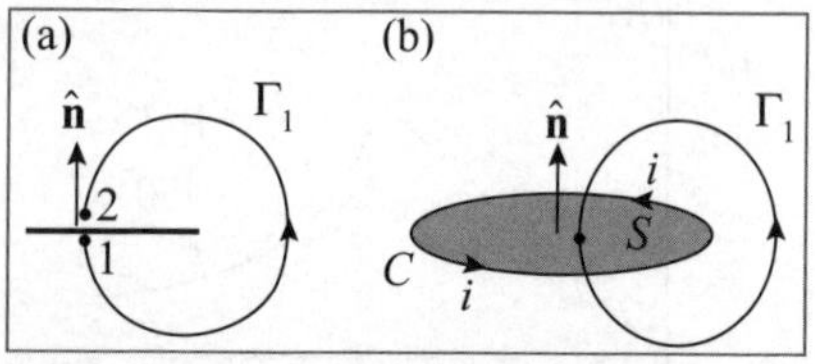

Figura 8.7 Circuito Γ_1 interrompido por uma barreira [(a) vista lateral].

Para tornar *unívoco* o valor de ψ, podemos introduzir uma *barreira*: uma superfície geométrica de contorno C – por exemplo a superfície plana S – impondo que nenhuma curva possa atravessar esta barreira. O preço que se paga por isso é que ψ, embora unívoco, sofre uma *descontinuidade* ao atravessar S: se 1 e 2 são pontos imediatamente abaixo e acima de S (em relação ao sentido da normal $\hat{\mathbf{n}}$), teremos (Figura 8.7)

$$\boxed{\psi_2 - \psi_1 = \int_1^2 d\psi = -\int_{1(\Gamma_1)}^2 \mathbf{B}\cdot\mathbf{dl} = \mu_0 i} \quad \textbf{(8.2.4)}$$

Vamos mostrar agora que um potencial desse tipo seria produzido por uma *dupla camada de dipolos magnéticos* distribuídos sobre a superfície S. Para isso, vamos recapitular primeiro o problema correspondente na eletrostática (Seção 4.4).

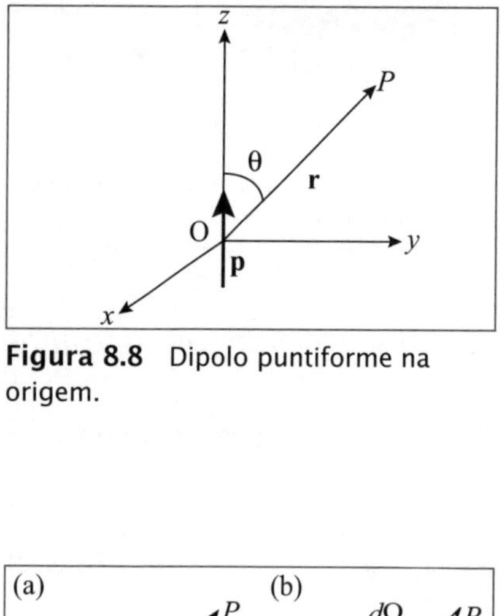

Figura 8.8 Dipolo puntiforme na origem.

Vimos lá que o potencial eletrostático num ponto P devido a um "dipolo puntiforme" **p** na origem é

$$\boxed{V(P) = \frac{\mathbf{p}\cdot\mathbf{r}}{4\pi\varepsilon_0 r^3} = \frac{p\cos\theta}{4\pi\varepsilon_0 r^2}} \quad \textbf{(8.2.5)}$$

onde $\mathbf{r} = \mathbf{OP}$. Da mesma forma que consideramos uma densidade superficial de cargas σ sobre uma superfície S

$$\left(\sigma = \frac{dq}{dS}\right)$$

consideramos na (4.4.11) uma *densidade superficial de dipolos* δ, tal que um elemento de superfície dS tem um momento de dipolo $\mathbf{dp} = \delta\,\mathbf{dS} = \delta\,\hat{\mathbf{n}}\,dS$ ($\hat{\mathbf{n}} \equiv$ versor da normal a dS). O potencial em P devido a **dp** é então [Figura 8.9(a)]

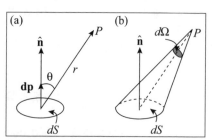

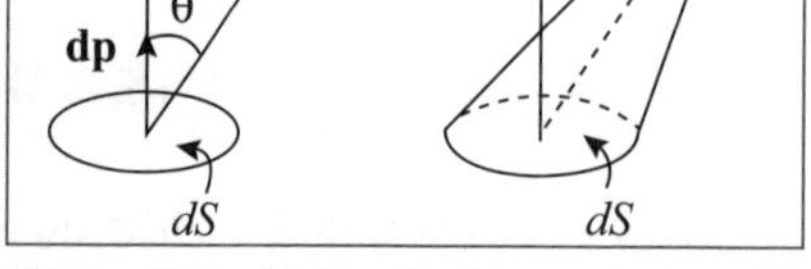

Figura 8.9 (a) Dipolo **dp** associado a dS; (b) Ângulo sólido $d\Omega$.

$$dV = \frac{\delta}{4\pi\varepsilon_0}\cdot\frac{dS\cos\theta}{r^2}$$

Mas

$$\frac{dS\cos\theta}{r^2} = d\Omega$$

é o *ângulo sólido* sob o qual dS é visto a partir do ponto P. Logo, com δ uniforme,

$$V(P) = \int dV = \frac{\delta}{4\pi\varepsilon_0} \int_S \frac{dS \cos\theta}{r^2}$$

$$\boxed{V(P) = \frac{\delta}{4\pi\varepsilon_0}\Omega} \qquad \textbf{(8.2.6)}$$

onde Ω é o *ângulo sólido total* sob o qual a superfície S é vista a partir de P. Note que Ω só depende do contorno C de S: é o mesmo para qualquer superfície limitada por C (Figura 8.10).

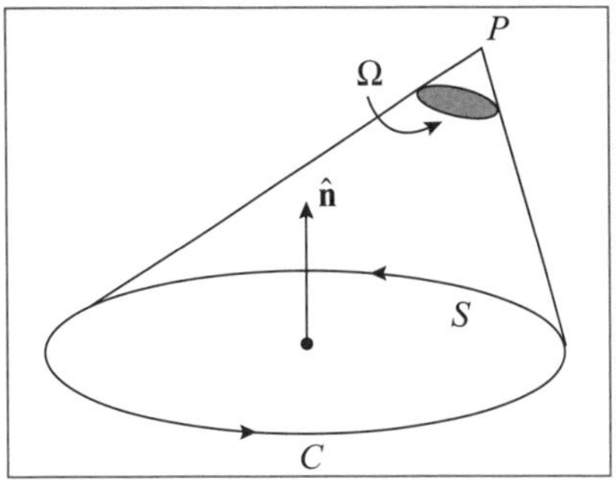

Figura 8.10 Ângulo sólido associado à curva C, vista de P.

Para pontos P_2 acima de S, $\Omega > 0$ (θ é agudo); para P_1 abaixo de S (Figura 8.11) $\Omega < 0$ (θ é obtuso). Se P_2 tende a S por cima, $\Omega \to +2\pi$ (semiespaço); se P_1 tende a S por baixo, $\Omega \to -2\pi$. Logo, como vimos na (4.4.15),

$$\boxed{V(P_2) - V(P_1) \quad \to \quad \frac{\delta}{4\pi\varepsilon_0}(\Omega_2 - \Omega_1) = \frac{\delta}{\varepsilon_0}} \qquad \textbf{(8.2.7)}$$

mostrando que V tem uma *descontinuidade* δ/ε_0 através de S.

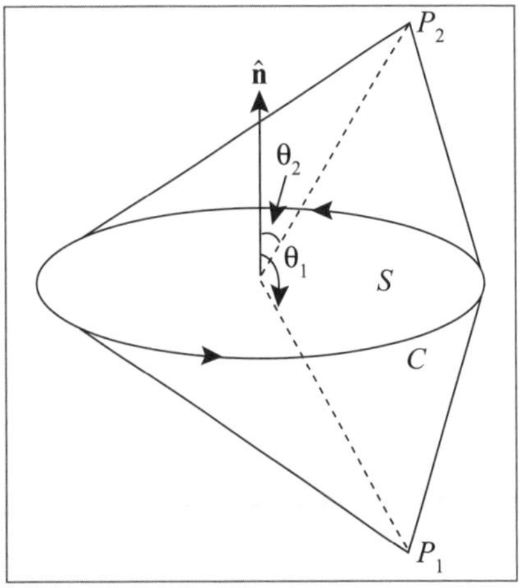

Figura 8.11 Sinal de Ω.

Para passar de dipolos elétricos para magnéticos, basta substituir

$$\boxed{\begin{array}{ccc} \mathbf{dp} = \delta\,\mathbf{dS} & \to & \mathbf{dm} = i\,\mathbf{dS} \\ 1/\varepsilon_0 & \to & \mu_0 \end{array}} \qquad \textbf{(8.2.8)}$$

onde a última relação decorre da (8.1.8).

Concluímos que

$$\boxed{\psi(P) = \frac{\mu_0 i}{4\pi} \int_S \frac{dS \cos\theta}{r^2} = \frac{\mu_0 i}{4\pi}\Omega_P} \qquad \textbf{(8.2.9)}$$

onde Ω_P é o ângulo sólido sob o qual o circuito C é visto a partir de P (Figura 8.12), é o *potencial escalar magnético* criado pela corrente i, pois $\mathbf{B} = -\operatorname{grad}\psi$ satisfaz, por construção, a lei de Ampère. Note mais uma vez que Ω só depende de C, e não da forma da superfície S que se apoia sobre C. Note também que o *momento de dipolo magnético total* associado à corrente é

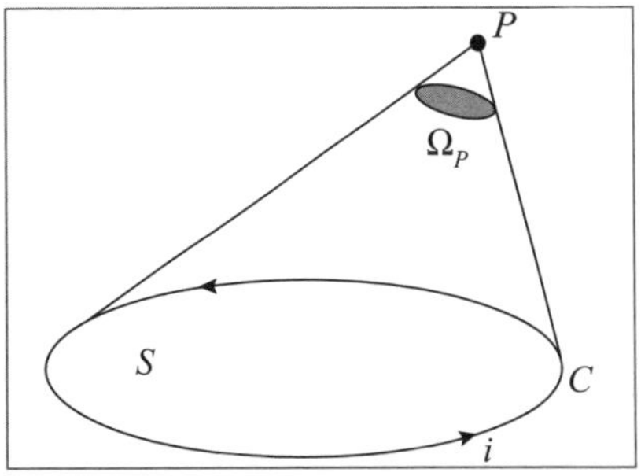

Figura 8.12 Ângulo sólido associado à espira C e ao ponto P.

$$\boxed{\mathbf{m} = \int \mathbf{dm} = i\int_S \mathbf{dS} = i\mathbf{S}} \tag{8.2.10}$$

que é exatamente o resultado já obtido na (7.2.6) para a *resposta* do circuito a um campo **B** externo ($\boldsymbol{\tau} = \mathbf{m} \times \mathbf{B}$). Vemos agora que o campo **B** *criado* pela corrente i também é equivalente ao de um dipolo magnético, dado pela mesma expressão: $\mathbf{m} = i\mathbf{S}$. Esse resultado é devido a Ampère (1823).

Existe outro tipo de potencial em termos do qual se pode exprimir o campo **B**, chamado *potencial vetor*, que tem a vantagem de não ser descontínuo como ψ. Ele será discutido na Seção 12.6).

8.3 A LEI DE BIOT E SAVART

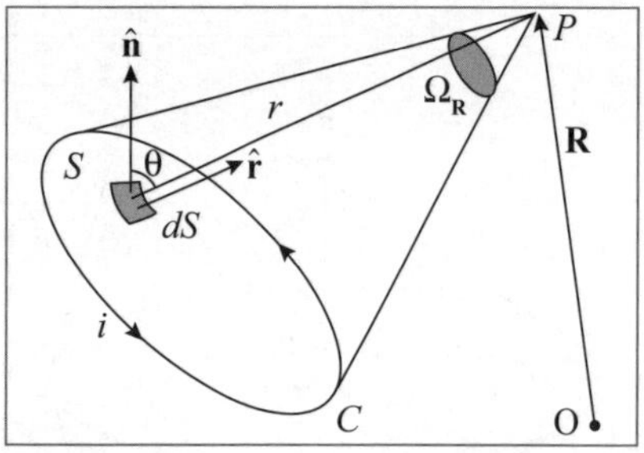

Figura 8.13 Ângulo sólido visto a partir de R.

Conforme acabamos de ver, uma corrente estacionária i num circuito C produz num ponto P de vetor de posição **R** em relação a uma origem O (Figura 8.13) um campo magnético

$$\boxed{\mathbf{B} = -\text{grad}\ \psi, \qquad \psi(\mathbf{R}) = \frac{\mu_0 i}{4\pi}\Omega_\mathbf{R}} \tag{8.3.1}$$

onde $\Omega_\mathbf{R}$ é o ângulo sólido sob o qual o circuito C é visto a partir de **R**,

$$\boxed{\Omega_\mathbf{R} = \int_S \frac{dS\cos\theta}{r^2}} \tag{8.3.2}$$

onde S é *qualquer* superfície de contorno C.

Se deslocarmos o ponto P de **R** para **R + d R**, onde **dR** é infinitésimo, teremos

$$d\psi \equiv \psi(\mathbf{R} + d\mathbf{R}) - \psi(\mathbf{R}) = \text{grad}\ \psi \cdot \mathbf{dR} = -\mathbf{B} \cdot \mathbf{dR}$$

ou seja,

$$\boxed{\mathbf{B} \cdot \mathbf{dR} = \psi(\mathbf{R}) - \psi(\mathbf{R} + \mathbf{dR}) = \frac{\mu_0 i}{4\pi}(\Omega_\mathbf{R} - \Omega_{\mathbf{R}+\mathbf{dR}})} \tag{8.3.3}$$

Mas, para calcular $\Omega_{\mathbf{R}+\mathbf{dR}}$, tanto faz deixar C fixo e deslocar o ponto P de **dR** como deixar P fixo e deslocar o circuito C de – **dR** (Figura 8.14)

$$\boxed{\Omega_{\mathbf{R}+\mathbf{dR}} = \int_{S'} \frac{dS\cos\theta}{r^2}} \tag{8.3.4}$$

onde S' é a superfície S transladada de (–**dR**).

Note, porém, que, se adicionarmos a S' a superfície lateral S_l do cilindro varrido durante o deslocamento, $S' + S_l$ é ainda *uma superfície de contorno C.*

Logo,

$$\Omega_{\mathbf{R}} = \int_{S'+S_l} \frac{dS \cos\theta}{r^2} = \int_{S'} + \int_{S_l}$$

Por conseguinte,

$$\Omega_{\mathbf{R}} - \Omega_{\mathbf{R}+\mathbf{dR}} = \int_{S_l} \frac{dS \cos\theta}{r^2}$$

ou seja, a diferença é a integral sobre a *superfície lateral* S_l do cilindro varrido.

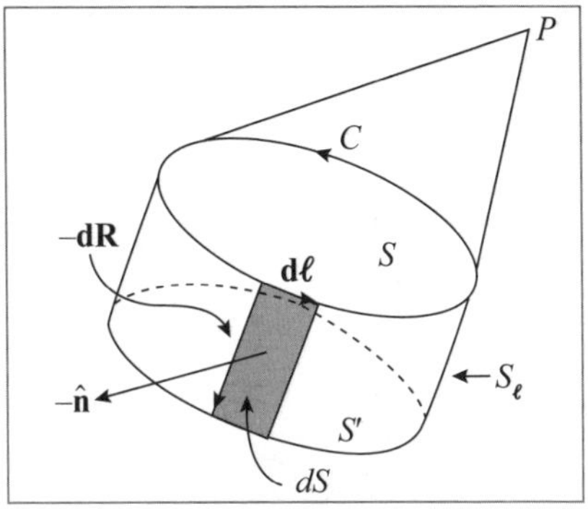

Figura 8.14 Variação de ângulo sólido quando C é deslocado de **dR**.

Lembrando que θ é o ângulo entre $\hat{\mathbf{n}}$ (versor da normal a dS) e $\hat{\mathbf{r}}$ (versor da direção que liga dS ao ponto P), temos

$$dS \cos\theta = dS\ \hat{\mathbf{n}} \cdot \hat{\mathbf{r}}$$

e fica

$$\mathbf{B} \cdot \mathbf{dR} = \frac{\mu_0 i}{4\pi} \int_{S_l} \frac{dS\ \hat{\mathbf{n}} \cdot \hat{\mathbf{r}}}{r^2}$$

Mas a Figura 8.14 mostra que

$$(-dS)\hat{\mathbf{n}} = (-\mathbf{dR}) \times \mathbf{dl}$$

pois a normal $\hat{\mathbf{n}}$ deve apontar, tanto em S_l como em S', para o semiespaço que contém P. Varrer S_l equivale a varrer C com **dl**, ou seja,

$$\boxed{\mathbf{B} \cdot \mathbf{dR} = \frac{\mu_0 i}{4\pi} \oint_C \frac{(d\mathbf{R} \times \mathbf{dl}) \cdot \hat{\mathbf{r}}}{r^2}} \qquad \textbf{(8.3.5)}$$

Como $(\mathbf{a} \times \mathbf{b}) \cdot \mathbf{c} = (\mathbf{a} \cdot \mathbf{b}) \times \mathbf{c}$ para quaisquer vetores **a**, **b**, e **c**, isto equivale a

$$\boxed{\mathbf{dR} \cdot \mathbf{B} = \frac{\mu_0 i}{4\pi} \mathbf{dR} \cdot \oint_C \frac{\mathbf{dl} \times \hat{\mathbf{r}}}{r^2}} \qquad \textbf{(8.3.6)}$$

o que tem de valer para *qualquer* deslocamento **dR**. Isso só é possível se

$$\boxed{\mathbf{B} = \frac{\mu_0 i}{4\pi} \oint_C \frac{\mathbf{dl} \times \hat{\mathbf{r}}}{r^2}} \qquad \textbf{(8.3.7)}$$

Essa é a *lei de Biot e Savart, que fornece o campo magnético devido a uma distribuição de corrente estacionária de intensidade i, no circuito C*, sob a forma de uma integral de linha ao longo do circuito.

Frequentemente se enuncia essa lei decompondo C em *"elementos de corrente"* i **dl** e dizendo que o campo num ponto P devido a um tal elemento é

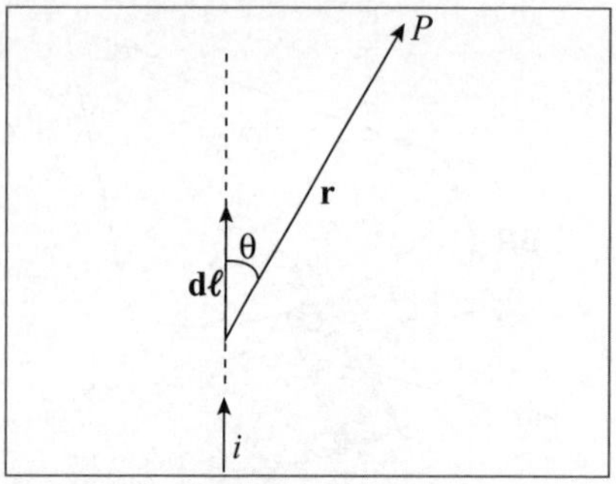

Figura 8.15 Ângulo entre **dl** e **r**.

$$\mathbf{dB} = \frac{\mu_0}{4\pi} \frac{i\,\mathbf{dl} \times \hat{\mathbf{r}}}{r^2} \qquad \textbf{(8.3.8)}$$

ou seja, é proporcional a $i\,dl$ e a sen θ, onde θ é o ângulo entre **dl** e **r** (Figura 8.15); cai com r^{-2}, como o campo da lei de Coulomb, e tem direção e sentido dados pela regra do produto vetorial (no caso da Figura 8.15, perpendicular ao plano do papel e dirigido para baixo).

Entretanto, é importante lembrar que uma corrente estacionária sempre está associada a um *circuito fechado*, e não há justificativa para decompô-la em "elementos de corrente", exceto como etapa auxiliar no cálculo: obtém-se o resultado correto *integrando* **dB** ao longo de *todo o circuito fechado C* percorrido pela corrente.

Não levar isso em conta pode conduzir a resultados incorretos: por exemplo, as forças de interação magnética entre dois elementos de corrente podem não obedecer à 3ª lei de Newton, embora as forças integradas sobre os dois circuitos de corrente *estacionária* aos quais eles pertencem sempre obedeçam à 3ª lei.

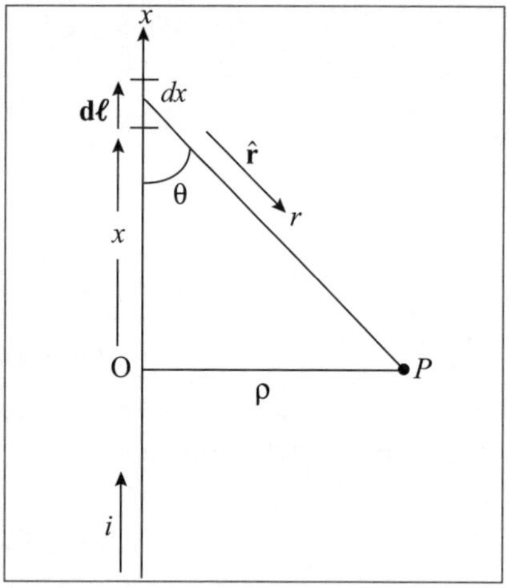

Figura 8.16 Fio retilíneo.

Exemplo 1: *Campo de uma corrente retilínea num fio.* Todos os elementos de corrente contribuem em P com $\mathbf{dB}(P)$ na mesma direção e sentido (dados pelo vetor $\hat{\boldsymbol{\varphi}}$ da Figura 8.4), de modo que basta somar (integrar) as amplitudes:

$$dB = \frac{\mu_0 i}{4\pi} \cdot \frac{dx \text{ sen } \theta}{r^2}; \qquad B = \int dB$$

Por simetria, para um fio infinito, em que a corrente começa e termina no infinito (Figura 8.16), basta integrar sobre x positivo (θ de $\frac{\pi}{2}$ até 0) e multiplicar por 2:

$$\left.\begin{array}{l} \text{sen } \theta = \dfrac{\rho}{r} \left\{ \dfrac{1}{r} = \dfrac{\text{sen } \theta}{\rho} \right. \left\{ \dfrac{\text{sen } \theta}{r^2} = \dfrac{\text{sen}^3 \theta}{\rho^2} \right. \\ x = \rho \cot\theta \left\{ dx = -\rho \dfrac{d\theta}{\text{sen}^2\theta} \right. \end{array}\right\} \frac{dx \text{ sen } \theta}{r^2} = -\frac{\text{sen } \theta\, d\theta}{\rho}$$

$$B = -2\left(\int_0^{\pi/2} \frac{\text{sen } \theta\, d\theta}{\rho}\right)\left(\frac{\mu_0 i}{4\pi}\right) = \frac{\mu_0 i}{2\pi\rho}\Big[\cos\theta\Big]_{\frac{\pi}{2}}^{0} \quad \left\{ \quad \mathbf{B} = \frac{\mu_0 i}{2\pi\rho}\hat{\boldsymbol{\varphi}} \right.$$

que é o resultado obtido na (8.1.12) pela lei de Ampère.

Exemplo 2: *Campo de uma espira circular no eixo.*

(a) Lei de Biot e Savart

Consideremos uma espira circular de raio a percorrida por uma corrente i (Figura 8.17). Queremos calcular **B** num ponto P do eixo $OP \equiv Oz$, como soma de contribuições **dB** devidas aos elementos de corrente $\mathbf{dl} = (a d\varphi)\,\hat{\boldsymbol{\varphi}} = dl\,\hat{\boldsymbol{\varphi}}$. Como o plano $P'OP$ é perpendicular a $\hat{\boldsymbol{\varphi}}$, também $\mathbf{P'P} = \mathbf{r}$ é perpendicular a **dl,** de forma que $|\mathbf{dl} \times \hat{\mathbf{r}}| = dl$. A contribuição $\mathbf{dB}_1$ do elemento em P' é perpendicular a **dl**. Logo está no plano $P'OP$, tendo portanto uma componente radial (direção **OP′**) e outra vertical (direção z). Mas as componentes radiais das contribuições $\mathbf{dB}_1$ e $\mathbf{dB}_2$ de elementos diametralmente opostos da espira (em P' e P'', Figura 8.17) se cancelam, e as verticais se somam.

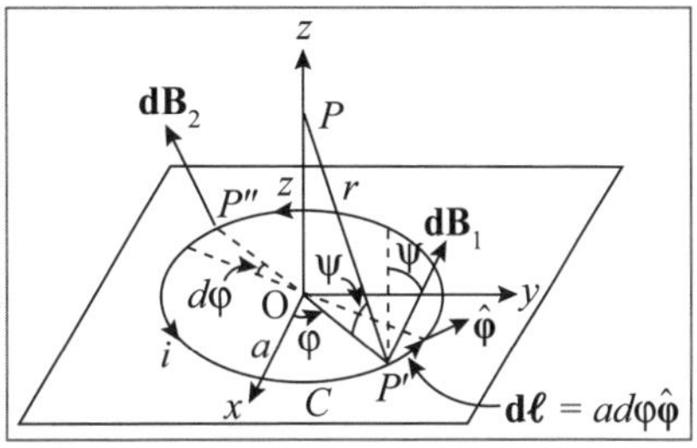

Figura 8.17 Campo de uma espira circular no eixo.

Basta considerar, portanto, as componentes z,

$$dB_z = \frac{\mu_0 i\, dl}{4\pi\, r^2} \cos\psi$$

Vemos na Figura 8.17 que $\psi = \sphericalangle(\mathbf{dB}_1, Oz) = \sphericalangle\, P\hat{P}'O$ (lados perpendiculares). Logo, $\cos\psi = a/r$, e vem

$$dB_z = \frac{\mu_0 i}{4\pi r^2} \cdot \frac{a}{r} dl = \frac{\mu_0 i\, a}{4\pi r^3} dl \qquad \Bigg\{ \qquad \mathbf{B} = \hat{\mathbf{z}} \int dB_z = \frac{\mu_0 i\, a}{4\pi r^3} \underbrace{\oint_C dl}_{2\pi a}\, \hat{\mathbf{z}}$$

pois r = constante ao longo de C. Finalmente,

$$\boxed{\mathbf{B} = \frac{\mu_0 i\, a^2}{2r^3}\hat{\mathbf{z}}} \qquad \textbf{(8.3.9)}$$

(b) Potencial magnético

Vimos que o potencial magnético $\psi(P)$ é dado por

$$\boxed{\psi(P) = \frac{\mu_0\, i}{4\pi}\Omega_P} \qquad \textbf{(8.3.10)}$$

onde Ω_P *é* o ângulo sólido do qual o circuito C é visto a partir do ponto P.

Conforme mostra a Figura 8.18, esse é o ângulo sólido associado a um cone de ângulo de abertura θ, onde $\cos\theta = z/r$; Ω_P é a área de uma esfera de

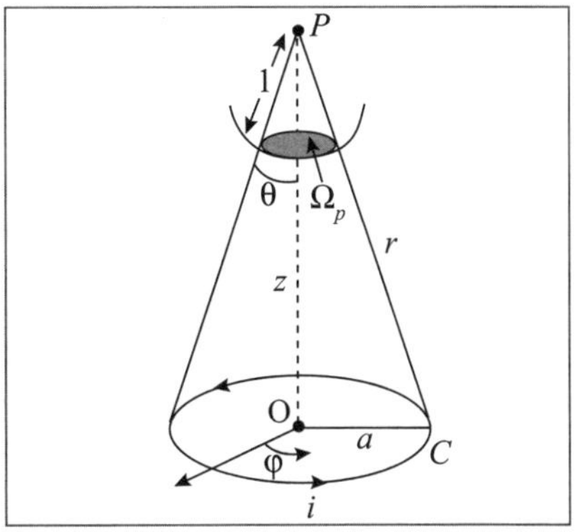

Figura 8.18 Ângulo sólido Ωp.

raio = 1, centrada em P, que é interceptada por esse cone. Como o elemento de área sobre essa esfera é sen $\theta' \, d\,\theta' \, d\,\varphi$,

$$\Omega_P = \int_0^{2\pi} d\varphi \int_0^{\theta} \text{sen}\,\theta' \, d\,\theta' = 2\pi\left(-\cos\theta'\right)\Big|_0^{\theta} \quad \Big\{ \boxed{\Omega_P = 2\pi\left(1-\cos\theta\right)} \qquad \textbf{(8.3.11)}$$

Logo, como $r = (a^2 + z^2)^{1/2}$,

$$\boxed{\psi(z) = \frac{\mu_0\, i}{2}\left[1 - \frac{z}{\left(a^2+z^2\right)^{1/2}}\right]} \qquad \textbf{(8.3.12)}$$

A expressão obtida é válida no semiespaço "acima" de C, onde $\Omega_P > 0$; no semiespaço "abaixo" é preciso trocar o sinal ($\Omega_P < 0$).

A partir de ψ, calculamos **B** por

$$\mathbf{B} = -\text{grad}\ \psi(z) = -\hat{\mathbf{z}}\frac{\partial\psi}{\partial z} = \frac{\mu_0 i}{2}\frac{\partial}{\partial z}\left[\frac{z}{\left(a^2+z^2\right)^{1/2}}\right]\hat{\mathbf{z}}$$

$$= \frac{\mu_0 i}{2}\cdot\frac{\left(a^2+z^2-z^2\right)}{\left(a^2+z^2\right)^{3/2}}\hat{\mathbf{z}} \quad \Bigg\{ \boxed{B = \frac{\mu_0 i\ a^2}{2\left(a^2+z^2\right)^{3/2}}\hat{\mathbf{z}}} \qquad \textbf{(8.3.13)}$$

que é o mesmo resultado (8.3.9). Em particular, o campo no centro da espira é dado por

$$\boxed{\mathbf{B}(0) = \frac{\mu_0\ i}{2a}\ \hat{\mathbf{z}}} \qquad \textbf{(8.3.14)}$$

Espira como dipolo magnético

Para $z >> a$, resulta

$$\boxed{\mathbf{B}(z) \approx \frac{\mu_0\ i\ a^2}{2\ z^3}\ \hat{\mathbf{z}} = \frac{\mu_0\ i\ \mathbf{S}}{2\pi\ z^3} = \frac{\mu_0\ \mathbf{m}}{2\pi\ z^3}} \qquad \textbf{(8.3.15)}$$

onde **S** é a área orientada da espira e $\mathbf{m} = i\mathbf{S}$ o momento de dipolo magnético associado a ela.

Com a correspondência $1/\varepsilon_0 \to \mu_0$, $\mathbf{p} \to \mathbf{m}$, este é o mesmo resultado (4.4.10) para o campo de um dipolo elétrico no eixo. Para um ponto qualquer **r**, com $r >> a$, temos, analogamente à (4.4.8), o *campo de dipolo magnético*.

$$\boxed{\mathbf{B} = \frac{\mu_0}{4\pi}\left[\frac{3(\mathbf{m}\cdot\mathbf{r})}{r^5}\mathbf{r} - \frac{\mathbf{m}}{r^3}\right], \quad \mathbf{m} = i\mathbf{S} = \pi a^2 i\,\mathbf{z}} \qquad \textbf{(8.3.16)}$$

Para distâncias muito maiores que as dimensões do dipolo, os dois campos têm a mesma estrutura, mas não a pequenas distâncias. As linhas de **E** começam e terminam nas cargas; as de **B** são fechadas, e "atravessam" o dipolo em sentido oposto às de **E** (Figura 8.19).

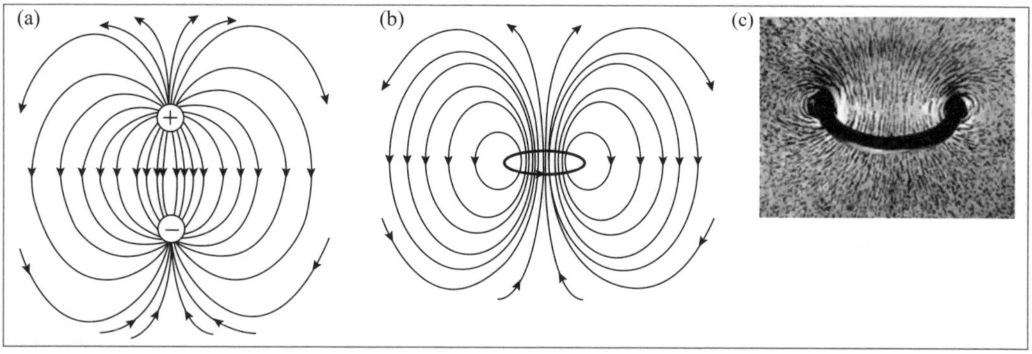

Figura 8.19 Comparação entre as linhas de força do campo de um dipolo elétrico (a) e de um dipolo magnético (b) e (c) (observação experimental).

Exemplo 3: *Bobina toroidal.* Consideremos uma bobina enrolada em forma de toro, de raio interno a e raio externo b, e com um número muito grande N de espiras (de modo que espiras adjacentes estão muito próximas entre si), percorrida por uma corrente estacionária i (Figura 8.20).

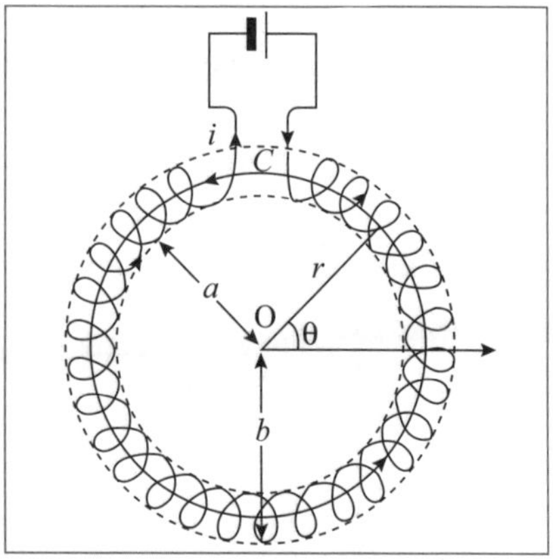

Figura 8.20 Bobina toroidal.

Por simetria (considerando também a superposição dos campos das espiras), as linhas de **B** dentro da bobina devem ser círculos concêntricos com o centro O do toroide, e a magnitude de **B** deve ser independente de θ. Logo, tomando uma linha circular C de raio r, a lei de Ampère leva a

$$\boxed{\oint_C \mathbf{B}\cdot d\mathbf{l} = 2\pi r\, B = \mu_0 N i} \tag{8.3.17}$$

pois as N espiras, de corrente i, atravessam C. Logo,

$$\boxed{\mathbf{B}(r) = \frac{\mu_0}{2\pi}\frac{Ni}{r}\hat{\boldsymbol{\theta}} \qquad (a < r < b)} \tag{8.3.18}$$

Para $r < a$, C não seria atravessado pela corrente, de forma que $\mathbf{B} = 0$; para $r > b$, C é atravessado duas vezes por cada espira, uma com i entrando e a outra saindo, de modo que a intensidade *resultante* que atravessa C é novamente = 0, ou seja,

$$\boxed{\mathbf{B}(r) = 0 \qquad (r < a \quad \text{ou} \quad r > b)} \tag{8.3.19}$$

Assim, o campo **B** fica *inteiramente confinado* dentro do toroide*, o que é útil em muitas aplicações (há alguma analogia com o capacitor plano).

Exemplo 4: *Campo de um solenoide.* O *raio médio* do toroide no exemplo 3 é

$$R = \frac{1}{2}(a+b)$$

e podemos escrever

$$N = 2\pi R n$$

onde n é o *número médio de espiras por unidade de comprimento* ao longo do toroide.

O resultado obtido para o toroide fica então

$$\begin{array}{|l|}\hline \mathbf{B}(r) = \mu_0 n i \frac{R}{r}\hat{\boldsymbol{\theta}} \quad (a < r < b) \\ \hline \mathbf{B}(r) = 0 \text{ fora do toroide} \\ \hline \end{array} \tag{8.3.20}$$

Que acontece se fizermos a e b tender a ∞, mantendo fixa a diferença $b - a$, que corresponde ao diâmetro do toroide? Como o limite de um arco de círculo quando o raio do círculo $\to \infty$ é um segmento de reta, o limite do toroide é um *solenoide* infinito (bobina cilíndrica). Supomos que se mantém constante o número n de espiras por unidade de comprimento, com um enrolamento sempre muito compacto (espiras adjacentes bem próximas). Temos então $R/r \to 1 (R \to \infty)$, o que resulta em

$$\begin{array}{|ll|}\hline \mathbf{B} = \mu_0 n i \hat{\mathbf{z}} & \text{dentro do solenoide} \\ \hline = 0 & \text{fora do solenoide} \\ \hline \end{array} \tag{8.3.21}$$

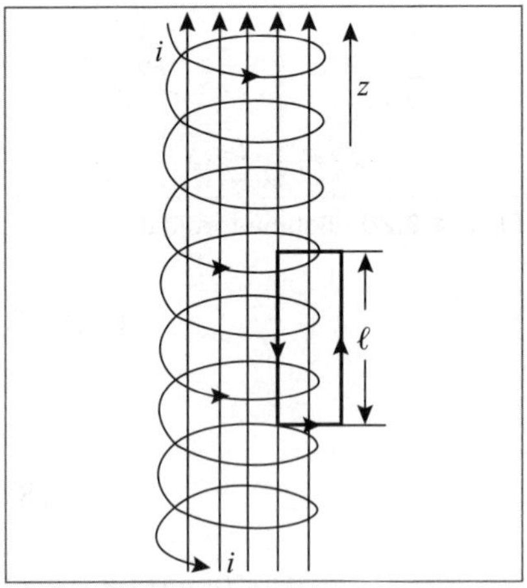

Figura 8.21 Solenoide.

ou seja, o campo magnético fica *confinado dentro do solenoide*, onde é *uniforme*, com *direção axial*, e *sentido positivo* em relação às espiras orientadas (Figura 8.2.1). *A magnitude B do campo é μ_0 vezes o produto da intensidade de corrente pelo número de espiras por unidade de comprimento.*

Esse último resultado também decorre imediatamente da uniformidade, direção e sentido do campo, aplicando a lei de Ampère a um circuito retangular como aquele ilustrado na Figura 8.21 (verifique!).

* Isto não é rigorosamente exato, pois as espiras descrevem uma hélice, de forma que a corrente tem uma pequena componente axial, que dá a volta ao toroide, mas o campo que "escapa" é muito pequeno, cm confronto com o campo interno, para N grande.

Para um solenoide real, que é finito, o campo "escapa" pelos interstícios entre as espiras e, principalmente, pelas extremidades do solenoide, mas (Figura 8.22) o campo na região central ainda permanece, com boa aproximação, uniforme e dado pela expressão acima; o campo fora é muito menos intenso do que dentro.

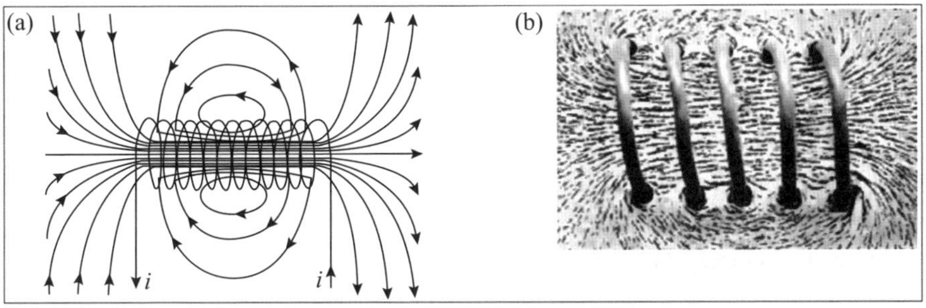

Figura 8.22 (a) Linhas de campo de um solenoide finito; (b) Observação experimental.

8.4 FORÇAS MAGNÉTICAS ENTRE CORRENTES

Consideremos dois fios retilíneos muito longos paralelos, percorridos por correntes estacionárias i_1 e i_2. Suponhamos primeiro que elas são de mesmo sentido, que adotamos como o de Oz (Figura 8.23), e sejam $(\hat{\boldsymbol{\rho}}, \hat{\boldsymbol{\varphi}}, \hat{\mathbf{z}})$ os versores associados a um sistema de coordenadas cilíndricas com origem num dos fios, e ρ_{12} a distância entre os fios.

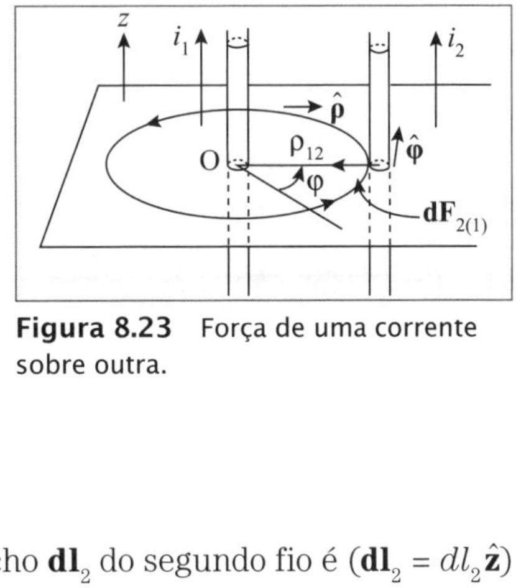

Figura 8.23 Força de uma corrente sobre outra.

O campo magnético $\mathbf{B}_1$ produzido por i_1 num ponto do segundo fio é dado por [cf. (8.1.12)]

$$\mathbf{B}_1 = \frac{\mu_0}{2\pi} \frac{i_1}{\rho_{12}} \hat{\boldsymbol{\varphi}}$$

A força com que este campo atua sobre um trecho $\mathbf{dl}_2$ do segundo fio é ($\mathbf{dl}_2 = dl_2 \hat{\mathbf{z}}$)

$$\mathbf{dF}_{2(1)} = i_2 \, \mathbf{dl}_2 \times \mathbf{B}_1 = i_2 \, dl_2 \cdot \frac{\mu_0 i_1}{2\pi\rho_{12}} \underbrace{\hat{\mathbf{z}} \times \hat{\boldsymbol{\varphi}}}_{=-\hat{\boldsymbol{\rho}}}$$

o que leva a

$$\boxed{\frac{\mathbf{dF}_{2(1)}}{dl_2} = -\frac{\mu_0}{2\pi} \frac{i_1 \, i_2}{\rho_{12}} \hat{\boldsymbol{\rho}} = -\frac{\mathbf{dF}_{1(2)}}{dl_1}} \qquad \textbf{(8.3.22)}$$

para a força (atrativa) por unidade de comprimento exercida pela corrente retilínea i_1 sobre a corrente paralela i_2.

A última igualdade (verifique-a!) exprime a 3ª lei de Newton.

Se i_2 tivesse sentido inverso ao de i_1 ($\mathbf{dl}_2 \rightarrow -\mathbf{dl}_2$), a força seria repulsiva: *correntes paralelas (mesmo sentido) se atraem; correntes antiparalelas (sentidos opostos) se repelem*, como havia sido observado por Ampère. *A força de interação magnética entre as correntes é proporcional ao produto das intensidades e inversamente proporcional à distância entre elas.*

Podemos agora, finalmente, definir o ampère, unidade básica do SI. Para $i_1 = i_2 = 1$ A, $\rho_{12} = 1$ m, a força por metro tem magnitude $\mu_0/(2\pi) = 2 \times 10^{-7}$ N:

O ampère é a corrente estacionária que, quando mantida em dois fios retilíneos paralelos muito longos separados por uma distância de 1 m, *produz entre eles uma força de interação magnética, por metro, de* 2×10^{-7} N.

Daí decorre a definição do coulomb como unidade de carga e, por meio da lei de Coulomb, a possibilidade de determinar experimentalmente o valor de ε_0 *por medidas puramente eletromagnéticas* (μ_0 é *definido* no SI como $4\pi \times 10^{-7}$ N/A^2). Este resultado desempenhará um papel importante no Capítulo 12.

PROBLEMAS

8.1 No modelo de Bohr para o átomo de hidrogênio, o raio a_0 da 1ª órbita circular do elétron é dado pela *condição de quantização* $L = \hbar$, onde $\hbar = 1{,}055 \times 10^{-34}$ J·s e L é a magnitude do momento angular do elétron em relação ao núcleo (próton). (a) Usando essa condição, mostre que $a_0 = 4\pi\varepsilon_0\, \hbar^2/(me^2)$, onde m e e são as magnitudes da massa e da carga do elétron, respectivamente. Calcule o valor numérico de a_0. (b) Calcule a intensidade de corrente i associada ao movimento do elétron na sua órbita. (c) Calcule a magnitude do campo magnético produzido por essa corrente na posição do núcleo. (d) Calcule a magnitude μ_B do momento de dipolo magnético associado à corrente (*magneton de Bohr*), e mostre que $\mu_B/L = e/(2m)$ (*razão giromagnética clássica*). Obtenha o valor numérico de μ_B.

8.2 Dois fios retilíneos paralelos muito longos (tratados como infinitos), separados por uma distância $2b$, transportam correntes de mesma intensidade i, em sentidos opostos (um é o retorno do outro). Considere um ponto P qualquer do plano dos dois fios. Sobre a perpendicular aos fios que passa por P, tome a origem O a meio caminho entre os fios, e seja x a abcissa de P em relação a O. (a) Calcule a magnitude $B(x)$ do campo magnético em P, para $|x| < b$ (supõe-se que a distância de P a cada fio é muito maior que o diâmetro do mesmo). (b) Idem para $|x| > b$. (c) Trace um gráfico qualitativo de $B(x)$.

8.3 Uma espira em forma de retângulo, de lados $2a$ e $2b$, transporta uma corrente de intensidade i. (a) Calcule a magnitude do campo magnético no centro do retângulo. (b) Tome o limite do resultado para $a >> b$ e discuta a relação com o resultado encontrado no Problema 8.2.

8.4 Uma espira quadrada de lado L é percorrida por uma corrente i. (a) Determine, em módulo, direção e sentido, o campo $\mathbf{B}(z)$ num ponto P situado sobre o eixo da espira (reta perpendicular ao seu plano passando pelo centro O da espira), à distância z de O. Para $z = 0$, relacione o resultado com o do problema 8.3. (b) Interprete o resultado obtido para $z >> L$.

8.5 Nas Figuras (a) e (b), as porções retilíneas dos fios são supostas muito longas e a porção semicircular tem raio R. A corrente tem intensidade i. Calcule o campo **B**, em módulo, direção e sentido, no centro P da porção semicircular, em ambos os casos.

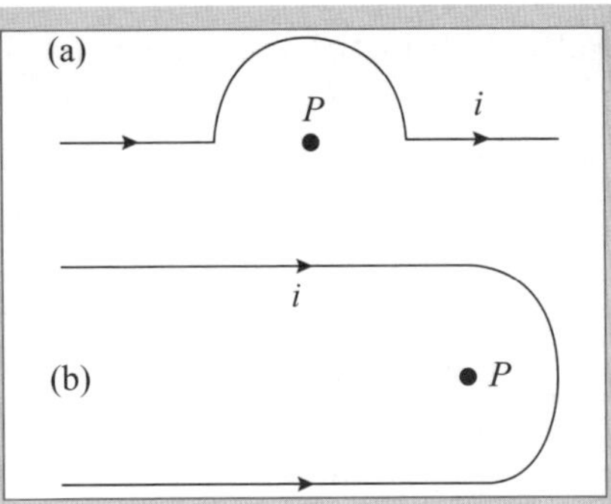

8.6 O circuito da figura, formado por dois lados retilíneos e dois arcos de círculo, subtendendo um setor de ângulo θ, é percorrido por uma corrente de intensidade i. Calcule o campo magnético **B** no ponto P (centro do setor circular).

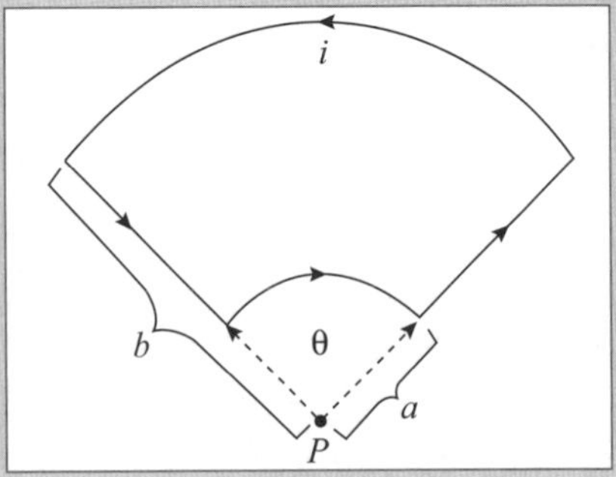

8.7 A espira retangular da figura, de lados a e b, é percorrida por uma corrente i. Calcule a força **F** exercida sobre ela por um fio retilíneo muito longo, que transporta uma corrente i', situado à distância d da espira (dê módulo, direção e sentido de **F**).

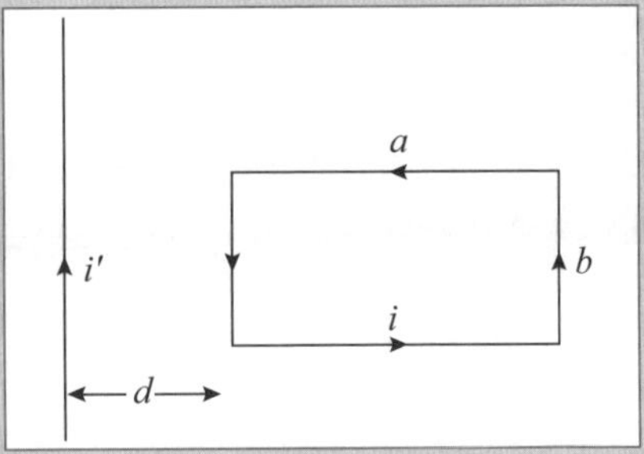

8.8 Duas bobinas circulares coaxiais idênticas, de espessura desprezível, com N espiras de raio a em cada bobina, transportam correntes de mesma intensidade i e mesmo sentido, e estão colocadas uma acima da outra, com seus centros C e C' separados por uma distância a (figura). Considere o campo $\mathbf{B}(z)$ ao longo do eixo, na vizinhança do ponto médio O do segmento CC', tomado como origem. (a) Calcule $\mathbf{B}(O)$. (b) Mostre que $d\mathbf{B}/dz(O) = d^2\mathbf{B}/dz^2(O) = 0$. Daí resulta que esse dispositivo (*bobinas de Helmholtz*) produz um campo muito próximo de um campo uniforme na vizinhança da região central.

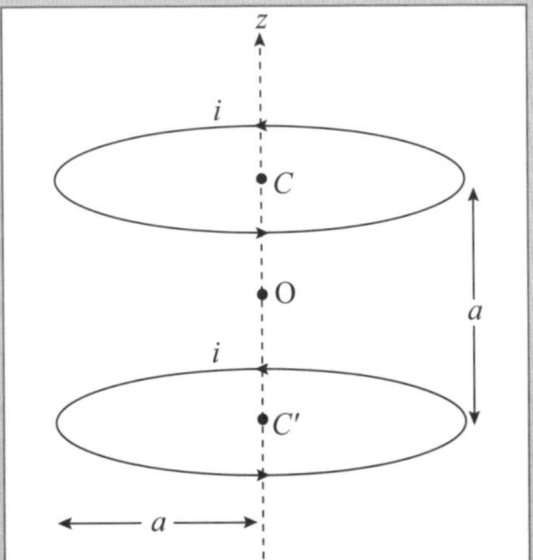

8.9 Considere um solenoide finito de raio a e comprimento L, com n espiras por unidade de comprimento, percorrido por uma corrente i. Tome a origem O no centro do solenoide, com eixo x ao longo do eixo de simetria do cilindro. (a) Calcule a magnitude $\mathbf{B}(x)$ do campo magnético num ponto do eixo à distância x do centro, tanto dentro como fora do solenoide. Quais os valores no centro e nas extremidades? (b) Obtenha e interprete o comportamento de $\mathbf{B}(x)$ para $x >> a$, $x >> L$. (c) Com $L = 10\,a$, trace um gráfico de $B(x)/B(0)$ em função de x/L para $0 \leq x/L \leq 1{,}5$. *Sugestão*: Obtenha o campo do solenoide somando (integrando) o campo das espiras circulares ao longo do eixo.

8.10 Um disco circular de material isolante, com raio R e espessura desprezível, está uniformemente carregado com densidade superficial de carga σ e gira em tomo do seu eixo, com velocidade angular ω. (a) Calcule o campo $\mathbf{B}$ no centro do disco. (b) Calcule o momento de dipolo magnético $\mathbf{m}$ associado à rotação do disco. *Sugestão*: Imagine o disco decomposto em faixas, tratando-as como correntes circulares.

8.11 (a) Calcule (pela lei de Ampère ou de Biot e Savart) o campo magnético $\mathbf{B}$ devido a uma corrente I num fio retilíneo infinito, num ponto P à distância R do fio. Demonstre, pela lei de Biot e Savart, que a porção do fio à esquerda de P contribui com $\mathbf{B}/2$.

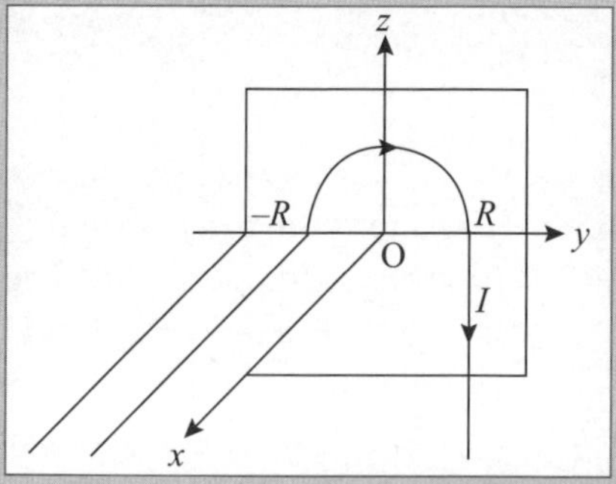

(b) Uma corrente contínua de intensidade I percorre o fio representado na figura, que tem uma porção retilínea muito longa paralela a Oz. Calcule o campo magnético $\mathbf{B}$ produzido por essa corrente no ponto O, centro do semicírculo.

9

A lei da indução

O uso em larga escala da energia elétrica, que revolucionou toda a sociedade industrial, só se tornou possível graças à descoberta, por Faraday, do fenômeno da *indução eletromagnética*.

Michael Faraday (1791-1867), universalmente considerado como um dos maiores experimentadores de todos os tempos, era filho de um ferreiro que enfrentava grandes dificuldades para sustentar a família. Faraday só teve instrução primária. Nas palavras dele mesmo,

"Minha educação ... consistiu em pouco mais do que aprender a ler, escrever e os rudimentos da aritmética..."

Trabalhou como entregador de jornais e, aos 12 anos, conseguiu um emprego como aprendiz de encadernador. Autoeducou-se também lendo os livros que encadernava, em particular a "Enciclopédia Britânica".

Com 19 anos, ganhou de um freguês entradas para assistir a uma série de conferências de Sir Humphry Davy (o descobridor dos elementos sódio e potássio) na Royal Institution de Londres. Tomou notas minuciosas e entregou um exemplar a Davy. Este, impressionado, nomeou-o como seu assistente de laboratório. Em 1825, Faraday criou na Royal Institution as "Conferências de Natal" para crianças, que continuam até hoje. Extraordinário divulgador, deu 19 séries de conferências, a última das quais, "A história química de uma vela", mantém-se popular até hoje.

As "Pesquisas Experimentais sobre Eletricidade", que Faraday começou a publicar em 1832, contêm inúmeras descobertas fundamentais: eletroquímica, incluindo as leis fundamentais da eletrólise, o efeito de um dielétrico num capacitor, o diamagnetismo, o "efeito Faraday" em magneto-ótica, e muitas outras. Foi ele quem criou a imagem das linhas de força, que usava constantemente, raciocinando de forma totalmente intuitiva, uma vez que não tinha preparo matemático.

Arago havia mostrado que uma barra de ferro não imantada se imanta quando nela se enrola um solenoide percorrido por uma corrente elétrica (eletroímã). Ocorreu a mais de um cientista procurar um efeito inverso: usar um ímã permanente para produzir uma corrente numa bobina.

Um físico suíço muito cuidadoso tentou detectar tal corrente usando um galvanômetro muito sensível. Para eliminar qualquer perturbação do ímã sobre o galvanômetro, colocou-o numa sala vizinha; depois de inserir o ímã na bobina, ia ler o galvanômetro (ligado à bobina por fios muito longos) na outra sala... e não via nenhum efeito.

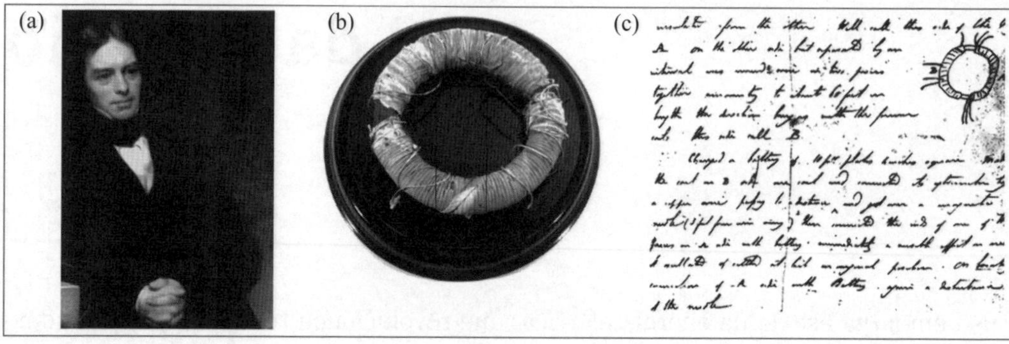

Figura 9.1 (a) Retrato de Michael Faraday; (b) O anel original de Faraday; (c) Anotações de Faraday em 29-08-1831.

Em 29 de agosto de 1831, Faraday enrolou dezenas de metros de fio de cobre em torno de um lado de um anel de ferro (lado A na Figura 9.1c), e uma quantidade comparável de fio, isolado do primeiro, do outro lado (B na Figura 9.1c), com as extremidades ligadas a um galvanômetro rudimentar. As extremidades do fio do lado A podiam ser ligadas a uma bateria. Faraday percebeu que aparecia uma rápida oscilação no galvanômetro do lado B quando – e somente quando – o circuito do lado A era *ligado* ou *desligado* da bateria. Ou seja: a corrente em B era induzida pela *variação* do campo magnético devido ao circuito A. O resultado foi comunicado à Royal Society em 24-11-1831. O físico americano Joseph Henry publicou uma observação semelhante em 1832.

Num experimento posterior, Faraday aproximou um ímã permanente cilíndrico de um solenoide ligado a um galvanômetro. Quando a barra imantada era introduzida dentro do solenoide, o galvanômetro acusava a passagem de uma corrente. Quando era removida, produzia-se uma corrente em sentido oposto.

Faraday percebeu logo que um efeito análogo se produzia quando o solenoide era aproximado ou afastado do ímã, ficando este em repouso: a indução de corrente dependia apenas do movimento *relativo* entre o ímã e a bobina, resultando numa *variação* do campo magnético que a atravessava.

Foi para encontrar a lei quantitativa da indução que Faraday introduziu o conceito de linhas e tubos de força, definindo o que hoje corresponde ao *fluxo* do campo magnético através de um circuito. Faraday foi de fato quem criou um dos conceitos mais fundamentais da física, o conceito (e o nome) de campo.

9.1 A LEI DA INDUÇÃO

Consideremos uma única espira C de fio, imersa num campo magnético **B** e orientada como indicado na Figura 9.2. O fluxo de **B** através da espira é

$$\boxed{\Phi_C = \int_S \mathbf{B}\cdot \mathbf{dS} = \int_S \mathbf{B}\cdot \hat{\mathbf{n}}\, dS} \quad (9.1.1)$$

onde S é *qualquer* superfície de contorno C, orientada (a orientação de $\hat{\mathbf{n}}$ corresponde à de C). O fato de que Φ só depende de C, e não da escolha de S, decorre de ser $\oint_\Sigma \mathbf{B}\cdot\mathbf{dS} = 0$ para qualquer superfície fechada Σ.

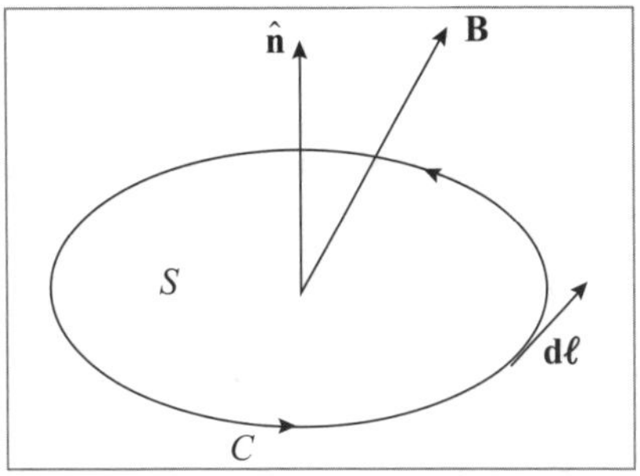

Figura 9.2 Espira num campo **B**.

Seja R a resistência da espira C. A lei de Faraday pode então ser enunciada em termos da *corrente* i induzida em C quando Φ_C varia com o tempo:

$$\boxed{i = -\frac{1}{R}\frac{d\Phi_C}{dt}} \quad (9.1.2)$$

A existência dessa corrente na espira está associada, como sabemos, a uma fem (*força eletromotriz*) $\mathcal{E}$ dada por

$$\boxed{\mathcal{E} = Ri = -\frac{d\Phi_C}{dt}} \quad (9.1.3)$$

O significado do sinal (–) nessas expressões será discutido na Seção 9.2. A variação de Φ_C com o tempo pode ser devida ao movimento de C através de um campo **B** constante, ou à variação de **B** com o tempo, o circuito C permanecendo fixo, ou ainda à deformação do circuito C. O resultado só depende da *taxa de variação de* Φ_C *com o tempo*, qualquer que seja a origem dessa variação. Vamos ver agora que, num desses casos, é possível *deduzir* o resultado a partir da força de Lorentz.

(a) Circuito C móvel num campo B fixo

Se o fio se move com velocidade **v** num campo **B** fixo, os elétrons livres, transportados com esta velocidade, ficam sujeitos a *força de Lorentz*; para cada um deles,

$$\mathbf{F} = -e\, \mathbf{v}\times\mathbf{B}$$

Como essa é uma força de origem não eletrostática, podemos associar-lhe um "campo elétrico equivalente" $\mathbf{E}^{(e)}$ (Seção 6.8), dado, por definição, por

$$\mathbf{F} = -e\,\mathbf{E}^{(e)} \quad \left\{ \quad \boxed{\mathbf{E}^{(e)} = \mathbf{v}\times\mathbf{B}} \right. \quad (9.1.4)$$

A *força eletromotriz* correspondente ao longo do circuito C é então

$$\boxed{\mathcal{E} = \oint_C \mathbf{E}^{(e)} \cdot \mathbf{dl} = \oint_C \mathbf{dl} \cdot (\mathbf{v} \times \mathbf{B})} \quad \textbf{(9.1.5)}$$

Para relacionar essa expressão com a variação de Φ_C, consideremos duas posições sucessivas de C, nos instantes t e $t + dt$. Durante o intervalo de tempo dt, cada ponto de C sofre um deslocamento $\mathbf{v}\, dt$.

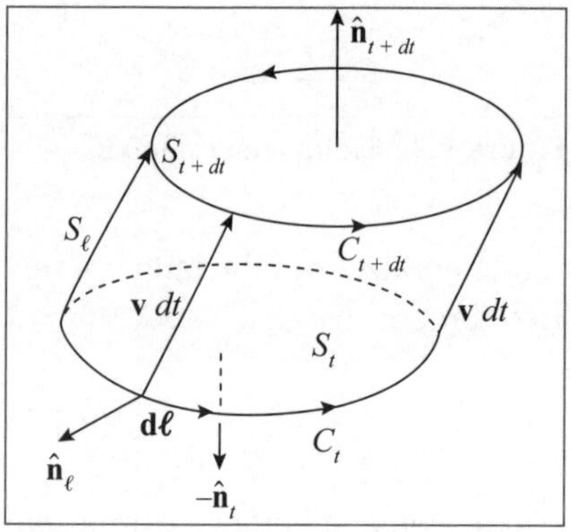

Figura 9.3 Variação do fluxo através de um circuito C móvel.

O produto vetorial

$$\boxed{\mathbf{dl} \times \mathbf{v}\, dt = \hat{\mathbf{n}}_l\, dS = \mathbf{dS}_l} \quad \textbf{(9.1.6)}$$

representa o elemento de área orientado ($\hat{\mathbf{n}}_l$ = normal externa) da *superfície lateral* S_l do volume cilíndrico gerado pelo deslocamento de C; as bases são as posições C_t e C_{t+dt} da espira nos instantes t e $t + dt$, respectivamente, e as normais externas correspondentes são (Figura 9.3) $-\hat{\mathbf{n}}_t$, e $+\hat{\mathbf{n}}_{t+dt}$.

As superfícies das bases, S_t e S_{t+dt}, formam, juntamente com S_l, um cilindro fechado $S \equiv S_t + S_{t+dt} + S_l$, e temos então

$$\oint_S \mathbf{B} \cdot \mathbf{dS} = 0 = \int_{S_{t+dt}} \mathbf{B} \cdot \underbrace{\mathbf{dS}}_{(\hat{\mathbf{n}}_{t+dt} dS)} + \int_{S_t} \mathbf{B} \cdot \underbrace{\mathbf{dS}}_{(-\hat{\mathbf{n}}_t dS)} + \int_{S_l} \mathbf{B} \cdot \mathbf{dS}_l$$

$$= \Phi_{C_{t+dt}} - \Phi_{C_t} + \int_C \underbrace{\mathbf{dl} \times (\mathbf{v}\, dt)}_{\hat{\mathbf{n}}_l dS} \cdot \mathbf{B}$$

o que resulta em

$$dt \oint_C \underbrace{(\mathbf{dl} \times \mathbf{v}) \cdot \mathbf{B}}_{\substack{= \mathbf{dl} \cdot (\mathbf{v} \times \mathbf{B}) \\ = \mathbf{dl} \cdot \mathbf{E}^{(e)}}} = -\left(\Phi_{C_{t+dt}} - \Phi_{C_t}\right) = -d\Phi_C$$

ou seja,

$$\boxed{\oint_C \mathbf{E}^{(e)} \cdot \mathbf{dl} = \mathcal{E} = -\frac{d\Phi_C}{dt}} \quad \textbf{(9.1.7)}$$

que é a *lei da indução* (forma integral).

(b) Circuito C fixo e B variável

Se o circuito C permanece fixo e é $\mathbf{B}$ que varia com o tempo, não há mais força de Lorentz sobre os elétrons, mas *a experiência mostra* que o resultado permanece válido:

$$\boxed{\mathcal{E} = -\frac{d}{dt}\Phi_C = -\frac{d}{dt}\int_S \mathbf{B} \cdot \mathbf{dS} = -\int_S \frac{\partial \mathbf{B}}{\partial t} \cdot \mathbf{dS}} \quad \textbf{(9.1.8)}$$

onde o último membro (derivada debaixo do sinal de integral) resulta de ser C fixo, e somente $\mathbf{B}$ variar com t.

Neste caso, não havendo mais força de Lorentz, a força eletromotriz corresponde a um campo *elétrico* $\mathbf{E}$, que não é mais *eletrostático*, em virtude da variação com o tempo, e adquire assim uma circulação $\neq 0$ ao longo de uma curva C fechada:

$$\boxed{\mathcal{E} = \oint_C \mathbf{E} \cdot \mathbf{dl} = -\int_S \frac{\partial \mathbf{B}}{\partial t} \cdot \mathbf{dS}}$$

Temos, por outro lado, pelo teorema de Stokes (Seção 4.5),

$$\oint_C \mathbf{E} \cdot \mathbf{dl} = \int_S \text{rot } \mathbf{E} \cdot \mathbf{dS}$$

Como o resultado vale qualquer que seja o circuito C, inferimos que

$$\boxed{\text{rot } \mathbf{E} = -\frac{\partial \mathbf{B}}{\partial t}} \qquad \textbf{(9.1.9)}$$

que é a ***forma diferencial da lei da indução de Faraday***, e corresponde a uma das *equações de Maxwell*.

A interpretação física desse resultado é: ***um campo magnético variável com o tempo produz um campo elétrico*** (que não é mais eletrostático). A existência desse campo elétrico, independentemente de existir um circuito material C, será ilustrada mais adiante, no exemplo do bétatron (Seção 9.4).

É notável que a mesma lei descreva situações físicas aparentemente tão distintas quanto as duas que acabamos de tratar. Esse fato chamou a atenção de Einstein: logo no primeiro parágrafo de seu célebre trabalho de 1905 "Sobre a eletrodinâmica dos corpos em movimento", no qual formulou a teoria da relatividade restrita, ele diz:

> "É bem conhecido que a eletrodinâmica de Maxwell – como é entendida atualmente – quando aplicada a corpos em movimento, leva a assimetrias que não parecem inerentes aos fenômenos. Consideremos, por exemplo, a ação recíproca de um ímã e um condutor. O fenômeno observável só depende neste caso do movimento relativo entre o condutor e o ímã, mas a descrição usual estabelece uma distinção marcante entre dois casos, conforme um ou outro destes dois corpos se mova. Se o ímã se move e o condutor está em repouso, surge na vizinhança do ímã um campo elétrico com uma energia definida, que produz uma corrente no condutor. Mas, se o ímã estiver parado e o condutor em movimento, não aparece um campo elétrico na vizinhança do ímã. Entretanto, no condutor, aparece uma força eletromotriz, a qual produz – supondo que o movimento relativo é o mesmo nos dois casos – correntes elétricas idênticas às que aparecem no caso anterior".

Considerações desse tipo desempenharam um papel importante na formulação da *teoria da relatividade restrita*, que será discutida no Volume 4.

9.2 A LEI DE LENZ

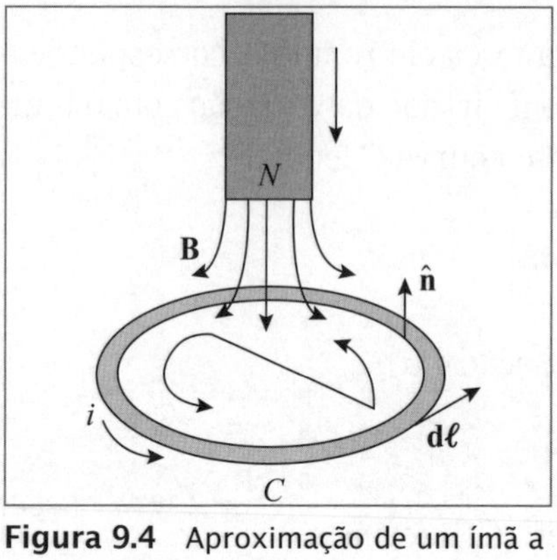

Figura 9.4 Aproximação de um ímã a uma espira.

Vamos agora discutir a interpretação, devida a H. Lenz (1834), do sinal (–) na lei da indução. Para isso, consideremos uma espira plana condutora C orientada, com normal $\hat{\mathbf{n}}$ ao seu plano (Figura 9.4), e suponhamos que se aproxime dela um ímã permanente, com polo N voltado para a espira. Como o campo $\mathbf{B}$ do ímã tende a ser antiparalelo a $\hat{\mathbf{n}}$, temos $\mathbf{B}\cdot\hat{\mathbf{n}} < 0$ e o fluxo Φ_C do campo do ímã através de C é < 0. À medida que o ímã se *aproxima*, $|\Phi_C|$ aumenta, o que, para $\Phi < 0$, implica

$$\frac{d\Phi_C}{dt} < 0$$

Em virtude do sinal (–) na lei da indução, isso implica que a fem induzida é *positiva*,

$$\mathcal{E} = \oint_C \mathbf{E}\cdot\mathbf{dl} > 0$$

ou seja, o campo $\mathbf{E}$ dentro da espira é tal que $\mathbf{E}\cdot\mathbf{dl} > 0$. Logo, a corrente induzida i terá a orientação de $\mathbf{dl}$.

Mas isso equivale, como se vê na Figura 9.4, a criar na espira um dipolo magnético cuja face N aponta para a face N do ímã, produzindo, portanto, uma força magnética de *repulsão* sobre o ímã, que tende a *afastá-lo* da espira, opondo-se ao seu movimento. *O sentido da corrente induzida é aquele que tende a se **opor** à variação do fluxo* através da espira. Essa é a *lei de Lenz*, que fornece a interpretação do sinal (–).

Também podemos perceber isso notando que a corrente induzida i produz seu próprio campo magnético, o qual, como se vê na Figura 9.4, tende a ter a direção e o sentido de $\hat{\mathbf{n}}$, criando um fluxo magnético *positivo* através de C, o qual atua em sentido oposto ao *aumento* do fluxo $\Phi_C < 0$ em virtude da aproximação do ímã.

Se o ímã se *afasta* da espira, em lugar de aproximar-se, isto corresponde a $d\Phi_C/dt > 0$, e a fem induzida $\mathcal{E}$ é < 0 neste caso, produzindo uma corrente induzida $i < 0$ na espira. A face *sul* do dipolo correspondente aponta agora para o ímã, tendendo a *atraí-lo* de volta, ou seja, novamente *opondo-se* à variação do fluxo através de C. Note que o *campo* $\mathbf{B}$ do ímã aponta no mesmo sentido nos dois casos. Assim, a corrente *induzida não* se opõe ao *campo*; opõe-se à *variação* do fluxo.

Pela mesma razão, quando se tem uma corrente circulando num circuito e se *desliga* a corrente por meio de um interruptor, a fem induzida atua no sentido de *manter* a corrente circulando (impedindo a redução do fluxo), e a variação brusca, produzida pelo interruptor, gera uma fem suficientemente elevada para fazer saltar uma faísca, fechando o circuito através do ar. A corrente na espira atua como se tivesse *inércia*, opondo-se à sua própria variação. Veremos mais adiante como se exprime quantitativamente essa inércia (Seção 9.5).

A lei de Lenz está diretamente vinculada ao princípio de conservação da energia. Com efeito, se a fem induzida tivesse sinal oposto ao da lei de Lenz, ela tenderia a favorecer a variação de fluxo. No exemplo do ímã cuja face norte se aproxima da espira, uma corrente em sentido oposto ao da lei de Lenz criaria uma face *sul* na espira, *atraindo* o ímã para ela e acelerando o seu movimento. Ele *ganharia* energia cinética e ao mesmo tempo *produziria* calor pelo efeito Joule através da corrente induzida na espira, violando a conservação da energia.

Para um ímã em queda livre em direção à espira, a conservação da energia exige que a energia dissipada pela corrente induzida no efeito Joule se obtenha à custa de uma *redução* da energia cinética do ímã: o campo magnético da corrente induzida deve tender, portanto, a *frear* o ímã, em conformidade com a lei de Lenz.

Correntes de Foucault

Se uma espira condutora é solta em queda livre sobre um ímã permanente (Figura 9.5), a corrente i induzida criará um dipolo magnético que tenderá a ser *repelido* pelo ímã, produzindo, como acima, uma força **F** de *freiamento* da espira, análoga a uma força de *atrito viscoso*.

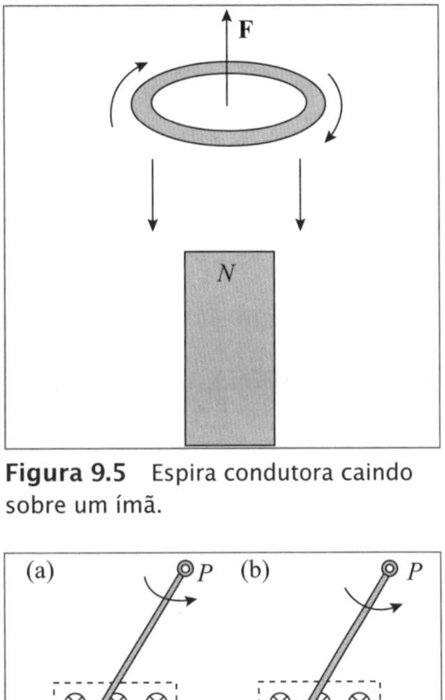

Figura 9.5 Espira condutora caindo sobre um ímã.

Analogamente, consideremos um pêndulo metálico suspenso de um ponto P, que, durante sua oscilação, penetra numa região (por exemplo, entre os polos de um eletroímã) onde existe um campo magnético, perpendicular ao papel e dirigido para baixo (região ⊗ ⊗ na figura). A Figura 9.6 (a) mostra que serão induzidas, no disco metálico, correntes que tendem a se opor à variação do fluxo através dele. Essas *correntes de Foucault* equivalem a uma força de atrito viscoso tendente a frear o disco, como se ele estivesse penetrando num fluido viscoso (melado, por exemplo).

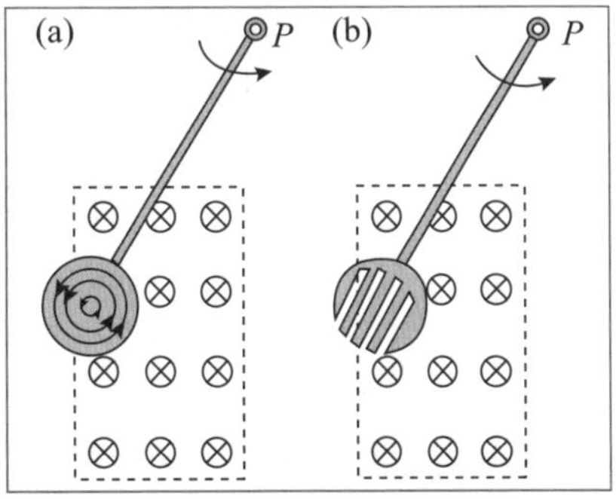

Figura 9.6 Corrente de Foucault.

Podemos reduzir grandemente esse efeito cortando uma série de fendas no disco do pêndulo, como num pente [Figura 9.6(b)]. Com efeito, nesse caso, reduzimos muito o fluxo nas partes metálicas, e ao mesmo tempo obrigamos cada corrente a percorrer um caminho mais longo, aumentando a resistência – e diminuindo, correspondentemente, a intensidade das correntes de Foucault induzidas.

Em vários tipos de equipamentos elétricos com partes móveis, as correntes de Foucault constituem um fator de perda de potência, de forma que se procura minimizá-las utilizando artifícios análogos aos da introdução das fendas no exemplo acima (construção *laminada*, com placas isoladas umas das outras).

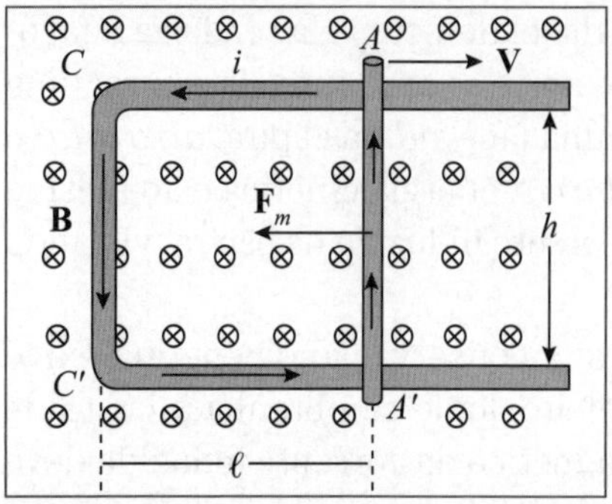

Figura 9.7 Haste metálica móvel sobre trilhos num campo **B**.

Exemplo 1: Consideremos uma haste metálica AA' que se desloca sobre trilhos *fixos* em forma de U dentro de um campo **B** *uniforme* dirigido perpendicularmente para baixo (Figura 9.7), mantendo bom contato com os trilhos, de modo a formar um circuito condutor fechado $ACC'A'$ (Figura 9.7). Podemos supor que a haste vertical fixa CC' dos trilhos tem resistência bem mais elevada do que o resto dele, de modo que a resistência total R do circuito praticamente não mude no deslocamento, apesar do aumento do comprimento l dos lados CA e $C'A'$ à medida que a haste AA' se desloca para a direita.

Se a normal $\hat{\mathbf{n}}$ ao plano do circuito é orientada para cima, o fluxo Φ do campo através do circuito é negativo, e dado por

$$\Phi = -B\,l\,h \tag{9.2.1}$$

onde h é a largura do trilho. Logo, a fem induzida é

$$\mathcal{E} = -\frac{d\Phi}{dt} = B\,h\frac{dl}{dt} = B\,h\,v \tag{9.2.2}$$

onde v é a magnitude da velocidade com que a haste móvel AA' se desloca para a direita.

A corrente induzida i tem assim o sentido positivo (anti-horário), como indicado na Figura 9.7, e é dada por

$$\boxed{i = \frac{\mathcal{E}}{R} = \frac{Bhv}{R}} \tag{9.2.3}$$

A força magnética $\mathbf{F}_m$ com que o campo **B** atua sobre a haste AA' tem, portanto, o sentido indicado na Figura 9.6, oposto a **v**, e é dada por

$$\mathbf{F}_m = i\int_A^{A'} \mathbf{dl}\times\mathbf{B} = -ihB\frac{\mathbf{v}}{v} \quad \Bigg\{ \quad \boxed{\mathbf{F}_m = -\frac{h^2B^2}{R}\mathbf{v}} \tag{9.2.4}$$

que é, conforme previsto aqui, uma força de *atrito* resistente, proporcional à velocidade.

Se quisermos manter a haste AA' em movimento com velocidade **v** constante, temos de puxá-la para a direita, exercendo uma força $\mathbf{F} = -\mathbf{F}_m$. O trabalho realizado por essa força **F** por unidade de tempo (potência mecânica *fornecida*) é

$$\boxed{\frac{dW}{dt} = \mathbf{F}\cdot\mathbf{v} = \frac{h^2B^2}{R}v^2} \tag{9.2.5}$$

Por outro lado, a potência *dissipada* pela corrente induzida (efeito Joule) é

$$\boxed{\mathcal{E}i = B\,hv \cdot \frac{Bhv}{R} = \frac{B^2h^2}{R}v^2} \qquad \textbf{(9.2.6)}$$

Vemos, portanto, que os resultados são consistentes com o princípio de conservação da energia: a potência fornecida pelo trabalho mecânico de puxar a haste é igual à potência dissipada em calor pelo efeito Joule. Isso também concorda com a discussão do sinal na lei de Lenz.

9.3 GERADORES E MOTORES

No Exemplo 1, que acabamos de tratar, a potência mecânica fornecida Fv é convertida numa corrente elétrica i, que permanece constante enquanto a haste se desloca com velocidade v constante, permanecendo dentro do campo uniforme B. Temos assim um "gerador linear" de corrente contínua – não muito prático, porque deixa de funcionar assim que a haste móvel sai da região onde há campo! Mas já ilustra o princípio básico de um gerador que utiliza a indução eletromagnética.

Uma adaptação do mesmo circuito ilustra o princípio básico de um *motor* de indução. Consideremos a situação ilustrada na Figura 9.8, em que uma bateria gera uma diferença de potencial V entre os trilhos, fazendo passar uma corrente i em sentido oposto ao do Exemplo 1. A força magnética $\mathbf{F}_m$ aponta então, para a *direita*, e é equilibrada pela força peso mg, transmitida à haste AA' através de uma polia, permitindo que AA' se mova para a direita com velocidade v constante (que é também a velocidade com que o peso sobe).

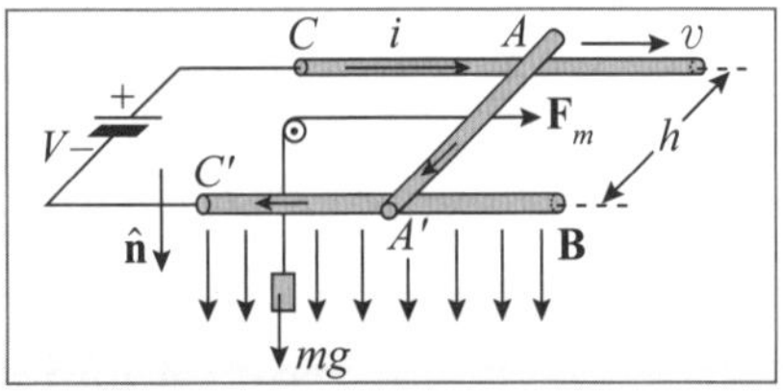

Figura 9.8 Modelo de motor linear.

Como i flui em sentido oposto ao do Exemplo 1, a normal $\hat{\mathbf{n}}$ ao plano do circuito tem de ser, agora, orientada para baixo, de modo que a fem induzida também troca de sinal:

$$\boxed{\mathcal{E} = -B\,hv} \qquad \textbf{(9.3.1)}$$

Como ela tem sentido oposto à fem V da bateria, recebe o nome de *força contraeletromotriz*. A intensidade da corrente é

$$\boxed{i = \frac{V - Bhv}{R}} \qquad \textbf{(9.3.2)}$$

O que determina a velocidade v? A força magnética é equilibrada pela força-peso. Logo,

$$F_m = ihB = \left(\frac{V}{R} - \frac{Bhv}{R}\right)hB = mg$$

o que resulta em

$$\frac{Bhv}{R} = \frac{V}{R} - \frac{mg}{hB} \quad \left\{ \quad v = \frac{R}{hB}\left(\frac{V}{R} - \frac{mg}{hB}\right) \right. \tag{9.3.3}$$

Logo,

$$i = \frac{V}{R} - \frac{Bhv}{R} = \frac{V}{R} - \left(\frac{V}{R} - \frac{mg}{hB}\right) \quad \left\{ \quad \boxed{i = \frac{mg}{hB}} \right. \tag{9.3.4}$$

A potência elétrica fornecida pela bateria para alimentar o "motor" é Vi. Parte dela é convertida em energia mecânica, fazendo subir o peso mg com velocidade v, e parte é dissipada em calor pelo efeito Joule (potência i^2R). Logo, para que haja conservação de energia, devemos ter: *potência elétrica fornecida = potência mecânica gerada + potência dissipada*,

$$\boxed{Vi = mgv + i^2R} \tag{9.3.5}$$

Com efeito, temos:

$$\left.\begin{aligned} Vi &= V\frac{mg}{hB} \\ mgv &= mg\frac{V}{hB} - \left(\frac{mg}{hB}\right)^2 R \\ i^2R &= \left(\frac{mg}{hB}\right)^2 R \quad . \ . \ . \ . \end{aligned}\right\} mgv + i^2R = \frac{mgV}{hB} = Vi$$

Esse é um balanço de energia típico de um motor.

Geração de corrente alternada

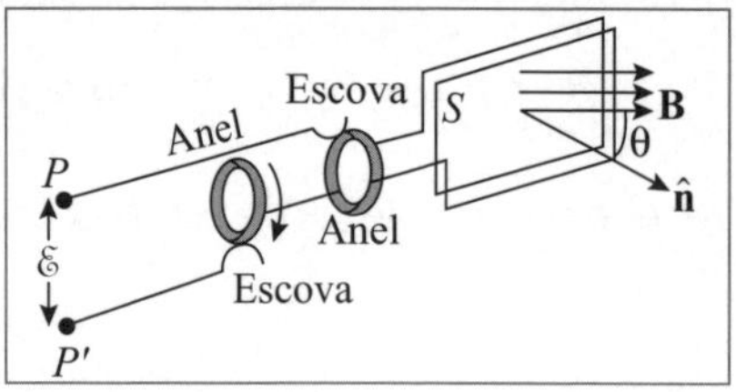

Figura 9.9 Modelo de gerador de corrente alternada.

O "quadro", de área S (normal orientada $\hat{\mathbf{n}}$) é formado de N espiras (na Figura 9.9, $N = 2$), e é feito girar dentro de um campo magnético $\mathbf{B}$ uniforme (por exemplo, entre os polos de um eletroímã), com velocidade angular constante ω, de modo que o ângulo θ entre $\mathbf{B}$ e a normal $\hat{\mathbf{n}}$ ao quadro é dado por

$$\theta = \omega t \tag{9.3.6}$$

O fluxo através das espiras é

$$\boxed{\Phi = N\ \mathbf{B}\cdot\mathbf{S} = N\ B\ S\cos\theta = N\ B\ S\cos(\omega t)} \tag{9.3.7}$$

A fem induzida é, portanto,

$$\mathcal{E} = -\frac{d\Phi}{dt} = \omega N\ BS\ \text{sen}(\omega t) \qquad \textbf{(9.3.8)}$$

que é uma fem *alternada* (Figura 9.10). Ela é "coletada" pelas escovas em contato com os anéis girantes, solidários com as extremidades do quadro (veja a Figura 9.9), e aparece entre os pontos P e P', que podem ser ligados a uma "carga" externa, completando o circuito.

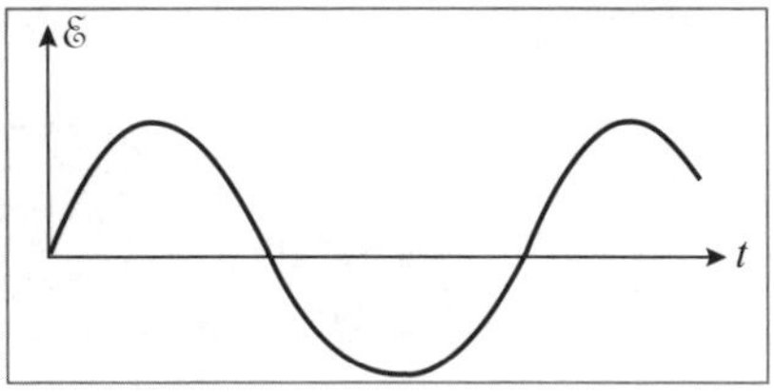

Figura 9.10 Força eletromotriz alternada.

Se a resistência externa é R (Figura 9.11), a corrente i será

$$\boxed{i = \frac{\mathcal{E}}{R} = \frac{\omega N\,BS}{R}\text{sen}(\omega t)} \qquad \textbf{(9.3.9)}$$

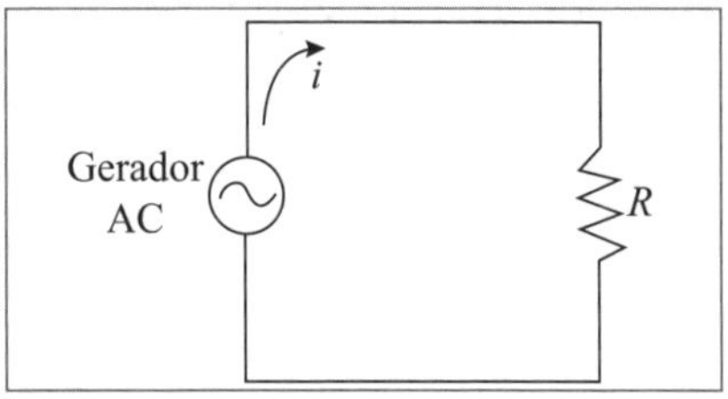

Figura 9.11 Gerador com resistência externa.

Mas já vimos que, nesse caso, o quadro se comportará como um dipolo magnético de momento

$$\mathbf{m} = i\ S N\,\hat{\mathbf{n}} \qquad \textbf{(9.3.10)}$$

e ficará sujeito a um torque de magnitude

$$\boxed{\tau = |\mathbf{m}\times\mathbf{B}| = i\ S\ N\ B\,\text{sen}\,\theta = i\ S\ N\ B\,\text{sen}(\omega t)} \qquad \textbf{(9.3.11)}$$

Para que o quadro permaneça girando com velocidade angular constante ω, é preciso fornecer-lhe uma *potência mecânica*

$$\boxed{\frac{dW}{dt} = \omega\tau = i\,\omega S\ N\ B\ \text{sen}(\omega t)} \qquad \textbf{(9.3.12)}$$

Vemos, portanto, que

$$\boxed{\frac{dW}{dt} = \mathcal{E} i} \qquad \textbf{(9.3.13)}$$

onde o segundo membro representa a potência elétrica gerada (desprezamos o atrito e a potência necessária para produzir **B**). Assim, a potência mecânica fornecida é convertida em potência elétrica.

Na usina de Itaipu, a potência mecânica é devida à queda da água, alimentada pelo rio Paraná, represada junto à usina (Figura 9.12a), cujo desnível chega a ~ 200 m. Canalizada para as turbinas, ela faz girar os rotores dos geradores, cujas paredes alojam os ímãs. A rotação induz a corrente nos enrolamentos de cobre dos estatores (Figura 9.12b). Itaipu é a maior usina hidroelétrica do mundo em capacidade de geração, que atinge 14.000 MW, fornecendo mais de 17% da energia elétrica consumida no Brasil. Tudo isso foi tornado possível pelo experimento de Faraday descrito por ele na Figura 9.1c. Foi também Faraday quem realizou o primeiro protótipo de um motor e de um gerador elétrico.

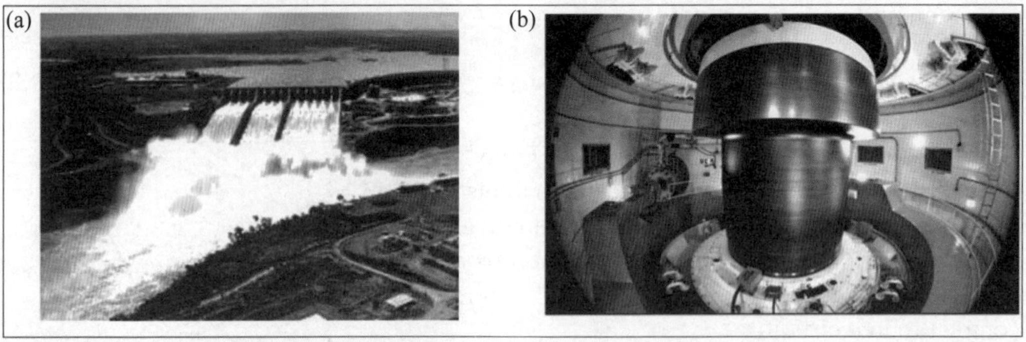

Figura 9.12 (a) Usina de Itaipu; (b) Vista de um dos geradores, aberto.

9.4 O BÉTATRON

O bétatron é um acelerador de elétrons, em que eles descrevem órbitas circulares sob a ação de um campo magnético, mantendo o raio r da órbita fixo e acelerando-se constantemente, em virtude da variação de $\mathbf{B}$ com o tempo (Figura 9.13). Exemplifica a lei da indução atuando no vácuo, sem a presença de um circuito condutor (Seção 9.1)

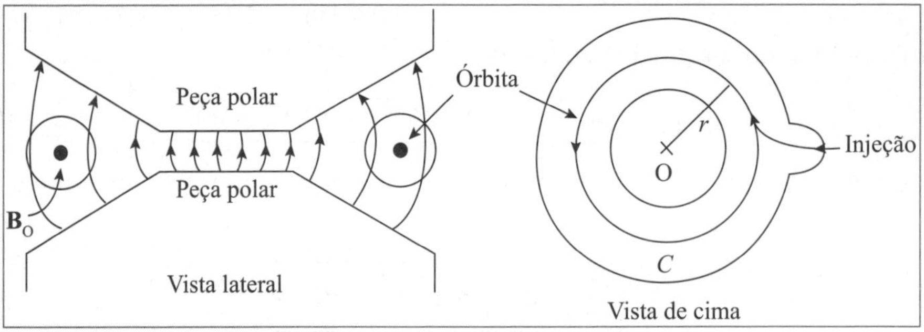

Figura 9.13 Esquema de um bétatron.

O elétrons circulam dentro de uma câmara toroidal em alto vácuo. O campo magnético é gerado por em eletroímã cujo enrolamento (bobinas) é percorrido por uma corrente alternada, e as peças polares produzem um campo inomogêneo, mais intenso na parte central do que lateralmente, mas com *simetria axial.*

Se B_0 é o campo sobre a órbita, tratado como uniforme, sabemos que o raio r é dado pela (7.17):

$$r = \frac{p}{e B_0} \quad \left\{ \quad \boxed{p = e\, B_0 r} \right. \qquad \textbf{(9.4.1)}$$

onde p é a magnitude do momento do elétron e e a magnitude da sua carga. Pode-se mostrar que este resultado vale mesmo para velocidades relativísticas (que são usualmente atingidas no bétatron).

Como $\mathbf{B}$ varia com a distância ao eixo, definimos o *valor médio* B_m de B sobre a área S da órbita por

$$\boxed{B_m = \frac{1}{\pi r^2}\int_S \mathbf{B}\cdot\hat{\mathbf{n}}\; dS = \frac{\Phi_C}{\pi r^2}} \tag{9.4.2}$$

onde Φ_C é o fluxo magnético que atravessa a órbita.

Pela lei da indução, a força eletromotriz ao longo da órbita C é

$$\boxed{\mathcal{E} = -\frac{d\Phi_C}{dt} = -\frac{d}{dt}\left(\pi r^2 B_m\right) = -\pi r^2 \frac{d\,B_m}{dt}} \tag{9.4.3}$$

e

$$\boxed{\mathcal{E} = \oint_C \mathbf{E}\cdot d\mathbf{l} = 2\pi r E} \tag{9.4.4}$$

pois $|\mathbf{E}|$ = constante ao longo da órbita, por simetria.

A força tangencial sobre um elétron (que o acelera) é

$$F = -eE = -\frac{e\mathcal{E}}{2\pi r} = \frac{er}{2}\frac{d\,B_m}{dt} \tag{9.4.5}$$

e fornece (também relativisticamente) a taxa de variação do momento p do elétron:

$$F = \frac{dp}{dt} = \frac{er}{2}\,\frac{dB_m}{dt} \tag{9.4.6}$$

Mas, como vimos,

$$p = e\,B_o r \quad \left\{\ \frac{dp}{dt} = er\frac{dB_o}{dt}\right. \tag{9.4.7}$$

Para que as (9.4.6) e (9.4.7) sejam compatíveis, devemos ter

$$\boxed{B_o = \frac{1}{2}B_m} \tag{9.4.8}$$

ou seja, o campo *sobre a órbita* deve ser a *metade* do seu *valor médio* sobre a área S da órbita. É para satisfazer a essa condição que as peças polares têm de ser projetadas com a forma indicada aproximadamente na Figura 9.13*

Para que os elétrons sejam acelerados,

$$\frac{dp}{dt} > 0$$

é preciso que seja

$$\frac{dB_o}{dt} > 0$$

além de $B_o > 0$ (para que a órbita seja descrita num dado sentido).

* Além disto, é preciso garantir a estabilidade da órbita.

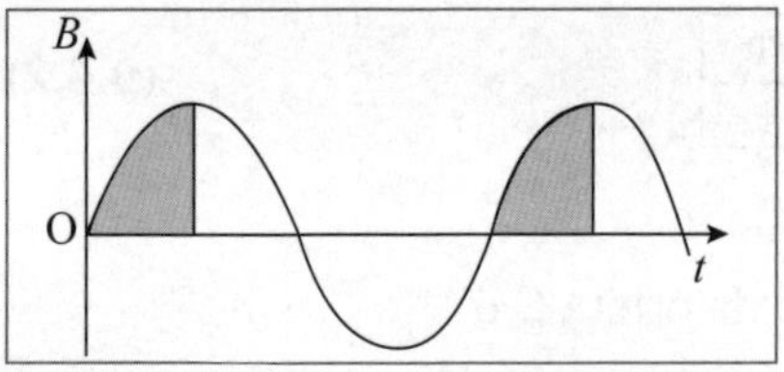

Figura 9.14 Campo *B* como função do tempo.

O campo B, como a corrente nas bobinas do eletroímã, é alternado, tendo uma variação sinusoidal com o tempo t. Logo, só é aproveitado para aceleração 1/4 de cada ciclo (regiões sombreadas na Figura 9.14). Os elétrons são injetados a cada ciclo.

Ao fim do período de aceleração, injeta-se um pulso de corrente, que expande a órbita e leva os elétrons a colidir com um alvo, emitindo raios X de energia elevada, para utilização em física nuclear ou física médica. A energia final dos elétrons pode atingir algumas centenas de MeV. Para energias mais altas, a perda de energia dos elétrons por emissão de radiação eletromagnética não permite mais usar esse processo de aceleração; utilizam-se aceleradores de outro tipo, os síncrotrons (**FB1**, Seção 5.4).

9.5 INDUTÂNCIA MÚTUA E AUTOINDUTÂNCIA

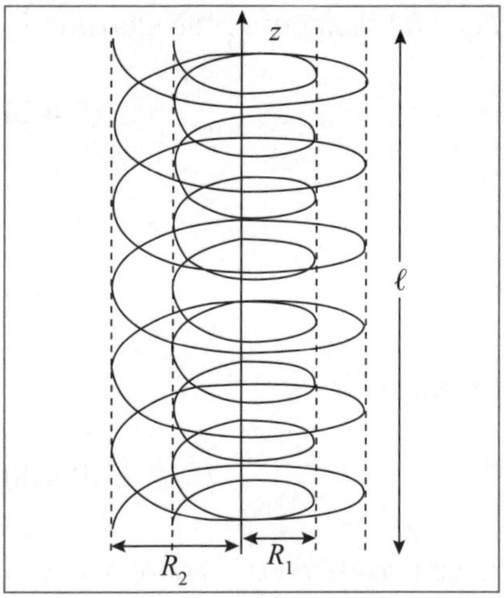

Figura 9.15 Indutância mútua entre dois solenoides.

Um dos experimentos de Faraday (Figura 9.1) consistiu em induzir uma corrente numa bobina fazendo variar a corrente em outra bobina: o fluxo magnético assim produzido atua sobre a outra e sua variação gera a corrente.

Consideremos dois solenoides coaxiais muito longos, de mesmo comprimento l, um de raio R_1 e N_1 espiras, e o outro de raio $R_2 > R_1$ e N_2 espiras (Figura 9.15).

Se fizermos passar uma corrente estacionária i_1 pelo solenoide 1 (de raio R_1), o campo $\mathbf{B}_1$ que ela produz é dado por (longe das extremidades do solenoide)

$$\boxed{\begin{aligned}\mathbf{B}_1 &= \mu_0 \frac{N_1}{l} i_1\, \hat{\mathbf{z}} \left(0 \le r \le R_1\right)\\ &= 0 \;\left(r > R_1\right)\end{aligned}} \tag{9.5.1}$$

O fluxo $\Phi_{2(1)}$ produzido por $\mathbf{B}_1$ sobre as N_2 espiras do solenoide 2 ($\neq 0$ apenas dentro de 1) é

$$\Phi_{2(1)} = N_2 \int_{S_2} \mathbf{B}_1 \cdot \hat{\mathbf{z}}\, dS = N_2 B_1 \cdot \left(\pi R_1^2\right) = \mu_0 \frac{N_1 N_2}{l} \left(\pi R_1^2\right) i_1$$

que é proporcional a i_1:

$$\boxed{\Phi_{2(1)} \equiv L_{21}\, i_1} \tag{9.5.2}$$

onde a constante de proporcionalidade (ou seja, o *fluxo induzido por unidade de corrente indutora*)

$$\boxed{L_{21} = \mu_0 N_1 N_2 \frac{\left(\pi R_1^2\right)}{l}} \tag{9.5.3}$$

é chamada de *indutância mútua*. Como $\mathbf{\Phi}$ se mede em webers e i em ampères, a unidade de indutância é o *Henry* (H), definido por

$$1\frac{\text{Wb}}{\text{A}} \equiv 1\,\text{H} \tag{9.5.4}$$

Analogamente, se fizermos passar uma corrente estacionária i_2 pelo solenoide 2, ela produz um campo

$$\boxed{\begin{aligned} \mathbf{B}_2 &= \mu_0 \frac{N_2}{l} i_2 \hat{\mathbf{z}} \quad \left(0 \le r \le R_2\right) \\ &= 0 \quad \left(r > R_2\right) \end{aligned}} \tag{9.5.5}$$

e o fluxo $\mathbf{\Phi}_{1(2)}$ desse campo através das N_1 espiras do solenoide 1 é

$$\mathbf{\Phi}_{1(2)} = N_1 \int_{S_1} \mathbf{B}_2 \cdot \hat{\mathbf{z}}\, dS = N_1 B_2 \cdot \left(\pi R_1^2\right) = \mu_0 \frac{N_1 N_2}{l} \left(\pi R_1^2\right) i_2$$

que resulta em

$$\boxed{\mathbf{\Phi}_{1(2)} \equiv L_{12} i_2 = \frac{\mu_0 N_1 N_2}{l} \left(\pi R_1^2\right) i_2} \tag{9.5.6}$$

onde

$$\boxed{L_{12} = L_{21}} \tag{9.5.7}$$

justificando o nome de indutância *mútua* (note que L_{12} *não* se obtém pela substituição $1 \leftrightarrow 2$ na expressão de L_{21}!).

Além de produzir um fluxo magnético no solenoide 2, a corrente i_1 também produz um fluxo $\mathbf{\Phi}_{1(1)}$ no próprio solenoide 1:

$$\mathbf{\Phi}_{1(1)} = N_1 \int_{S_1} \mathbf{B}_1 \cdot \hat{\mathbf{z}}\, dS = N_1 B_1 \cdot \left(\pi R_1^2\right) = \mu_0 \frac{N_1^2}{l} \pi R_1^2 i_1$$

ou seja,

$$\boxed{\mathbf{\Phi}_{1(1)} \equiv L_1\, i_1} \tag{9.5.8}$$

onde

$$\boxed{L_1 \equiv L_{11} = \mu_0 \frac{\left(N_1\right)^2}{l} \pi \left(R_1\right)^2} \tag{9.5.3}$$

recebe o nome de *autoindutância* do solenoide 1 (S_1 = área de secção). L_1 varia com $(N_1)^2$ porque o fluxo sobre *cada* espira é proporcional a $N_1\, i_1$, e o fluxo total no solenoide também é proporcional ao seu número de espiras N_1.

Analogamente, a corrente i_2 produz um fluxo $\mathbf{\Phi}_{2(2)}$ no solenoide 2 por onde ela passa, dado por

$$\Phi_{2(2)} = N_2 \int_{S_2} \mathbf{B}_2 \cdot \hat{\mathbf{z}}\, dS = N_2 B_2 \cdot \left(\pi R_2^2\right) = \mu_0 \frac{\left(N_2\right)^2}{l} \pi \left(R_2\right)^2 i_2$$

o que leva a

$$\boxed{\Phi_{2(2)} \equiv L_2\, i_2} \qquad \textbf{(9.5.10)}$$

onde

$$\boxed{L_2 = \mu_0 \frac{\left(N_2\right)^2}{l} \pi \left(R_2\right)^2} \qquad \textbf{(9.5.11)}$$

é a autoindutância do solenoide 2. Note que as autoindutâncias e a indutância mútua são dadas por fatores puramente *geométricos*.

Se passa simultaneamente uma corrente i_1 pelo solenoide 1 e i_2 pelo solenoide 2, os fluxos magnéticos correspondentes através dos dois solenoides serão

$$\begin{aligned} \Phi_1 &= L_1\, i_1 + L_{12}\, i_2 \\ \Phi_2 &= L_{21}\, i_1 + L_2\, i_2 \end{aligned} \qquad \textbf{(9.5.12)}$$

onde $L_{21} = L_{12}$.

As expressões acima dão

$$L_1 L_2 = \mu_0^2 \frac{\left(N_1 N_2\right)^2}{l^2} \pi^2 \left(R_1 R_2\right)^2 \quad \left\{ \quad \sqrt{L_1 L_2} = \mu_0 \frac{N_1 N_2}{l} \pi\, R_1\, R_2 \right.$$

ou seja,

$$\boxed{\frac{L_{12}}{\sqrt{L_1 L_2}} = \frac{R_1}{R_2}} \qquad \textbf{(9.5.13)}$$

que é < 1, e tenderia a 1 no limite $R_1 \to R_2$, mas somente se *todo o fluxo* fosse concatenado.

Correntes quase estacionárias

As expressões dos campos magnéticos de solenoides empregadas acima foram obtidas quando eles são percorridos por correntes estacionárias. Entretanto, é de se esperar que elas permaneçam válidas para correntes $i_1(t)$ e $i_2(t)$ *variáveis com o tempo*, ou seja, que $\mathbf{\Phi}_1(t)$ e $\mathbf{\Phi}_2(t)$ se obtenham simplesmente substituindo os valores de $i_1(t)$ e $i_2(t)$ *no mesmo instante* t, desde que a variação de i_1 e i_2 com o tempo seja *suficientemente lenta*. Que significa isso?

Veremos que, como deduziremos das equações de Maxwell, as interações eletromagnéticas *não* são instantâneas (como nas teorias de ação à distância), mas se propagam com velocidade finita, que é igual a c, a velocidade da luz no vácuo. Logo, dizer que a variação das correntes é *lenta* significa que elas *variam muito pouco durante o tempo que a luz leva para atravessar as dimensões típicas dos circuitos considerados*. Por exemplo, para correntes alternadas (AC) de 60 ciclos/s, o tempo característico de variação das correntes é

$$\sim \frac{1}{60}\,\text{s}$$

ao passo que a luz leva

$$\sim \frac{l}{3} \times 10^{-8}\,\text{s}$$

para percorrer uma distância de l metros. Para circuitos AC de dimensões l típicas, vemos que a aproximação de *correntes quase estacionárias*, em que substituímos as correntes pelos seus valores instantâneos, é excelente (mas isso não vale para micro-ondas, onde o período é ~ l/c!).

Podemos, então, concluir da lei da indução que, se $i_2\,(t)$ é a corrente variável num circuito 2, a fem $\mathcal{E}_1$ induzida por essa variação num circuito 1 será

$$\boxed{\mathcal{E}_1 = -\frac{d}{dt}\mathbf{\Phi}_{1(2)} = -L_{12}\frac{di_2}{dt}} \tag{9.5.14}$$

onde L_{12} é a indutância mútua entre os dois circuitos. Analogamente, se $i_1(t)$ é a corrente em 1, a fem induzida $\mathcal{E}_2$ em 2 é

$$\boxed{\mathcal{E}_2 = -\frac{d}{dt}\mathbf{\Phi}_{2(1)} = -L_{21}\frac{di_1}{dt}} \tag{9.5.15}$$

O resultado encontrado acima para o exemplo dos dois solenoides é *geral*:

$$\boxed{L_{12} = L_{21}} \tag{9.5.16}$$

Isso está longe de ser óbvio para dois circuitos quaisquer, mas não daremos a demonstração (ela decorre da introdução do *potencial vetor* magnético, que não foi discutido).

Analogamente, a variação de i_1 com t produz uma fem *autoinduzida* no circuito 1 dada por

$$\boxed{\mathcal{E}_1 = -L_1\frac{di_1}{dt}} \tag{9.5.17}$$

e, correspondentemente,

$$\boxed{\mathcal{E}_2 = -L_2\frac{di_2}{dt}} \tag{9.5.18}$$

Costuma-se convencionar que *uma fem é positiva quando tem o mesmo sentido que a corrente* no circuito onde atua, ou seja, tem a orientação de **dl** [cf. (9.2.3) e (9.3.1)]. Como as fem da lei de Faraday se *opõem* à variação da corrente,

$$\frac{di}{dt} > 0$$

deve implicar $\mathcal{E} < 0$; logo, as *autoindutâncias*, como L_1 e L_2, *são sempre positivas* de acordo com esta convenção. Já para L_{12}, seu sinal depende das convenções adotadas para os sinais i_1 e i_2 da corrente nos dois circuitos, de forma que L_{12} pode ser positivo ou negativo.

Se tivermos correntes variáveis em dois circuitos, as fem induzidas serão então

$$\boxed{\begin{aligned} \mathcal{E}_1 &= -L_1 \frac{di_1}{dt} - L_{12}\frac{di_2}{dt} \\ \mathcal{E}_2 &= -L_{21} \frac{di_1}{dt} - L_2\frac{di_2}{dt} \end{aligned}} \tag{9.5.19}$$

Os resultados obtidos para L_1, L_2 e L_{12} no exemplo dos dois solenoides foram todos da forma $L = \mu_0\, l$, onde l é um fator geométrico com dimensões de comprimento. Logo, a unidade de μ_0 também é equivalente a Henry/metro:

$$\boxed{\mu_0 = 4\pi \times 10^{-7}\ \mathrm{H/m}} \tag{9.5.20}$$

Exemplo 2: ***Autoindutância de um cabo coaxial.*** Um cabo coaxial é formado por um fio condutor cilíndrico de raio a envolvido por uma capa cilíndrica condutora, usualmente de malha metálica, de raio b (separados por um dielétrico isolante, no qual podemos calcular **B** como no vácuo). Uma corrente de intensidade i é transmitida axialmente ao longo do condutor interno (aponta para fora, na Figura 9.16) e retorna pelo externo, que em geral também é envolto por uma capa plástica. A malha metálica blinda o sinal transmitido da interferência de campos externos.

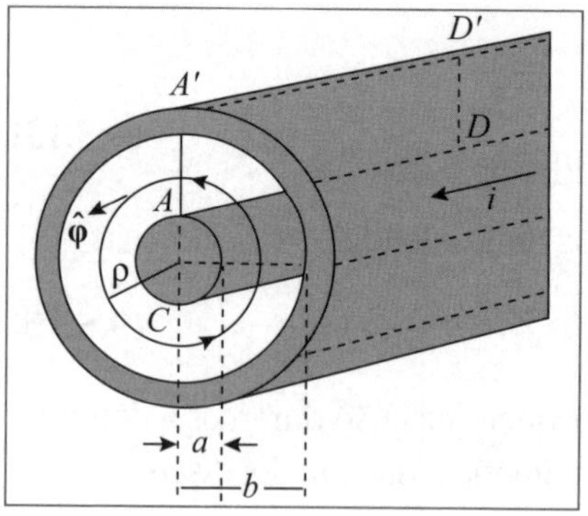

Figura 9.16 Cabo coaxial.

Por simetria, as linhas de força de **B** são círculos concêntricos, orientados como C na Figura 9.16, e $|\mathbf{B}|$ é constante ao longo de C. Assim, pela lei de Ampère,

$$2\pi\rho B = \mu_0 i \quad \left\{ \quad \boxed{\mathbf{B} = \frac{\mu_0 i}{2\pi\rho}\hat{\boldsymbol{\varphi}}} \right. \tag{9.5.21}$$

onde $\hat{\boldsymbol{\varphi}}$ é um vetor unitário tangente ao círculo.

Supondo $a << b$, podemos desprezar o fluxo contido no fio interno. O fluxo de **B** através de um retângulo $ADD'A'$ de comprimento $\overline{AD}$ unitário e lado AA' ligando o condutor interno ao externo (Figura 9.16) é

$$\Phi = \int \mathbf{B} \cdot \hat{\boldsymbol{\varphi}} dS = \underbrace{\overline{AD}}_{=1} \cdot \int_a^b B(\rho) d\rho = \frac{\mu_0 i}{2\pi} \int_a^b \frac{d\rho}{\rho} = \frac{\mu_0 i}{2\pi} \ln\left(\frac{b}{a}\right)$$

ou seja, o fluxo por unidade de comprimento é

$$\boxed{\Phi = \mathscr{L} i} \qquad \textbf{(9.5.22)}$$

onde

$$\boxed{\mathscr{L} = \frac{\mu_0}{2\pi} \ln\left(\frac{b}{a}\right)} \qquad \textbf{(9.5.23)}$$

é a *autoindutância do cabo coaxial por unidade de comprimento.*

Exemplo 3: *Bobina toroidal.* Consideremos uma bobina toroidal de N espiras; o toroide tem raio médio $OO_1 = a$ (Figura 9.17) e raio da secção circular $= b$. Seja P, de coordenadas polares $O_1P = \rho$ e φ, um ponto da secção transversal. A linha de força que passa por P é um círculo de raio $r = PP'$ (distância ao eixo de revolução), com

$$r = a - \rho \cos \varphi \qquad \textbf{(9.5.24)}$$

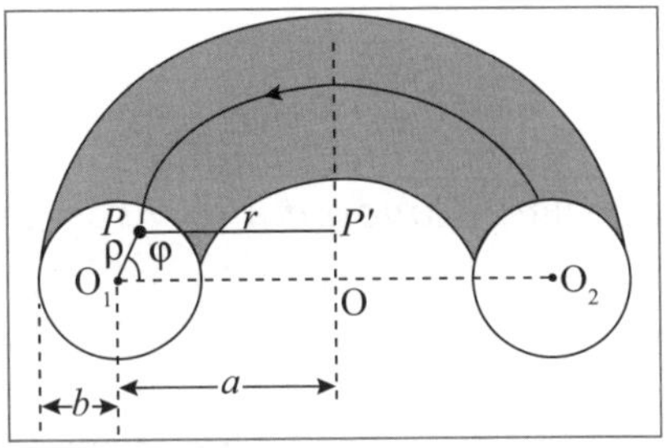

Figura 9.17 Bobina toroidal.

e a lei de Ampère, neste ponto, resulta em

$$2\pi r B = N\mu_0 i \qquad \textbf{(9.5.25)}$$

onde N é o número de espiras da bobina enrolada no toroide e i a intensidade da corrente que a atravessa. Logo,

$$\boxed{\mathbf{B}(\rho, \varphi) = \frac{N\mu_0 i}{2\pi} \cdot \frac{1}{a - \rho \cos\varphi} \hat{\mathbf{n}}} \qquad \textbf{(9.5.26)}$$

onde $\hat{\mathbf{n}}$ é o versor da normal ao plano da secção.

O fluxo através de *uma* espira (secção transversal) é, portanto,

$$\Phi_1 = \int_S \mathbf{B} \cdot \hat{\mathbf{n}} dS = \frac{N\mu_0 i}{2\pi} \int_0^b \rho d\rho \int_0^{2\pi} \frac{d\varphi}{a - \rho \cos\varphi}$$

Temos

$$\int_0^{2\pi} \frac{d\varphi}{(a - \rho \cos\varphi)} = 2\int_0^{\pi} \frac{d\varphi}{(a - \rho\cos\varphi)} = \frac{4}{\sqrt{a^2 - \rho^2}} \underbrace{\left[\operatorname{tg}^{-1}\left\langle \sqrt{\frac{a-\rho}{a+\rho}} \operatorname{tg}\left(\frac{\varphi}{2}\right)\right\rangle\right]_{\varphi=0}^{\varphi=\pi}}_{=\frac{\pi}{2}}$$

$$= \frac{2\pi}{\sqrt{a^2 - \rho^2}}$$

Assim,

$$\Phi_1 = N\mu_0 i\cdot\int_0^b \frac{\rho\, d\rho}{\left(a^2-\rho^2\right)^{1/2}} = N\mu_0 i\underbrace{\left.\left(a^2-\rho^2\right)^{1/2}\right|_b^0}_{a-\sqrt{a^2-b^2}}$$

ou seja, finalmente,

$$\boxed{\Phi_1 = N\mu_0 i\left[a-\sqrt{a^2-b^2}\right]} \qquad \textbf{(9.5.27)}$$

Se houver uma segunda bobina com N' espiras enrolada no toroide, o fluxo produzido pela primeira na segunda é então $N'\Phi_1$, o que resulta em (substituindo $N \to N_1$, $N' \to N_2$)

$$\boxed{L_{12} = \mu_0 N_1 N_2\left(a-\sqrt{a^2-b^2}\right)} \qquad \textbf{(9.5.28)}$$

para a *indutância mútua* entre as duas bobinas enroladas no mesmo toroide. Analogamente, a *autoindutância* de uma bobina toroidal de N espiras é

$$\boxed{L = \mu_0 N^2\left(a-\sqrt{a^2-b^2}\right)} \qquad \textbf{(9.5.29)}$$

Se o raio b da secção circular é muito menor que o raio médio a do toroide, podemos usar uma expansão em série de Taylor:

$$(1-\varepsilon)^{1/2} \approx 1-\frac{\varepsilon}{2}$$

para $|\varepsilon| << 1$:

$$\sqrt{a^2-b^2} = \left(a^2-b^2\right)^{1/2} = a\left(1-\frac{b^2}{a^2}\right)^{1/2} \approx a\left(1-\frac{b^2}{2a^2}\right) = a-\frac{b^2}{2a}$$

o que leva a

$$a-\sqrt{a^2-b^2} \approx \frac{b^2}{2a}(b << a)$$

resultando em

$$L_{12} \approx \mu_0 N_1 N_2\frac{b^2}{2a} = \mu_0 N_1 N_2\frac{\pi b^2}{2\pi a} \qquad \textbf{(9.5.30)}$$

e

$$L \approx \mu_0 N^2\frac{S}{l} \qquad \textbf{(9.5.31)}$$

onde $S = \pi b^2$ é a área da secção e $l = 2\pi a$ o *comprimento médio do toroide*. Estes resultados coincidem com aqueles obtidos acima para solenoides longos cilíndricos de secção transversal S e comprimento l, quando tomados com o mesmo raio ($R_1 = R_2$).

9.6 ENERGIA MAGNÉTICA

Vimos que a força eletromotriz $\mathcal{E}$ induzida num circuito por um campo magnético variável tende a se *opor* à variação do fluxo:

$$\mathcal{E} = -\frac{d\Phi}{dt}$$

Se a corrente no instante considerado é i, a *potência* que precisa ser *fornecida* para isso é

$$\boxed{\frac{dW}{dt} = -\mathcal{E}i = +\frac{d\Phi}{dt}i = +Li\frac{di}{dt}} \tag{9.6.1}$$

onde L é a autoindutância do circuito.

Ignorando a perda por efeito Joule (supondo desprezível a resistência do circuito), a energia total que precisa ser fornecida para fazer passar a corrente no circuito do valor 0, para $t = 0$, a um valor final I, em t, é

$$U = \int_0^t \frac{dW}{dt}dt = \int_0^t Li\frac{di}{dt}dt = L\int_0^I idi = L\frac{i^2}{2}\bigg|_0^I = L\frac{I^2}{2}$$

ou seja

$$\boxed{U = \frac{1}{2}LI^2} \tag{9.6.2}$$

é a *energia armazenada num circuito de autoindutância L que é atravessado por uma corrente I.*

Se tivermos *dois* circuitos, podemos, de início, produzir a corrente I_1 num deles (com corrente = 0 no outro), armazenando a energia

$$U_1 = \frac{1}{2}L_1 I_1^2 \tag{9.6.3}$$

Depois disso, para elevarmos a corrente no circuito 2 de 0 para I_2, temos de fornecer a energia

$$\left.\begin{aligned}&\int \frac{dW}{dt}dt = \int i_2 \frac{d\Phi_2}{dt}dt + \int I_1 \frac{d\Phi_{1(2)}}{dt}dt \\ &= \frac{1}{2}L_2 I_2^2 + L_{12} I_1 \int_0^{I_2} di_2\end{aligned}\right\} U_2 = \frac{1}{2}L_2 I_2^2 + L_{12} I_1 I_2 \tag{9.6.4}$$

onde usamos $\Phi_{1(2)} = L_{12}\, i_2$.

As (9.6.3) e (9.6.4) dão para a *energia total*

$$\boxed{U = U_1 + U_2 = \frac{1}{2}L_1 I_1^2 + \frac{1}{2}L_2 I_2^2 + L_{12} I_1 I_2} \tag{9.6.5}$$

Considerado, por exemplo, como função de I_1, esse trinômio do 2º grau tem de ser *sempre positivo*, quaisquer que sejam os sinais e valores de I_1 e I_2. Isso só é possível se o discriminante do trinômio é < 0:

$$(L_{12} I_2)^2 - 4 \cdot \frac{1}{2} L_1 \cdot \frac{1}{2} L_2 I_2^2 = (I_2)^2 \left[(L_{12})^2 - L_1 L_2 \right] < 0$$

ou seja, devemos ter sempre

$$|L_{12}| < \sqrt{L_1 L_2} \quad \left\{ \quad 0 \leq k \equiv \frac{|L_{12}|}{\sqrt{L_1 L_2}} < 1 \right. \qquad \textbf{(9.6.6)}$$

onde k recebe o nome de *coeficiente de acoplamento indutivo*. Se k é próximo de 1, o acoplamento magnético entre os dois circuitos é forte; quanto menor for k, menos eles estarão acoplados (por exemplo, se estão muito longe um do outro). Também na (9.5.13) vimos que $k = R_1/R_2 < 1$, e $k \to 1$ para $R_1 \to R_2$, quando *todo* o fluxo de um dos solenoides atravessa o outro, sem qualquer perda (o que, na prática, não é realizável).

Densidade de energia magnética

Para um solenoide muito longo de comprimento l e área de secção S, com N espiras, vimos na (9.5.31) que a autoindutância é

$$\boxed{L = \mu_0 N^2 \frac{S}{l}} \qquad \textbf{(9.6.7)}$$

de forma que, quando percorrido por uma corrente I, a energia armazenada é

$$U = \frac{1}{2} L\, I^2 = \frac{1}{2} \mu_0 (NI)^2 \frac{S}{l} = \frac{1}{2\mu_0} \left(\mu_0 \frac{N}{l} I \right)^2 Sl = \frac{B^2}{2\mu_0} V$$

onde $n = N/l$ é o número de espiras por unidade de comprimento, B é o campo (8.3.21) dentro do solenoide, e $V = Sl$ é o volume interno a ele. Onde fica armazenada a energia U?

Como o campo magnético está (com muito boa aproximação) confinado dentro do solenoide, podemos interpretar este resultado dizendo que *a energia está contida no campo magnético, com densidade de energia magnética*

$$\boxed{u_m = \frac{1}{2\mu_0} \mathbf{B}^2} \qquad \textbf{(9.6.8)}$$

da mesma forma que, da expressão para a energia elétrica $\frac{1}{2} C V^2$ armazenada num capacitor plano, inferimos, para a *densidade de energia elétrica* no vácuo, a expressão

$$\boxed{u_e = \frac{\varepsilon_0}{2} \mathbf{E}^2} \qquad \textbf{(9.6.9)}$$

Se tivermos, ao mesmo tempo, numa dada região do espaço (no vácuo) um campo elétrico e um campo magnético, a *densidade de energia eletromagnética total do campo* é

$$\boxed{u = u_e + u_m = \frac{\varepsilon_0}{2}\mathbf{E}^2 + \frac{\mathbf{B}^2}{2\mu_0}} \tag{9.6.10}$$

Exemplo 4: Voltando ao Exemplo 2 (cabo coaxial), vimos que o campo dentro do cabo é

$$\boxed{\mathbf{B} = \frac{\mu_0 i}{2\pi\rho}\hat{\varphi}} \tag{9.6.11}$$

o que resulta em

$$\boxed{u_m = \frac{1}{2\mu_0}\cdot\left(\frac{\mu_0 i}{2\pi\rho}\right)^2 = \frac{\mu_0}{8\pi^2}\frac{i^2}{\rho^2}} \tag{9.6.12}$$

Em coordenadas cilíndricas (ρ, φ, z), onde (ρ, φ) são coordenadas polares na secção transversal e z a coordenada axial, a energia magnética contida entre z_0 e $z_0 + l$ (desprezando aquela no interior do fio central, como foi feito no tratamento anterior), é então

$$\int u_m dv = \int_{z_0}^{z_0+l} dz \int_a^b \rho\, d\rho \int_0^{2\pi} d\varphi\, u_m =$$

$$= \frac{\mu_0}{8\pi^2} i^2 \cdot l \int_a^b \frac{\rho\, d\rho}{\rho^2} \cdot \int_0^{2\pi} d\varphi = \frac{\mu_0}{4\pi} i^2 l \int_a^b \frac{d\rho}{\rho} = \frac{\mu_0}{4\pi} i^2 l \ln\left(\frac{b}{a}\right)$$

de modo que a energia magnética armazenada, por unidade de comprimento do cabo, é

$$\frac{1}{2}\frac{\mu_0}{2\pi}\ln\left(\frac{b}{a}\right) i^2 = \frac{1}{2}\mathcal{L} i^2 \tag{9.6.13}$$

o que concorda com a expressão (9.5.23) para $\mathcal{L}$, a autoindutância do cabo por unidade de comprimento.

Podemos, portanto, obter a indutância também pelo cálculo da energia magnética armazenada (método alternativo).

■ PROBLEMAS

9.1 O princípio do *fluxômetro*, empregado para medir a intensidade B de um campo magnético, consiste em empregar uma pequena bobina de prova, com N espiras de área S, cujos terminais estão ligados a um galvanômetro balístico (veja Cap. 7, Probl. 7.5). A bobina, cuja resistência é R, é colocada com o plano das espiras perpendicular ao campo magnético que se deseja medir, do qual é removida subitamente. Isso gera um pulso de corrente, e o galvanômetro balístico mede a carga total Q associada a esse pulso. Calcule o valor de B em função de N, S, R e Q.

9.2 Liga-se um voltímetro entre os trilhos de uma estrada de ferro, cujo espaçamento é de 1,5 m. Os trilhos são supostos isolados um do outro. A componente vertical do campo magnético terrestre no local é de 0,5 G. Qual é a leitura do voltímetro quando passa um trem a 150 km/h?

9.3 Em 1831, Michael Faraday fez girar um disco de cobre entre os polos de um ímã em forma de ferradura (Figura) e observou o aparecimento de uma diferença de potencial constante entre duas escovas, uma em contato com o eixo do disco e a outra na periferia. Seja a o raio do disco. (a) Se o disco gira com velocidade angular ω, com seu plano perpendicular ao campo magnético uniforme B, qual é a diferença de potencial V gerada entre o eixo e a periferia? (b) Em razão dessa diferença de potencial, uma corrente de intensidade I passa entre o eixo e a periferia. Calcule o torque que é necessário exercer para manter o disco girando e mostre que a potência fornecida é igual à potência gerada.

9.4 Uma barra metálica horizontal PQ de comprimento l e massa m escorrega com atrito desprezível sobre dois trilhos verticais unidos por uma haste horizontal fixa de resistência R. A resistência da barra e dos trilhos pode ser desprezada em confronto com R. O conjunto está situado num campo magnético B horizontal uniforme, orientado para dentro do plano da figura. (a) Qual é o sentido da corrente induzida? (b) Qual é a aceleração da barra? (c) Com que velocidade terminal v_0 ela cai? (d) Qual é o valor correspondente da corrente? (e) Discuta o balanço da energia na situação terminal.

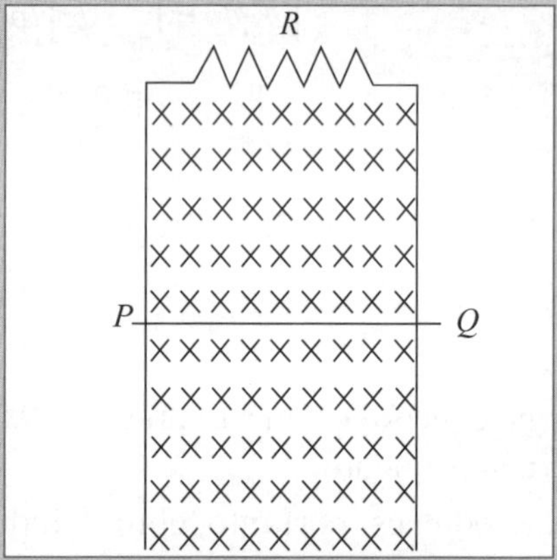

9.5 Uma espira retangular de lados $2a$ e $2b$ está no mesmo plano que um par de fios paralelos muito longos que transportam uma corrente I em sentidos opostos (um é o retorno do outro). O centro da espira está equidistante dos fios, cuja separação é $2d$ (figura). Calcule a indutância mútua entre a espira e o par de fios.

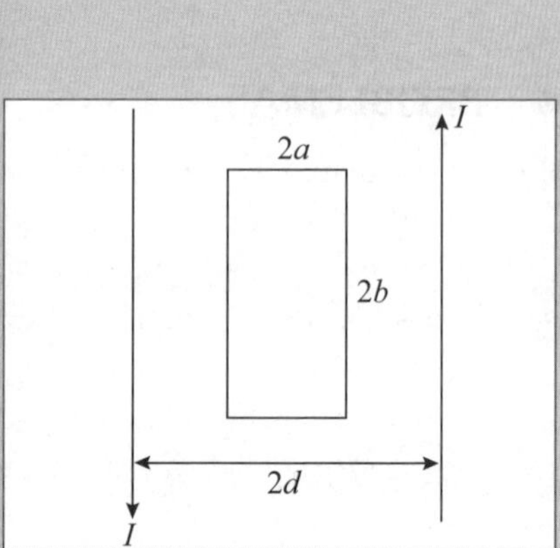

9.6 Uma espira circular de raio a tem no seu centro uma outra espira circular de raio $b << a$. Os planos das duas espiras formam entre si um ângulo θ. Calcule a indutância mútua entre elas.

9.7 Calcule a indutância mútua entre uma espira circular de raio a e um fio retilíneo coplanar muito longo que transporta corrente I e está à distância b do centro da espira.

9.8 Calcule a autoindutância de uma bobina toroidal de secção quadrada com lado L e de raio médio R.

9.9 Uma pequena espira circular de raio a percorrida por uma corrente I desliza com velocidade v constante ao longo do eixo de outra espira circular de raio $b >> a$ e resistência R, aproximando-se dela, com os planos das duas espiras paralelos. Calcule a corrente induzida na espira de raio b para uma distância $z >> a$ entre os centros das duas espiras. Qual é o sentido relativo das correntes nas duas espiras?

9.10 Duas bobinas de autoindutâncias L_1 e L_2, respectivamente, e indutância mútua L_{12}, estão ligadas em série. Mostre que a indutância do sistema é dada por

$$L = L_1 + L_2 \pm 2L_{12}$$

e discuta a origem do duplo sinal no último termo.

9.11 Uma espira retangular de lados a e b, de resistência R, cai num plano vertical e atravessa uma camada onde existe um campo magnético **B** uniforme e horizontal (figura).

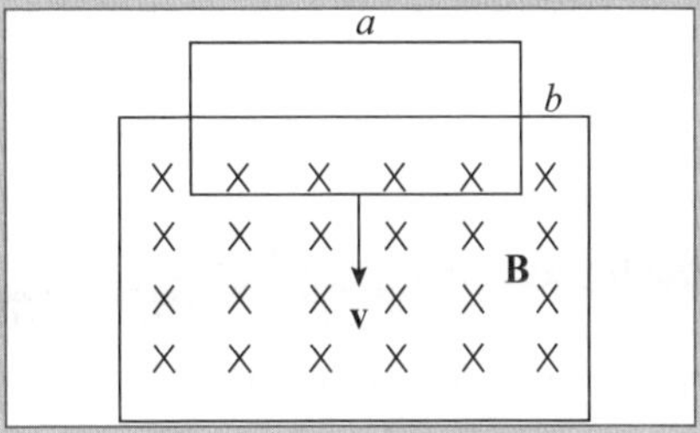

(a) Obtenha a força magnética **F** (módulo, direção, sentido) que atua sobre a espira enquanto ela ainda está *penetrando* no campo, num instante em que sua velocidade de queda é **v**.

(b) Repita o cálculo num instante posterior, em que a espira ainda está *saindo* do campo e sua velocidade é **v**'.

9.12 Uma espira retangular de lados a e b afasta-se com velocidade $\mathbf{v} = v\hat{\mathbf{x}}$ de um fio retilíneo muito longo, que transporta corrente contínua de intensidade I. A espira tem resistência R e autoindutância desprezível. No instante considerado, sua distância ao outro fio é x (figura).

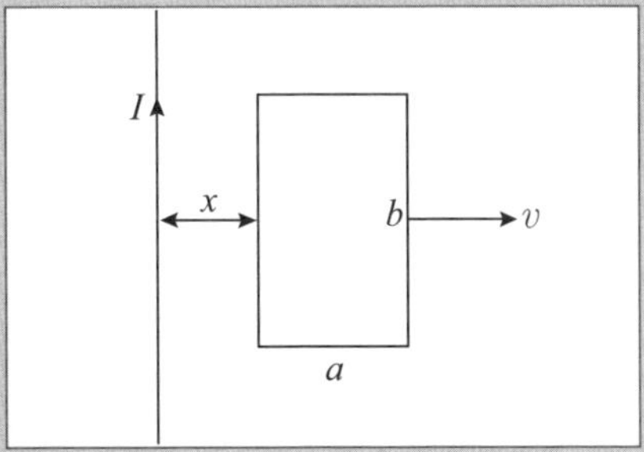

(a) Calcule o fluxo Φ de **B** através da espira nesse instante.

(b) Calcule a magnitude i e o sentido do percurso da corrente induzida na espira nesse instante.

10

Circuitos

Uma das aplicações práticas mais importantes do eletromagnetismo é sua utilização em circuitos elétricos, desde aqueles empregados para transmissão e distribuição de potência em larga escala até os que fazem parte, por exemplo, da arquitetura de um microcomputador. Vamos discutir neste capítulo circuitos tanto de corrente contínua (DC, do inglês "Direct Current") como alternada (AC, de "Alternating Current"), mas sempre com a restrição a *correntes quase estacionárias* (o que exclui, por exemplo, circuitos de micro-ondas).

No tratamento teórico de circuitos, é conveniente representar os seus elementos constituintes de forma idealizada. Assim, uma bobina real terá, além de sua autoindutância, também resistência (a do fio) e capacitância entre seus terminais, mas é conveniente dissociar esses elementos uns dos outros e representá-los em termos de "indutância pura", "resistência pura" e "capacitância pura". Os fios condutores que ligam uma bobina a um capacitor têm resistência, mas convenciona-se desprezá-la e, se necessário, agregá-la à resistência de um "resistor puro".

10.1 ELEMENTOS DE CIRCUITO

(a) Resistor

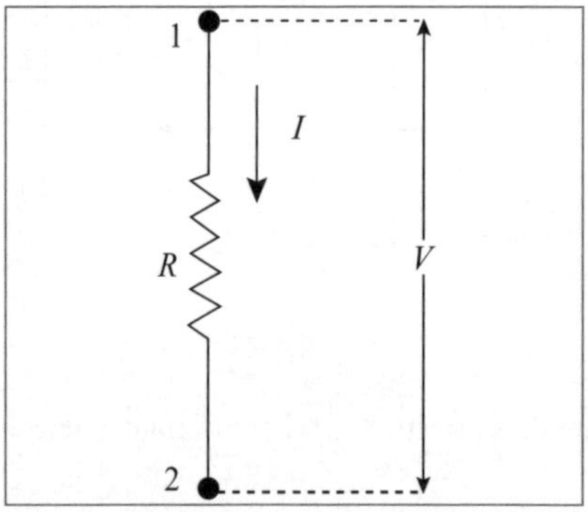

Figura 10.1 Resistor.

Um resistor (ôhmico) é um elemento de circuito, representado por $\bullet\!-\!\overset{R}{\wedge\!\!\vee\!\!\wedge\!\!\vee}\!-\!\bullet$ (Figura 10.1), que obedece à lei de Ohm, ou seja, tal que, quando atravessado por uma corrente I, tem uma *queda de potencial* (no sentido da corrente: $V \equiv V_1 - V_2$) através de seus extremos 1 e 2 dada por

$$\boxed{V = RI} \qquad \textbf{(10.1.1)}$$

Num resistor, há uma conversão de energia elétrica em energia térmica, dada pelo efeito Joule: a potência dissipada é

$$\boxed{P = I^2 R} \tag{10.1.2}$$

(b) Capacitor

Num capacitor, representado por $\bullet\!-\!\!\overset{C}{|\,|}\!\!-\!\bullet$ (Figura 10.2), uma das placas (armaduras) tem carga Q, a outra $-Q$, (estas cargas podem variar com o tempo, desde que de forma *quase estacionária*), e a queda de potencial $V \equiv V_1 - V_2$ entre as placas é dada por

$$\boxed{V = \frac{Q}{C}} \tag{10.1.3}$$

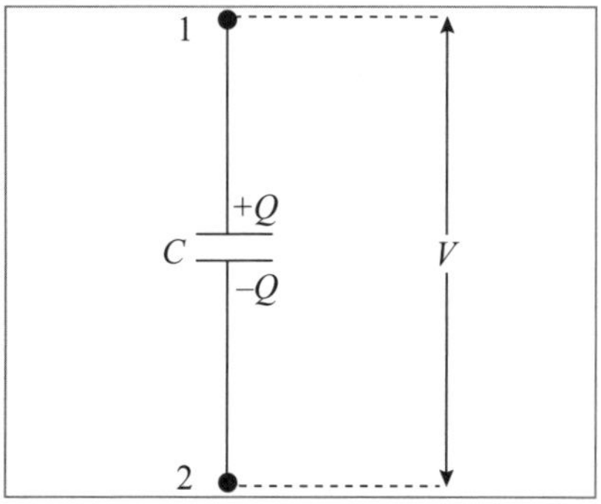

Figura 10.2 Capacitor.

onde C é a capacitância do capacitor.

Um capacitor armazena energia elétrica. A energia total armazenada é

$$\boxed{U = \frac{1}{2} C V^2 = \frac{Q^2}{2C}} \tag{10.1.4}$$

(c) Indutor

Um indutor, representado por $\bullet\!-\!\overset{L}{\mathrm{ooo}}\!-\!\bullet$ (Figura 10.3), é um elemento idealizado dentro do qual o campo magnético se supõe inteiramente confinado, como num solenoide infinito, e de resistência desprezível (logo, ao longo do solenoide, podemos tomar $\mathbf{E} = 0$, como num condutor perfeito). Tomando o circuito fechado 1234, onde 3 e 4 são arbitrariamente próximos de 1 e 2, respectivamente, vem então (Figura 10.3)

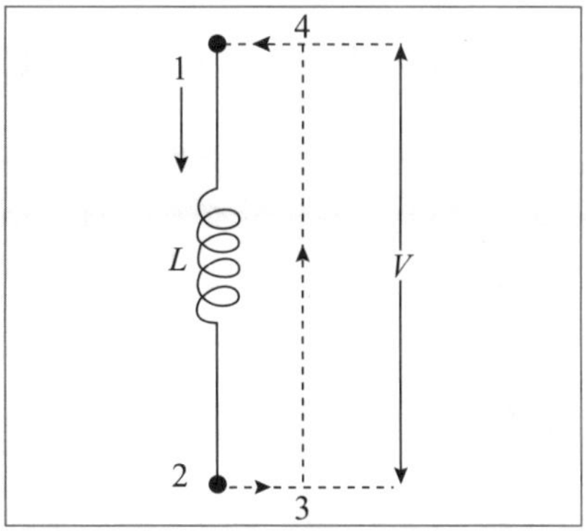

Figura 10.3 Indutor.

$$\boxed{\mathcal{E} \equiv \oint_{1234} \mathbf{E} \cdot \mathbf{dl} = -L \frac{dI}{dt} \cong \int_3^4 \mathbf{E} \cdot \mathbf{dl} = -(V_4 - V_3) \cong -(V_1 - V_2) \equiv -V} \tag{10.1.5}$$

ou seja,

$$\boxed{V = L \frac{dI}{dt}} \tag{10.1.6}$$

é a queda de potencial através dos extremos do indutor, tomada no sentido da corrente. Note que, na região entre 3 e 4 da Figura 10.3, é $\mathbf{B} = 0$ e rot $\mathbf{E} = 0$ [cf. (9.1.9)]; logo, V é bem definido.

Num indutor, há armazenamento de energia, sob a forma de energia magnética. A energia armazenada é

$$\boxed{U = \frac{1}{2}LI^2} \qquad \textbf{(10.1.7)}$$

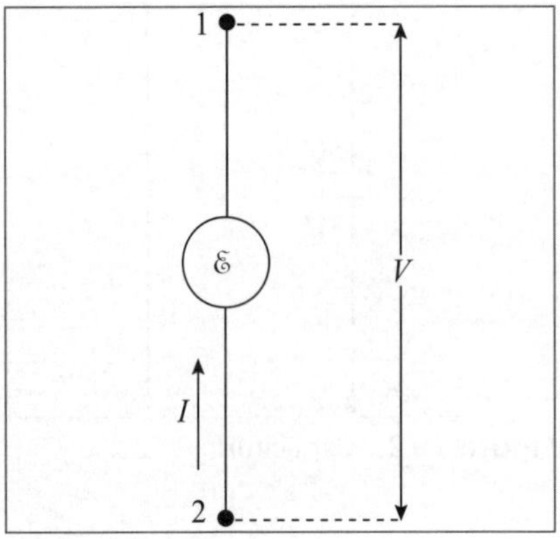

Figura 10.4 Gerador.

(d) Gerador

Um gerador é uma fonte de fem, que pode ser tratada de forma análoga ao que fizemos para uma bateria (gerador DC); é representado por ou, para um gerador AC, por (Figura 10.4). Ao contrário dos anteriores, que são *passivos*, um gerador é um elemento *ativo* de um circuito, que *fornece* energia. Como vimos para a bateria, o gerador é atravessado pela corrente no sentido *inverso* ao da queda de potencial, de modo que

$$\boxed{V_1 - V_2 \equiv V = -\mathcal{E}} \qquad \textbf{(10.1.8)}$$

é a "queda" de potencial, nesse caso. O gerador *fornece* energia à taxa $\mathcal{E}I$.

10.2 AS LEIS DE KIRCHHOFF

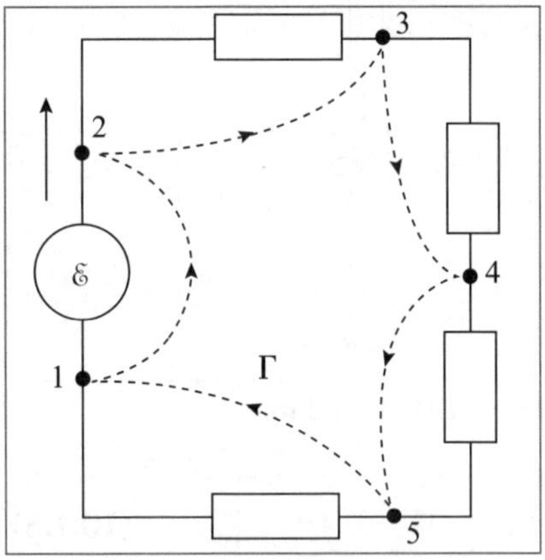

Figura 10.5 Circuito.

Consideremos um circuito como o que está indicado esquematicamente na Figura 10.5, onde representa representa qualquer elemento *passivo* (R, C ou L).

Se tomarmos um contorno Γ fechado que passa *por fora* de todos os elementos de circuito, onde o campo magnético **B** é = 0 (*em vista das idealizações feitas*), a lei da indução leva a

$$\boxed{\oint_\Gamma \mathbf{E} \cdot \mathbf{dl} = 0} \qquad \textbf{(10.2.1)}$$

onde, por exemplo,

$$\int_1^2 E \cdot dl = -\int_1^2 dV = V_1 - V_2 = -\mathcal{E} \qquad \textbf{(10.2.2)}$$

é a *queda de tensão* entre os pontos 1 e 2.

Pela (10.2.1), a *soma de todas as quedas de tensão ao longo de uma malha de um circuito é nula* (1ª *lei de Kirchhoff* ou *lei das malhas*).

Essa soma é uma *soma algébrica*, lembrando que uma *queda* de tensão é *positiva* quando estamos indo de um ponto a outro no sentido da corrente e *negativa* quando em sentido oposto, e que a queda de tensão através de um gerador é o *oposto* da fem no sentido da corrente.

Consideremos agora um circuito como o da Figura 10.6, que tem duas *malhas*. Pontos como A ou B, em que se juntam dois ou mais elementos do circuito, são chamados de *nós*.

Se tomarmos uma superfície fechada S_A em torno do nó A, o ponto A não é fonte nem sorvedouro de cargas (conservação da carga elétrica), de modo que, se $\mathbf{j}$ é a densidade de corrente,

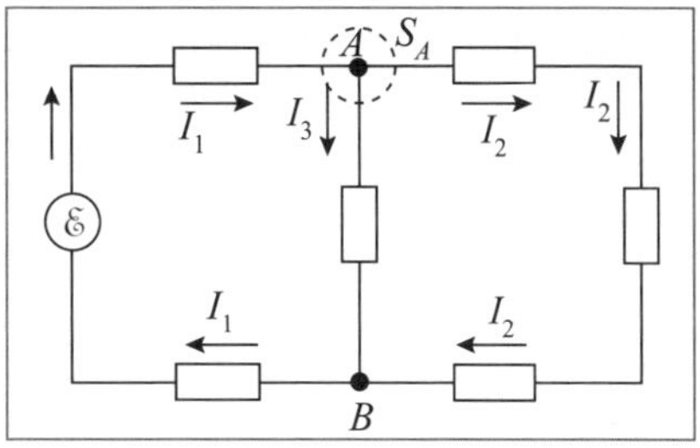

Figura 10.6 Circuito com duas malhas.

$$\boxed{\oint_{S_A} \mathbf{j} \cdot d\mathbf{S} = I_2 + I_3 - I_1 = 0} \qquad \textbf{(10.2.3)}$$

ou seja, a *soma algébrica de todas as correntes que saem de um nó (contando com sinal – uma corrente que entra) é* = 0 (*2ª lei de Kirchhoff* ou *lei dos nós*).

Aplicando esta lei ao nó B, obteríamos o mesmo resultado (verifique!), ou seja,

$$I_3 = I_1 - I_2$$

Logo, somente as correntes I_1 e I_2 são variáveis independentes. Podemos tratar um circuito com várias malhas tomando como variáveis as *correntes circulantes nas malhas*, como na Figura 10.7, o que define a corrente através de cada elemento.

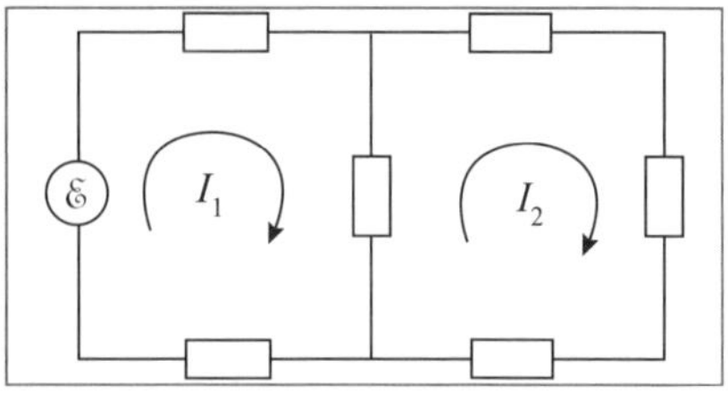

Figura 10.7 Correntes circulares.

10.3 TRANSIENTES EM CIRCUITOS *R-C* E *R-L*

(a) Circuito R-C

Consideremos um capacitor, inicialmente descarregado e ligado a uma bateria de fem $\mathcal{E}$, e seja R a resistência do circuito (que inclui a resistência interna da bateria). Que acontece quando se liga a chave? (Figura 10.8)

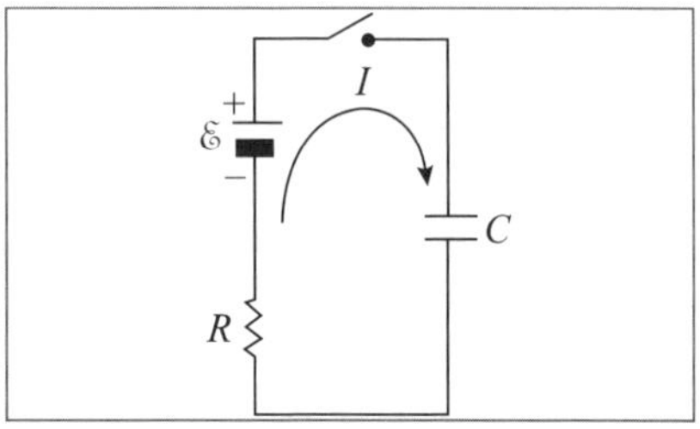

Figura 10.8 Circuito *R-C*.

Pela 1ª lei de Kirchhoff,

$$\boxed{RI(t) - \mathcal{E} + \frac{q(t)}{C} = 0} \qquad \textbf{(10.3.1)}$$

onde $I(t)$ é a corrente no instante t e q (t) a carga armazenada no capacitor nesse instante.

Mas a corrente I (t) está relacionada com a carga por

$$\boxed{I(t) = \frac{dq}{dt}} \qquad \textbf{(10.3.2)}$$

Logo, derivando a relação (10.3.1) com respeito a t, obtemos

$$R\frac{dI}{dt}+\frac{I(t)}{C}=0 \quad \left\{ \quad \boxed{\frac{dI}{I(t)}=-\frac{dt}{\tau_C}} \right. \qquad \textbf{(10.3.3)}$$

onde

$$\boxed{\tau_C \equiv RC} \qquad \textbf{(10.3.4)}$$

tem a dimensão de um *tempo*:

$$\left([R]=\frac{\text{Volt}}{\text{Ampère}};\quad [C]=\frac{\text{Coulomb}}{\text{Volt}}\right)$$

Integrando entre $t = 0$ [quando $q = 0$ e $I(0)=\frac{\mathcal{E}}{R}$ pela 1ª lei (10.2.1)] e t,

$$\ln\frac{I(t)}{I(0)}=-\frac{t}{\tau_C} \quad \left\{ \quad \boxed{I(t)=\frac{E}{R}\exp\left(-\frac{t}{\tau_C}\right)} \right. \qquad \textbf{(10.3.5)}$$

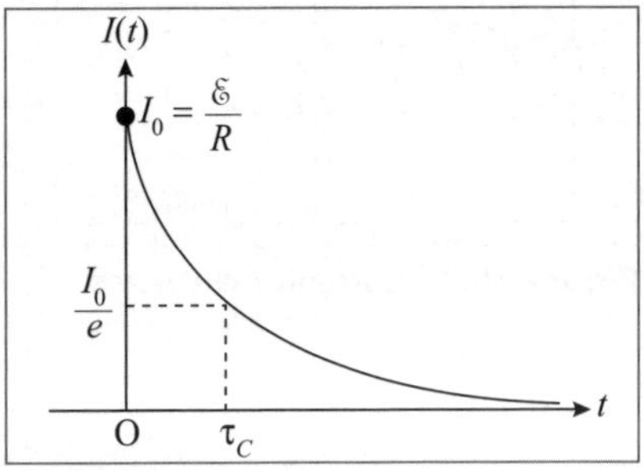

Figura 10.9 Corrente de carga de um capacitor.

Vemos que a *corrente de carga* (Figura 10.9) do capacitor *decai exponencialmente com o tempo*, com *constante de tempo* $\tau_C = R\,C$ (tempo que leva para cair a $1/e$ do valor inicial).

Para $t >> \tau_C$, a corrente $I(t)$ é ≈ 0 e o capacitor atinge a carga final $Q = C\mathcal{E}$ [cf. (10.3.1) e (10.3.8)].

Se, com o capacitor inicialmente carregado, removermos a bateria e fecharmos o circuito, o capacitor se *descarrega* com a mesma lei exponencial e a mesma constante de tempo.

(b) Circuito R-L

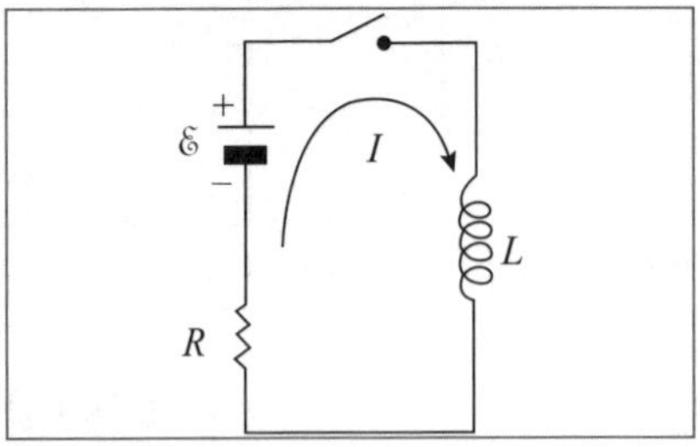

Figura 10.10 Circuito *R-L*.

Analogamente ao caso anterior, quando se liga a chave, a 1ª lei de Kirchhoff, aplicada à malha, resulta em (Figura 10.10)

$$\boxed{RI-\mathcal{E}+L\frac{dI}{dt}=0} \qquad \textbf{(10.3.6)}$$

onde, para $t = 0$, $I = I_0 = 0$.

Comparando com a equação para $q(t)$ no caso da carga do capacitor, onde

$$I=\frac{dq}{dt}$$

vemos que as equações são idênticas, desde que se façam as mudanças: $q \to I$, $R \to L$, $1/C \to R$, o que, implica

$$\boxed{\tau_C \to \tau_L \equiv \frac{L}{R}} \tag{10.3.7}$$

Também as condições iniciais se correspondem, pois $q\,(0) = q_0 = 0$ para o capacitor. Integrando em relação ao tempo o resultado (10.3.5) obtido para o capacitor, vem:

$$q(t) = \int_0^t I(t')dt' = \frac{\mathcal{E}}{R}\int_0^t \exp\left(-\frac{t'}{\tau_C}\right)dt' = \frac{\mathcal{E}}{R}\cdot(-\tau_C)\exp\left(-\frac{t'}{\tau_C}\right)\Bigg|_0^t =$$
$$= \frac{\mathcal{E}\tau_C}{R}\left[1-\exp\left(-\frac{t}{\tau_C}\right)\right] \left\{ \boxed{q(t) = \mathcal{E}C\left[1-\exp\left(-\frac{t}{\tau_C}\right)\right]} \right. \tag{10.3.8}$$

Com as mudanças indicadas, vem então, para o circuito R-L (Figura 10.11)

$$\boxed{I(t) = \frac{\mathcal{E}}{R}\left[1-\exp\left(-\frac{t}{\tau_L}\right)\right]} \tag{10.3.9}$$

mostrando que a corrente se aproxima exponencialmente de seu valor assintótico dado pela lei de Ohm, $= I_\infty = \mathcal{E}/R$, com *constante de tempo* $\tau_L = L/R$ (demora tanto mais quanto maior for L, devido ao efeito de *inércia* da lei da indução, que se opõe à variação do fluxo, e por conseguinte da corrente).

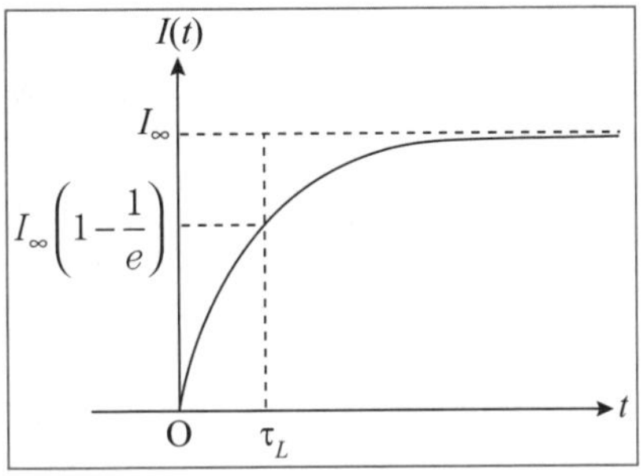

Figura 10.11 Crescimento da corrente no circuito R-L.

Os dois efeitos que acabamos de considerar, nos circuitos R-C e R-L, são típicos *efeitos transientes* (ou *transitórios*), que tendem a desaparecer após um tempo característico do sistema, que é a constante de tempo. Em geral, estamos interessados apenas na *solução estacionária*, que se estabelece assintoticamente, para tempos t muito maiores que a constante de tempo característica do circuito.

10.4 OSCILAÇÕES LIVRES NUM CIRCUITO *L-C*

Consideremos um circuito idealizado, que consiste exclusivamente em um capacitor de capacitância C e um indutor de autoindutância L (Figura 10.12). Como desprezamos inteiramente a resistência (veremos depois seus efeitos), não há dissipação, e a energia inicialmente armazenada no circuito se conserva. Podemos considerar, por exemplo, que essa energia corresponde a uma carga inicial do capacitor.

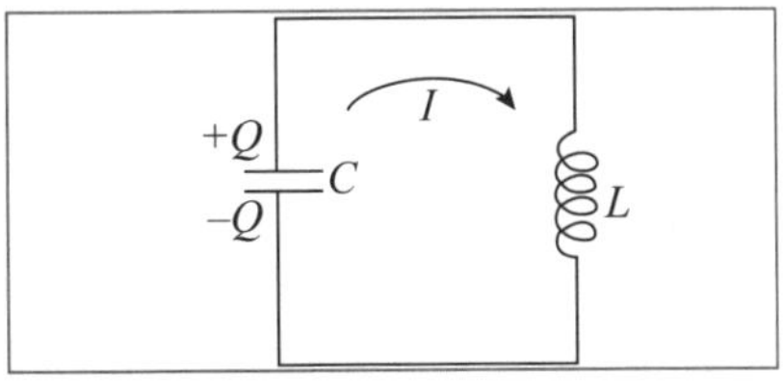

Figura 10.12 Circuito L-C.

A 1ª lei de Kirchhoff leva a

$$\boxed{\frac{Q}{C} + L\frac{dI}{dt} = 0} \tag{10.4.1}$$

ou, derivando em relação ao tempo, com $d\,Q/\,d\,t = I$,

$$\frac{I}{C} + L\frac{d^2I}{dt^2} = 0 \quad \left\{ \boxed{\frac{d^2I}{dt^2} + \omega_0^2\, I = 0} \right. \tag{10.4.2}$$

onde

$$\boxed{\omega_0 = \frac{1}{\sqrt{L\,C}}} \tag{10.4.3}$$

que fornece a *frequência angular das oscilações livres* neste circuito.

A equação para I é a equação de um *oscilador harmônico* de frequência angular ω_0. Usando notação complexa ($i \equiv \sqrt{-1}$), a solução geral (**FB2**, Seção 3.2) é

$$\boxed{I(t) = \mathrm{Re}\left(A\; e^{i\varphi} \cdot e^{i\omega_0 t}\right) = A\,\cos\left(\omega_0 t + \varphi\right)} \tag{10.4.4}$$

onde A (*amplitude real*) e φ (*fase inicial*) são as duas constantes reais necessárias para satisfazer às duas condições iniciais (a equação diferencial é de 2ª ordem) – por exemplo, a especificação da carga inicial Q_0 no capacitor e da corrente inicial I_0 através do indutor.

Assim, integrando em relação a t, basta escrever

$$\boxed{Q(t) = \frac{A}{\omega_0}\,\mathrm{sen}\,\left(\omega_0 t + \varphi\right)} \tag{10.4.5}$$

sem constante de integração adicional, pois já temos duas constantes arbitrárias:

$$\left.\begin{aligned} I(0) &= I_0 = A\,\cos\,\varphi \\ Q(0) &= Q_0 = \frac{A}{\omega_0}\,\mathrm{sen}\,\varphi \end{aligned}\right\} \boxed{\begin{aligned} A &= \sqrt{I_0^2 + \omega_0^2\, Q_0^2} \\ \varphi &= \mathrm{tg}^{-1}\left(\frac{\omega_0\, Q_0}{I_0}\right) \end{aligned}} \tag{10.4.6}$$

o que determina A e φ em função dos valores iniciais Q_0 e I_0. Por exemplo, se inicialmente não há corrente, $I_0 = 0$, e a carga está toda concentrada no capacitor, temos $A = \omega_0\, Q_0$ e $\varphi = \pi/2$.

A energia armazenada no capacitor no instante t é (usando ($\omega_0^2 = 1/LC$)

$$\boxed{U_C(t) = \frac{Q^2(t)}{2C} = \frac{A^2}{2\omega_0^2 C}\mathrm{sen}^2\left(\omega_0 t + \varphi\right) = \frac{1}{2}L\,A^2\mathrm{sen}^2\left(\omega_0 t + \varphi\right)} \tag{10.4.7}$$

e podemos pensar nela como inteiramente contida no campo elétrico entre as placas do capacitor.

A energia armazenada no indutor no instante t é

$$\boxed{U_L(t) = \frac{1}{2}LI^2(t) = \frac{1}{2}LA^2\cos^2\left(\omega_0 t + \varphi\right)} \tag{10.4.8}$$

que é a energia magnética contida no campo **B** dentro do indutor.

A *energia total* é

$$\boxed{U = U_L + U_C = \frac{1}{2}LA^2 = \frac{1}{2}\frac{A^2}{\omega_0^2 C}} \qquad \textbf{(10.4.9)}$$

e se conserva, dada a ausência de dissipação ($R = 0$).

Os gráficos da Figura 10.13 ilustram o andamento da carga Q e da corrente I em função do tempo, para a condição inicial $I_0 = 0$, bem como das contribuições elétrica (U_C) e magnética (U_L) à energia total U.

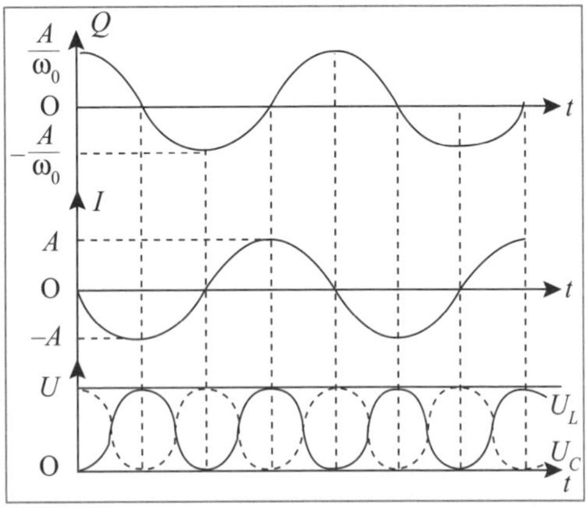

Figura 10.13 Carga *Q*, corrente *I* e energia *U* em função do tempo.

Como

$$\text{sen}\left(x + \frac{\pi}{2}\right) = \cos x$$

vemos que a corrente I está *adiantada* de $\pi/2$, na fase, em relação à carga (está *em quadratura*). Tanto a corrente como a carga trocam de sinal (sentido) a cada hemiciclo. A energia oscila entre energia elétrica e energia magnética, mantendo constante a *energia eletromagnética total* (soma das duas).

Há uma analogia completa entre as oscilações elétricas desse circuito e as oscilações mecânicas livres de uma partícula de massa m presa a uma mola de constante de mola k, sendo x o deslocamento da massa a partir do equilíbrio (**FB2**, Seção 3.1; Tabela 10.1).

TABELA 10.1

Oscilador mecânico	Oscilador L-C
$m\frac{d^2x}{dt^2} + kx = 0$	$L\frac{d^2Q}{dt^2} + \frac{1}{C}Q = 0$
$x, m, k, \omega_0 = \sqrt{\frac{k}{m}}$	$Q, L, \frac{1}{C}, \omega_0 = \frac{1}{\sqrt{LC}}$
$v = \frac{dx}{dt}$	$I = \frac{dQ}{dt}$
Energia cinética: $T = \frac{1}{2}mv^2$	Energia magnética: $U_M = \frac{1}{2}LI^2$
Energia potencial: $V = \frac{1}{2}kx^2$	Energia elétrica: $U_E = \frac{Q^2}{2C}$

Note, em particular, que L representa *inércia* (análoga da massa m).

10.5 OSCILAÇÕES AMORTECIDAS: CIRCUITO *R-L-C*

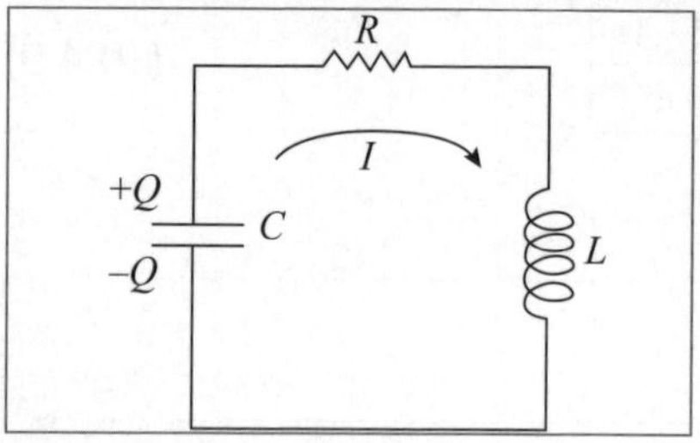

Figura 10.14 Circuito R-L-C.

Consideremos agora a situação mais realista em que levamos em conta a resistência R que deve existir sempre no circuito, além de L e C (Figura 10.14).

A 1ª lei de Kirchhoff, resulta agora em

$$\boxed{\frac{Q}{C} + RI + L\frac{dI}{dt} = 0} \qquad \textbf{(10.5.1)}$$

ou seja, derivando em relação a t e dividindo por L,

$$\boxed{\frac{d^2I}{dt^2} + \frac{R}{L}\frac{dI}{dt} + \frac{1}{LC}I = 0} \qquad \textbf{(10.5.2)}$$

ou ainda, indicando por $(\dot{\ })$ uma derivada em relação a t,

$$\boxed{\ddot{I} + \gamma \dot{I} + \omega_0^2 I = 0} \qquad \textbf{(10.5.3)}$$

onde

$$\boxed{\omega_0 = \frac{1}{\sqrt{LC}}, \qquad \gamma = \frac{R}{L} \equiv \frac{1}{\tau_L}} \qquad \textbf{(10.5.4)}$$

Reconhecemos a equação diferencial de um *oscilador harmônico amortecido*, onde a resistência introduz o amortecimento (atrito). O equivalente mecânico corresponderia à massa, ligada à mola, oscilando dentro de um fluido viscoso. Usando a notação complexa para a solução (**FB2**, Seção 4.1),

$$\boxed{I(t) = \mathrm{Re}\left(A\, e^{i\varphi} \cdot e^{pt}\right)}$$

obtemos a equação característica [$d/(dt)$ corresponde à multiplicação por p]

$$p^2 + \gamma p + \omega_0^2 = 0 \qquad \left\{ \qquad p_\pm = -\frac{\gamma}{2} \pm \sqrt{\frac{\gamma^2}{4} - \omega_0^2} \right.$$

Consideraremos apenas o caso de *amortecimento subcrítico*, em que

$$\boxed{\frac{\gamma}{2} < \omega_0} \quad \left\{ \quad \equiv \frac{R}{2L} < \frac{1}{\sqrt{LC}} \quad \right\{ \quad \boxed{R < 2\sqrt{\frac{L}{C}}} \qquad \textbf{(10.5.5)}$$

Obtemos

$$\boxed{p_\pm = -\frac{\gamma}{2} \pm i\omega_1, \qquad \omega_1 \equiv \sqrt{\omega_0^2 - \frac{\gamma^2}{4}}} \qquad \textbf{(10.5.6)}$$

onde basta tomar a solução com sinal +, pois já temos duas constantes arbitrárias A e φ para satisfazer às condições iniciais. Então,

$$I(t) = \text{Re}\left[A\, e^{-\frac{\gamma}{2}t}\; e^{i(\omega_1 t + \varphi)}\right]$$

ou seja,

$$\boxed{I(t) = A\; e^{-\frac{\gamma}{2}t} \cos\left(\omega_1 t + \varphi\right)} \qquad \textbf{(10.5.7)}$$

que se reduz à solução anterior quando $R = 0$ ($\gamma \to 0$, $\omega \to \omega_0$).

A corrente oscila, mas com amortecimento exponencial (envoltória) de constante de tempo $2/\gamma \equiv 2\,\tau_L$ (Figura 10.15).

Logo, é também uma corrente *transiente* (como tinha de ser, pois só há elementos passivos e há dissipação).

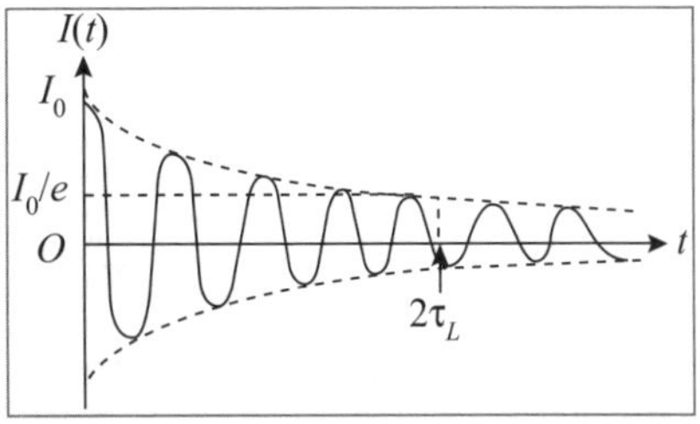

Figura 10.15 Oscilações amortecidas da corrente.

Amortecimento fraco

Vamos supor que

$$\boxed{\gamma << \omega_0 \qquad \left(\Rightarrow \omega_1 \approx \omega_0\right)} \qquad \textbf{(10.5.8)}$$

Nesse caso,

$$Q(t) = \int_0^t I(t')dt' = \text{Re}\left(Ae^{i\varphi}\cdot\frac{e^{pt}}{p}\right) \approx \text{Re}\left(-\frac{iA}{\omega_1}e^{i\varphi}e^{pt}\right)$$

onde aproximamos $p = p_+$ por $i\omega_1$, no denominador, e as constantes A e φ são determinadas pelas condições iniciais, $Q(0)$ e $I(0)$. Assim,

$$\boxed{Q(t) \cong \frac{A}{\omega_1}\; e^{-\frac{\gamma}{2}t} \text{sen}\left(\omega_1 t + \varphi\right)} \qquad \textbf{(10.5.9)}$$

A energia U_C armazenada no capacitor no instante t é

$$U_C = \frac{Q^2}{2C} = \frac{A^2}{2\omega_1^2 C}\, e^{-\gamma t}\text{sen}^2\left(\omega_1 t + \varphi\right) \approx \frac{A^2}{2\omega_0^2 C} e^{-\gamma t}\text{sen}^2\left(\omega_1 t + \varphi\right),$$

o que resulta em

$$\boxed{U_C(t) \approx \frac{LA^2}{2} e^{-\gamma t}\text{sen}^2\left(\omega_1 t + \varphi\right)} \qquad \textbf{(10.5.10)}$$

A energia U_L armazenada no indutor no instante t é

$$\boxed{U_L(t) = \frac{1}{2}LI^2(t) = \frac{LA^2}{2} e^{-\gamma t}\cos^2\left(\omega_1 t + \varphi\right)} \qquad \textbf{(10.5.11)}$$

Logo, a energia *total* armazenada no circuito no instante t é

$$\boxed{U(t) = U_C(t) + U_L(t) = \frac{1}{2} L A^2 e^{-\gamma t}} \qquad \textbf{(10.5.12)}$$

mostrando que $dU/dt = -\gamma U$ (γ é a taxa de amortecimento da energia).

A energia dissipada em calor (efeito Joule) é

$$\boxed{\frac{dW}{dt} = R\, I^2(t) = R\, A^2 e^{-\gamma t} \cos^2(\omega_1 t + \varphi)} \qquad \textbf{(10.5.13)}$$

A energia dissipada em um ciclo de oscilação (entre t e $t + \tau$, onde $\tau = 2\pi/\omega_1$), é

$$\boxed{\int_t^{t+\tau} \frac{dW}{dt'} dt' \approx R\, A^2 e^{-\gamma t} \int_t^{t+\frac{2\pi}{\omega_1}} \cos^2(\omega_1 t' + \varphi) dt'} \qquad \textbf{(10.5.14)}$$

onde o fator exponencial foi tirado para fora da integral porque quase não varia durante um ciclo, por ser

$$\gamma << \omega_1 \Rightarrow \gamma \tau = 2\pi \frac{\gamma}{\omega_1} << 1$$

Por outro lado,

$$\int_t^{t+\frac{2\pi}{\omega}} \underbrace{\cos^2(\omega_1 t' + \varphi)}_{\frac{1}{2}+\frac{1}{2}\cos(2\omega_1 t' + \varphi)} dt' = \left.\frac{t'}{2}\right|_t^{t+\frac{2\pi}{\omega_1}} + \frac{1}{4\omega_1}\left[\left. \text{sen}\,(2\omega_1 t' + \varphi)\right|_t^{t+\frac{2\pi}{\omega_1}}\right]$$

$$= \frac{1}{2}\left(\frac{2\pi}{\omega_1}\right) + \frac{1}{4\omega_1}\left\{\underbrace{\text{sen}\,(2\omega_1 t + \varphi + 4\pi) - \text{sen}\,(2\omega_1 t + \varphi)}_{=0}\right\}$$

ou seja,

$$\boxed{\int_t^{t+\frac{2\pi}{\omega_1}} \cos^2(\omega_1 t' + \varphi) dt' = \frac{1}{2}\left(\frac{2\pi}{\omega_1}\right)} \qquad \textbf{(10.5.15)}$$

o que equivale a substituir o $(\cos)^2$ pela sua média 1/2 por período. Assim,

$$\boxed{\text{Energia dissipada por ciclo} = \frac{1}{2} R\, A^2\, e^{-\gamma t} \cdot \frac{2\pi}{\omega_1}} \qquad \textbf{(10.5.16)}$$

É chamada de *fator de mérito ou fator* Q (de Qualidade) do oscilador a razão

$$\boxed{Q \equiv 2\pi \frac{\text{Energia armazenada}}{\text{Energia dissipada por ciclo}}} \qquad \textbf{(10.5.17)}$$

Quanto maior Q, menor a *perda fracionária de energia por ciclo*. Neste caso, temos

$$Q \approx \frac{2\pi \cdot \frac{1}{2} L A^2 e^{-\gamma t}}{\frac{1}{2} R A^2 e^{-\gamma t} \cdot \frac{2\pi}{\omega_1}} \qquad \left\{ \boxed{Q = \frac{\omega_1 L}{R} = \frac{\omega_1}{\gamma} \left(\approx \frac{\omega_0}{\gamma} \right)} \right. \tag{10.5.18}$$

A condição de *amortecimento fraco* é, portanto, *equivalente* à condição: $Q >> 1$ (*elevado fator de mérito*).

10.6 CIRCUITOS *AC*

A corrente elétrica distribuída para utilização industrial e residencial é *corrente alternada*, tipicamente de frequência $\nu = 60 \sim$ (ciclos/s) ($\omega = 2\pi\,\nu \approx 377$ Hz). Já vimos (Seção 9.3) o princípio da geração de corrente alternada pela rotação de uma bobina num campo magnético.

A principal vantagem da corrente alternada é que sua voltagem pode ser facilmente amplificada ou reduzida usando *transformadores* (que discutiremos na Seção 10.8). Isso permite transmitir a energia elétrica em linhas de *alta voltagem*, convertendo-a depois no valor "caseiro" (110 V, tipicamente) ao chegar a seu destino. A vantagem da transmissão de potência em alta voltagem é que a *corrente* I associada é baixa, reduzindo a perda I^2R por efeito Joule nos fios de transmissão.

O gerador que alimenta o circuito equivale, na analogia com a mecânica, a uma força externa oscilatória de frequência angular ω. Como vimos ao estudar oscilações forçadas na mecânica (**FB2**, Seção 4.3), a resposta do sistema nessas condições consiste em duas partes: (i) a *resposta transiente*, que contém o efeito das condições iniciais, e tende a desaparecer para $t >> \tau$, onde τ é uma constante de tempo característica do sistema. Essa resposta, que é solução de uma equação diferencial *homogênea* (sem força externa), corresponde às *oscilações livres* dos circuitos que vimos na rede R-L-C, e é amortecida pela dissipação na resistência. (ii) a *solução estacionária*, que persiste para $t \to \infty$, e corresponde às *oscilações forçadas*, de mesma frequência ω que a excitação externa (gerador).

Em geral, estamos interessados somente na *solução estacionária*, e é somente ela que vamos discutir, desprezando os efeitos transientes. Logo, *todas* as grandezas que vamos considerar oscilam com a mesma frequência ω, tornando vantajoso o emprego da *notação complexa*, em que a dependência temporal é sempre* da forma $e^{i\omega t}$; para derivar qualquer grandeza complexa em relação ao tempo, basta, portanto, multiplicá-la por $i\,\omega$:

$$\boxed{\frac{d}{dt} \leftrightarrow i\omega} \tag{10.6.1}$$

Esta é a principal simplificação decorrente do uso da notação complexa.

Vamos usar as seguintes convenções de notação para representar as diferentes grandezas, exemplificadas pela voltagem $V(t)$,

* Esta convenção, que só adotaremos neste capítulo, é a mais empregada em engenharia.

$$\boxed{\begin{aligned} &V(t) = \mathrm{Re}\left[\hat{V}(t)\right] \\ &\hat{V}(t) = \bar{V} e^{i\omega t} \\ &\bar{V} = V_m\, e^{i\varphi} \end{aligned}} \quad \textbf{(10.6.2)}$$

$\bar{V}$ é a *amplitude complexa* de $\hat{V}$; φ é a *fase* de $\bar{V}$. Resulta

$$\boxed{V(t) = \mathrm{Re}\left[V_m\, e^{i(\omega t + \varphi)}\right] = V_m \cos(\omega t + \varphi)} \quad \textbf{(10.6.3)}$$

mostrando que $V_m = |\bar{V}|$ fornece o *valor máximo* de $V(t)$. Analogamente,

$$\boxed{\begin{aligned} &I(t) = \mathrm{Re}\left[\hat{I}(t)\right] = \mathrm{Re}\left[\bar{I}\, e^{i\omega t}\right] \\ &\mathcal{E}(t) = \mathrm{Re}\left[\hat{\mathcal{E}}(t)\right] = \mathrm{Re}\left[\bar{\mathcal{E}}\, e^{i\omega t}\right] \end{aligned}} \quad \textbf{(10.6.4)}$$

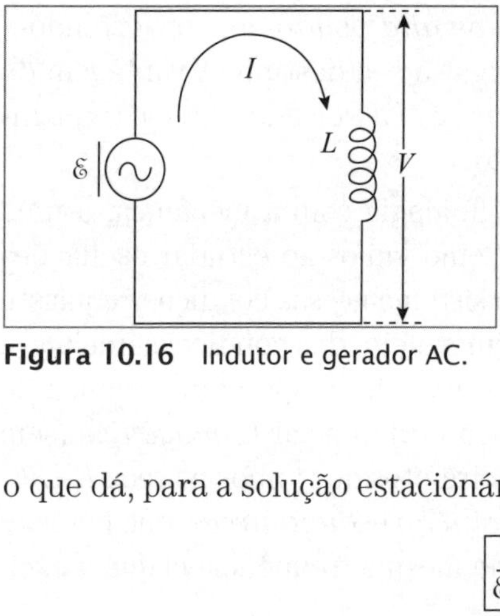

Figura 10.16 Indutor e gerador AC.

Reatâncias

No circuito da Figura 10.16, puramente indutivo, temos

$$-\mathcal{E} + L\frac{dI}{dt} = 0 \quad \left\{ \quad \boxed{L\frac{dI}{dt} = \mathcal{E}} \right. \quad \textbf{(10.6.5)}$$

Em notação complexa,

$$\boxed{L\frac{d\hat{I}}{dt} = \hat{\mathcal{E}} = \bar{\mathcal{E}}\, e^{i\omega t} = L\frac{d}{dt}\left(\bar{I}\, e^{i\omega t}\right) = i\,\omega\, L\, \bar{I}\, e^{i\omega t}} \quad \textbf{(10.6.6)}$$

o que dá, para a solução estacionária,

$$\boxed{\bar{\mathcal{E}} = i\,\omega L\, \bar{I} = \omega L\, e^{i\frac{\pi}{2}}\, \bar{I}} \quad \textbf{(10.6.7)}$$

e, tomando $\bar{\mathcal{E}} = \mathcal{E}_m$ (real), => $\mathcal{E} = \mathrm{Re}\,(\mathcal{E}_m\, e^{i\omega t}) = \mathcal{E}_m \cos(\omega t)$,

$$I(t) = \mathrm{Re}\left(\bar{I}\, e^{i\omega t}\right) = \mathrm{Re}\left(\frac{\mathcal{E}_m}{\omega L}\, e^{i\left(\omega t - \frac{\pi}{2}\right)}\right)$$

o que conduz a

$$\boxed{\mathcal{E} = \mathcal{E}_m \cos(\omega t) \Rightarrow I(t) = \frac{\mathcal{E}_m}{\omega L}\,\mathrm{sen}\,(\omega t)} \quad \textbf{(10.6.8)}$$

Lembrando que $L dI/dt$ também é a *queda de tensão V* através do indutor, com $V = \mathrm{Re}\,(\bar{V} e^{i\omega t})$, temos também

$$\boxed{\bar{V} = i\,\omega\, L\, \bar{I} = \omega\, L\, e^{i\frac{\pi}{2}}\, \bar{I}} \quad \textbf{(10.6.9)}$$

Se, em lugar de L, tivéssemos uma resistência R, a lei de Ohm resultaria em

$$\boxed{V = R\,I, \quad \bar{V} = R\,\bar{I}} \tag{10.6.10}$$

mostrando que a voltagem e a corrente através de um resistor estão *em fase*.

Já para um indutor, o fator $i = e^{i\pi/2}$ em $\bar{V}/\bar{I}$ mostra que a corrente *num indutor está atrasada de* $\pi/2$ *em relação à voltagem*. No plano complexo (Figura 10.17), os vetores $\hat{V}$ e $\hat{I}$ *giram* no sentido anti-horário com velocidade angular ω (fator $e^{i\omega t}$), mantendo-se perpendiculares entre si, com $\hat{V}$ adiantado de $\pi/2$ sobre $\hat{I}$ (diz-se também que estão em *quadratura*).

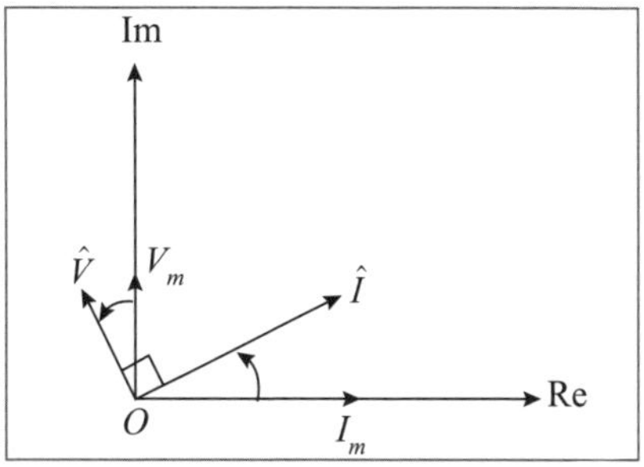

Figura 10.17 Representação complexa de $\hat{V}$ e $\hat{I}$ para um indutor.

A razão

$$\boxed{\frac{V_m}{I_m} = \omega L \equiv X_L} \tag{10.6.11}$$

entre os valores máximos da voltagem e da corrente através do indutor recebe o nome de *reatância indutiva* do indutor.

Em particular, $X_L \to 0$ para $\omega \to 0$, conforme seria de se esperar: para corrente *contínua* (sem variação de fluxo), o indutor se comporta como um curto-circuito. Para $\omega \to \infty$, $X_L \to \infty$: variações rápidas são bloqueadas.

Analogamente, se considerarmos o circuito da Figura 10.18, *puramente capacitivo*, vem:

$$-\mathcal{E} + \frac{Q}{C} = 0 \quad \left\{ \quad \boxed{Q = C\,V} \right. \tag{10.6.12}$$

$$\boxed{I = \frac{dQ}{dt} = C\frac{dV}{dt}} \tag{10.6.13}$$

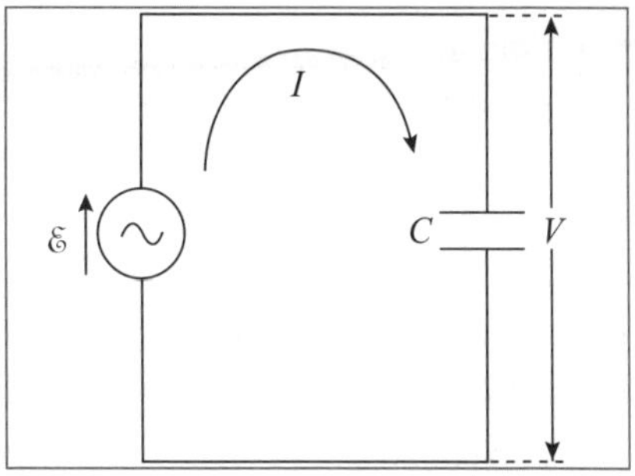

Figura 10.18 Capacitor e gerador *AC*.

e

$$\boxed{\hat{I} = \bar{I}\,e^{i\omega t} = C\frac{d}{dt}\hat{V} = C\frac{d}{dt}\left(\hat{V}\,e^{i\omega t}\right) = i\,\omega C\bar{V}\,e^{i\omega t}} \tag{10.6.14}$$

o que resulta em

$$\bar{I} = i\,\omega C\bar{V} \quad \left\{ \quad \boxed{\bar{V} = -\frac{i}{\omega C}I = \frac{1}{\omega C}e^{-i\pi/2}\,\bar{I}} \right. \tag{10.6.15}$$

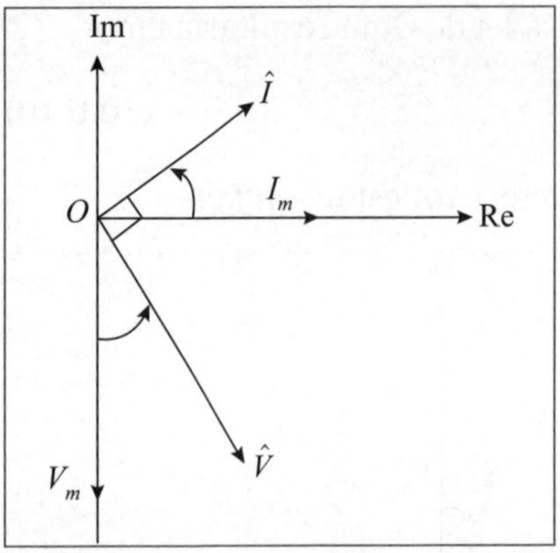

Figura 10.19 Representação complexa de $\hat{V}$ e $\hat{I}$ para um capacitor.

Logo, *a corrente num capacitor está adiantada de π/2 em relação à voltagem*. Temos ainda:

$$\boxed{\frac{V_m}{I_m} = \frac{1}{\omega C} = X_C} \quad \textbf{(10.6.16)}$$

como a *reatância capacitiva* do capacitor.

Para $\omega \to 0$, $X_C \to \infty$: as placas do capacitor estão isoladas uma da outra (circuito aberto). Para $\omega \to \infty$, $X_C \to 0$: variações rápidas são transmitidas.

No plano complexo, os vetores representativos de $\hat{V}$ e $\hat{I}$ giram com velocidade angular ω, com $\hat{V}$ sempre atrasado de π/2 em relação a $\hat{I}$ (Figura 10.19).

Impedância

Consideremos agora o circuito *R-L* (Figura 10.20) em corrente alternada (solução estacionária):

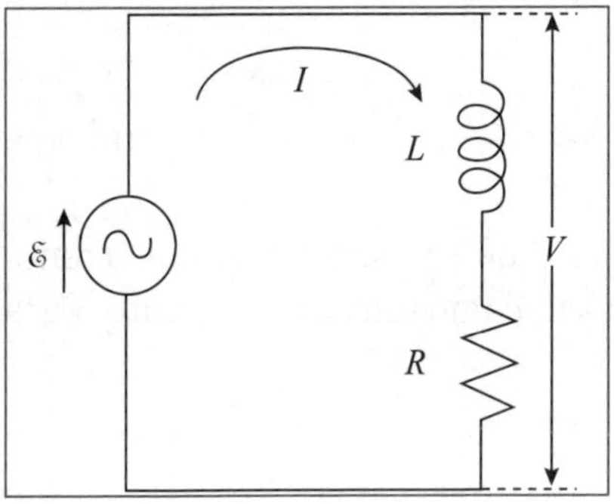

Figura 10.20 Circuito R-L com gerador *AC*.

$$\boxed{V = RI + L\frac{dI}{dt}} \quad \textbf{(10.6.17)}$$

$$\boxed{\hat{V} = \overline{V}\, e^{i\omega t} = (R + i\omega L)\overline{I}\, e^{i\omega t} = (R + i\omega L)\hat{I}} \quad \textbf{(10.6.18)}$$

de forma que

$$\boxed{\frac{\hat{V}}{\hat{I}} = \frac{\overline{V}}{\overline{I}} \equiv \overline{Z} = R + i\omega L = R + iX_L} \quad \textbf{(10.6.19)}$$

onde $\overline{Z}$ recebe o nome de *impedância complexa*: sua parte real é a resistência *R*, e a parte imaginária é a reatância indutiva $X_L = \omega L$.

A relação

$$\boxed{\hat{V} = \overline{Z}\,\hat{I}, \quad \text{ou} \quad \overline{V} = \overline{Z}\,\overline{I}} \quad \textbf{(10.6.20)}$$

é uma *generalização complexa da lei de Ohm*, $V = RI$.

Conforme mostra a Figura 10.21, onde a grandeza *real Z* recebe o nome de *impedância* do par *R-L*,

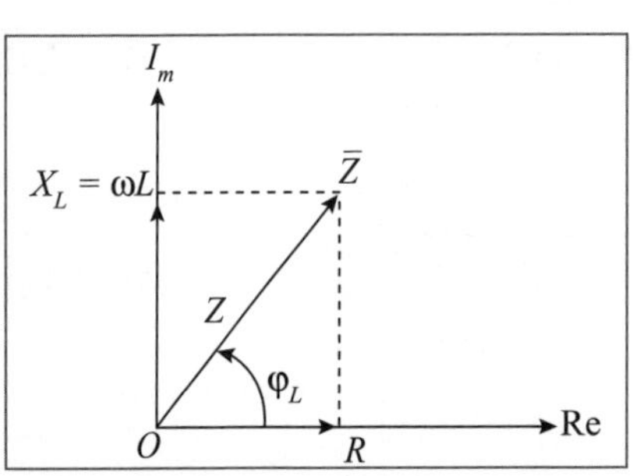

Figura 10.21 Impedância complexa do circuito *R-L*.

$$\boxed{\begin{aligned} &\overline{Z} = |\overline{Z}|e^{i\varphi_L} \equiv Z\, e^{i\varphi_L}; \quad \varphi_L = \text{tg}^{-1}\left(\frac{\omega L}{R}\right) \\ &Z = |\overline{Z}| = \sqrt{R^2 + X_L^2} = \sqrt{R^2 + (\omega L)^2} \end{aligned}} \quad \textbf{(10.6.21)}$$

Voltando à notação real, com $\overline{V} = V_m$,

$$\boxed{V(t) = \text{Re}\,\hat{V} = \text{Re}\left(V_m\, e^{i\omega t}\right) = V_m \cos\omega t} \quad \textbf{(10.6.22)}$$

o que resulta em

$$I(t) = \text{Re}\left(\frac{\hat{V}}{\overline{\overline{Z}}}\right) = \text{Re}\left(\frac{V_m}{Z}\, e^{-i\varphi_L}\, e^{i\omega t}\right)$$

$$\boxed{I(t) = \frac{V_m}{Z}\cos(\omega t - \varphi_L) = \frac{V_m}{\sqrt{R^2 + \omega^2 L^2}}\cos\left[\omega t - \text{tg}^{-1}\left(\frac{\omega L}{R}\right)\right]} \quad \textbf{(10.6.23)}$$

A amplitude máxima da *corrente*, I_m é $= V_m/Z$, e a sua fase está *atrasada* em relação à da *voltagem* por

$$\varphi_L = \text{tg}^{-1}\left(\frac{\omega L}{R}\right)$$

que, para $R \to 0$, tende a $\pi/2$ (resultado anterior).

Analogamente, para um circuito *R-C* (Figura 10.22),

$$\boxed{\hat{V} = \frac{\hat{Q}}{C} + R\,\hat{I}} \quad \textbf{(10.6.24)}$$

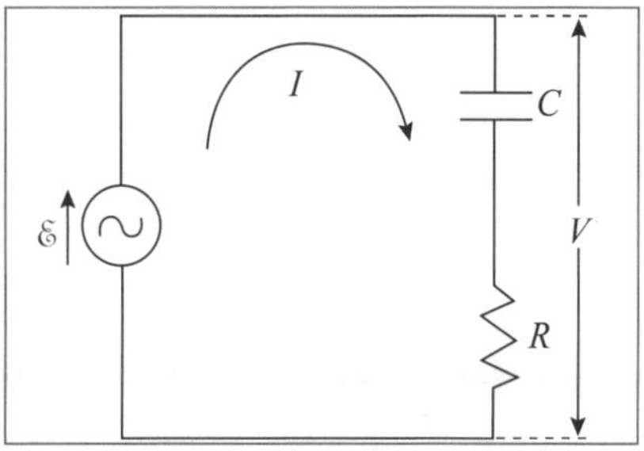

Figura 10.22 Circuito *R-C* com gerador *A-C*.

$$\frac{d\hat{V}}{dt} = i\omega\hat{V} = \frac{\hat{I}}{C} + R\frac{d\hat{I}}{dt} = i\omega\left(R + \frac{1}{i\omega C}\right)\hat{I}$$

o que conduz a

$$\boxed{\frac{\hat{V}}{\hat{I}} = \frac{\overline{V}}{\overline{I}} \equiv \overline{Z} = R - \frac{i}{\omega C} = R - iX_C \equiv Z\, e^{-i\varphi_C}} \quad \textbf{(10.6.25)}$$

$$\boxed{\begin{aligned} &Z = \sqrt{R^2 + X_C^2} = \sqrt{R^2 + \frac{1}{\omega^2 C^2}};\\ &\varphi_C = \text{tg}^{-1}\left(\frac{1}{\omega R C}\right)\end{aligned}} \quad \textbf{(10.6.26)}$$

$$\boxed{I(t) = \text{Re}\left(\frac{V_m}{Z}\, e^{i\varphi_C + i\omega t}\right)} \quad \textbf{(10.6.27)}$$

$$\boxed{I(t) = \frac{V_m}{\sqrt{R^2 + \dfrac{1}{\omega^2 C^2}}}\cos\left[\omega t + \underbrace{\text{tg}^{-1}\left(\frac{1}{\omega R C}\right)}_{\varphi_C}\right]} \quad \textbf{(10.6.28)}$$

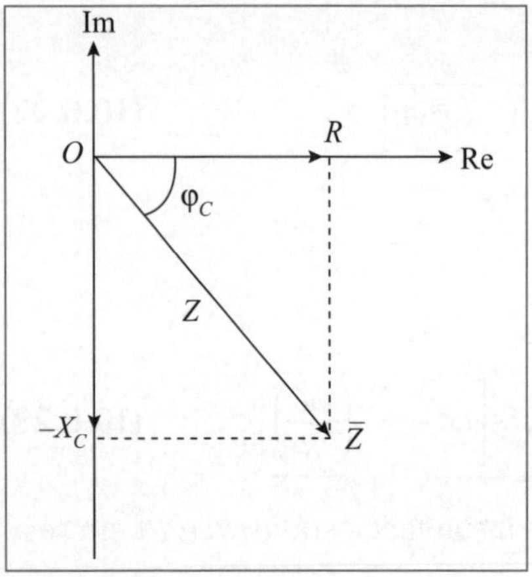

Figura 10.23 Impedância complexa do circuito *R-C*.

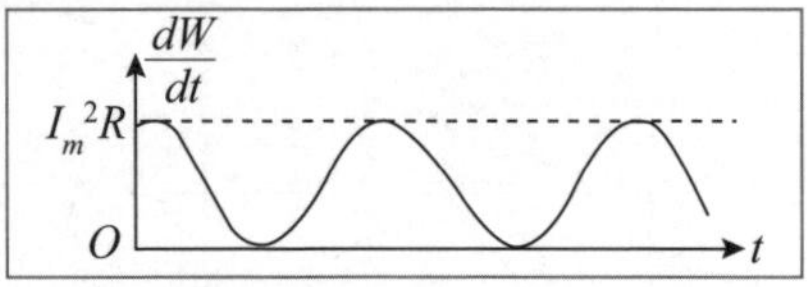

Figura 10.24 Potência instantânea *AC* dissipada em R.

A fase da corrente está *adiantada* de φ_C (que $\rightarrow \pi/2$ para $R \rightarrow 0$) em relação à da voltagem (Figura 10.23)

Decorre das leis de Kirchhoff que *impedâncias se combinam em série ou em paralelo como resistências.*

Valor eficaz e potência média

A potência *instantânea* dissipada em calor por uma corrente alternada numa resistência R é

$$\boxed{\frac{dW}{dt} = \left[I(t)\right]^2 R = I_m^2 R \cos^2(\omega t + \psi)} \quad \textbf{(10.6.29)}$$

onde ψ é a constante de fase da corrente. Essa potência (Figura 10.24) *oscila* periodicamente entre zero e o valor máximo $I_m^2 R$. Na prática, interessa-nos o *valor médio* da potência sobre um período (ou sobre muitos, o que vem a dar na mesma):

$$\boxed{\left\langle \frac{dW}{dt} \right\rangle = I_m^2 R \left\langle \cos^2(\omega t + \psi) \right\rangle} \quad \textbf{(10.6.30)}$$

onde os colchetes angulares < > indicam o *valor médio temporal*, definido, para qualquer função $f(t)$, por

$$\boxed{\left\langle f(t) \right\rangle \equiv \frac{1}{T} \int_t^{t+T} f(t')dt'} \quad \textbf{(10.6.31)}$$

e T é qualquer número inteiro de períodos.

É óbvio que (Figura 10.24)

$$\left\langle \cos^2(\omega t + \psi) \right\rangle = \left\langle \operatorname{sen}^2(\omega t + \psi) \right\rangle = \frac{1}{2}\left(\underbrace{\left\langle \cos^2(\omega t + \psi) \right\rangle + \left\langle \operatorname{sen}^2(\omega t + \psi) \right\rangle}_{=1} \right)$$

ou seja,

$$\boxed{\left\langle \cos^2(\omega t + \psi) \right\rangle = \left\langle \operatorname{sen}^2(\omega t + \psi) \right\rangle = \frac{1}{2}} \quad \textbf{(10.6.32)}$$

o que também decorre da identidade

$$\boxed{\left\langle \cos^2(\omega t + \psi) \right\rangle = \frac{1}{2}\left\langle 1 + \cos(2\omega t + 2\psi) \right\rangle} \quad \textbf{(10.6.33)}$$

com

$$\boxed{\langle \cos(2\omega t + 2\psi) \rangle = 0} \qquad \textbf{(10.6.34)}$$

(áreas positivas e negativas da cossenoide se cancelam).

Logo,

$$\left\langle \frac{dW}{dt} \right\rangle = \frac{1}{2}\, I_m^2\, R \equiv (I_e)^2\, R \qquad \textbf{(10.6.35)}$$

onde

$$\boxed{I_e = \frac{I_m}{\sqrt{2}} \cong 0{,}707\ I_m} \qquad \textbf{(10.6.36)}$$

é chamado de *valor efetivo*, ou *valor eficaz*, da corrente. Um resultado análogo vale para a voltagem:

$$V_e = \frac{V_m}{\sqrt{2}}$$

Quando se diz que a voltagem de uma linha de 60 ~ é de 110 V, este é o *valor eficaz*: o valor máximo correspondente é $110\sqrt{2} \approx 156$ V $(= V_m)$.

Analogamente, para qualquer circuito AC, se a fem da fonte (gerador) que o alimenta é

$$\boxed{\mathcal{E}(t) = V(t) = V_m \cos(\omega t)} \qquad \textbf{(10.6.37)}$$

e se a corrente gerada no circuito é

$$\boxed{I(t) = I_m \cos(\omega t - \varphi)} \qquad \textbf{(10.6.38)}$$

a potência *instantânea* fornecida ao circuito é

$$\boxed{P(t) = \mathcal{E}(t)\, I(t) = V_m\, I_m \cos(\omega t)\cos(\omega t - \varphi)} \qquad \textbf{(10.6.39)}$$

Novamente, interessa a potência *média* $< P(t) >$.

Como

$$\cos(\omega t - \varphi) = \cos(\omega t)\cos\varphi + \operatorname{sen}(\omega t)\operatorname{sen}\varphi$$

vem

$$\langle P(t) \rangle = V_m I_m \left[\cos\varphi \underbrace{\langle \cos^2(\omega t) \rangle}_{=\frac{1}{2}} + \operatorname{sen}\varphi \underbrace{\langle \cos(\omega t)\operatorname{sen}(\omega t) \rangle}_{=\frac{1}{2}\langle \operatorname{sen}(2\omega t)\rangle = 0} \right]$$

ou seja,

$$\boxed{\langle P(t) \rangle = \frac{1}{2} V_m I_m \cos\varphi} \qquad \textbf{(10.6.40)}$$

Além dos valores máximos da voltagem e da corrente, vemos que $< P >$ também depende da *defasagem* φ entre elas. O fator cos φ recebe o nome de *fator de potência*.

Assim, por exemplo, nos circuitos puramente reativos (que só contém L e/ou C, sem R), vimos que $\varphi = \pm\pi/2$, de forma que $\cos\varphi = 0$ e $< P > = 0$. Esse resultado se interpreta imediatamente: nestes circuitos puramente reativos, a energia armazenada no indutor ou capacitor durante uma metade do ciclo é restituída à fonte de alimentação durante a outra metade.

Por outro lado, num circuito *puramente resistivo*, a voltagem e a corrente estão em fase, e $\varphi = 0$. Se R é a resistência total do circuito, obtemos, neste caso

$$\left(V_m = I_m R\right),\ \langle P\rangle = \frac{1}{2} I_m^2 R$$

o que coincide com o resultado anterior. Vemos assim a interpretação física e a importância da defasagem φ entre V e I.

10.7 RESSONÂNCIA: CIRCUITOS *R-L-C*

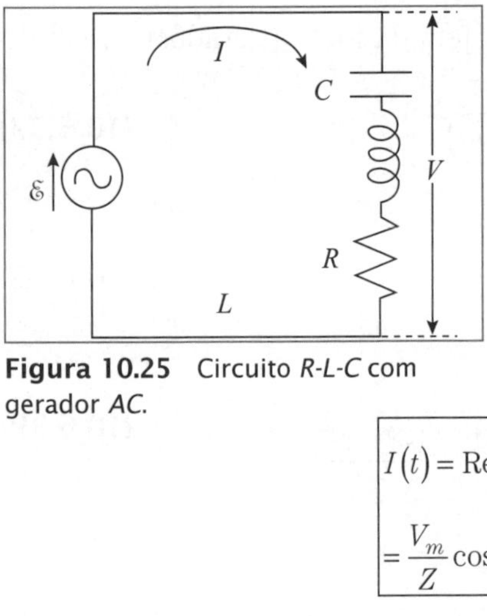

Figura 10.25 Circuito *R-L-C* com gerador *AC*.

A impedância complexa deste circuito, com R, L, C em série (Figura 10.25), é

$$Z = R + i X_L - i X_C = R + i\left(\omega L - \frac{1}{\omega C}\right) \tag{10.7.1}$$

e temos, tomando $\overline{V} = V_m$,

$$\overline{Z} = Z\ e^{i\varphi} \quad \left(Z = \left|\overline{Z}\right|\right), \quad \text{e} \quad V = V_m \cos(\omega t) \tag{10.7.2}$$

$$\begin{aligned} I(t) &= \text{Re}\left(\frac{\overline{V}}{\overline{Z}}\ e^{i\omega t}\right) = \text{Re}\left(\frac{V_m}{Z}\ e^{i(\omega t - \varphi)}\right) \\ &= \frac{V_m}{Z}\cos(\omega t - \varphi) \end{aligned} \tag{10.7.3}$$

de forma que

$$I_m = \frac{V_m}{Z} = \frac{V_m}{\sqrt{R^2 + \left(\omega L - \dfrac{1}{\omega C}\right)^2}} \tag{10.7.4}$$

Portanto, a corrente de pico (valor máximo) I_m produzida, para uma dada voltagem de pico V_m dada pelo gerador, varia com a frequência ω. Para $\omega \to 0$, a reatância do *capacitor* domina (porque C equivale a um circuito aberto nesse limite); para $\omega \to \infty$, é a reatância do *indutor* que é dominante (porque L se opõe a variações muito rápidas).

$$I_m \to \omega C\, V_m \qquad \text{para} \quad \omega \to 0$$

$$I_m \to \frac{V_m}{\omega L} \qquad \text{para} \quad \omega \to \infty$$

Como I_m/V_m é positivo e $\to 0$ para $\omega \to 0$ e para $\omega \to \infty$, tem de passar por um máximo. O valor *máximo* de I_m/V_m ocorre para a frequência ω tal que

$$\boxed{\omega L = \frac{1}{\omega C} \quad \Big\{ \quad \omega^2 = \frac{1}{LC} \quad \Big\{ \quad \omega = \omega_0 = \frac{1}{\sqrt{LC}}} \tag{10.7.5}$$

ou seja, quando ω é igual à *frequência de oscilação livre do circuito L-C*. Temos

$$\boxed{I_m(\omega_0) = \frac{V_m}{R}} \tag{10.7.6}$$

ou seja, para essa frequência, *a reatância se anula*, e a impedância equivale à resistência R: I_m/V_m é dado pela lei de Ohm.

Vamos estudar o comportamento de I_m (ω) para ω *próximo de* ω_0. Para isto, notemos que

$$R^2 + \left(\omega L - \frac{1}{\omega C}\right)^2 = R^2 \left\{1 + \frac{1}{R^2}\left(\frac{\omega}{\omega_0}\omega_0 L - \frac{\omega_0}{\omega \cdot \omega_0 C}\right)^2\right\}$$

$$= R^2 \left\{1 + \left(\frac{\omega_0 L}{R}\right)^2 \left(\frac{\omega}{\omega_0} - \frac{\omega_0}{\omega \cdot \underbrace{\omega_0^2 LC}_{=1}}\right)^2\right\}$$

e que

$$\boxed{\frac{\omega_0 L}{R} = Q} \tag{10.7.7}$$

é o *fator de mérito* (qualidade) associado à frequência angular ω_0. Logo,

$$\boxed{I_m = \frac{V_m / R}{\sqrt{1 + Q^2\left(\dfrac{\omega}{\omega_0} - \dfrac{\omega_0}{\omega}\right)^2}}} \tag{10.7.8}$$

Como $I_m / V_m \to 0$ para $\omega \to 0$ e $\omega \to \infty$ e é máximo para $\omega = \omega_0$, tem um *pico* em ω_0. Para caracterizar a *largura* desse pico, podemos tomar os valores de ω para os quais I_m cai a $1/\sqrt{2}$ do seu valor máximo V_m/R, ou seja,

$$Q^2\left(\frac{\omega}{\omega_0} - \frac{\omega_0}{\omega}\right) = 1 \quad \Big\{ \quad \frac{\omega}{\omega_0} - \frac{\omega_0}{\omega} = \pm\frac{1}{Q} = \frac{\omega^2 - \omega_0^2}{\omega\,\omega_0} = \frac{(\omega - \omega_0)(\omega + \omega_0)}{\omega_0\,\omega}$$

o que, para o *desvio* $\Delta\omega \equiv \omega - \omega_0$ da frequência ω_0, resulta em

$$\frac{\Delta\omega}{\omega_0} = \pm\left[\frac{1}{1+\left(\frac{\omega_0}{\omega}\right)}\right]\frac{1}{Q} \quad \textbf{(10.7.9)}$$

Em particular, se $Q >> 1$, temos

$$\frac{\Delta\omega}{\omega_0} << 1$$

e $\omega \approx \omega_0$, ou seja

$$\boxed{\frac{\Delta\omega}{\omega_0} \cong \pm\frac{1}{2Q} = \pm\frac{R}{2L\omega_0}} \Rightarrow \boxed{\Delta\omega = \pm\frac{\gamma}{2},\ \gamma \equiv \frac{R}{L}} \quad \textbf{(10.7.10)}$$

onde γ é o *fator de amortecimento* (10.5.4) *das oscilações livres do circuito R-L-C.*

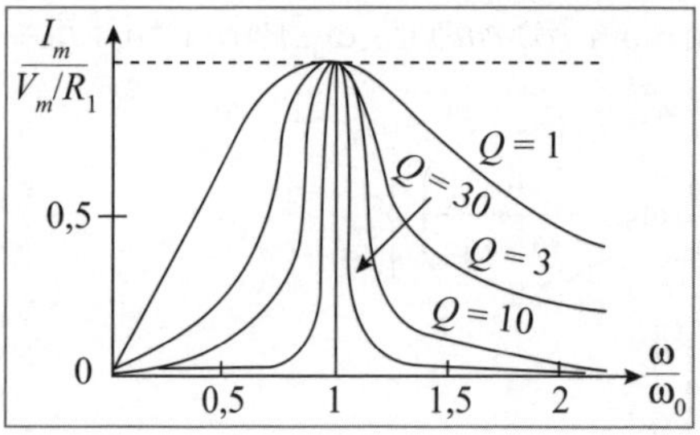

Figura 10.26 Curvas de ressonância para a amplitude.

A energia eletromagnética nas oscilações livres cai com $e^{-\gamma t}$. A Figura 10.26 mostra a resposta, dividida pela resposta máxima, como função de ω/ω_0. Temos típicas *curvas de ressonância*, com picos tanto mais estreitos quanto maior for Q. Vemos também que *a semi-largura do pico de ressonância, para $Q >> 1$, é dada pelo fator de amortecimento γ das oscilações livres.* Resultados inteiramente análogos são obtidos na mecânica, para oscilações forçadas (**FB2**).

A *defasagem* φ entre corrente e voltagem resulta da expressão de $\overline{Z}$:

$$\operatorname{tg}\varphi = \frac{1}{R}\left(\omega L - \frac{1}{\omega C}\right) = \frac{\omega_0 L}{R}\left(\frac{\omega}{\omega_0} - \frac{\omega_0}{\omega}\right)$$

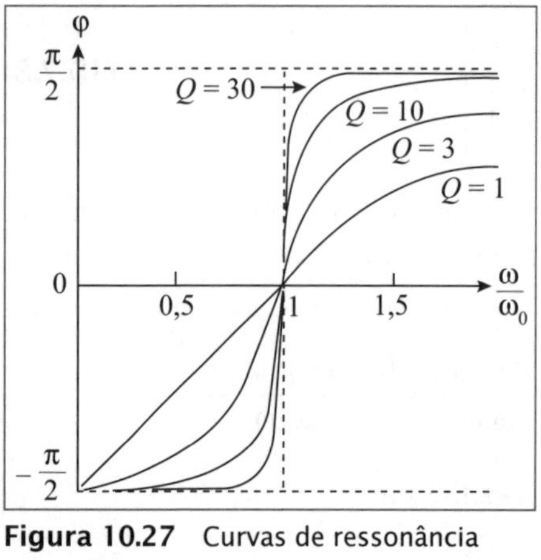

Figura 10.27 Curvas de ressonância para a fase.

$$\boxed{\varphi = \operatorname{tg}^{-1}\left[Q\left(\frac{\omega}{\omega_0} - \frac{\omega_0}{\omega}\right)\right]} \quad \textbf{(10.7.11)}$$

Vemos que $\varphi = 0$ na ressonância, e $\to -\pi/2$ para $\omega \to 0$ (reatância capacitiva) e a $+\pi/2$ para $\omega \to \infty$ (reatância indutiva), tanto mais abruptamente quanto maior for Q (Figura 10.27).

Finalmente, vamos calcular a queda de tensão através do capacitor, que é dada pela 10.6.16):

$$\boxed{V_{C,m} = I_m X_C = \frac{I_m}{\omega C}} \quad \textbf{(10.7.12)}$$

ou seja,

$$\boxed{V_{C,m} = \frac{V_m}{\omega RC\sqrt{1+Q^2\left(\dfrac{\omega}{\omega_0}-\dfrac{\omega_0}{\omega}\right)^2}}} \qquad \textbf{(10.7.13)}$$

Mas

$$\omega RC = \frac{\omega}{\omega_0}\cdot\frac{R}{\omega_0 L}\cdot\omega_0^2 LC = \frac{1}{Q}\cdot\frac{\omega}{\omega_0}$$

o que resulta em

$$\boxed{V_{C,m} = \frac{\omega_0}{\omega}\,Q\,\frac{V_m}{\sqrt{1+Q^2\left(\dfrac{\omega}{\omega_0}-\dfrac{\omega_0}{\omega}\right)^2}}} \qquad \textbf{(10.7.14)}$$

e, em ressonância ($\omega = \omega_0$),

$$\boxed{V_{C,m} = QV_m} \qquad \textbf{(10.7.15)}$$

Para uma *ressonância estreita* ($Q >> 1$), *a amplitude da tensão ressonante no capacitor é muito maior do que a amplitude da excitação externa* V_m (por um fator = Q).

Uma aplicação importante de um circuito ressonante é como *seletor de frequências*. Num receptor de rádio, por exemplo, podemos usar um circuito deste tipo em que C é *variável* (o que se obtém com um conjunto de placas fixas em paralelo e outro de placas móveis, que interpenetram as primeiras com área variável, pela rotação do botão de sintonia). Quando a frequência ω_0 assim definida entra em ressonância com a de uma estação de rádio, aparece no capacitor uma voltagem ressonante elevada, para Q elevado, e a *seletividade* também é alta, porque outras estações caem fora da largura γ do pico de ressonância.

10.8 TRANSFORMADORES

Consideremos inicialmente, para simplificar, a situação ilustrada na Figura 10.28, em que temos duas bobinas toroidais enroladas no mesmo toroide, feito de material não magnético (madeira, por exemplo): um "enrolamento primário" com N_1 espiras e um "secundário" com N_2 espiras.

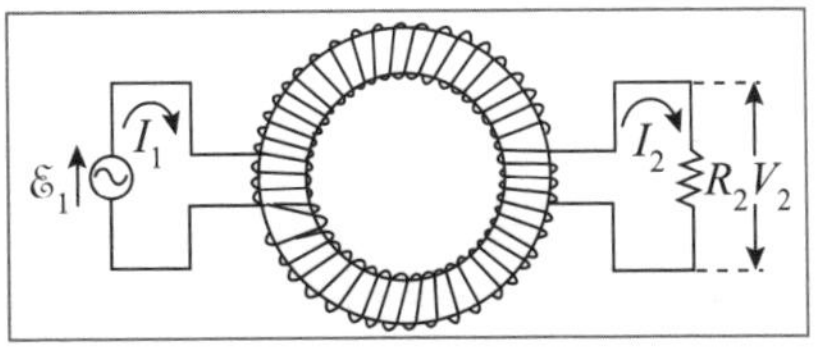

Figura 10.28 Bobinas toroidais acopladas.

O primário é alimentado por um gerador de fem $\mathcal{E}_1 = \mathcal{E}_m \cos(\omega t)$ e no secundário há uma "carga" de resistência R_2. Vamos desprezar a resistência do primário. Se L_1 e L_2 são as autoindutâncias do primário e do secundário, e L_{12} a indutância mútua, temos então

$$\boxed{\begin{aligned} &L_1 \frac{dI_1}{dt} + L_{12} \frac{dI_2}{dt} = \mathcal{E}_1 \\ &L_{12} \frac{dI_1}{dt} + L_2 \frac{dI_2}{dt} + R_2\, I_2 = 0 \end{aligned}} \tag{10.8.1}$$

ou, em notação complexa,

$$\boxed{\begin{aligned} &i\omega\left(L_1\, \bar{I}_1 + L_{12}\, \bar{I}_2\right) = \bar{\mathcal{E}}_1 \\ &i\omega\left(L_{12}\, \bar{I}_1 + L_2\, \bar{I}_2\right) = -R_2\, \bar{I}_2 = -\bar{V}_2 \end{aligned}} \tag{10.8.2}$$

onde $V_2 = \text{Re}\,(\bar{V}_2\, e^{i\omega t})$ é a voltagem através da resistência.

Logo,

$$\boxed{\frac{\bar{V}_2}{\bar{\mathcal{E}}_1} = -\left(\frac{L_{12}\,\bar{I}_1 + L_2\,\bar{I}_2}{L_1\,\bar{I}_1 + L_{12}\,\bar{I}_2}\right)} \tag{10.8.3}$$

Vamos considerar o caso ideal em que o *coeficiente de acoplamento indutivo* é $k = 1$ [cf. (9.6.6)], ou seja,

$$\boxed{L_{12} = \sqrt{L_1\, L_2}} \tag{10.8.4}$$

Neste caso,

$$\frac{\bar{V}_2}{\bar{\mathcal{E}}_1} = -\left(\frac{\sqrt{L_1\, L_2}\,\bar{I}_1 + L_2\,\bar{I}_2}{L_1\,\bar{I}_1 + \sqrt{L_1\, L_2}\,\bar{I}_2}\right) = -\frac{\sqrt{L_2}\left(\sqrt{L_1}\,\bar{I}_1 + \sqrt{L_2}\,\bar{I}_2\right)}{\sqrt{L_1}\left(\sqrt{L_1}\,\bar{I}_1 + \sqrt{L_2}\,\bar{I}_2\right)}$$

o que leva a

$$\boxed{-\frac{\bar{V}_2}{\bar{\mathcal{E}}_1} = \sqrt{\frac{L_2}{L_1}} = \frac{V_{2,\,m}}{\mathcal{E}_{1,\,m}}} \tag{10.8.5}$$

pois o 2º membro é real e positivo.

Mas vimos para bobinas toroidais [cf. (9.5.29)] que

$$\boxed{\sqrt{\frac{L_2}{L_1}} = \frac{N_2}{N_1}}$$

é a razão do número de espiras do secundário ao número de espiras do primário.

Logo, a fem do primário aparece no secundário (através da carga) *amplificada* ou *reduzida* por esta razão, o que ilustra o princípio básico do *transformador*. Passando ao limite em que o raio médio do toroide $\to \infty$, obteríamos o mesmo resultado para um solenoide cilíndrico.

Na prática, um transformador mais usual é do tipo ilustrado na Figura 10.29, em que primário e secundário são enrolados em torno de um mesmo núcleo de ferro. Note que este é precisamente o mesmo dispositivo com o qual Faraday descobriu a lei da indução (Figura 9.1b). Neste caso, o fluxo magnético passa quase inteiramente através do ferro, e daí resulta que o fluxo magnético **Φ** que atravessa cada espira é, com boa aproximação, o mesmo no primário e no secundário (cf. Seção 11.8).

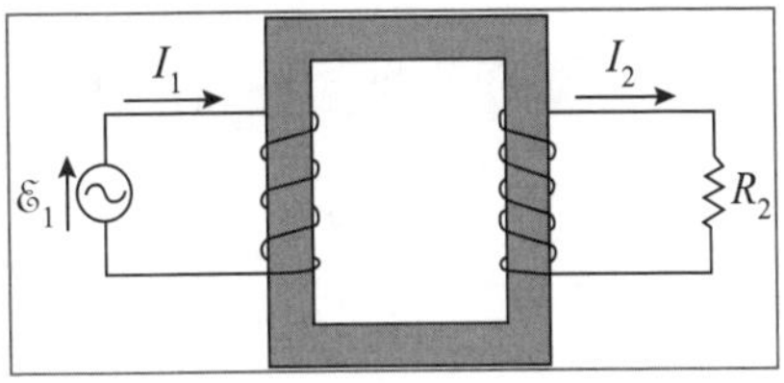

Figura 10.29 Transformador.

Como o primário tem N_1 espiras e o secundário N_2, a lei da indução dá então

$$\boxed{\begin{aligned}\mathcal{E}_1 &= N_1 \frac{d\Phi}{dt}\\ R\,I_2 = V_2 &= -N_2 \frac{d\Phi}{dt}\end{aligned}} \tag{10.8.6}$$

de forma que obtemos novamente

$$\boxed{\frac{V_2}{\mathcal{E}_1} = -\frac{N_2}{N_1}} \tag{10.8.7}$$

No caso das bobinas toroidais, a hipótese de que vale o limite ideal $k = 1$ equivale a dizer que todo o fluxo que atravessa um dos enrolamentos também atravessa o outro, ou seja, o princípio é o mesmo.

10.9 FILTROS

Se considerarmos o circuito da Figura 10.30, onde $\mathcal{E}$ é a fem associada a um gerador de corrente alternada, teremos

$$\boxed{\bar{I} = \frac{\mathcal{E}}{\bar{Z}}} \tag{10.9.1}$$

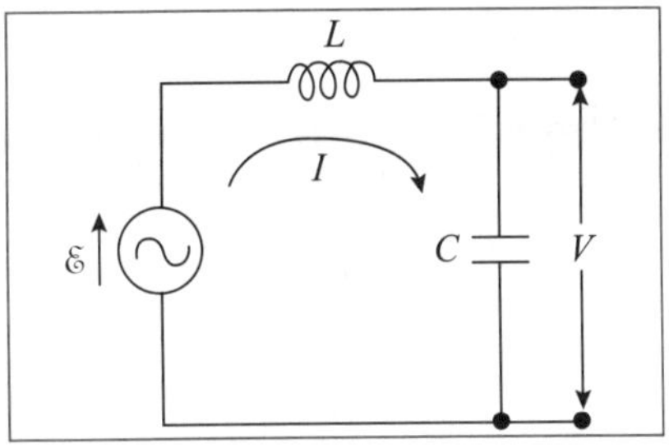

Figura 10.30 Circuito bloqueador de altas frequências.

onde

$$\boxed{\bar{Z} = i\left(\omega L - \frac{1}{\omega C}\right)} \tag{10.9.2}$$

e a voltagem V entre os terminais do capacitor é tal que

$$\bar{V} = \bar{I}\,\bar{Z}_C = \frac{\bar{I}}{i\omega C} = \frac{\mathcal{E}}{i\omega C\,\bar{Z}} = -\frac{\mathcal{E}}{\omega C\left(\omega L - \dfrac{1}{\omega C}\right)} = \frac{\mathcal{E}}{\left(1-\omega^2 LC\right)}$$

ou seja, com $\omega_0 = 1/\sqrt{LC}$ (frequência de oscilação livre),

$$\boxed{\bar{V} = \frac{\mathcal{E}}{1-\left(\dfrac{\omega}{\omega_0}\right)^2}} \tag{10.9.3}$$

que $\to \mathcal{E}$ para $\omega \to 0$ e $\to 0$ para $\omega \to \infty$.

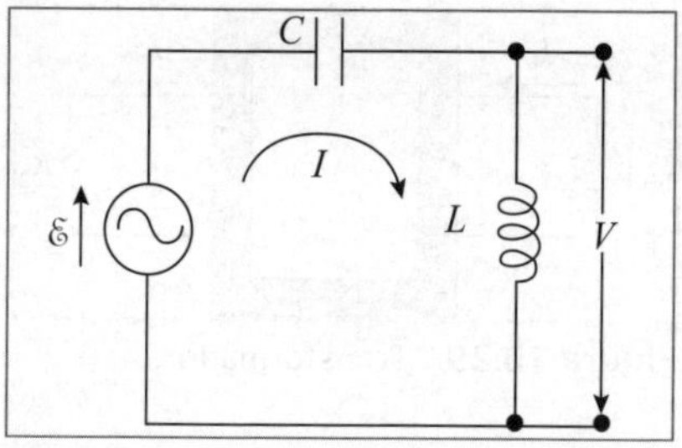

Figura 10.31 Circuito bloqueador de baixas frequências.

Assim, o circuito tende a "deixar passar" sinais de baixa frequência (para os quais L tende a um curto-circuito) e a "bloquear" sinais de alta frequência (efeito de L e da lei de Lenz). Se intercambiarmos os papéis de L e C, $\bar{Z}$ e $\bar{I}$ não se alteram (Figura 10.31), mas V aparece agora entre os terminais do indutor, e

$$\bar{V} = \bar{I}\,\bar{Z}_L = i\omega L\,\bar{I} = \frac{i\omega L}{\bar{Z}}\,\mathcal{E} = \frac{i\omega L}{i\left(\omega L - \dfrac{1}{\omega C}\right)}\,\mathcal{E}$$

$$= \frac{1}{\left(1 - \dfrac{1}{\omega^2 LC}\right)}\,\mathcal{E} \qquad \left\{ \boxed{\bar{V} = \frac{\mathcal{E}}{1 - \left(\dfrac{\omega_0}{\omega}\right)^2}} \right. \tag{10.9.4}$$

que $\rightarrow \mathcal{E}$ para $\omega \rightarrow \infty$ e $\rightarrow 0$ para $\omega \rightarrow 0$. O circuito tem agora o efeito inverso, deixando passar sinais de alta frequência (para os quais C tende a um curto-circuito) e bloqueando os de baixa frequência (para os quais C é um circuito aberto).

Podemos procurar aumentar estas tendências e "filtrar" mais e mais frequências baixas (ou altas) associando em série vários circuitos idênticos a um dos dois casos. Vejamos o que acontece no caso limite idealizado em que se imagina ter uma sequência *infinita* de circuitos idênticos, formando uma *rede periódica*.

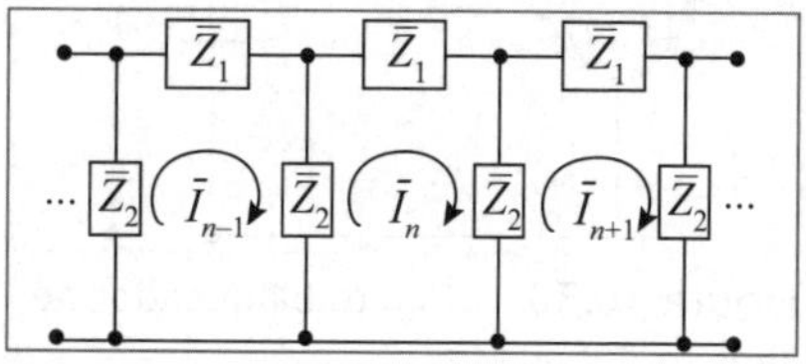

Figura 10.32 Filtro infinito.

Para dar um tratamento geral, substituímos L e C por duas impedâncias complexas genéricas, que vamos designar por $\bar{Z}_1$ e $\bar{Z}_2$. Seja $\bar{I}_n$ a *corrente de malha* complexa na n-ésima malha dessa rede (Figura 10.32). Aplicando a 1ª lei de Kirchhoff a esta malha, vem:

$$\boxed{\left(\bar{I}_n - \bar{I}_{n-1}\right)\bar{Z}_2 + \bar{I}_n\bar{Z}_1 + \left(\bar{I}_n - \bar{I}_{n+1}\right)\bar{Z}_2 = 0} \tag{10.9.5}$$

ou seja

$$\boxed{-\bar{Z}_2\,\bar{I}_{n+1} + \left(\bar{Z}_1 + 2\bar{Z}_2\right)\bar{I}_n - \bar{Z}_2\,\bar{I}_{n-1} = 0} \tag{10.9.6}$$

Dados $\bar{Z}_1$ e $\bar{Z}_2$, queremos achar de que forma $\bar{I}_n$ depende de n, variável *discreta* que toma só valores inteiros. A diferença $\bar{I}_n - \bar{I}_{n-1} = \Delta I_n$ é chamada de *diferença finita*, análogo discreto de uma *diferencial* $\Delta f = f(x + \Delta x) - f(x)$, e a equação (10.9.6) é uma *equação de diferenças finitas*, análogo discreto de uma equação diferencial.

Como os coeficientes das diferenças são constantes, podemos procurar resolvê-la da mesma forma que uma equação diferencial linear de coeficientes constantes, por uma *exponencial* na variável (n):

$$\boxed{\bar{I}_n = \bar{I}_0 \, e^{\alpha n}} \tag{10.9.7}$$

onde α é uma constante a determinar. Isso resulta em

$$\boxed{\begin{aligned} &\bar{I}_{n+1} = e^{\alpha}\bar{I}_n \equiv p\,\bar{I}_n \quad \left(p \equiv e^{\alpha}\right) \\ &\bar{I}_{n-1} = e^{-\alpha}\bar{I}_n \equiv \frac{1}{p}\bar{I}_n \end{aligned}} \tag{10.9.8}$$

e, substituindo na (10.9.6)

$$-p\bar{Z}_2 + \left(\bar{Z}_1 + 2\bar{Z}_2\right) - \frac{1}{p}\bar{Z}_2 = 0$$

Multiplicando por $(-p)$ e dividindo por $\bar{Z}_2$, obtemos

$$\boxed{p^2 - 2\left(1 + \frac{\bar{Z}_1}{2\bar{Z}_2}\right)p + 1 = 0} \tag{10.9.9}$$

cujas raízes são

$$\boxed{p_{\pm} = 1 + \frac{\bar{Z}_1}{2\bar{Z}_2} \pm \sqrt{\left(1 + \frac{\bar{Z}_1}{2\bar{Z}_2}\right)^2 - 1}} \tag{10.9.10}$$

Vemos pelos coeficientes da equação de 2° grau (10.9.9) que

$$\boxed{p_+ p_- = 1 \left\{ p_- = \frac{1}{p_+} \quad \right\{ \quad p_+ = e^{\alpha} \Rightarrow p_- = e^{-\alpha}} \tag{10.9.11}$$

e que, para ambas as raízes, temos

$$\boxed{\frac{1}{2}\left(p + \frac{1}{p}\right) = 1 + \frac{\bar{Z}_1}{2\bar{Z}_2}} \tag{10.9.12}$$

Nos exemplos acima, $\bar{Z}_1$ e $\bar{Z}_2$ são = $i\omega L$ ou

$$\left(\frac{-i}{\omega C}\right)$$

ou seja, são *imaginários puros*, de forma que

$$\frac{\bar{Z}_1}{2\bar{Z}_2}$$

é *real*. Vamos admitir isso, ou seja, que $\bar{Z}_1$ e $\bar{Z}_2$; são *reatâncias puras* $(R = 0)$. Se

$$\left(1 + \frac{\bar{Z}_1}{2\bar{Z}_2}\right)^2 < 1$$

o *radical* em $p_\pm$ é *imaginário puro* e as raízes são *complexas conjugadas*; caso contrário, elas são reais.

Comecemos pelo 1º caso:

$$\left(1+\frac{\bar{Z}_1}{2\bar{Z}_2}\right)^2 < 1 \quad \left\{ \quad -1 < 1+\frac{\bar{Z}_1}{2\bar{Z}_2} < 1 \quad \left\{ \boxed{-1 < \frac{\bar{Z}_1}{4\bar{Z}_2} < 0} \right.\right. \tag{10.9.13}$$

Nesse caso, $p_- = (p_+)^*$ (complexo conjugado), e $1 = p_+ p_- = |p_+|^2$. Logo, $p_\pm$ são *fatores de fase*; a (10.9.8) conduz a

$$\boxed{\bar{I}_{n+1} / \bar{I}_n = p_\pm = e^{\pm i\beta}} \tag{10.9.14}$$

onde β (*defasagem da corrente* entre duas malhas consecutivas) se obtém da (10.9.12):

$$\frac{1}{2}\left(p+\frac{1}{p}\right) = \frac{1}{2}\left(e^{i\beta}+e^{-i\beta}\right) = \boxed{\cos\beta = 1+\frac{\bar{Z}_1}{2\bar{Z}_2}} \tag{10.9.15}$$

o que resulta em

$$\beta = \cos^{-1}\left(1+\frac{\bar{Z}_1}{2\bar{Z}_2}\right)$$

A corrente complexa na malha n fica, para a raiz p_-,

$$\bar{I}_n = \bar{I}_0\, e^{-i\beta n}$$

ou seja,

$$\boxed{\hat{I}_n = \bar{I}_0\, e^{-i(\omega t - \beta n)}} \tag{10.9.16}$$

e, como $\bar{I}_0 = \bar{I}_{0m}\, e^{i\varphi}$, a corrente real é

$$\boxed{I_n = I_{0m} \cos(\beta n - \omega t - \varphi)} \tag{10.9.17}$$

que representa uma *onda harmônica progressiva* (**FB2**, Seção 5.2) *de corrente*, propagando-se ao longo da cadeia de malhas, da esquerda para a direita, com "*número de onda*" β e velocidade de propagação ω/β.

A raiz p_+ troca $\beta \to -\beta$, e representa, portanto, uma onda análoga propagando-se da direita para a esquerda. A solução geral, nesse caso, seria uma superposição das duas.

Se

$$\left(1+\frac{\bar{Z}_1}{2\bar{Z}_2}\right)^2 > 1$$

a expressão entre parênteses pode ser > 1 ou < – 1.

Caso (i)

$$\boxed{\frac{\bar{Z}_1}{4\bar{Z}_2} > 0} \tag{10.9.18}$$

Neste caso, $p_+ > 1 = e^{\alpha}$ com $\alpha > 0$, e $p_- < 1 = e^{-\alpha}$, onde

$$\boxed{\frac{1}{2}\left(e^{\alpha} + e^{-\alpha}\right) = \text{ch } \alpha = 1 + \frac{\bar{Z}_1}{2\bar{Z}_2}} \tag{10.9.19}$$

e ch é o coseno hiperbólico.

Para a raiz p_-, a corrente na malha n é

$$\boxed{\bar{I}_n = \bar{I}_0 \, e^{-\alpha n} \quad \left\{ \quad \hat{I}_n = \bar{I}_0 \, e^{-\alpha n + i\omega t}\right.} \tag{10.9.20}$$

e a corrente real é

$$\boxed{\bar{I}_n = \bar{I}_{0m} \, e^{-\alpha n} \cos\left(\omega t + \varphi\right)} \tag{10.9.21}$$

mostrando que ela não se propaga: *atenua-se* para a direita, por um fator $e^{-\alpha}$, de cada malha para a seguinte. Essa solução corresponderia a um gerador de corrente à esquerda, alimentando a rede. A solução $p_+ = e^{\alpha}$ atenua-se para a esquerda, correspondendo à alimentação por um gerador de corrente colocado à direita; α é a *constante de atenuação por seção.*

Caso (ii)

$$1 + \frac{\bar{Z}_2}{2\bar{Z}_1} < -1 \quad \left\{ \boxed{\frac{\bar{Z}_1}{4\bar{Z}_2} < -1} \right. \tag{10.9.22}$$

Nesse caso, p_+ e p_- são negativos, e podemos tomar

$$\boxed{p_{\pm} = -e^{\pm\alpha}\left(\alpha > 0\right)} \tag{10.9.23}$$

A única diferença em relação ao caso (i) é que, além de atenuar-se de cada seção para a seguinte, a corrente também troca de sinal (sentido), correspondendo a uma mudança de fase de π.

Em geral,

$$\frac{\bar{Z}_1}{\bar{Z}_2}$$

é uma função da frequência ω, como as reatâncias, de modo que as condições acima são condições sobre ω. Uma faixa de frequências em que a corrente se propaga

$$\left(-1 < \frac{\bar{Z}_1}{4\bar{Z}_2} < 0\right)$$

recebe o nome de *banda de passagem*; nos outros casos (*i*) e (*ii*), em que se atenua, temos uma *banda proibida.*

Como pode haver atenuação, se Z_1 e Z_2 são *reatâncias puras*, cuja resistência R foi desprezada? A resposta é que *a atenuação não corresponde aqui a uma dissipação de energia*. A energia proveniente da fonte de corrente, numa banda proibida, vai ficando *acumulada* nos capacitores e indutores ao longo da rede, sem que haja dissipação. Em consequência, $I_n \to 0$ para $n \to \infty$.

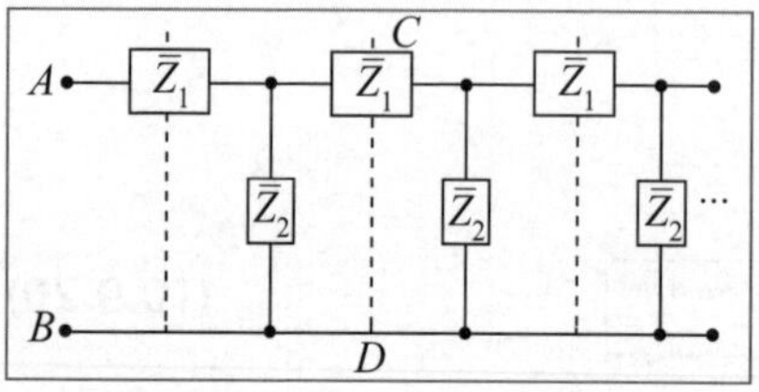

Figura 10.33 Redivisão de filtro infinito.

Impedância iterativa

Na realidade, não existem filtros infinitos. Como, então, aplicar esses resultados?

Podemos imaginar a cadeia como formada pela justaposição de elementos idênticos, obtidos "cortando ao meio" cada seção, ou seja, atribuindo ½ $\bar{Z}_1$ a cada lado (Figura 10.33).

Se tivermos um gerador de voltagem $\bar{V}$ na extremidade esquerda do filtro, entre os pontos A e B, a corrente transmitida será (digamos) $\bar{I}$. A razão

$$\boxed{\bar{V} / \bar{I} = Z_T} \qquad \textbf{(10.9.24)}$$

é chamada de *impedância iterativa* ou *impedância característica* do filtro. Podemos calculá-la por meio do seguinte raciocínio.

Do ponto de vista de A e B, podemos substituir o filtro todo pela "impedância equivalente" Z_T, mas isto também se aplica (uma vez que ele é semi-infinito) se substituirmos somente a porção à direita dos pontos C e D da Figura 10.33. Logo, devemos ter

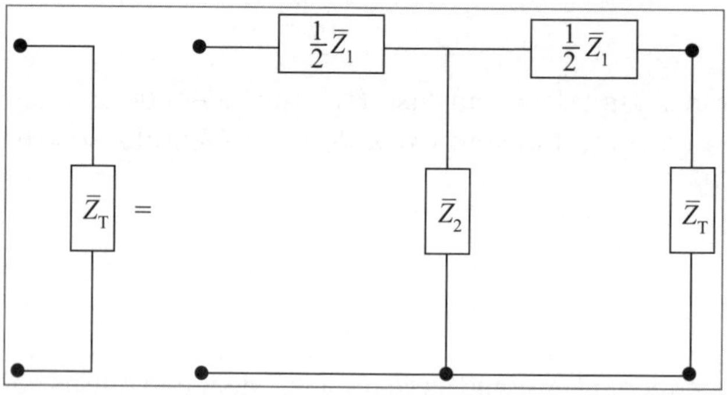

ou seja, levando em conta as associações em série e em paralelo,

$$\boxed{\bar{Z}_T = \frac{1}{2}\bar{Z}_1 + \cfrac{1}{\cfrac{1}{\bar{Z}_2} + \cfrac{1}{\frac{1}{2}\bar{Z}_1 + \bar{Z}_T}}} \qquad \textbf{(10.9.25)}$$

o que resulta em

$$\bar{Z}_T = \frac{\bar{Z}_1}{2} + \frac{\bar{Z}_2\left(\frac{\bar{Z}_1}{2} + \bar{Z}_T\right)}{\frac{\bar{Z}_1}{2} + \bar{Z}_T + \bar{Z}_2}$$

$$\therefore \quad \bar{Z}_T \frac{\bar{Z}_1}{2} + \left(\bar{Z}_T\right)^2 + \bar{Z}_T\bar{Z}_2 = \left(\frac{\bar{Z}_1}{2}\right)^2 + \frac{\bar{Z}_1\bar{Z}_T}{2} + \frac{\bar{Z}_1\bar{Z}_2}{2} + \frac{\bar{Z}_1\bar{Z}_2}{2} + \bar{Z}_2\bar{Z}_T$$

$$\Rightarrow \boxed{\bar{Z}_T = \sqrt{\bar{Z}_1\bar{Z}_2 + \frac{1}{4}\left(\bar{Z}_1\right)^2} = \sqrt{\bar{Z}_1\bar{Z}_2}\sqrt{1 + \frac{\bar{Z}_1}{4\bar{Z}_2}}} \tag{10.9.26}$$

Se conseguíssemos realizar fisicamente uma impedância desse valor para todas as frequências ω, bastaria empregá-la como terminação de um número finito de seções do filtro para que ele se comportasse como se fosse semi-infinito. Na prática, isto em geral só pode ser feito de forma *aproximada*, em alguns domínios da frequência, conforme será discutido nos exemplos a seguir.

Quando a impedância terminal se afasta de $\bar{Z}_T$, é gerada uma *onda refletida*, que se propaga em sentido oposto.

Exemplos

(a) Filtro transmissor de baixas frequências

Obtém-se iterando os elementos da Figura 10.30 (Figura 10.34)

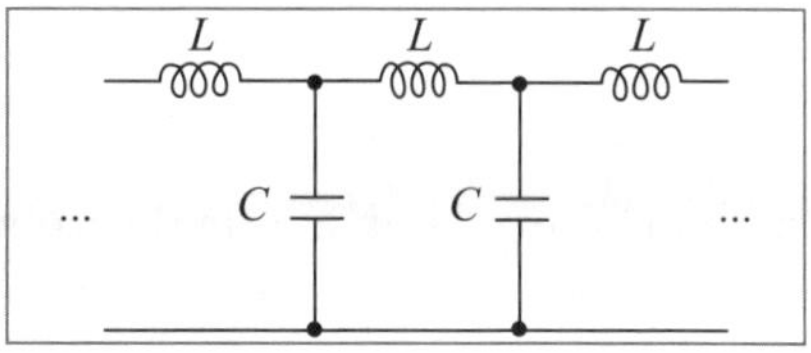

Figura 10.34 Filtro transmissor de baixas frequências.

Temos então

$$\boxed{\begin{aligned}\bar{Z}_1 &= i\omega L \\ \bar{Z}_2 &= \frac{1}{i\omega C}\end{aligned}} \qquad \boxed{\begin{aligned}\frac{\bar{Z}_1}{4\bar{Z}_2} &= -\frac{1}{4}\omega^2 LC \\ \bar{Z}_1\bar{Z}_2 &= L/C\end{aligned}} \tag{10.9.27}$$

ou ainda,

$$\boxed{\frac{\bar{Z}_1}{4\bar{Z}_2} = -\frac{\omega^2}{\omega_0^2} < 0}$$

onde

$$\boxed{\omega_0 \equiv \frac{2}{\sqrt{LC}}} \tag{10.9.28}$$

Assim, a região de passagem (propagação) corresponde a

$$-\frac{\omega^2}{\omega_0^2} > -1 \quad \left\{ \quad \boxed{0 \leq \omega \leq \omega_0} \right. \tag{10.9.29}$$

justificando o nome do filtro (*passa* as baixas frequências e bloqueia as altas, acima de ω_0); ω_0 recebe o nome de *frequência de corte* (é o dobro da frequência ressonante do circuito L-C.

Na *região de passagem*, o número de onda β é dado por

$$\boxed{\cos\beta = 1 - 2\frac{\omega^2}{\omega_0^2}} \tag{10.9.30}$$

de modo que β varia de 0 a π quando ω varia de 0 a ω_0.

Na *região de atenuação* ($\omega > \omega_0$), a constante de atenuação α é dada por

$$\left[\frac{\bar{Z}_1}{4\bar{Z}_2} = -\frac{\omega_2}{\omega_0^2} < -1, \quad \text{caso } (ii)\right]$$

$$-\text{ch}\,\alpha = 1 - 2\frac{\omega^2}{\omega_0^2} \Bigg\} \quad \boxed{\text{ch}\,\alpha = 2\frac{\omega^2}{\omega_0^2} - 1} \tag{10.9.31}$$

A impedância iterativa é

$$\bar{Z}_T = \sqrt{\frac{L}{C} - \frac{1}{4}\omega^2 L^2} = \sqrt{\frac{L}{C}}\sqrt{1 - \frac{\omega^2 LC}{4}} \Bigg\} \quad \boxed{\bar{Z}_T = \sqrt{\frac{L}{C}\left(1 - \frac{\omega^2}{\omega_0^2}\right)}} \tag{10.9.32}$$

Na banda de passagem, $\bar{Z}_T$ é real e pode ser aproximado por uma *resistência*

$$\boxed{R = \sqrt{\frac{L}{C}}} \tag{10.9.33}$$

para $\omega \ll \omega_0$. Já na banda de atenuação $\bar{Z}_T$ teria de comportar-se como uma *reatância* (imaginário puro), com a dependência da frequência dada pela expressão acima.

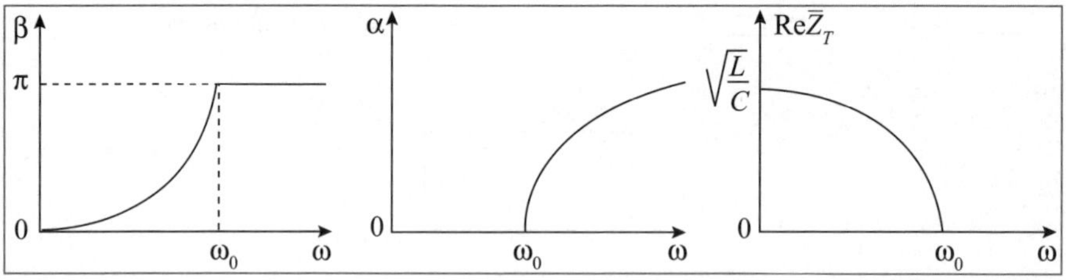

Figura 10.35 Gráficos de β, α e Re$\bar{Z}_T$.

Os gráficos (Figura 10.35) dão os comportamentos de β, α e da parte real de $\bar{Z}_T$ em função de ω para esse filtro.

(b) Filtro transmissor de altas frequências

O elemento básico é o da Figura 10.31. A discussão é análoga à do caso (a), e será deixada como exercício.

(c) Filtro transmissor de banda

Um dos exemplos mais simples desse tipo de filtro está ilustrado na Figura 10.36.

Nesse caso, temos

$$\bar{Z}_1 = i\,\omega L - \frac{i}{\omega C} = i\,\omega L\left(1 - \frac{1}{\omega^2 LC}\right)$$
$$\bar{Z}_2 = -\frac{i}{\omega C} \quad \left\{\frac{1}{\bar{Z}_2} = i\,\omega C\right. \tag{10.9.34}$$

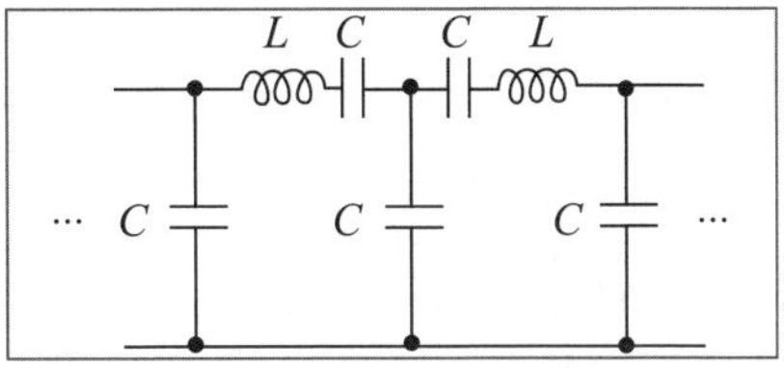

Figura 10.36 Filtro transmissor de banda.

o que leva a

$$\frac{\bar{Z}_1}{4\bar{Z}_2} = -\frac{1}{4}\omega^2 LC\left(1 - \frac{1}{\omega^2 LC}\right) = \frac{1}{4}\left(1 - \omega^2 LC\right) \tag{10.9.35}$$

que é > 0 para $\omega = 0$ [caso (i) de atenuação] e $\to -\infty$ para $\omega \to \infty$ [caso (ii) de atenuação].

Assim,

$$\frac{\bar{Z}_1}{4\bar{Z}_2} < 0 \quad \text{para} \quad \omega > \omega_1 \equiv \frac{1}{\sqrt{LC}} \tag{10.9.36}$$

e passa pelo valor –1 para

$$\frac{1}{4}\left(1 - \omega^2 LC\right) = -1 \quad \left\{ \omega^2 LC = 4 + 1 = 5 \quad \right\{ \quad \omega = \omega_2 \equiv \frac{\sqrt{5}}{\sqrt{LC}} \tag{10.9.37}$$

A banda de passagem é, portanto, nesse caso,

$$\frac{1}{\sqrt{LC}} \equiv \omega_1 \le \omega \le \omega_2 \equiv \sqrt{\frac{5}{LC}} \tag{10.9.38}$$

e frequências fora dessa banda são atenuadas.

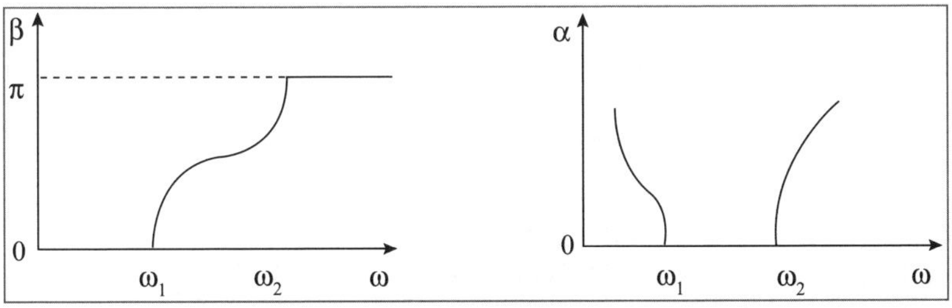

Figura 10.37 Comportamento de β e α para o filtro transmissor de banda.

O andamento de β e α, neste caso, está ilustrado na Figura 10.37. Note que a defasagem permanece = π acima de ω_2 [caso (ii)].

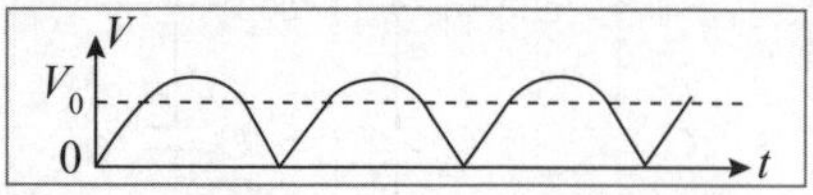

Figura 10.38 Sinal de componente *DC* igual a V_0.

Aplicações

Os primeiros filtros elétricos foram construídos por Campbell em 1906.

Os filtros têm uma variedade de aplicações práticas. Assim, por exemplo, um gerador DC rotativo poderia gerar um sinal como o da Figura 10.38, que tem um valor médio $V_0 > 0$ constante (DC), mas contém oscilações de frequência associadas à rotação do gerador. Usando um filtro transmissor de baixa frequência, podemos atenuar bastante essas oscilações e obter um sinal "filtrado" bem mais próximo da constante V_0.

Num aparelho de som de alta fidelidade, o ruído devido à rotação do motor de um toca-discos, de baixa frequência, perturba o sinal proveniente da gravação; ele pode ser eliminado (atenuado) por um filtro transmissor de alta frequência.

Num cabo telefônico, pode-se usar um filtro transmissor de banda para selecionar somente um dos canais usados para transmissão da voz.

Finalmente, um filtro é uma *estrutura periódica*, e fornece uma excelente ilustração do resultado citado na Seção 6.6 sobre a *propagação de ondas em estruturas periódicas*: a existência de *bandas permitidas* de *frequência*, em que a transmissão de ondas é possível, separadas por *bandas proibidas*, em que as ondas não se propagam (há atenuação).

As bandas de energia dos elétrons nos cristais resultam de um efeito análogo, relacionado com a propagação das ondas associadas aos elétrons na teoria quântica, através da estrutura periódica da rede cristalina. Serão discutidas no volume 4 deste curso.

■ PROBLEMAS

10.1 No circuito da figura, $R_1 = 20\ \Omega$ e $R_2 = 60\ \Omega$. Para que valor de R a potência dissipada em R é afetada o mínimo possível por pequenas variações de R?

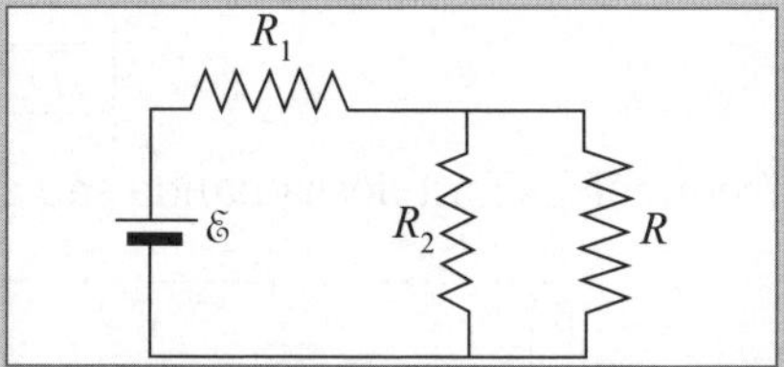

10.2 No circuito da figura, a chave é ligada para $t = 0$, com o capacitor descarregado. Demonstre que, após um tempo muito longo, metade da energia fornecida pela bateria estará armazenada no capacitor, e a outra metade terá sido dissipada na resistência.

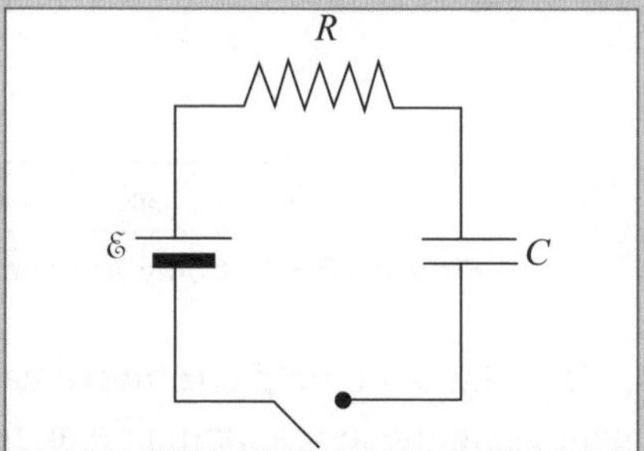

10.3 No circuito da figura, a chave é ligada para $t = 0$, com o capacitor descarregado. Calcule a voltagem $V(t)$ através do capacitor após um tempo t.

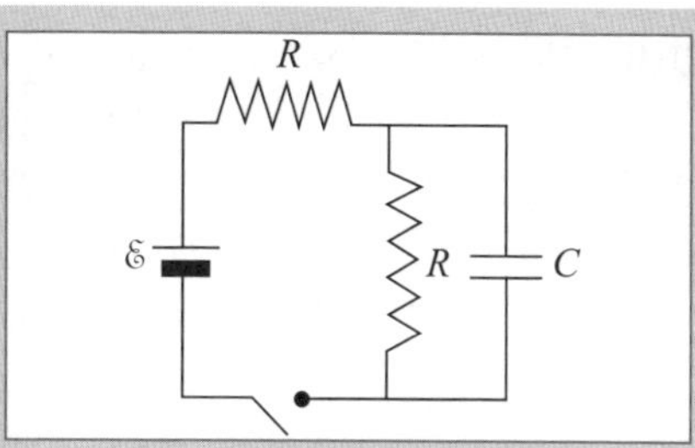

10.4 Demonstre que o circuito da figura tem duas frequências possíveis de oscilação livre, e calcule os valores dessas frequências.

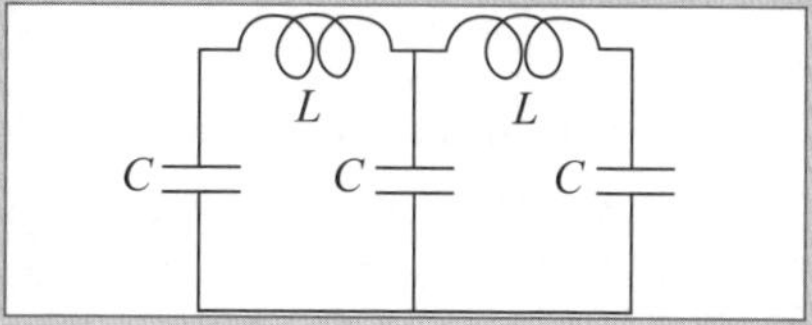

10.5 No circuito RLC em paralelo (figura), (a) Calcule a frequência angular ω_0 das oscilações livres e a constante de amortecimento γ. (b) Para $R = 10\ \text{k}\,\Omega$, $C = 1\ \mu\text{F}$, $L = 10\ \text{mH}$, qual é o valor de ω_0? Depois de quantos períodos a energia eletromagnética se reduz à metade do seu valor inicial?

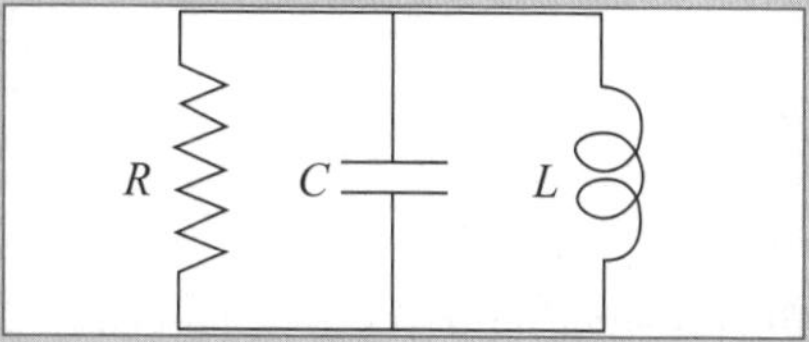

10.6 Calcule a impedância do circuito da figura entre os pontos 1 e 2 à frequência ω e mostre que, se as constantes de tempo τ_C e τ_L forem iguais, a impedância será independente da frequência.

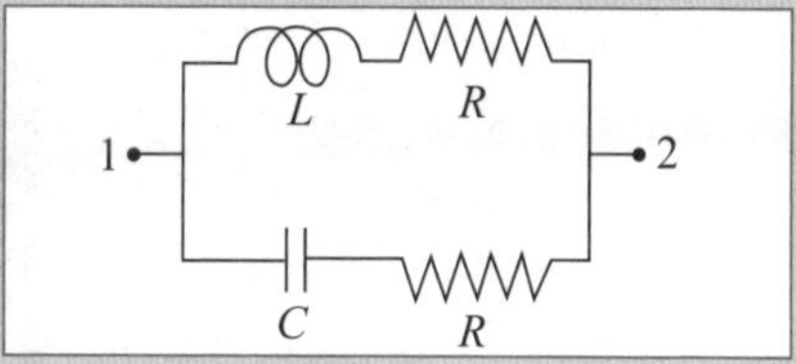

10.7 Calcule a frequência angular de oscilação livre do circuito da figura, onde L_{12} é a indutância mútua entre as bobinas.

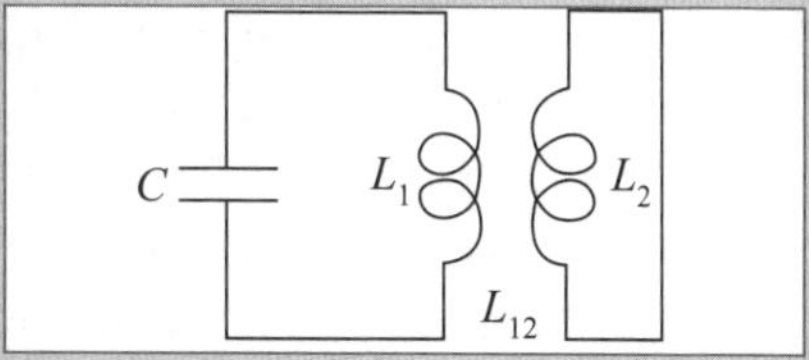

10.8 No circuito da figura, $\mathcal{E} = \mathcal{E}_0 \cos(\omega t)$. Calcule a frequência angular de ressonância, definida como o valor de ω para o qual a reatância do circuito se anula.

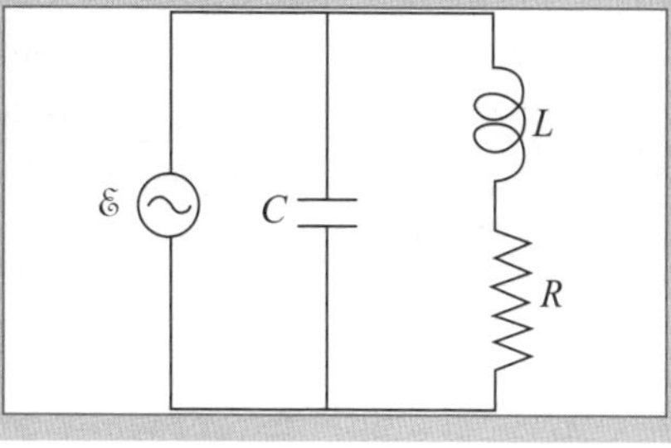

10.9 No circuito da figura, fecha-se a chave em $t = 0$, com $\mathcal{E} = \mathcal{E}_0 \text{ sen } (\omega t + \frac{\pi}{4})$. (a) Ache a corrente $I(t)$, incluindo o termo transiente e a solução estacionária. (b) Para que valor de ω o transiente desaparece?

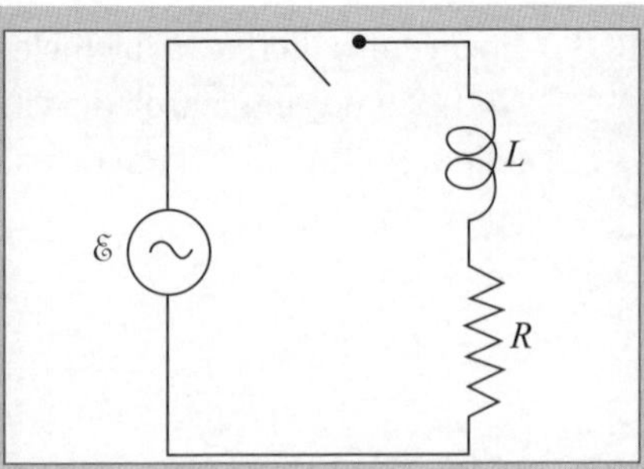

10.10 No circuito *RLC* em série (figura), com $\mathcal{E} = \mathcal{E}_0 \cos(\omega t)$, ache para que valor de ω a amplitude da voltagem será máxima: (a) através do capacitor; (b) através da bobina.

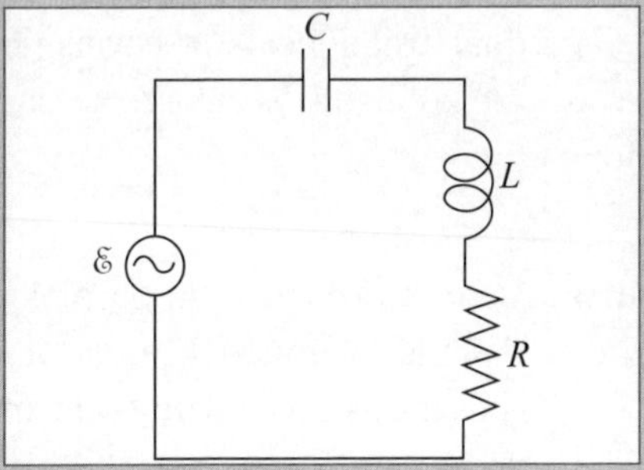

10.11 No circuito da figura ao lado, a chave é ligada em $t = 0$, com o capacitor descarregado.

(a) Ache a corrente I em função do tempo.

(b) Ache a energia armazenada em C, *após um tempo muito longo.*

(c) Ache a energia total fornecida pela bateria, durante esse tempo.

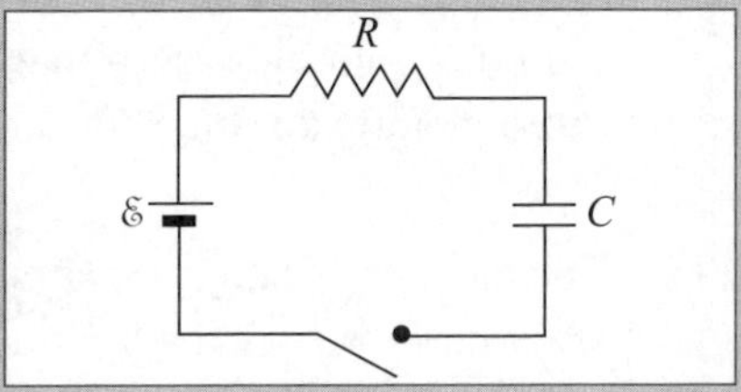

(d) Obtenha a energia total dissipada no resistor durante esse tempo. Mostre que a metade da energia fornecida estará armazenada no capacitor e a outra metade dela terá sido dissipada no resistor.

10.12 Uma espira circular de raio a, autoindutância L e resistência R gira em torno do eixo z (figura), com velocidade angular constante ω, num campo magnético uniforme $\mathbf{B}$.

(a) Calcule a fem $\mathcal{E}$ e a corrente I induzida na espira, em regime estacionário (após um tempo longo).

(b) Calcule o vetor momento de dipolo magnético $\mathbf{m}$ correspondente.

(c) Obtenha o torque (vetor) $\boldsymbol{\tau}$ correspondente sobre a espira.

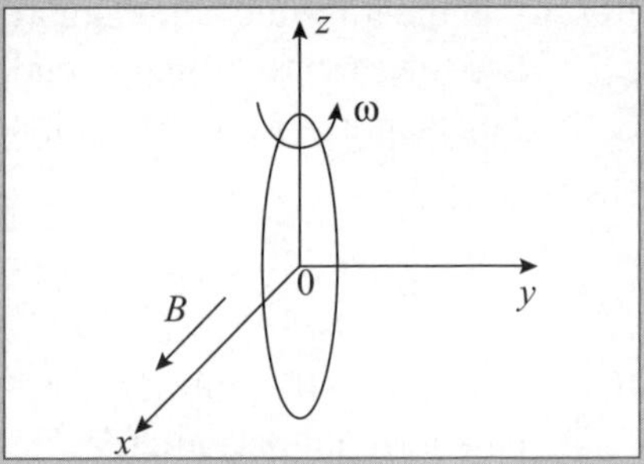

10.13 Um fio metálico isolado, de resistividade ρ e seção transversal de área S, é enrolado num cilindro de madeira de raio a e comprimento l, ficando com N espiras bem juntas umas das outras. As extremidades do fio estão ligadas a um gerador de corrente alternada de frequência angular ω. Calcule:

(a) A resistência R do fio.

(b) A autoindutância L do fio.

(c) A diferença de fase ϕ entre a corrente I e a voltagem V através do fio.

10.14 (*Casamento de impedâncias*) No circuito da figura, $Z = R + iX$ é a *impedância interna* do gerador de corrente alternada de voltagem V e $Z' = R' + iX'$ a impedância alimentada pela corrente I do gerador. Demonstre que *a potência transferida a* Z' *é máxima* quando

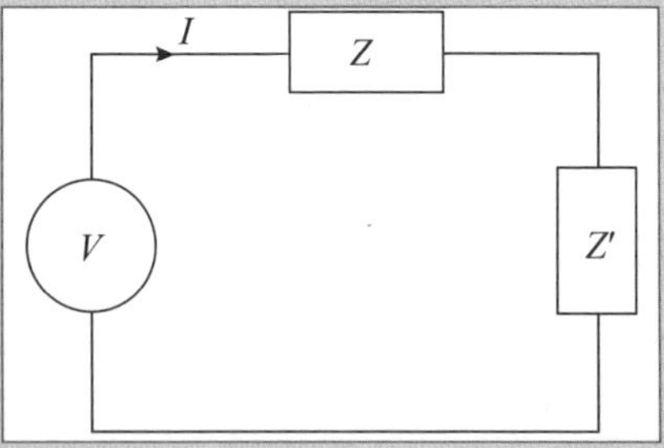

$$Z' = Z^* = R - iX.$$

Assim, se X corresponde a uma reatância capacitiva, X' corresponde a uma reatância indutiva, e vice-versa. Se as reatâncias são desprezíveis, basta que as resistências sejam iguais.

11

Materiais magnéticos

No Capítulo 5, discutimos o que acontece com o campo elétrico no interior de um meio material: vimos que um meio dielétrico fica polarizado e que as cargas de polarização (volumétricas e superficiais) contribuem para **E**, reduzindo sua magnitude dentro do meio.

No presente capítulo, vamos discutir o análogo desses efeitos para campos magnéticos no interior da matéria. Embora haja analogias, há também diferenças importantes, em virtude do fato de que não existem cargas magnéticas: as fontes do campo magnético são correntes.

Entretanto, há uma dificuldade básica, semelhante à que encontramos ao procurar um modelo microscópico para a condutividade elétrica: uma descrição na escala atômica requer a mecânica quântica. Aqui o problema é ainda mais grave: conforme veremos, se valesse a física clássica, não existiriam materiais magnéticos!

Apesar disso, é útil desenvolver o tratamento clássico (da mesma forma que foi útil o modelo da Seção 6.4 da condutividade), porque serve como base para uma discussão da fenomenologia de materiais magnéticos e há analogias com a *forma* das relações encontradas no tratamento quântico.

11.1 CORRENTES DE MAGNETIZAÇÃO

Após a descoberta dos efeitos magnéticos das correntes, foi sugerido por Ampère que a magnetização de meios materiais (como os ímãs permanentes) deveria originar-se de correntes microscópicas, que foram denominadas *correntes de Ampère*; assim, *todos os fenômenos magnéticos seriam gerados por correntes*. Deixando para mais tarde discutir a origem dessas correntes na escala atômica, vamos admitir a sua existência e ver como ela se reflete na escala macroscópica.

Consideremos, para fixar as ideias, uma barra cilíndrica uniformemente imantada na direção axial, que tomaremos como eixo dos z. Segundo a imagem de Ampère, a magnetização resulta de correntes microscópicas, que podemos pensar como circulares e fluindo em planos *perpendiculares* ao eixo z. A Figura 11.1 representa um corte transversal do cilindro, suposto circular de raio a. A uniformidade da distribuição das correntes microscópicas (homogeneidade), todas igualmente orientadas, faz com que os efeitos de elementos adjacentes, em pontos *internos*, se cancelem dois a dois; o fluxo através de elementos de superfície internos é = 0.

Entretanto, isto não vale na superfície do cilindro, pois não há elementos adjacentes externamente. O efeito resultante equivale, portanto, ao de uma *corrente superficial*, confinada à superfície do cilindro (em linha interrompida na Figura 11.1).

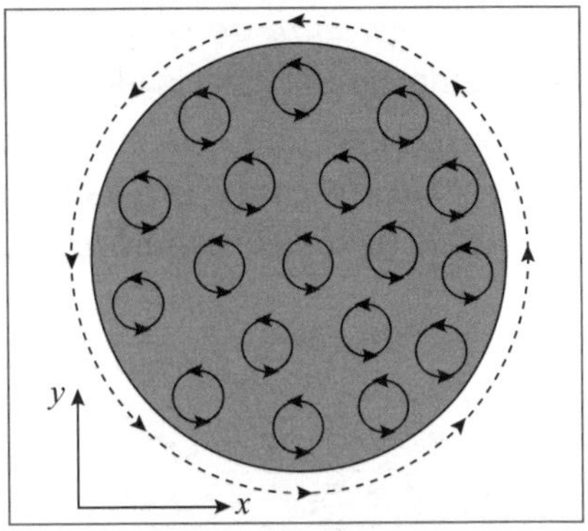

Figura 11.1 Correntes de Ampère num material magnético.

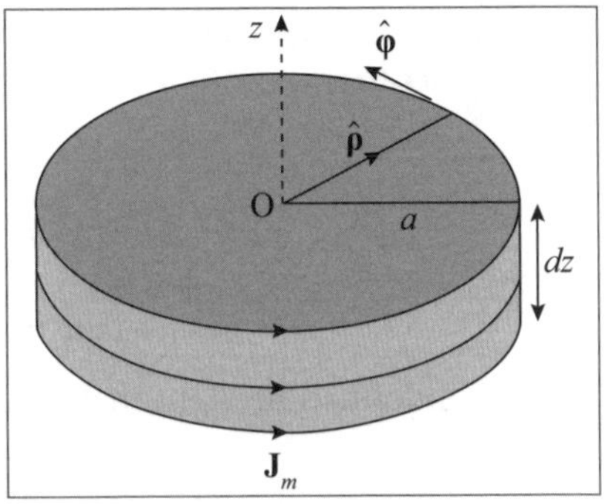

Figura 11.2 Corrente superficial no cilindro.

Seja $\mathbf{J}_m$ a *densidade de corrente superficial* correspondente, definida de tal forma que $|\mathbf{J}_m|dz \equiv di$ é a intensidade de corrente no anel de altura dz ($|\mathbf{J}_m| = di/dz$ é a *intensidade de corrente por unidade de comprimento*, medida em A/m). A direção de $\mathbf{J}_m$ é tangente ao cilindro e, com a orientação da Figura 11.2,

$$\boxed{\mathbf{J}_m = (di/dz)\hat{\boldsymbol{\varphi}}} \qquad \textbf{(11.1.1)}$$

Conforme vimos no Cap. 8, a espira anular de altura dz percorrida por uma corrente de intensidade di tem um momento de dipolo magnético

$$\boxed{d\mathbf{m} = (di)\mathbf{S} = (di)\pi a^2\hat{\mathbf{z}}} \qquad \textbf{(11.1.2)}$$

onde o vetor **S** é a *área orientada* correspondente. Logo,

$$\boxed{|d\mathbf{m}| = |\mathbf{J}_m|(\pi a^2)dz = |\mathbf{J}_m|dv} \qquad \textbf{(11.1.3)}$$

onde dv é o volume do cilindro de altura dz.

A *magnetização* **M** é, por definição, o *momento de dipolo magnético por unidade de volume*:

$$\boxed{\mathbf{M} \equiv \frac{d\mathbf{m}}{dv}} \qquad \textbf{(11.1.4)}$$

Como $\hat{\boldsymbol{\varphi}} = \hat{\mathbf{z}} \times \hat{\boldsymbol{\rho}}$, resulta então

$$\boxed{\mathbf{J}_m = \mathbf{M} \times \hat{\boldsymbol{\rho}} \equiv \mathbf{M} \times \hat{\mathbf{n}}} \qquad \textbf{(11.1.5)}$$

onde $\hat{\mathbf{n}}$ é a *normal externa* à superfície do cilindro. Dizemos que $\mathbf{J}_m$ é a *densidade de corrente superficial de magnetização*, e este resultado é o análogo da (5.6.7),

$$\sigma_p = \mathbf{P} \cdot \hat{\mathbf{n}}$$

para a *densidade de carga de polarização superficial* nas faces de um dielétrico homogeneamente polarizado com polarização **P** (Cap. 5).

Da mesma forma que uma polarização inomogênea leva à existência de uma densidade *volumétrica* de carga de polarização, uma *magnetização inomogênea* $\mathbf{M} = \mathbf{M}(x, y, z)$ também corresponde a uma *densidade volumétrica de corrente de magnetização* $\mathbf{j}_m$.

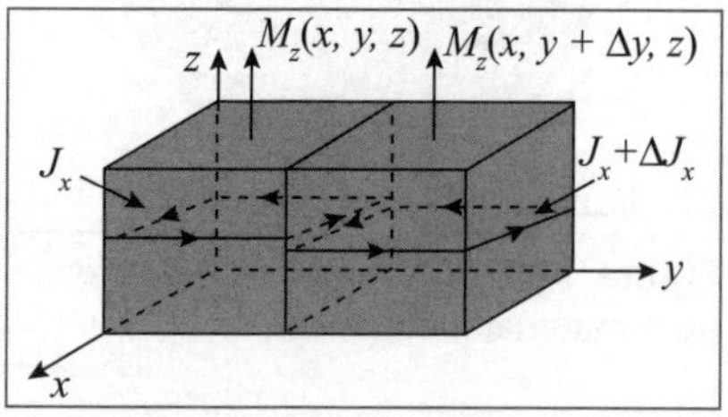

Figura 11.3 Magnetização inomogênea: blocos adjacentes.

Com efeito, imaginemos que o material magnetizado esteja (mentalmente) subdividido em blocos de volume $\Delta x \Delta y \Delta z$, suficientemente pequenos para que a magnetização possa ser considerada como homogênea *dentro* de cada bloco, mas varie entre blocos adjacentes.

A Figura 11.3 mostra então que não mais haverá cancelamento das correntes superficiais de blocos adjacentes. Para a face adjacente $\perp$ a Oy, a corrente resultante na direção x será, pela (11.1.5),

$$-J_x(x, y, z) + J_x(x, y+\Delta y, z) = -M_z(x, y, z) + M_z(x, y+\Delta y, z) = +\frac{\partial M_z}{\partial y}\Delta y$$

= intensidade /(por unidade de comprimento na direção z)

correspondente a uma intensidade

$$\boxed{\Delta_1 i = (\Delta J_x)\cdot \Delta z = +\frac{\partial M_z}{\partial y}\Delta y \Delta z} \quad \textbf{(11.1.6)}$$

através da face ($\Delta y \Delta z$).

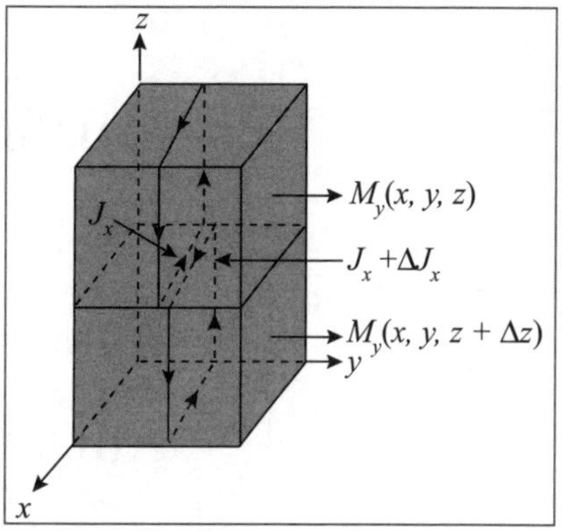

Figura 11.4 Magnetização inomogênea: blocos superpostos.

Outra contribuição para J_x vem da face contígua superior perpendicular a Oz (as faces perpendiculares a Ox não contribuem, porque só transportam corrente nas direções y e z). A corrente resultante é

$$J_x(x, y, z) - J_x(x, y, z+\Delta z) =$$
$$= M_y(x, y, z) - M_y(x, y, z+\Delta z) = -\frac{\partial M_y}{\partial z}\Delta z$$

o que dá uma contribuição à intensidade da corrente que atravessa a face $\Delta y \Delta z$ de

$$\boxed{\Delta_2 i = (\Delta J_x)\Delta y = -\frac{\partial M_y}{\partial z}\Delta y \Delta z} \quad \textbf{(11.1.7)}$$

A corrente total através de $\Delta y \Delta z$ é então

$$\boxed{\Delta_1 i + \Delta_2 i = \left(\frac{\partial M_z}{\partial y} - \frac{\partial M_y}{\partial z}\right)\Delta y\, \Delta z \equiv j_x\, \Delta y\, \Delta z} \quad \textbf{(11.1.8)}$$

o que resulta em

$$\boxed{j_x = \left(\frac{\partial M_z}{\partial y} - \frac{\partial M_y}{\partial z}\right) = (\text{rot } \mathbf{M})_x} \qquad \textbf{(11.1.9)}$$

Como Ox é uma direção arbitrária, vemos que a densidade de corrente volumétrica de magnetização é

$$\boxed{\mathbf{j}_m = \text{rot } \mathbf{M} = \nabla \times \mathbf{M}} \qquad \textbf{(11.1.10)}$$

resultado análogo a $\rho_p = -\text{ div } \mathbf{P}$ [cf. (5.6.12)] para um dielétrico com polarização inomogênea. As correntes $\mathbf{j}_m$ também são "ligadas" aos átomos.

Para um bloco de material homogeneamente magnetizado, resulta $\mathbf{j}_m = 0$, mas a descontinuidade $\mathbf{M}$ nas faces leva às (11.1.5) como caso particular,

$$\mathbf{J}_m = \text{Rot } \mathbf{M} = \hat{\mathbf{n}}_{12} \times (\mathbf{M}_2 - \mathbf{M}_1) = \mathbf{M} \times \hat{\mathbf{n}}$$

pois $\mathbf{M}_2 = 0$ e $\mathbf{M}_1 = \mathbf{M}$.

Em particular, um cilindro longo com magnetização homogênea (barra imantada) equivale à distribuição de corrente superficial obtida na (11.1.1) (Figura 11.5)

$$\mathbf{J}_m = \frac{di}{dz}\hat{\boldsymbol{\varphi}} = M\hat{\boldsymbol{\varphi}} \qquad \textbf{(11.1.11)}$$

como num solenoide com espiras muito juntas. Vemos também que a unidade de magnetização é A/m (ampères por metro).

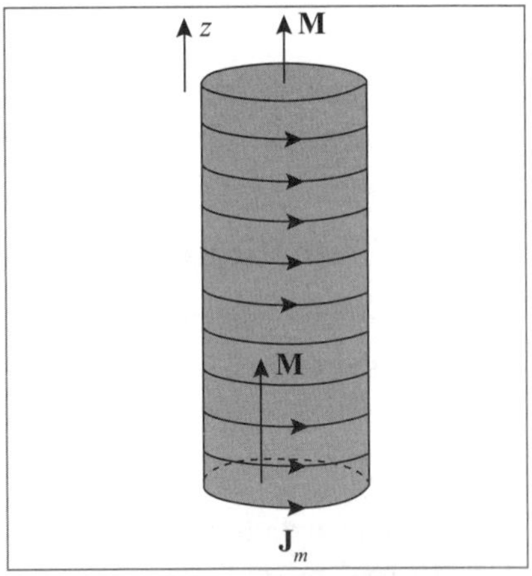

Figura 11.5 Cilindro homogeneamente magnetizado.

11.2 O CAMPO H

O campo magnético **B** produzido pelas *correntes de magnetização* se soma àquele devido às correntes **j** consideradas até aqui, devidas ao transporte de portadores de carga, que chamaremos de *correntes livres* (as correntes de magnetização são "ligadas", como as cargas de polarização). Logo, na presença de magnetização, a lei de Ampère fica

$$\boxed{\text{rot } \mathbf{B} = \mu_0 (\mathbf{j} + \mathbf{j}_m) = \mu_0 \, \mathbf{j} + \mu_0 \text{ rot } \mathbf{M}} \qquad \textbf{(11.2.1)}$$

o que podemos escrever (lei de Ampère para **H**)

$$\boxed{\text{rot } \mathbf{H} = \mathbf{j}} \qquad \textbf{(11.2.2)}$$

definindo um novo campo **H** por

$$\boxed{\mathbf{H} \equiv \frac{\mathbf{B}}{\mu_0} - \mathbf{M}} \qquad (11.2.3)$$

Esses resultados são o análogo de [cf. (5.6.14)]

$$\boxed{\begin{array}{l} \text{div}\,\mathbf{D} = \rho \\ \mathbf{D} = \varepsilon_0\,\mathbf{E} + \mathbf{P} \end{array}} \qquad (11.2.4)$$

para dielétricos. Novamente, $1/\mu_0$ é o análogo de ε_0.

Vemos também que a unidade de **H** é o ampère/metro, como a de **M**. *As fontes de* **H** *são apenas as correntes livres.* Por outro lado,

$$\boxed{\text{div}\,\mathbf{H} = -\text{div}\,\mathbf{M}} \qquad (11.2.5)$$

de forma que *as linhas de* **H** *não são fechadas*, como as de **B**, *se* **M** *não é homogêneo* (ou se é *descontínuo*, como ocorre na interface entre um meio magnetizado e o vácuo)

Equação constitutiva

Em toda a discussão até aqui, não procuramos relacionar **M** com o campo. Para meios dielétricos lineares, homogêneos e isotrópicos, tínhamos a relação constitutiva (5.6.9),

$$\boxed{\mathbf{P} = \varepsilon_0\,\chi\mathbf{E} \;\;\Rightarrow\;\; \mathbf{D} = \varepsilon_0(1+\chi)\mathbf{E} = \varepsilon_0\,\kappa\mathbf{E} = \varepsilon\,\mathbf{E}} \qquad (11.2.6)$$

(κ = constante dielétrica; ε = permitividade do dielétrico; χ = susceptibilidade dielétrica).

Analogamente, se tivermos um *meio magnético linear, homogêneo e isotrópico*, a magnetização **M** é proporcional ao campo **B** (ou, equivalentemente, **H**) no interior do meio:

$$\boxed{\mathbf{M} = \chi_m\mathbf{H}} \qquad (11.2.7)$$

onde χ_m é chamado de *susceptibilidade magnética* do meio. Daí resulta

$$\boxed{\mathbf{B} = \mu_0(\mathbf{H}+\mathbf{M}) = \mu_0(1+\chi_m)\mathbf{H} \equiv \mu\,\mathbf{H}} \qquad (11.2.8)$$

onde

$$\boxed{\mu = \mu_0(1+\chi_m) \equiv \mu_0\kappa_m; \quad \kappa_m \equiv 1+\chi_m} \qquad (11.2.9)$$

A constante material μ recebe o nome de *permeabilidade magnética* do meio, e $\kappa_m = 1 + \chi_m$ (o análogo da constante dielétrica) é a *permeabilidade magnética relativa* (número puro, sem dimensões). Em particular, no vácuo, $\mu = \mu_0$; daí chamarmos μ_0 de *permeabilidade magnética do vácuo*.

As unidades correspondentes são:

$$[B] = \frac{N}{A\cdot m} = \frac{Wb}{m^2};\; [\mu] = \frac{N}{A^2};\; [H] = \frac{A}{m}$$

Os *materiais magnéticos lineares* são de dois tipos, *diamagnéticos* ($\mu < \mu_0$, $\chi_m < 0$), em que a magnetização **M** é antiparalela a **H**, e *paramagnéticos*, ($\mu > \mu_0$, $\chi_m > 0$), em que **M** é paralela a **H**. Em ambos os casos, como vamos ver, $|\chi_m|$ é << 1: valores típicos são da ordem de 10^{-3} a 10^{-5}, ou seja, trata-se de efeitos muito pequenos; a polarização de dielétricos é muito mais forte (comparativamente), do que a magnetização destes materiais. Isso implica $\mu \approx \mu_0$ e $\mathbf{B} \approx \mu_0 \mathbf{H}$. Efeitos fortes são encontrados apenas para materiais *ferromagnéticos*, mas estes são *não lineares*, o que equivale a dizer que χ_m e μ variam com **B**.

Tanto o diamagnetismo como o paramagnetismo foram descobertos por Michael Faraday em 1845. Vamos discutir primeiro um *modelo clássico* do diamagnetismo e do paramagnetismo; veremos depois por que ele não é adequado.

11.3 A RAZÃO GIROMAGNÉTICA

As correntes microscópicas postuladas por Ampère são correntes na escala atômica. Embora não exista um "átomo clássico", podemos considerar um modelo híbrido, o átomo de Bohr, onde se imaginava a existência de órbitas dos elétrons em torno do núcleo, descritas classicamente, embora determinadas por "regras de quantização" (a teoria de Bohr foi precursora da mecânica quântica).

Consideremos então uma partícula de carga q e massa M, descrevendo (Figura 11.6) uma órbita fechada em torno de um ponto O (núcleo), sob a ação de *forças centrais* (força coulombiana, no átomo de Bohr). Se τ é o *período* da órbita, a intensidade da corrente associada ao movimento da partícula (carga por unidade de tempo que atravessa cada ponto da órbita) é

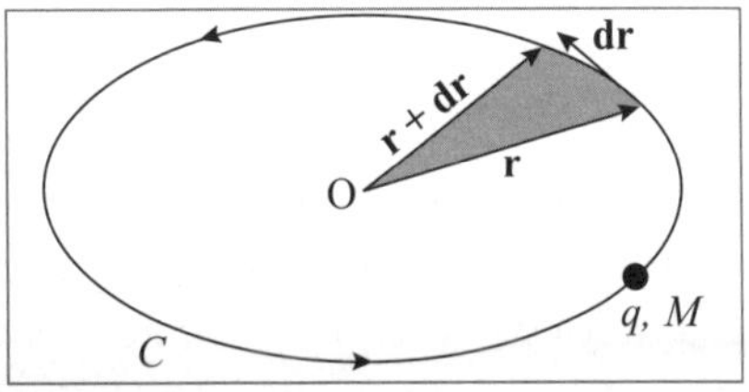

Figura 11.6 Órbita de Bohr.

$$\boxed{i = \frac{q}{\tau}} \tag{11.3.1}$$

e o momento de dipolo magnético associado à órbita é

$$\boxed{\mathbf{m} = i\mathbf{S} = i \cdot \frac{1}{2} \oint_C \mathbf{r} \times d\mathbf{r}} \tag{11.3.2}$$

onde a $\oint_C$, estendida à órbita, é = 2**S** (na Figura 11.6, ½ $\mathbf{r} \times d\mathbf{r}$ é a área *orientada* do triângulo sombreado).

Como $d\mathbf{r} = \mathbf{v}\, dt$ (**v** = velocidade instantânea da carga),

$$\boxed{\mathbf{m} = \frac{q}{2\tau} \oint_C \mathbf{r} \times \mathbf{v}\, dt} \tag{11.3.3}$$

Mas, se M é a massa da partícula ($\mathbf{p} = M\mathbf{v}$ = momento linear)

$$\boxed{\mathbf{r} \times \mathbf{v} = \frac{1}{M} \mathbf{r} \times \mathbf{p} = \frac{\mathbf{l}}{M}} \tag{11.3.4}$$

onde **l** é o *momento angular* da carga em relação ao centro, que se *conserva*, por tratar-se de um movimento sob a ação de forças centrais. Logo, a (11.3.3) fica (**l** sendo constante)

$$\mathbf{m} = \frac{q}{2M}\mathbf{l} \cdot \frac{1}{\tau}\oint_C dt$$

Mas $\oint_C dt = \tau$ (período da órbita). Logo, finalmente,

$$\boxed{\mathbf{m} = \gamma\, \mathbf{l}} \qquad \textbf{(11.3.5)}$$

onde

$$\boxed{\gamma = \frac{q}{2M}} \qquad \textbf{(11.3.6)}$$

Vemos, portanto, que o *momento de dipolo magnético* (**m**) *associado à "corrente de Ampère" produzida pela circulação da carga q na órbita é proporcional a* **l**, *o momento angular orbital da partícula.* A constante de proporcionalidade γ recebe o nome de *razão giromagnética clássica.* Para um elétron, $q = -e$ e $M = m_e$ (massa do elétron); logo,

$$\boxed{\gamma_e = -\frac{e}{2m_e}} \qquad \textbf{(11.3.7)}$$

A mecânica quântica leva a uma relação idêntica a esta entre momento de dipolo magnético e momento angular orbital de um elétron. O sinal (–) implica que o momento magnético é *antiparalelo* ao momento angular. Como **l** e **m** são aditivos, a mesma relação se aplica ao momento magnético *total* **M** associado às órbitas dos diferentes elétrons do átomo: $\mathbf{M} = \gamma_e\, \mathbf{L}$, onde **L** é o momento angular orbital *resultante* do conjunto de elétrons. Finalmente, somando sobre todos os átomos, o resultado se estende a um corpo macroscópico.

Isso permitiu uma verificação experimental, detectando *efeitos giromagnéticos.* Um deles, observado por J. S. Barnett em 1914, é a *magnetização por rotação* de uma barra cilíndrica de ferro, inicialmente não-imantada. O experimento inverso, realizado por A. Einstein e W. J. de Haas em 1915, consistiu em suspender um cilindro fino do material, por meio de uma fibra de vidro, dentro de um solenoide, imantá-lo (pela passagem de corrente através do solenoide) e observar a torção da fibra provocada pela rotação do cilindro. O efeito (como no caso de Barnett) é muito pequeno.

Einstein e de Haas conseguiram observá-lo usando uma técnica baseada em ressonância entre as oscilações da magnetização, provocadas pela passagem de uma corrente alternada através do solenoide, e as oscilações mecânicas da fibra de suspensão. A expectativa era encontrar $\gamma = \gamma_e$, demonstrando a existência das correntes de Ampère e a sua origem nos movimentos orbitais dos elétrons atômicos (a teoria de Bohr tinha sido formulada 2 anos antes).

Empregando um cilindro de ferro, Einstein e de Haas encontraram um resultado consistente com o que esperavam, $\gamma = \gamma_e$, mas não tinham feito o experimento (o único realizado por Einstein em toda a sua carreira) com suficiente cuidado. Experimentos realizadas alguns anos mais tarde, e confirmados com precisão cada vez maior desde aquela época, mostraram, para materiais *ferromagnéticos* (Fe, Ni, ...), tanto no efeito Barnett como no efeito Einstein-de Haas, que, com muito boa aproximação, nestes materiais

$$\boxed{\gamma = 2\gamma_e = -\frac{e}{m_e}} \tag{11.3.8}$$

ou seja, a razão giromagnética é o *dobro* da clássica.

A explicação desse resultado só veio com a descoberta do *spin do elétron* (já mencionado no cap. 6). Além do momento angular *orbital* em relação ao núcleo atômico, o elétron tem um momento angular *intrínseco*, o **spin**, comparável (embora esta imagem seja imprópria) ao de um giroscópio em rotação em torno de seu eixo. O spin também gera um momento magnético, mas com *razão giromagnética dupla* da clássica. A magnetização de materiais ferromagnéticos é devida quase exclusivamente ao spin dos elétrons (Seção 11.7).

O momento angular *total* **J** dos elétrons de um átomo é a *resultante* de seus momentos angulares orbitais e de spin, e a razão giromagnética correspondente para o átomo como um todo é da forma

$$\mathbf{m} = g\ \gamma_e\,\mathbf{J} = -g\cdot\frac{e}{2m_e}\mathbf{J} \tag{11.3.9}$$

onde g é um número positivo da ordem da unidade, conhecido como *fator g de Landé*, que pode ser calculado com o auxílio da teoria quântica do momento angular (para o spin de um elétron isolado, $g = 2$).

Em materiais *diamagnéticos*, os átomos têm momento angular *total* = 0, de forma que não possuem momento de dipolo magnético permanente (intrínseco): ele é *induzido* pelo campo magnético externo. Materiais *paramagnéticos* têm átomos com $\mathbf{J} \neq 0$, portanto são dotados de momento magnético intrínseco, e o efeito principal do campo **B** externo é *orientar* esses dipolos.

11.4 DIAMAGNETISMO

Vejamos o que acontece com o movimento dos elétrons num átomo quando ele é submetido a um campo externo **B**. Para isso, vamos imaginar que o campo é ligado *gradualmente*, durante um certo intervalo de tempo, passando de 0 ao valor final **B**. Dentro das dimensões atômicas, podemos considerar o campo como sendo uniforme; tomaremos a direção de **B** como eixo Oz, com origem O no centro do átomo (Figura 11.7), com $\mathbf{B} = B(t)\,\hat{\mathbf{z}}$.

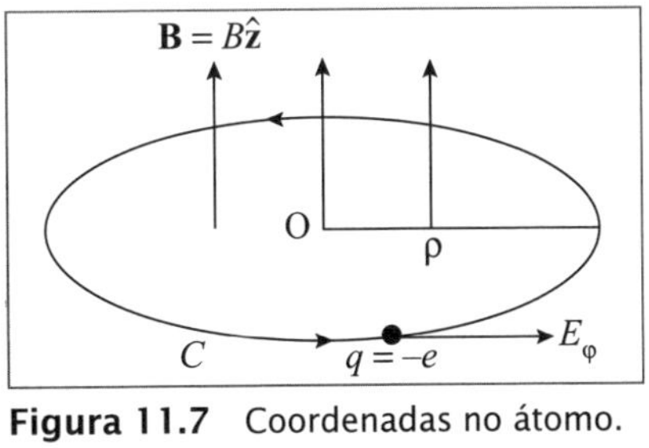

Figura 11.7 Coordenadas no átomo.

Pela lei de Faraday, a variação com t do fluxo de **B** através do átomo induz um campo elétrico **E**. Tomando um caminho C circular de raio ρ com centro em O, passando pela posição de um elétron, no plano (xy) perpendicular a **B**, a lei de Faraday resulta em

$$\oint_C \mathbf{E}\cdot\mathbf{dl} = -\frac{d\Phi_C}{dt} = -\pi\rho^2\frac{dB}{dt} = 2\pi\rho\langle E_\varphi\rangle \tag{11.4.1}$$

onde $< E_\varphi >$ é o valor médio da componente tangencial de **E** ao longo de C. Logo,

$$\langle E_\varphi\rangle = -\frac{\rho}{2}\frac{dB}{dt} \tag{11.4.2}$$

O *torque* correspondente sobre o elétron, em relação a O, é

$$\langle\tau_z\rangle = (-e)\langle E_\varphi\rangle\rho = \frac{1}{2}\rho^2 e\frac{dB}{dt} \tag{11.4.3}$$

e, pela lei fundamental da dinâmica de rotações, ele fornece a taxa média de variação temporal do momento angular orbital l_z deste elétron:

$$\left\langle\frac{dl_z}{dt}\right\rangle = \frac{1}{2}e\rho^2\frac{dB}{dt} \tag{11.4.4}$$

Integrando em relação ao tempo de $t = 0$ $(B = 0)$ até o valor final do campo B, vemos que a variação de momento angular associada a esse elétron é

$$\mathbf{l}_1 = \frac{1}{2}e\rho^2\mathbf{B} \quad \left(\mathbf{B} = B\hat{\mathbf{z}},\ \rho^2 = x^2 + y^2\right) \tag{11.4.5}$$

e, como se trata de momento angular *orbital*, a razão giromagnética é a razão clássica, de forma que o momento de dipolo magnético associado é (o índice 1 se refere à contribuição de 1 elétron)

$$\mathbf{m}_1 = \gamma_e\mathbf{l} = -\frac{e}{2m_e}\mathbf{l} = -\frac{e^2}{4m_e}\rho^2\mathbf{B} \tag{11.4.6}$$

Para um átomo com Z elétrons (Z = número atômico), devemos somar sobre todos eles, substituindo ρ^2 pelo seu valor médio. Esperamos que o átomo tenha simetria esférica na ausência de campo externo, o que leva a

$$\langle x^2\rangle = \langle y^2\rangle = \langle z^2\rangle = \frac{1}{3}\langle r^2\rangle \quad \left(r^2 = x^2 + y^2 + z^2\right) \tag{11.4.7}$$

Logo,

$$\langle\rho^2\rangle = \langle x^2 + y^2\rangle = \frac{2}{3}\langle r^2\rangle$$

e vem

$$\mathbf{m} = -\frac{2}{3}\frac{Ze^2}{4m_e}\langle r^2\rangle\mathbf{B} \quad \Bigg\{ \quad \mathbf{m} = -\frac{Ze^2}{6m_e}\langle r^2\rangle\mathbf{B} \tag{11.4.8}$$

onde **m** é o *momento de dipolo magnético total do átomo induzido pelo campo.* Vemos que **m** é *antiparalelo* a **B**, opondo-se à variação do fluxo, em conformidade com a lei de Lenz.

A magnetização **M** (momento de dipolo magnético por unidade de volume) se obtém multiplicando **m** pelo *número N de átomos por unidade de volume*:

$$\boxed{\mathbf{M} = N\mathbf{m} = -N\frac{Ze^2}{6m_e}\left\langle r^2\right\rangle \mathbf{B}} \qquad \textbf{(11.4.9)}$$

Como $\mathbf{B} \approx \mu_0 \mathbf{H}$ para materiais não ferromagnéticos, concluímos que a susceptibilidade magnética (11.2.7) é dada por

$$\boxed{\chi_m = -N\mu_0\frac{Ze^2}{6m_e}\left\langle r^2\right\rangle} \qquad \textbf{(11.4.10)}$$

onde o sinal negativo corresponde à lei de Lenz: a magnetização induzida se *opõe* ao campo **B**. A (11.4.10) é a *fórmula de Langevin.*

A *susceptibilidade molar* é referida a 1 mol da substância (massa em gramas igual à massa atômica); neste caso, N é o número de Avogadro, $\approx 6 \times 10^{23}$. Como, para 1 mol,

$$N\mu_0\frac{e^2}{6m_e} \approx 6\times10^{23}\times4\pi\times10^{-7}\times\frac{\left(1{,}6\times10^{-19}\right)^2}{6\times9{,}1\times10^{-31}} \approx 3{,}5\times10^{9}\,/\,\mathrm{m}^2$$

e a ordem de grandeza típica da susceptibilidade diamagnética molar é 10^{-11} Z/mol, concluímos que $< r^2 >$ é da ordem de 10^{-21} m^2, o que concorda com a ordem de grandeza das dimensões atômicas ($\leq 10^{-10}$ m) . Uma das substâncias mais fortemente diamagnéticas é o bismuto, para o qual $\chi_m \approx -1{,}7 \times 10^{-4}$; outros exemplos são Hg, Ag, Pb, H_2 e H_2O.

Em razão do sinal negativo de χ_m (**M** *antiparalelo* a **B**), em confronto com a susceptibilidade dielétrica χ (que é > 0), o comportamento de uma amostra diamagnética num campo magnético *inomogêneo* é o oposto do de um dielétrico num campo **E** inomogêneo. O dielétrico, como vimos no Cap. 4, é *atraído* para as regiões em que |**E**| é mais intenso. Qualquer material diamagnético, colocado num campo **B** inomogêneo, é (fracamente) *repelido* pela região onde |**B**| é mais intenso. A Figura 11.8 mostra uma rã (as células contêm uma grande proporção de H_2O) suspensa acima de um campo magnético muito intenso (16 T).

Figura 11.8 Levitação de uma rã num campo magnético ultra-forte.

A teoria quântica leva a um resultado formalmente idêntico à fórmula de Langevin para χ_m, permitindo ao mesmo tempo calcular $<r^2>$. Classicamente, porém, não existe uma explicação para a estabilidade do átomo: os elétrons colapsariam para dentro do núcleo, levando a $< r^2> = 0$ e $\chi_m = 0$ (cf. Seção 11.6).

11.5 PARAMAGNETISMO

Consideremos agora uma substância *paramagnética*, cujos átomos ou moléculas têm um momento de dipolo magnético intrínseco (permanente) $|\mathbf{m}_0|$. Na ausência de um campo magnético externo, os dipolos $\mathbf{m}_0$ estão orientados em direções distribuídas ao acaso, e a magnetização resultante (valor médio) é = 0.

Um campo **B** externo tende a *alinhar* os dipolos, levando a $\mathbf{M} \neq 0$. Note que são energeticamente favorecidos dipolos *paralelos* (não antiparalelos) a **B**, de forma que χ_m será > 0 para materiais paramagnéticos.

A tendência ao alinhamento encontra oposição na *agitação térmica*; assim, a susceptibilidade paramagnética deve *depender da temperatura* T, diminuindo quando T aumenta. Para calcular χ_m, precisamos usar a *mecânica estatística*.

Vimos (**FB2**, Seção 12.2) que a probabilidade de encontrar uma partícula (átomo, molécula) com energia potencial U num campo de forças, à temperatura T, é proporcional ao *fator de Boltzmann*

$$\boxed{\mathcal{F} = \exp\left(-\frac{U}{kT}\right)} \qquad \textbf{(11.5.1)}$$

onde $k = 1{,}38 \times 10^{-23}$ J/K é a *constante de Boltzmann*.

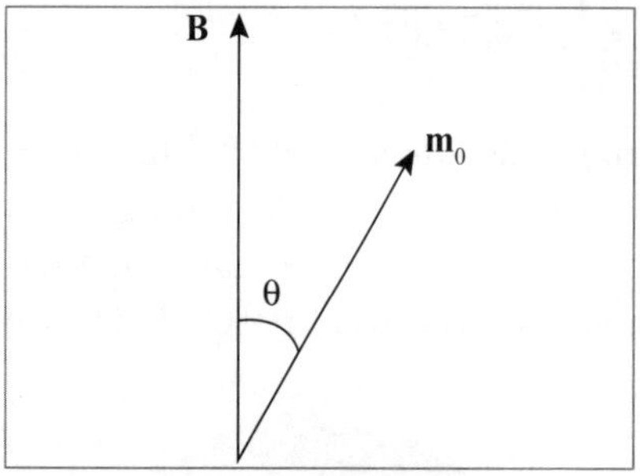

Figura 11.9 Dipolo magnético permanente no campo **B**.

Para um dipolo magnético $\mathbf{m}_0$ num campo externo **B**, a energia potencial é, como vimos,

$$\boxed{U = -\mathbf{m}_0 \cdot \mathbf{B} = -m_0 B \cos\theta} \qquad \textbf{(11.5.2)}$$

onde θ (Figura 11.9) é o ângulo entre $\mathbf{m}_0$ e **B**. Logo,

$$\boxed{\mathcal{F} = \exp\left(\frac{m_0 B}{kT}\cos\theta\right)} \qquad \textbf{(11.5.3)}$$

O número de partículas, por unidade de volume, em que a direção de $\mathbf{m}_0$ cai dentro de um ângulo sólido $d\Omega$, com $d\Omega = \text{sen}\theta\, d\theta\, d\varphi$ em coordenadas esféricas [cf. (3.4.11)], é

$$\boxed{dN = A\ \mathcal{F}\, d\Omega = A\exp\left(\frac{m_0 B}{kT}\cos\theta\right)\text{sen}\,\theta\, d\theta\, d\varphi} \qquad \textbf{(11.5.4)}$$

onde A é uma constante, tal que $\oint d\,N = N$ é o número total de partículas por unidade de volume, ou seja,

$$\boxed{A\int_0^{2\pi} d\varphi \int_0^{\pi} \mathcal{F}\ \text{sen}\,\theta\, d\theta = N} \qquad \textbf{(11.5.5)}$$

Para campos B e temperaturas T usuais, a energia magnética de alinhamento é muito menor que a energia térmica:

$$\frac{m_0 B}{kT} << 1$$

e

$$\boxed{F = \exp\left(\frac{m_0 B}{kT}\cos\theta\right) \approx 1 + \frac{m_0 B}{kT}\cos\theta} \qquad \textbf{(11.5.6)}$$

Mas

$$\int_0^{\pi} \cos\theta \text{ sen }\theta \, d\theta = -\frac{1}{4}\cos(2\theta)\Big|_0^{\pi} = 0 \qquad \textbf{(11.5.7)}$$

de forma que a (11.5.5) resulta em

$$\int_0^{\pi} \text{sen}\,\theta \, d\theta = -\cos\theta\Big|_0^{\pi} = 2,$$

$$4\pi A \approx N \quad \Big\{ \quad \boxed{A = \frac{N}{4\pi}} \qquad \textbf{(11.5.8)}$$

ou seja,

$$\boxed{dN \cong \frac{N}{4\pi}\left(1 + \frac{m_0 B}{kT}\cos\theta\right)\text{sen }\theta d\theta \, d\varphi} \qquad \textbf{(11.5.9)}$$

o que fornece a fração dN/N dos átomos com $\mathbf{m}_0$ dentro de $d\Omega$.

Para calcular a contribuição desses átomos à magnetização **M**, basta considerar a componente na direção de **B**, $m_0 \cos\theta$, pois as componentes perpendiculares a **B** se cancelam (por simetria, **M** é paralelo a **B**). Logo,

$$\boxed{\begin{aligned} M &\cong \int (m_0 \cos\theta)\, d N = \frac{N m_0}{4\pi}\int_0^{2\pi} d\varphi \\ &\times \int_0^{\pi}\left(1 + \frac{m_0 B}{kT}\cos\theta\right)\cos\theta \text{ sen }\theta d\theta \end{aligned}} \qquad \textbf{(11.5.10)}$$

A integral do primeiro termo se anula, pela (11.5.7). Assim,

$$\boxed{M \cong \frac{1}{2}\frac{N(m_0)^2 B}{kT}\int_0^{\pi} \cos^2\theta \text{ sen }\theta d\,\theta} \qquad \textbf{(11.5.11)}$$

Com a mudança de variável $\cos\theta = x$, vem

$$\int_0^{\pi} \cos^2\theta \,\text{sen}\,\theta \, d\theta = \int_{-1}^{1} x^2 dx = \frac{x^3}{3}\Big|_{-1}^{1} = \frac{2}{3}$$

de modo que, finalmente,

$$\boxed{M \cong N \frac{(m_0)^2}{3kT} B} \qquad \textbf{(11.5.12)}$$

o que, com $B \approx \mu_0 H$ (Seção 11.2), resulta em

$$\boxed{\chi_m = N\mu_0 \frac{(m_0)^2}{3kT} = \frac{C}{T}} \qquad \textbf{(11.5.13)}$$

que é > 0 e obedece à *lei de Curie* (descoberta por Pierre Curie em 1895): a susceptibilidade paramagnética é inversamente proporcional à temperatura absoluta T, conforme esperado. A constante C é chamada de *constante de Curie*, e a partir dessa relação podemos estimar, comparando com a experiência, o valor de m_0 (cujo cálculo teórico requer a mecânica quântica). Em contraste, a susceptibilidade diamagnética não depende de T.

Valores típicos de m_0 são ~ 10^{-23} A·m^2 (Seção 11.7), o que fornece, à temperatura ambiente, valores típicos de $\chi_m \lesssim 10^{-3}$. Embora, nessas substâncias, também exista sempre um efeito diamagnético, vemos que ele pode ser desprezado em confronto com a susceptibilidade paramagnética, que é bem maior. São exemplos de materiais paramagnéticos: Al, O_2.

Num campo inomogêneo, um material paramagnético é *fracamente atraído* para a região onde |**B**| é mais intenso, (como um dielétrico num campo com |**E**| inomogêneo).

É importante notar que os resultados apresentados aqui foram obtidos para $m_0 B << kT$, o que deixa de valer para temperaturas suficientemente baixas. Neste caso, porém, os efeitos quânticos dominam. O paramagnetismo é empregado, inclusive, para atingir temperaturas ultrabaixas, pelo método da "desmagnetização adiabática".

11.6 CRÍTICA DO TRATAMENTO CLÁSSICO

Vamos ver agora que os resultados precedentes não são realmente aplicáveis: um tratamento clássico cuidadoso leva à *total ausência de magnetização num material em equilíbrio térmico*. Isso foi mostrado pela primeira vez em duas teses de doutorado de 1911: a de Niels Bohr e a da física holandesa Johanna van Leeuwen.

Consideremos um sistema em repouso dentro de uma caixa, em equilíbrio termodinâmico à temperatura T. De acordo com a mecânica estatística clássica, a probabilidade de encontrar o sistema num estado de energia E (que temos de usar para calcular o valor médio da magnetização, como foi feito acima) é proporcional ao *fator de Boltzmann* (**FB2**, Seção 12.2)

$$\exp\left(-\frac{E}{kT}\right) \qquad \textbf{(11.6.1)}$$

Para calcular **M**, temos de saber como esta probabilidade é afetada pela presença de um campo magnético externo **B**, comparando o sistema *com campo* com o sistema *na ausência de campo*.

O sistema é formado, ao nível atômico, de partículas carregadas (elétrons e prótons), que interagem com o campo magnético. A força exercida pelo campo sobre uma partícula de carga q e velocidade $\mathbf{v}$ é a força de Lorentz $q\,\mathbf{v} \times \mathbf{B}$. Mas sabemos que essa força *não realiza trabalho*, porque é perpendicular a $\mathbf{v}$. Logo, ela *não altera a energia E da partícula*: a distribuição de probabilidades dos vários estados de movimento é a mesma na caixa com $\mathbf{B} \neq 0$ e com $\mathbf{B} = 0$, para um sistema em equilíbrio termodinâmico à temperatura T. Isso implica que *não pode haver magnetização induzida pelo campo magnético*: $\mathbf{M} = 0$ e $\chi_m = 0$.

O que está errado nos raciocínios apresentados aqui, que levaram a $\chi_m \neq 0$? Em ambos os casos, admitimos a existência de modelos atômicos estáveis, num deles com $< r^2 > \neq 0$ e no outro com $\mathbf{m}_0 \neq 0$. Ambas as hipóteses não são válidas classicamente: *a estabilidade do átomo e da matéria decorrem de efeitos quânticos.*

Por outro lado, admitindo essa estabilidade (como fizemos), obtêm-se resultados que preservam algum grau de validade na teoria quântica. Além disso, há sistemas, em magneto-hidrodinâmica, aos quais o tratamento clássico é aplicável. Daí a utilidade do tratamento apresentado aqui.

11.7 FERROMAGNETISMO

Além da substância ferromagnética mais importante, o Fe, há outros elementos ferromagnéticos, como Ni e Co, bem como ligas deles com Fe, que também são ferromagnéticos.

Num material ferromagnético, $|\mathbf{M}|$ é várias ordens de grandeza maior do que em materiais paramagnéticos ou diamagnéticos, e a relação entre $\mathbf{M}$ e $\mathbf{H}$ é *não linear*. Graficamente, pode ser representada por uma *curva de magnetização*. A natureza dessa curva depende não só do material, mas do tratamento a que esse material foi submetido, ou seja, da história anterior.

Consideremos, primeiro, um material como o ferro doce, em geral preparado por aquecimento até uma temperatura elevada, seguido de resfriamento lento (processo de recozimento). Se submetermos uma amostra, inicialmente desmagnetizada, a um campo H crescente, a curva de magnetização terá tipicamente o aspecto indicado na Figura 11.10, onde valores negativos correspondem à inversão do sentido de $\mathbf{H}$.

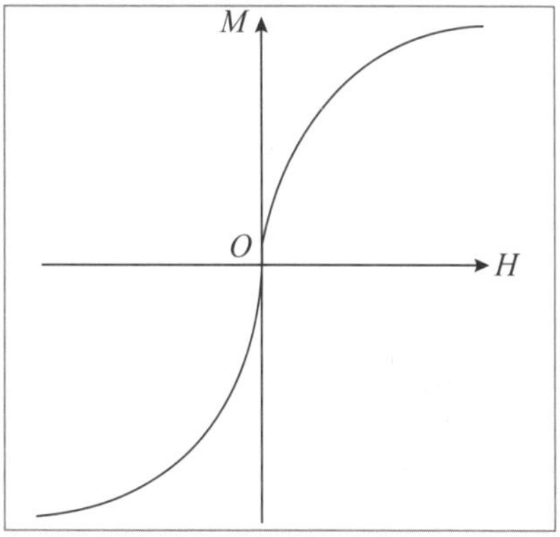

Figura 11.10 Curva de magnetização de um material ferromagnético.

O coeficiente angular inicial dM/dH, que define uma "susceptibilidade inicial" χ_m, é extremamente elevado, com valores da ordem de 10^2 a 10^3, contrastando com os valores muito próximos de 1 encontrados em materiais diamagnéticos ou paramagnéticos.

Entretanto, à medida que H cresce, M vai crescendo mais lentamente, tendendo a atingir um patamar, após o qual se mantém praticamente constante, efeito conhecido como *saturação*. Se continuarmos definindo μ como B/H (que passa a ser uma função de H), a *permeabilidade magnética relativa* μ/μ_0 atinge valores típicos ~10^4 e o campo B de saturação chega a ~10^4 Gauss (= 1 T = 1 Wb/m^2).

Em virtude da aplicação de materiais ferromagnéticos como núcleo de transformadores (para aumentar o fluxo de indução), interessa-nos seguir o comportamento de M quando H é um campo *oscilante*, invertendo-se periodicamente (produzido por corrente alternada).

Para um material magneticamente "duro", como o aço temperado, produzido por aquecimento seguido de resfriamento brusco, o comportamento típico está ilustrado na Figura 11.11. Se começarmos com o material desmagnetizado, ele segue inicialmente uma curva de magnetização como $O \to A$, do tipo da já discutida.

Entretanto, se diminuirmos H a partir de A, M não volta pelo mesmo caminho $A \to O$: decresce mais lentamente, segundo a curva $A \to C$. No ponto C, em que $H = 0$, M é $\neq 0$: o material permanece imantado na ausência de campo magnetizante externo. O valor de M no ponto C recebe o nome de *magnetização residual*, e o fenômeno é conhecido como *remanência*.

Invertendo o sentido de H e aumentando $|H|$, a magnetização segue o trajeto $C \to D$: é preciso atingir um valor negativo de H suficientemente grande, associado ao ponto D, para que M volte a se anular. O valor de $|H|$ no ponto D recebe o nome de *coercividade* do material.

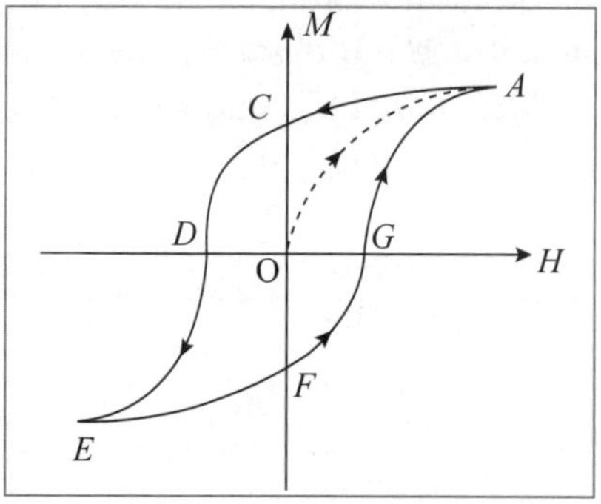

Figura 11.11 Ciclo de histerese.

Continuando com $H < 0$ e $|H|$ crescente, $|M|$ volta à região de saturação no ponto E. Repetindo o ciclo em sentido inverso a partir de E, a magnetização segue o caminho $E \to F \to G$ da Figura 11.11 e daí volta para A, fechando o ciclo, que daí em diante vai sendo percorrido periodicamente, para uma corrente alternada.

O fato de que a curva de magnetização não é unívoca, dependendo da história anterior, é chamado de *histerese* (do grego "atraso"), e o ciclo fechado que acabamos de descrever é chamado de *ciclo de histerese*. No caso do ferro doce, também há um ciclo de histerese, mas a sua "largura" (distância entre D e G na Figura 11.11) é muito menor, podendo aparentar uma curva unívoca em forma de "S".

Os resultados descritos aqui para materiais ferromagnéticos valem somente para temperaturas T abaixo de uma temperatura Θ característica de cada material, chamada *ponto de Curie*: seu valor é de 1.043K para o Fe; 1.388K para Co e 627K para o Ni. Para $T > \Theta$, o material torna-se *paramagnético*, e sua susceptibilidade magnética χ_m, como função de T, obedece à *lei de Curie-Weiss* [generalização da lei de Curie (11.5.13)]:

$$\boxed{X_m = \frac{C}{T - \Theta}} \qquad (T > \Theta) \tag{11.7.1}$$

onde C é a constante de Curie do material, quando paramagnético [na realidade, para $T \downarrow \Theta$ (por valores superiores), verifica-se que

$$\frac{1}{T-\Theta}$$

deve ser substituído por

$$\frac{1}{(T-\Theta)^{\gamma}}$$

onde γ é um *expoente crítico* característico da substância; para o Fe, tem-se $\gamma \approx 1.33$].

Para explicar a dependência em $1/(T-\Theta)$, Pierre Weiss propôs em 1907 que o campo **H** *efetivo* que atua sobre cada átomo devesse levar em conta a interação com os momentos de dipolo magnético devidos aos outros átomos, suposta proporcional a **M**,

$$\boxed{\mathbf{H}_{ef} = \mathbf{H} + W\,\mathbf{M}} \tag{11.7.2}$$

onde W seria uma constante > 0; H_{ef} é também chamado de "campo interno" ou "campo molecular".

Assim, teríamos, aplicando a lei de Curie (11.5.13) (lembrando que, para $T > \Theta$, o material é paramagnético),

$$\boxed{\mathbf{M} = \frac{C}{T}\mathbf{H}_{ef}} \tag{11.7.3}$$

o que resulta em

$$\mathbf{M} = \frac{C}{T}(\mathbf{H} + W\,\mathbf{M})$$

Resolvendo em relação a **M**, resulta

$$\mathbf{M}\left(1 - \frac{CW}{T}\right) = \frac{C}{T}\mathbf{H} \quad \Bigg\{ \quad \boxed{\mathbf{M} = \frac{C}{(T-CW)}\,\mathbf{H}} \tag{11.7.4}$$

que é a lei de Curie-Weiss, com

$$\boxed{\Theta = CW} \tag{11.7.5}$$

Como Θ e C são conhecidos, pelo ajuste à lei de Curie-Weiss, isto permite obter o valor de W e da contribuição WM ao campo interno. Os valores de $\mu_0 WM$ resultantes são da ordem de 10^3 T = 10^7 G, tão intensos que não poderiam ser explicados por nenhuma interação *magnética* com dipolos de átomos próximos.

Com efeito, o valor típico de um momento de dipolo magnético atômico é obtido a partir da razão giromagnética e do fato de que o momento angular $|\mathbf{J}|$ do átomo é da ordem de $\hbar$. Logo, a ordem de grandeza de $|\mathbf{m}|$ é a do *magneton de Bohr*

$$\boxed{m_B \equiv \frac{e\hbar}{2m_e}} \tag{11.7.6}$$

Temos

$$m_B \approx \frac{1{,}6\times10^{-19}\times1{,}05\times10^{-34}}{2\times9{,}1\times10^{-31}}\,\text{A}\cdot\text{m}^2$$

Logo,

$$\boxed{m_B \approx 9{,}3\times10^{-24}\,\text{A}\cdot\text{m}^2} \tag{11.7.7}$$

O campo $|\mathbf{B}|$ devido a um dipolo magnético da ordem de m_B situado à distância interatômica a (campo num átomo devido a um átomo vizinho) é da ordem de [cf. (8.3.15)]

$$\boxed{B \sim \frac{\mu_0 m_B}{2\pi\, a^3} \sim \frac{1{,}9\times10^{-31}}{a^3}\,\text{T}} \tag{11.7.8}$$

O valor típico de a para os materiais ferromagnéticos é ~ 3 Å = 3×10^{-10} m . Logo, $B \sim 10^{-1}$ T, que é ~ 10^4 vezes menor do que os valores encontrados para $\mu_0 WM$. Assim, o campo interno não está associado a uma interação magnética.

A natureza do campo interno só foi elucidada pela teoria quântica: sua explicação foi proposta em 1927 por Heisenberg. Como vimos, os efeitos giromagnéticos, como o efeito Einstein-de Haas, mostram que o ferromagnetismo se origina dos spins dos elétrons, pois dão uma razão giromagnética muito próxima da do spin (g = 2).

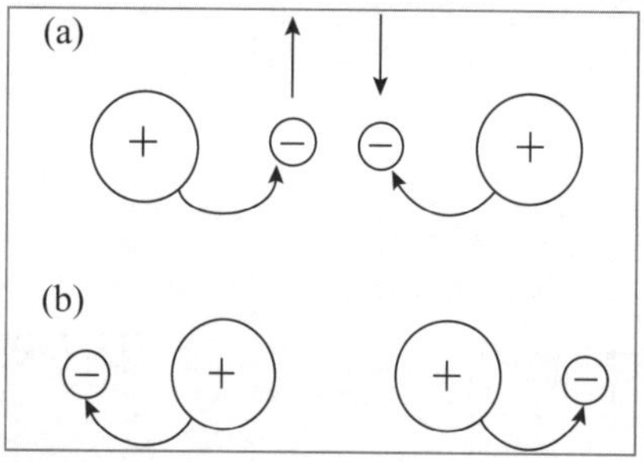

Figura 11.12 Ligação covalente (a) por elétrons de spins opostos.

Os spins desempenham um papel muito importante na explicação da *ligação química covalente*, como a ligação entre dois átomos de H na molécula H_2. Cada átomo contém 1 elétron, e os dois elétrons funcionam [Figura 11.12(a)] como uma espécie de "cola" para ligar os dois prótons (núcleos do H) na molécula, tendendo a ficar ambos *entre* eles, e assim aproximá-los um do outro, devido à *atração coulombiana* elétron-próton [ficando de lados opostos, como na Figura 11.12(b), tenderiam a separá-los].

Entretanto, em razão do princípio de Pauli, para que dois elétrons sejam encontrados na mesma região (entre os núcleos), eles devem ter *spins opostos* (antiparalelos). Logo, embora a energia da ligação covalente seja *coulombiana* (ordens de grandeza maior do que a magnética), ela se origina da *correlação entre as direções dos spins* dos elétrons nos dois átomos de H que formam a molécula: eles devem ser *antiparalelos*, dando spin resultante = 0. Como o momento angular orbital do elétron no átomo de H também é = 0, o momento angular total da molécula de H_2 é = 0, o que explica ser ela *diamagnética*.

Vemos assim que existe uma forte tendência para que os spins de elétrons em átomos vizinhos se alinhem *antiparalelamente* entre si, e que a energia associada a esta força é *coulombiana*, muito maior do que a magnética, portanto capaz de explicar o "campo interno" elevado.

O problema é que isso levaria ao *antiferromagnetismo*, e não ao ferromagnetismo, em que a tendência dos spins vizinhos é a se alinharem *paralelamente*, e não antiparalelamente. Efetivamente, existem substâncias antiferromagnéticas, como o cromo, mas como explicar que a interação entre spins leve ao alinhamento paralelo?

A explicação mais aceita atualmente é que, além dos elétrons "magnéticos" do material, que pertencem a uma camada atômica interna (incompletamente preenchida), é preciso levar em conta *elétrons de condução*, associados à camada externa (Fe, Co e Ni são condutores). Um elétron magnético de um átomo, com uma dada orientação do spin (↑), tende a alinhar o spin de um elétron de condução próximo dele antiparalelamente ao seu (↓). Este elétron pode deslocar-se livremente até um átomo vizinho, interagindo com um elétron magnético e por sua vez orientando-o antiparalelamente ao seu próprio spin (↑). Daí resulta uma *interação efetiva* entre os elétrons magnéticos de dois átomos vizinhos, tendente a alinhá-los (↑↑); os elétrons de condução servem como intermediários.

O alinhamento domina abaixo da temperatura de Curie Θ: para T tendendo a Θ por valores superiores, a lei de Curie-Weiss daria $\chi_m \to \infty$, ou seja, bastaria um campo externo muito pequeno para alinhar os dipolos magnéticos. Para $T < \Theta$, teríamos alinhamento completo (magnetização espontânea), correspondendo à saturação, na ausência de campo externo. Como explicar, então, que se tenha ferro (para o qual Θ = 1.043 K) desmagnetizado à temperatura ambiente, e que se tenha de aplicar um campo **B** externo para magnetizá-lo?

Os domínios de Weiss

Uma amostra macroscópica de Fe é formada de numerosos microcristais; a estrutura cristalina é cúbica, mas os eixos dos microcristais na amostra policristalina estão orientados em direções distribuídas ao acaso.

A *anisotropia* de um monocristal implica que existem direções preferenciais de orientação para **M**, as *direções de fácil magnetização*. Pierre Weiss postulou em 1907 a existência de *domínios*, em cada um dos quais (para $T < \Theta$) os spins (e momentos **m** associados) estão todos alinhados numa direção de fácil magnetização, *saturando* **M**. O tamanho típico de um desses domínios de Weiss é ~ 10^{-6} cm^3 a 10^{-2} cm^3, e um microcristal pode ser formado de vários domínios alinhados em diferentes direções de fácil magnetização.

Por que razão todos os domínios não se alinham numa mesma orientação, como na Figura 11.13(a)? A razão é que isso produziria um campo **B** mais intenso fora do material (portanto requerendo mais energia) do que em (b), onde há dois domínios em sentidos opostos. O campo **B** fica ainda mais confinado com a divisão (c) em quatro domínios ou (d) em 10, reduzindo a energia magnética.

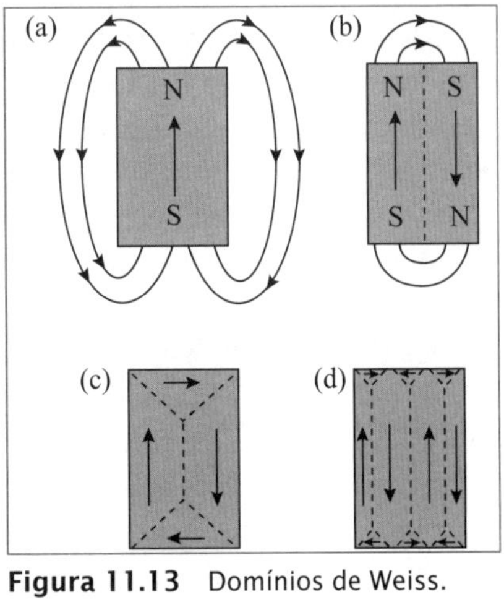

Figura 11.13 Domínios de Weiss.

Entretanto, é preciso também *pagar um preço em energia*, à medida que se aumenta o número de domínios na subdivisão. Com efeito, na parede que separa dois domínios contíguos (----- na Figura 11.13), os spins apontam em direções diferentes (na realidade, a mudança é gradual, ao longo de várias camadas atômicas), embora a interação entre eles favoreça o paralelelismo. Há, portanto, um gasto de energia para formar uma tal *parede de Bloch*, energia proporcional à *área* da parede. Já a redução da energia magnética externa é proporcional ao *volume* do domínio. O número e formato dos domínios em que o microcristal se divide depende da competição entre esses dois fatores e também das direções de fácil magnetização. A mudança de tamanho e/ou orientação dos domínios pode resultar em tensões internas e deslocamentos do material. Esse efeito de *magnetostrição* é responsável por vibrações audíveis de transformadores.

Com base nesse modelo, podemos explicar qualitativamente as características das curvas de magnetização. Na amostra policristalina inicialmente desmagnetizada, os microcristais e seus domínios estão orientados ao acaso. Basta aplicar um campo externo **B** fraco para que as direções de fácil magnetização mais próximas da direção de **B** sejam favorecidas, levando a um *crescimento dos domínios* nessas direções, com um correspondente *deslocamento das paredes de Bloch* (não uma rotação, que exigiria energia maior). Assim, a susceptibilidade inicial é grande, e a porção inicial da curva é *reversível*.

Entretanto, para valores maiores de **B**, começam a exercer efeitos de bloqueio as *imperfeições* do material: defeitos de vários tipos na estrutura cristalina, tensões internas, impurezas etc. Esses defeitos funcionam como *barreiras* que impedem o deslocamento das paredes de Bloch, requerendo um acréscimo finito $\Delta\mathbf{B}$ do campo externo para serem transpostas, o que acontece bruscamente e leva a um efeito irreversível, acompanhado de dissipação de energia. A energia é dissipada em correntes de Foucault, provocadas pelas variações bruscas de fluxo magnético, e em ondas sonoras associadas às variações de tensões mecânicas com o movimento das paredes. A magnetização cresce mais lentamente.

Finalmente, é atingido o patamar da curva, correspondente à *saturação*: variações grandes de **B** produzem variações pequenas de **M**, representando a *reorientação* gradual dos microcristais e domínios ainda não alinhados com **B**.

Quando voltamos a reduzir **B**, o mesmo efeito de "atrito" das paredes de domínios com imperfeições da rede impede que os domínios voltem a desorientar-se de todo, explicando a *remanência* e o efeito de *histerese*. É preciso aplicar um campo em sentido inverso para eliminar a magnetização residual: esta *coercividade* é tanto maior quanto mais "duro" o material, ou seja, quanto mais imperfeições ele tem. O resfriamento brusco de uma amostra aquecida gera *tensões internas* que aumentam a "dureza" magnética, o que explica a dependência do tratamento térmico dado ao material.

Os domínios de Weiss podem ser visualizados com o auxílio de uma técnica devida a F. Bitter (1932): espalha-se pó de limalha de Fe (por exemplo), muito fino, sobre uma superfície cuidadosamente polida do cristal e observa-se a superfície ao microscópio. As partículas do pó aderem às paredes de Bloch, pois nelas existem fortes campos magnéticos inomogêneos que as atraem. Isso permite fotografar a estrutura e inclusive observar os movimentos das paredes quando o campo magnético é aplicado.

Também é possível evidenciar a natureza descontínua (embora com saltos muito pequenos) do crescimento de M com H na região intermediária da curva de magnetização. Para isso, enrola-se uma bobina em torno do material ferromagnético, a fim de captar as pequenas variações de fluxo magnético associadas às variações bruscas ΔM: as variações da corrente induzida correspondente são amplificadas e levadas a um alto-falante, tornando-se audíveis como um ruído tipo crepitação (*efeito Barkhausen*).

11.8 CIRCUITOS MAGNÉTICOS

Entre as aplicações importantes do ferromagnetismo, destacam-se o uso de núcleos de materiais ferromagnéticos em bobinas e transformadores e a aplicação a eletroímãs e ímãs permanentes.

Consideremos o problema já tratado de uma *bobina toroidal*, mas desta vez enrolada sobre um núcleo ferromagnético, e percorrida por uma corrente i (*anel de Rowland*, Figura 11.14). Como vimos, para **H** (dentro ou fora do núcleo), as únicas fontes são correntes livres, de modo que, para um circuito C qualquer,

$$\boxed{\text{rot}\,\mathbf{H} = \mathbf{J} \quad \Rightarrow \quad \oint_C \mathbf{H}\cdot d\mathbf{l} = I} \qquad \textbf{(11.8.1)}$$

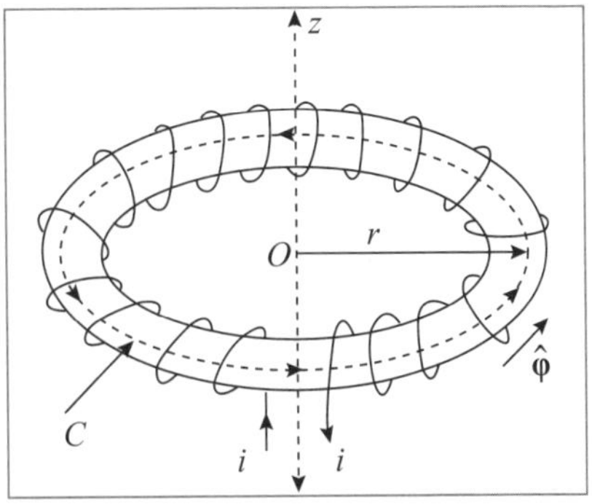

Figura 11.14 Anel de Rowland.

onde I é a intensidade de corrente (livre) *total* através de C.

O circuito C da Figura 11.14 (círculo mediano de raio r, interno ao toroide, com centro em O, centro do toroide) é atravessado pelas N espiras do enrolamento, e **H**, ao longo de C, é tangencial, $\mathbf{H} = H\hat{\boldsymbol{\varphi}}$, o que resulta em

$$2\pi r\; H = Ni \quad \left\{ \quad \boxed{H = \frac{Ni}{2\pi r}, \quad \mathbf{H} = H\hat{\boldsymbol{\varphi}}} \right. \qquad \textbf{(11.8.2)}$$

que tem o mesmo valor, independentemente do material do núcleo.

O valor correspondente de **B** é $\mathbf{B} = \mu\mathbf{H}$, onde μ depende de **H** e da história anterior do material (curva de magnetização). Se S é a área da secção circular do toroide, o fluxo de **B** através das N espiras é (supondo o raio da secção $<< r$, de forma que **B** quase não varie através da secção)

$$\boxed{\Phi = N\,BS = \mu \cdot \frac{N^2 S}{l} i} \qquad \textbf{(11.8.3)}$$

onde $l = 2\,\pi\,r$ é o comprimento do circuito C (linha mediana do toro).

Como $\Phi = L\,i$, onde L é a autoindutâneia da bobina, vemos que

$$\boxed{\frac{L}{L_0} = \frac{\mu}{\mu_0}} \qquad \textbf{(11.8.4)}$$

onde L_0 é a autoindutância calculada anteriormente, para um núcleo não magnético.

Logo, um núcleo ferromagnético *aumenta* L por um fator igual à *permeabilidade magnética relativa* $\kappa_m = \mu/\mu_0 > 1$, o que permite reduzir as dimensões da bobina e a quantidade de fio necessária (portanto, também a perda ôhmica).

Se i está variando com o tempo, a taxa de variação do fluxo correspondente é

$$\boxed{-\mathcal{E} = \frac{d\Phi}{dt} = N\,S\,\frac{dB}{dt}} \tag{11.8.5}$$

onde $\mathcal{E}$ é a força eletromotriz induzida sobre toda a bobina. A taxa de fornecimento de energia (potência) necessária para produzir essa variação temporal de i é

$$\boxed{\frac{dU}{dt} = -\mathcal{E}i = N\,S i\,\frac{dB}{dt} = \frac{Ni}{l}\,Sl\,\frac{dB}{dt}} \tag{11.8.6}$$

onde $l = 2\,\pi\,r$ é o comprimento médio do toroide (r = raio médio). Como $Ni/l = H$ e

$$Sl = v$$

é o volume do toroide, vemos que

$$\boxed{dU = (H\,dB)v} \tag{11.8.7}$$

é a variação de energia correspondente. Assim, a variação da *densidade de energia* u é (como **B** é paralelo a **H**)

$$\boxed{du = \mathbf{H}\cdot d\mathbf{B}} \tag{11.8.8}$$

No vácuo, $\mathbf{H} = \mathbf{B}/\mu_0$ e isto leva novamente à expressão já encontrada para a *densidade de energia magnética*:

$$du_m = \frac{1}{\mu_0}\mathbf{B}\cdot d\mathbf{B} \quad \Bigg\{ \quad \boxed{u_m = \frac{\mathbf{B}^2}{2\mu_0}} \tag{11.8.9}$$

Na presença do material ferromagnético, a expressão (11.8.8) tem uma interpretação geométrica em termos da curva de magnetização $\mathbf{B} = \mathbf{B}(\mathbf{H})$ [como $\mathbf{H} = (\mathbf{B}/\mu_0) - \mathbf{M}$, essa é outra forma de representar $\mathbf{M} = \mathbf{M}\,(\mathbf{H})$].

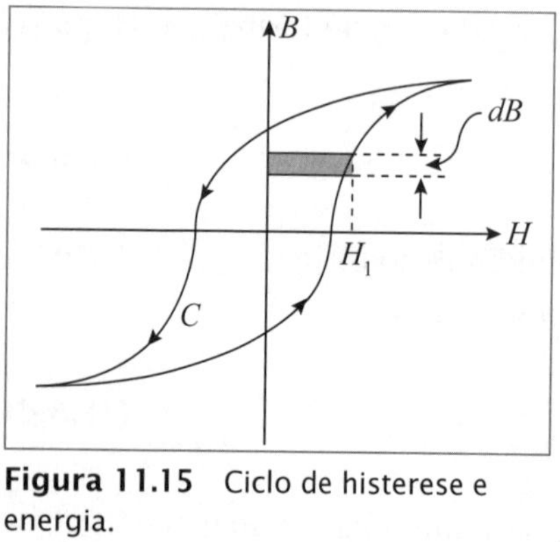

Figura 11.15 Ciclo de histerese e energia.

Vemos na Figura 11.15 que HdB representa a área sombreada (sempre positiva, porque **B** é paralelo a **H**). Logo,

$$\boxed{\oint_C H\,dB = \text{área dentro do ciclo de histerese}} \tag{11.8.10}$$

representa a energia total fornecida ao sistema durante o ciclo, que é *dissipada*, como vimos, em correntes de Foucault e ondas sonoras, convertendo-se em calor (vibração térmica da rede cristalina). A área dentro do ciclo representa, portanto, a *perda por histerese*, que queremos minimizar num transformador, por exemplo. Para isso, seu núcleo é de ferro doce (reduzindo a área do ciclo) e laminado (reduzindo o efeito das correntes de Foucault).

Voltemos agora à expressão (11.8.3) do fluxo, notando que

$$\boxed{Ni = 2\pi r H = \oint_C \mathbf{H} \cdot \mathbf{dl} = \mathcal{M}} \qquad \textbf{(11.8.11)}$$

onde $\mathcal{M}$ recebe o nome de *força magnetomotriz* associada ao circuito C. Note que é definida em termos de **H**, não de **B**.

O fluxo é dado por $\mathbf{\Phi} = N\,\mathbf{\Phi}_1$, onde $\mathbf{\Phi}_1$ é o fluxo de **B** através de *uma espira*, ou, o que é equivalente, através da secção reta do solenoide. Logo, a (11.8.3) leva a

$$\Phi_1 \equiv \int_S \mathbf{B} \cdot \mathbf{dS} = \mu \frac{S}{l} \underbrace{\mathcal{M}}_{Ni} \quad \left\{ \boxed{\mathcal{M} = \mathcal{R}\,\Phi_1} \right. \qquad \textbf{(11.8.12)}$$

onde

$$\mathcal{R} = \frac{l}{\mu S}$$

é chamada de *relutância* magnética do toroide ferromagnético.

A (11.8.12) é análoga a

$$\mathcal{E} = R\,i \qquad (\text{lei de Ohm})$$

onde R é a resistência de um circuito de comprimento l e secção transversal de área S, dada pela (6.3.6),

$$R = \frac{l}{\sigma S}$$

em que σ é a condutividade do material do circuito.

Temos, portanto, as seguintes analogias:

Circuito elétrico	σ	$i =$	$\int_C \mathbf{j} \cdot d\mathbf{S}$	$\mathcal{E} = \oint_C \mathbf{E} \cdot \mathbf{dl}$	R	**j**
Circuito magnético	μ	$\Phi_1 =$	$\int_C \mathbf{B} \cdot d\mathbf{S}$	$\mathcal{M} = \oint_C \mathbf{H} \cdot \mathbf{dl}$	$\mathcal{R}$	**B**

Embora essas analogias sejam muito úteis na análise de circuitos contendo materiais magnéticos, representam uma *aproximação*, cujas limitações devem ser levadas em conta. Num fio condutor, as dimensões da secção transversal são muito menores que o comprimento do fio, o que não é geralmente verdade para um circuito magnético. Assim, o cálculo da relutância de um circuito de secção variável por

$$\boxed{\mathcal{R} = \int \frac{dl}{\mu S}} \qquad \textbf{(11.8.14)}$$

não é uma aproximação tão boa quanto para circuitos elétricos. Além disto, $\mathcal{M}\Phi_1$ não representa uma taxa de dissipação de energia (como $\mathcal{E}i$ para um circuito resistivo).

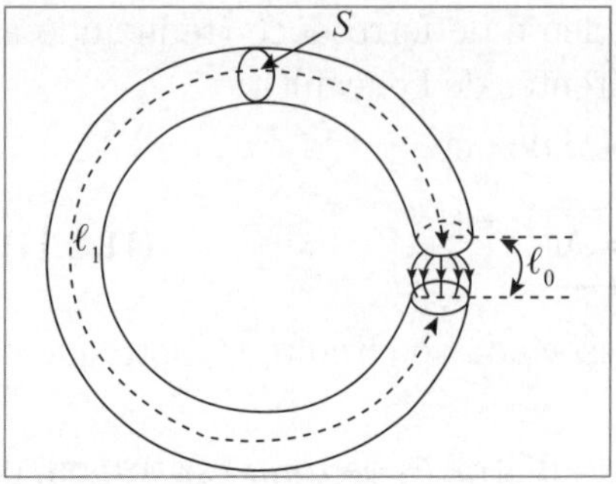

Figura 11.16 Entreferro.

Eletroímã

Suponhamos que se abra um interstício ("entreferro") de comprimento l_0 no toroide do exemplo anterior. (Na Figura 11.16, não foi desenhado o enrolamento, para simplificar). Se l_1 é o comprimento médio do anel cortado, teremos então

$$\boxed{\mathcal{R} = \frac{l_1}{\mu S} + \frac{l_0}{\mu_0 S} = \frac{1}{\mu_0 S}\left(l_0 + \frac{l_1}{\kappa_m}\right)} \quad \textbf{(11.8.15)}$$

admitindo que S não muda no entreferro, ou seja, ignorando o "alastramento" das linhas de força de **B** no interstício, ilustrado na Figura 11.16, o que requer $(l_0)^2 < S$.

Se (por exemplo, num caso típico) $l_1/l_0 \sim 50$ e $\kappa_m \sim 5 \times 10^3$, o termo l_1/κ_m é ~1% de l_0 e pode ser desprezado, levando a

$$\boxed{\mathcal{R} \approx \frac{l_0}{\mu_0 S}} \quad \textbf{(11.8.16)}$$

de forma que a relutância é quase toda devida ao entreferro (é como um circuito elétrico com duas resistências em série, uma muito menor que a outra).

Como o fluxo magnético Φ_1 (análogo de i) é o mesmo através de todo o circuito (div $\mathbf{B} = 0$ é o análogo de div $\mathbf{j} = 0$ para correntes estacionárias), a força magnetomotriz $\mathcal{M}$ aparece quase toda através do entreferro, amplificando por um fator l_1/l_0 o campo que seria produzido pelo mesmo solenoide na ausência do núcleo ferromagnético.

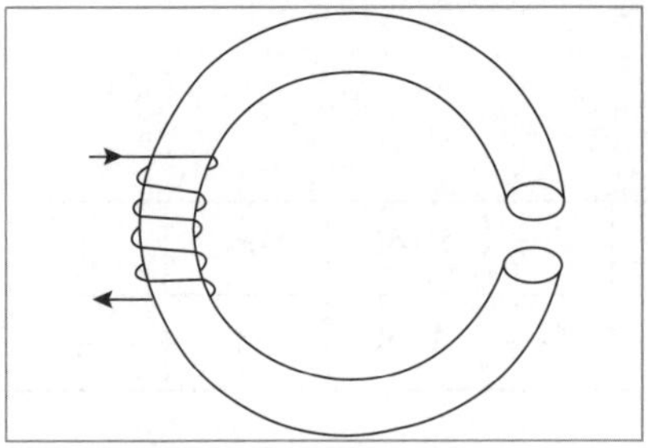

Figura 11.17 Eletroimã.

Vemos além disto que não é preciso enrolar a bobina em torno de *todo* o toroide: basta que esteja enrolada numa porção dele (Figura 11.17), porque, neste caso, a relutância "vista" pela bobina é a de dois circuitos *em paralelo*, um de alta relutância, através do ar (por fora do toroide) e outro de baixa relutância através do material ferromagnético, e quase todo o fluxo passará pelo toroide.

Pela mesma razão, uma caixa fechada de paredes ferromagnéticas protege o seu interior de efeitos magnéticos externos (*blindagem magnética*), porque a baixa relutância das paredes canaliza quase todo o fluxo para elas, livrando o interior de campos magnéticos.

Imã permanente

Num ímã permanente, não há correntes livres (como as de condução na bobina), de forma que

$$\text{rot } \mathbf{H} = 0 \quad \left\{ \quad \oint_C \mathbf{H} \cdot \mathbf{dl} = 0 = \mathcal{M} \right. \tag{11.8.17}$$

ou seja, a força magnetomotriz é = 0.

Tomando para C o mesmo circuito fechado anterior do toroide com entreferro, resulta

$$H_1 \, l_1 + H_0 \, l_0 = 0 \tag{11.8.18}$$

onde $\mathbf{H}_1$ é o campo ao longo da linha mediana C, dentro do toroide, e $\mathbf{H}_0$ o campo no entreferro. Logo

$$H_1 = -\frac{l_0}{l_1} H_0 \tag{11.8.19}$$

mostrando que $\mathbf{H}_1$ (dentro) tem sentido oposto a $\mathbf{H}_0$ (fora) nas interfaces do toroide, e $|\mathbf{H}_1| << |\mathbf{H}_0|$ numa situação típica.

Por outro lado, no entreferro, $\mathbf{B}_0 = \mu_0 \mathbf{H}_0$ tem a mesma orientação que $\mathbf{H}_0$, normal às interfaces ao longo da linha mediana. Como Div $\mathbf{B} = \hat{\mathbf{n}}_{12} \cdot (\mathbf{B}_0 - \mathbf{B}_1) = 0$ (a componente normal de $\mathbf{B}$ é contínua), $\mathbf{B}_1$ também tem a orientação de $\mathbf{B}_0$ (e $\mathbf{H}_0$), sendo, portanto, *antiparalelo* a $\mathbf{B}_1$.

Assim, no ciclo de histerese $B_1 \times H_1$, o ímã permanente opera num ponto como P (Figura 11.18), situado no 2° quadrante. O campo $\mathbf{H}_1$, que atua em sentido oposto a $\mathbf{B}_1$, é chamado por isso de *campo desmagnetizante*.

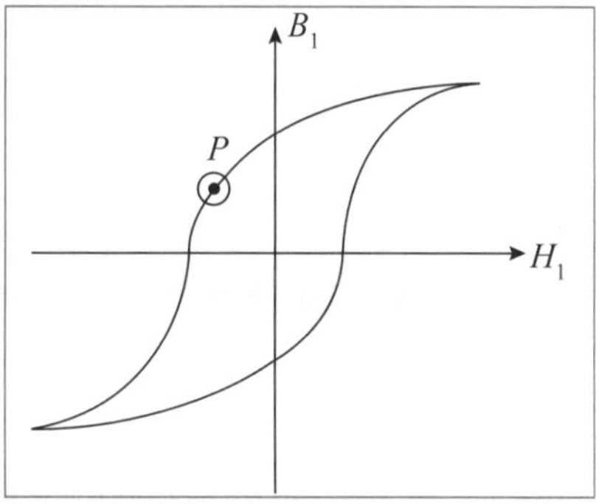

Figura 11.18 Ponto de operação P para ímã permanente.

A Figura 11.19 compara as linhas de força de $\mathbf{B}$ e de $\mathbf{H}$ num ímã permanente em forma de barra cilíndrica. As de $\mathbf{B}$ são fechadas e de mesmo sentido dentro e fora do ímã. Assemelham-se às linhas de $\mathbf{B}$ para um solenoide (Figura 8.22), consistentemente com a ideia de que as fontes de $\mathbf{B}$ são correntes. Já as de $\mathbf{H}$, embora semelhantes às de $\mathbf{B}$ na região *externa*, onde $\mathbf{H} = \mathbf{B}/\mu_0$, têm sentido contrário dentro do ímã (*campo desmagnetizante*). Há, portanto, uma descontinuidade da componente *normal* de $\mathbf{H}$ na interface, correspondendo a uma densidade superficial de "cargas magnéticas", associada à descontinuidade na magnetização. Com efeito, como vimos na (11.2.5),

$$\text{div } \mathbf{H} = -\text{div } \mathbf{M} \tag{11.8.20}$$

o que resulta em, com $\hat{\mathbf{n}}_{12}$ orientado de dentro (1) para fora (0) do ímã ($\equiv \hat{\mathbf{n}}$, a normal externa), e com $\mathbf{M}_0 = 0$,

$$\text{div } \mathbf{H} = \hat{\mathbf{n}} \cdot \left(\mathbf{H}_0 - \mathbf{H}_1 \right) = -\text{Div } \mathbf{M} = \hat{\mathbf{n}} \cdot \mathbf{M}_1 \tag{11.8.21}$$

o que *simula* uma distribuição superficial de "cargas magnéticas" como fontes de $\mathbf{H}$, embora saibamos que tais cargas não existem.

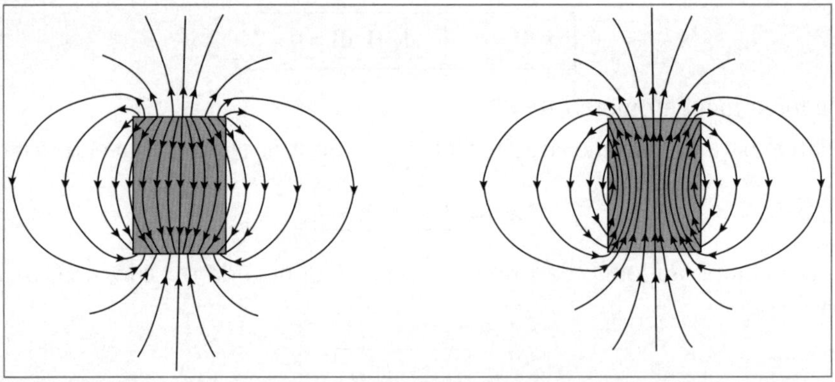

Figura 11.19 Linhas de **H** (à esquerda) e de **B** (à direita) num ímã permanente.

Como $\mathbf{M}_1$ tem aproximadamente a mesma orientação nos dois polos do ímã, e $\hat{\mathbf{n}}$ tem sentidos opostos, as "cargas magnéticas" também têm sinais contrários, correspondendo ao "polo N" e "polo S" do ímã permanente.

Antigamente, considerava-se **H** como o campo magnético fundamental, análogo de **E**, e $\mathbf{B} = \mu\,\mathbf{H}$ como análogo a $\mathbf{D} = \varepsilon\,\mathbf{E}$. Entretanto, vemos que as fontes de **H** são "cargas magnéticas", que não têm existência real (monopolos), ao passo que as fontes de **B** são correntes. Sabemos hoje que **B** é o campo fundamental, o que recebe nova confirmação na relatividade restrita, onde **B** e **E** aparecem como aspectos diferentes do mesmo campo básico, o *campo eletromagnético*. As definições de μ e μ_0 baseiam-se na analogia histórica incorreta; daí a correspondência $\varepsilon_0 \leftrightarrow 1/\mu_0$.

PROBLEMAS

11.1 A susceptibilidade molar do gás hélio é $-2{,}4 \times 10^{-11}$. Ache a razão do raio quadrático médio $< r^2 >^{1/2}$ da órbita eletrônica no átomo de hélio ao raio de Bohr $a_0 = 0{,}0529$ nm, que é o raio da primeira órbita de Bohr no átomo de hidrogênio (Cap. 2, Probl. 2.3).

11.2 Verifica-se que a contribuição máxima da magnetização do ferro ao valor de B no material é da ordem de 2 T. A massa atômica do ferro é 55,8 e sua densidade é 7,9 g/cm^3. (a) Se cada elétron contribui com 1 magneton de Bohr [cf. (11.7.7)], quantos elétrons em cada átomo de ferro contribuem para a magnetização? (b) Se o ferro fosse paramagnético, de que ordem de grandeza seria sua susceptibilidade a 300 K? Compare com ordens de grandeza típicas da susceptibilidade do ferro.

11.3 Demonstre que: (a) a energia armazenada no anel de Rowland (Seção 11.8) é $\frac{1}{2}\mathcal{R}\,(\Phi_1)^2$, onde $\mathcal{R}$ é a relutância magnética e Φ_1 é o fluxo de B através da secção reta; (b) a autoindutância do anel é $L = N^2/\mathcal{R}$.

11.4 Um anel de Rowland, de ferro, tem 10 cm de diâmetro médio e nele está aberto um entreferro de 1 mm de comprimento. Quando se faz passar uma corrente de 1 A por uma bobina de 1000 espiras enrolada no anel, o campo B no entreferro é de 1 T. Desprezando o alastramento das linhas de força no entreferro, calcule: (a) a permeabilidade magnética relativa do ferro nestas condições; (b) o campo H no interior do ferro; (c) a razão do campo H no entreferro ao seu valor dentro do material.

11.5 No problema anterior, a área da secção reta do anel é de 1 cm^2. Calcule: (a) a energia armazenada no interior do ferro; (b) a energia armazenada no entreferro; (c) a autoindutância do sistema.

11.6 No circuito magnético da figura, a secção reta é constante, a permeabilidade magnética do material é μ e a corrente na bobina de N espiras é i. Calcule o campo B_1 no braço central e o campo B_2 nos demais braços.

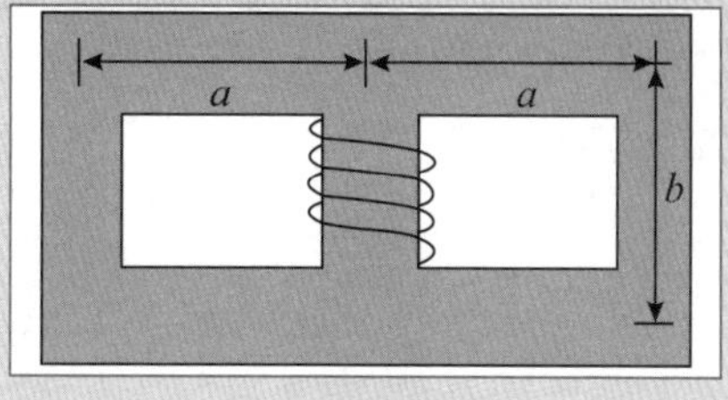

11.7 Mostre que, no interior de um ímã permanente (Seção 11.8), podemos introduzir para o campo **H** um novo potencial escalar magnético ξ tal que $\mathbf{H} = -\nabla\xi$, onde ξ está relacionado com a magnetização **M** do meio por

$$\Delta\xi = \text{div}\,\mathbf{M} \equiv -\rho_m$$

e ρ_m simula uma densidade de 'carga magnética'. Comparando com a equação de Poisson (4.6.6) da eletrostática, resulta que podemos calcular **H**, se **M** for conhecido, usando um análogo da lei de Coulomb, em que ρ_m faz o papel de ρ/ε_0.

11.8 Como aplicação do problema anterior, considere um ímã permanente em forma de barra cilíndrica de raio a e comprimento $l >> a$. Nessas condições, podemos admitir, como aproximação, que a barra está uniformemente magnetizada, ou seja, que **M** dentro da barra é um vetor constante. Pela (11.8.21), a distribuição de "carga magnética" equivalente tem densidade superficial constante nas duas extremidades circulares da barra ("norte" e "sul") e é nula fora delas. Usando esse método, calcule **B**: (a) no centro da barra; (b) no centro da face "norte". Verifique que o resultado (b) é aproximadamente a metade do resultado (a).

12

As equações de Maxwell

12.1 RECAPITULAÇÃO

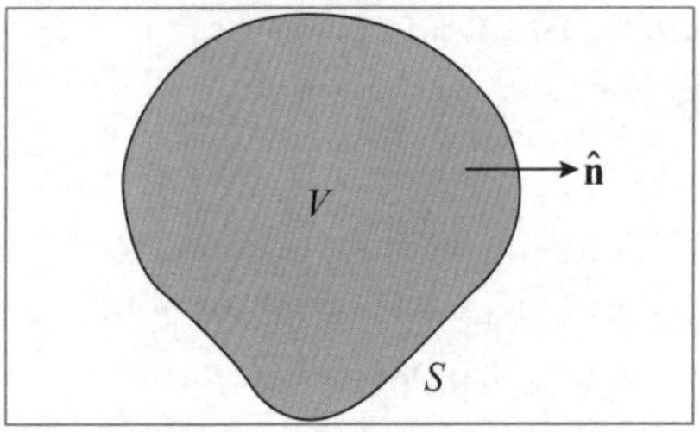

Figura 12.1 Teorema da divergência.

Todos os fenômenos eletromagnéticos descritos até aqui decorrem de um conjunto de equações básicas para o campo eletromagnético. Vimos que essas equações podem ser formuladas tanto em forma *integral* quanto em forma *diferencial* (ou *local*), usando dois resultados de análise vetorial deduzidos nos capítulos 3 e 4: o *teorema da divergência* (Figura 12.1)

$$\boxed{\oint_S \mathbf{v}\cdot\hat{\mathbf{n}}\,dS = \int_V \operatorname{div}\mathbf{v}\;dV} \tag{12.1.1}$$

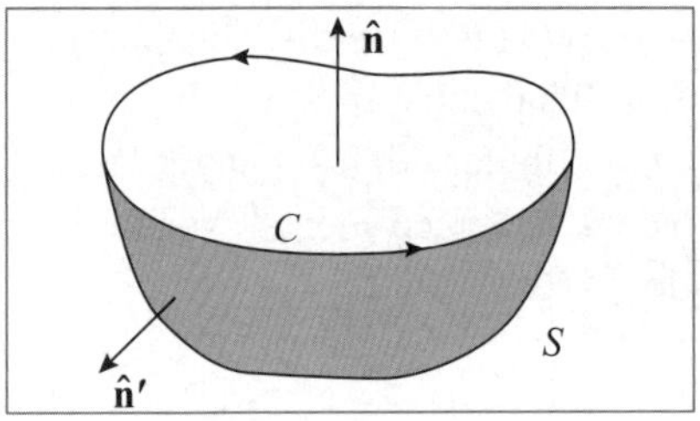

Figura 12.2 Teorema do rotacional.

[S = superfície fechada; V = volume interior a S; $\hat{\mathbf{n}}$ = versor da normal externa] e o *teorema do rotacional* (Figura 12.2)

$$\boxed{\oint_C \mathbf{v}\cdot\mathbf{d\ell} = \int_S \operatorname{rot}\mathbf{v}\cdot\hat{\mathbf{n}}\;dS} \tag{12.1.2}$$

[C = curva orientada; S = *qualquer* superfície de contorno C; $\hat{\mathbf{n}}$ = normal orientada a S].

Neste último resultado, S é *qualquer* porque, para uma superfície *fechada*,

$$\boxed{\oint_S \operatorname{rot}\mathbf{v}\cdot\hat{\mathbf{n}}\;dS = 0}$$

uma vez que vale a identidade

$$\boxed{\nabla\cdot(\nabla\times\mathbf{v}) = \operatorname{div}(\operatorname{rot}\,\mathbf{v}) = 0} \tag{12.1.3}$$

Em forma integral, as equações básicas vistas até aqui, para *campos eletromagnéticos no vácuo*, são:

$$\boxed{\oint_S \mathbf{E} \cdot \hat{\mathbf{n}}\, dS = \frac{q}{\varepsilon_0}} \tag{12.1.4}$$

$$\boxed{\oint_S \mathbf{B} \cdot \hat{\mathbf{n}}\, dS = 0} \tag{12.1.5}$$

$$\boxed{\oint_C \mathbf{B} \cdot \mathbf{d}\boldsymbol{\ell} = \mu_0 I_C} \tag{12.1.6}$$

Na (12.1.4) (***lei de Gauss***), q é a *carga total contida dentro de S*. Embora obtida na eletrostática, é natural generalizá-la, admitindo-se que o fluxo de **E** continua medindo a carga total para campos variáveis com o tempo. A (12.1.5) exprime a *inexistência de monopolos magnéticos*. A (12.1.6), onde I_C é a *intensidade de corrente total que atravessa C*, é a *lei de Ampère*.

Finalmente, vimos a ***lei da indução de Faraday***,

$$\boxed{\oint_C \mathbf{E} \cdot \mathbf{dl} = -\frac{d}{dt} \int_S \mathbf{B} \cdot \hat{\mathbf{n}}\, dS} \tag{12.1.7}$$

Em forma diferencial, temos as equações correspondentes (a primeira é a *equação de Poisson*):

$$\boxed{\text{div } \mathbf{E} = \frac{\rho}{\varepsilon_0}} \tag{12.1.8}$$

$$\boxed{\text{div } \mathbf{B} = 0} \tag{12.1.9}$$

$$\boxed{\text{rot } \mathbf{B} = \mu_0 \mathbf{j}} \tag{12.1.10}$$

$$\boxed{\text{rot } \mathbf{E} = -\frac{\partial \mathbf{B}}{\partial t}} \tag{12.1.11}$$

às quais devemos acrescentar a expressão *da força de Lorenz*,

$$\mathbf{F} = q(\mathbf{E} + \mathbf{v} \times \mathbf{B}) \tag{12.1.12}$$

ou da *densidade de força*

$$\boxed{\mathbf{f} = \rho \mathbf{E} + \mathbf{j} \times \mathbf{B}} \tag{12.1.13}$$

Vimos também que, num dielétrico, com polarização (densidade de momento de dipolo elétrico) **P**, devida ao deslocamento das cargas ligadas (aos átomos) sob a ação do campo, há uma *densidade de carga de polarização* ρ_p dada por

$$\boxed{\rho_p = -\text{div } \mathbf{P}} \tag{12.1.14}$$

e que o deslocamento destas cargas representa uma *corrente de polarização*, de densidade dada por

$$\boxed{\mathbf{j}_p = \frac{\partial \mathbf{P}}{\partial t}} \tag{12.1.15}$$

satisfazendo a equação de continuidade,

$$\boxed{\text{div } \mathbf{j}_p = -\frac{\partial \rho_p}{\partial t}} \tag{12.1.16}$$

Como a carga de polarização também produz um campo elétrico, a equação de Poisson, dentro de um dielétrico, fica

$$\boxed{\text{div } \mathbf{E} = \frac{\rho + \rho_p}{\varepsilon_0}} \tag{12.1.17}$$

ou

$$\boxed{\text{div}\left(\varepsilon_0 \mathbf{E} + \mathbf{P}\right) = \varepsilon_0 \text{ div } \mathbf{D} = \rho} \tag{12.1.18}$$

onde **D** é o vetor deslocamento e ρ é a densidade de carga livre.

Todos esses resultados foram obtidos nos capítulos anteriores.

12.2 MAXWELL E A CORRENTE DE DESLOCAMENTO

Figura 12.3 James Clerk Maxwell.

James Clerk Maxwell (Figura 12.3) nasceu na Escócia em 1831. De família abastada, estudou na Universidade de Cambridge, onde teve uma excelente formação matemática. Como vimos no curso de termodinâmica (**FB2**), foi um dos fundadores da mecânica estatística (distribuição de Maxwell) e aprofundou a interpretação da 2ª lei (demônio de Maxwell). Demonstrou que a estabilidade dos anéis de Saturno exige serem formados de pequenas partículas em órbitas independentes (o que foi confirmado diretamente pela missão espacial Voyager). Formulou uma teoria da visão de cores e propôs o emprego da tricromia para fotografia em cores. Foi o primeiro diretor do célebre Laboratório Cavendish. Sua teoria do campo eletromagnético foi considerada por Einstein como a contribuição mais profunda e frutífera à física desde a época de Newton.

A leitura das "Pesquisas experimentais sobre eletricidade" de Faraday, em que os fenômenos eram descritos na linguagem das linhas de força, inventada por Faraday, impressionou-o fortemente, e ele procurou dar uma formulação matemática às ideias de Faraday desde o seu primeiro trabalho sobre eletromagnetismo (1855). Há um certo paralelismo entre a dupla Galileu–Newton e a dupla Faraday–Maxwell. Maxwell explica: "Faraday imaginava linhas de força através de todo o espaço onde outros viam centros de força e atração à distância [...] Faraday buscava a origem dos fenômenos em ações reais no meio, onde outros a atribuíam à ação à distância."

Partidário do uso heurístico de analogias, Maxwell formulou os resultados em termos dos operadores vetoriais div e rot, explicando sua interpretação em termos da mecânica dos fluidos, como feito no presente curso. Numa carta que lhe escreveu sobre seu trabalho de 1855, Faraday comenta: "Fiquei quase assustado vendo tamanha força matemática aplicada ao tema, e maravilhado ao perceber que ele a aguentou tão bem". Na mesma carta, Faraday menciona estar iniciando experimentos para detectar a velocidade de propagação dos efeitos magnéticos de uma corrente elétrica, embora ciente das dificuldades, pois poderia ser a velocidade da luz! Já num documento de 1832 Faraday havia especulado que campos magnéticos e elétricos, bem como a luz, se propagam no espaço de forma análoga às ondas de som, embora transversais!

Uma das novas observações de Maxwell foi que, da mesma forma que as cargas de polarização num dielétrico produzem um campo elétrico, as *correntes de polarização* devem produzir um campo magnético. Logo, a lei de Ampère, num meio dielétrico, deve ser reformulada para:

$$\boxed{\text{rot } \mathbf{B} = \mu_0\left(\mathbf{j} + \mathbf{j}_p\right) = \mu_0 \mathbf{j} + \mu_0 \frac{\partial \mathbf{P}}{\partial t}} \qquad \textbf{(12.2.1)}$$

ou, sob a forma integral,

$$\boxed{\oint_C \mathbf{B} \cdot \mathbf{dl} = \mu_0 I + \mu_0 \frac{\partial}{\partial t} \int_S \mathbf{P} \cdot \hat{\mathbf{n}}\, dS} \qquad \textbf{(12.2.2)}$$

onde S é *qualquer* superfície de contorno C.

Para ver de que forma a corrente de polarização pode manifestar-se, consideremos o que acontece durante a carga ou descarga de um capacitor que tem um dielétrico entre as placas. A Figura 12.4 representa a descarga de um capacitor e mostra uma curva fechada C que envolve o fio. A circulação de $\mathbf{B}$ ao longo de C deve ser igual ao 2° membro da equação precedente, *qualquer que seja* a superfície S que se apoia sobre o contorno C.

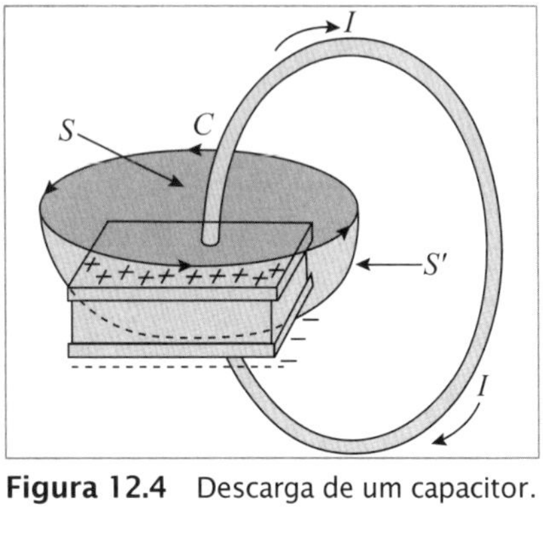

Figura 12.4 Descarga de um capacitor.

Se tomarmos S fora do capacitor, temos $\mathbf{P} = 0$ (a 2ª integral se anula) e $I \neq 0$. Que acontece se tomarmos, em lugar de S, a superfície S', que passa por *dentro* do dielétrico, entre as placas? Neste caso, não há corrente de condução (supondo o dielétrico perfeitamente isolante), ou seja, $I = 0$, mas $\partial \mathbf{P}/\partial t \neq 0$, de forma que, à primeira vista, o resultado seria consistente: o segundo termo do 2° membro,

$$\mu_0 \frac{\partial}{\partial t} \int_{S'} \mathbf{P} \cdot \hat{\mathbf{n}}\, dS$$

seria equivalente a $\mu_0 I$: a corrente, entre as placas, seria somente a corrente de polarização.

Mas consideremos agora o que acontece se *não houver* uma lâmina dielétrica entre as placas, mas somente o vácuo. Neste caso, chegaríamos a uma *contradição*, pois $\mathbf{P} = 0$ e o 2° membro seria = 0, para a superfície S', embora seja $\neq 0$ ($= \mu_0 I$) quando se toma a superfície S!

A contradição também aparece tomando a forma diferencial das equações, para o vácuo. Na ausência de um dielétrico (polarização), teríamos apenas, nessa região, a lei de Ampère

$$\boxed{\text{rot } \mathbf{B} = \mu_0 \mathbf{j}} \tag{12.2.3}$$

e, tomando div de ambos os membros,

$$0 = \text{div rot } \mathbf{B} = \mu_0 \text{ div } \mathbf{j} \Rightarrow \text{div } \mathbf{j} = 0$$

Mas as cargas sobre as placas (cargas *livres*) estão variando com o tempo. Logo, deveríamos ter (contradizendo este último resultado)

$$\boxed{\text{div } \mathbf{j} = -\frac{\partial \rho}{\partial t}} \tag{12.2.4}$$

para haver consistência com a conservação de carga elétrica.

Por outro lado, pela equação de Poisson,

$$\rho = \varepsilon_0 \text{ div } \mathbf{E} \quad \left\{ \quad \frac{\partial \rho}{\partial t} = \varepsilon_0 \frac{\partial}{\partial t} \text{div } \mathbf{E} = \text{div}\left(\varepsilon_0 \frac{\partial \mathbf{E}}{\partial t} \right) \right.$$

de modo que a equação da continuidade pode ser escrita

$$\boxed{\text{div}\left(\mathbf{j} + \varepsilon_0 \frac{\partial \mathbf{E}}{\partial t} \right) = 0} \tag{12.2.5}$$

Logo, teremos consistência com a conservação da carga se, em lugar da lei de Ampère, supusermos que, no vácuo,

$$\boxed{\text{rot } \mathbf{B} = \mu_0 \left(\mathbf{j} + \varepsilon_0 \frac{\partial \mathbf{E}}{\partial t} \right) = \mu_0 \mathbf{j} + \mu_0 \varepsilon_0 \frac{\partial \mathbf{E}}{\partial t}} \tag{12.2.6}$$

e, na presença de um dielétrico com polarização **P**,

$$\boxed{\text{rot } \mathbf{B} = \mu_0 \left(\mathbf{j} + \varepsilon_0 \frac{\partial \mathbf{E}}{\partial t} + \frac{\partial \mathbf{P}}{\partial t} \right) = \mu_0 \mathbf{j} + \mu_0 \frac{\partial}{\partial t} (\varepsilon_0 \mathbf{E} + \mathbf{P})} \tag{12.2.7}$$

onde o último termo entre parênteses é o mesmo que aparece na equação de Poisson para o dielétrico:

$$\boxed{\text{div}(\varepsilon_0 \mathbf{E} + \mathbf{P}) = \rho \quad \Rightarrow \quad \text{div}(\text{rot } \mathbf{B}) = 0 = \mu_0 \left(\text{div } \mathbf{j} + \frac{\partial \rho}{\partial t} \right)} \tag{12.2.8}$$

O termo em $(\partial/\partial t)\ (\varepsilon_0\mathbf{E} + \mathbf{P})$, introduzido por Maxwell, foi chamado por ele de *corrente de deslocamento*. Para a corrente de polarização, este é um nome razoável, pois tem como origem o deslocamento das cargas de polarização (Seção 6.2). Mas, na ausência do dielétrico, teríamos apenas a "*corrente de deslocamento no vácuo*", $\varepsilon_0\ \partial\mathbf{E}/\partial t$, e cabe a pergunta: deslocamento do que?

Historicamente, Maxwell introduziu esse termo em dois trabalhos publicados em 1861-1862, nos quais, valendo-se novamente de uma analogia heurística como auxiliar, construiu um *modelo mecânico* para o campo eletromagnético no vácuo, imaginando o vácuo – na época concebido como um meio hipotético que se chamava *éter* – como um material elástico.

Os tubos de linhas de força magnéticas, introduzidos por Faraday, eram concebidos como células tubulares cheias de um fluido em rotação (vórtice) em torno das linhas de força magnéticas. Para permitir que tubos adjacentes pudessem girar no mesmo sentido, com rolamento puro (sem deslizamento), Maxwell imaginou que, entre as paredes dos tubos, existissem (no vácuo), "rolamentos" esféricos, responsáveis pelas forças elétricas, cujos deslocamentos corresponderiam a correntes elétricas: daí o nome de "correntes de deslocamento no vácuo". Foi aplicando as leis da dinâmica de meios contínuos a esse "éter celular" (Figura 12.5) que Maxwell chegou às suas equações.

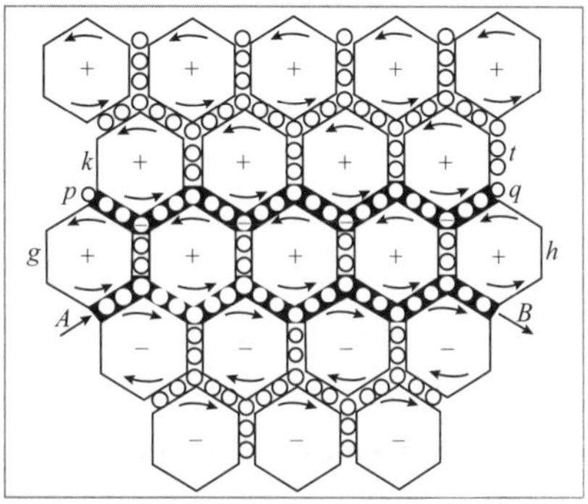

Figura 12.5 O modelo mecânico de Maxwell.

Em seu trabalho fundamental de 1864, "Uma Teoria Dinâmica do Campo Eletromagnético", Maxwell descarta todo esse arcabouço mecânico, que lhe havia servido como auxiliar, e formula suas equações como as *leis dinâmicas do eletromagnetismo*:

> "Tentei anteriormente descrever um tipo particular de movimento e de tensões mecânicas, combinados de tal forma que explicassem os fenômenos. Na presente memória, evito qualquer hipótese desse gênero... Entretanto, quando falo da energia do campo, é literalmente com esse significado... A questão que se coloca é: *onde se localiza essa energia*? Em nossa teoria, ela reside no campo eletromagnético..."

O sistema das equações de Maxwell no vácuo é então:

$$\boxed{\begin{aligned} &(\mathrm{I})\ \text{rot}\ \mathbf{B} = \mu_0\mathbf{j} + \varepsilon_0\mu_0\frac{\partial\mathbf{E}}{\partial t} \\ &(\mathrm{II})\ \text{rot}\ \mathbf{E} = -\frac{\partial\mathbf{B}}{\partial t} \\ &(\mathrm{III})\ \text{div}\ \mathbf{E} = \frac{\rho}{\varepsilon_0} \\ &(\mathrm{IV})\ \text{div}\ \mathbf{B} = 0 \end{aligned}} \qquad \textbf{(12.2.9)}$$

Ele é consistente com a conservação da carga elétrica:

$$\boxed{\operatorname{div}\mathbf{j} = -\frac{\partial\rho}{\partial t}} \qquad \textbf{(12.2.10)}$$

como se vê tomando div da equação (I) e usando a (III).

A principal hipótese nova introduzida por Maxwell foi o último termo da (I). O nome "corrente de deslocamento no vácuo" não representa a sua interpretação física adequada. Para vermos o que representa, consideremos uma região onde $\mathbf{j} = 0$ e

$$\frac{\partial\mathbf{E}}{\partial t} \neq 0$$

(como a região no vácuo entre as placas, no exemplo do capacitor plano sendo descarregado). Neste caso, a (I) fica

$$\boxed{\operatorname{rot}\mathbf{B} = \mu_0\varepsilon_0\frac{\partial\mathbf{E}}{\partial t}} \qquad \textbf{(12.2.11)}$$

e vemos que é análoga à lei da indução (II), com $\mathbf{E} \to \mathbf{B}$ e $\mathbf{B} \to -\mu_0\,\varepsilon_0\,\mathbf{E}$. A interpretação física correta é, portanto:

"Um campo elétrico (no vácuo) variável com o tempo produz um campo magnético".

Este é um *novo efeito físico*, que foi *predito* por Maxwell, correspondendo a uma espécie de recíproco da **lei de indução de Faraday** (**"um campo magnético variável com o tempo produz um campo elétrico"**). Como poderíamos observá-lo?

Num fio em que passa corrente alternada, por exemplo, temos a coexistência dos dois efeitos, pois $\mathbf{E} = \mathbf{E}(t)$, e temos:

$$\left.\begin{array}{l} \mathbf{j} = \sigma\mathbf{E} \to |\mathbf{j}| = j = \sigma|E| \\ \mathbf{E} = \mathbf{E}\,e^{i\omega t} \Rightarrow \dfrac{\partial\mathbf{E}}{\partial t} = i\omega\mathbf{E}\left\{\left|\dfrac{\partial E}{\partial t}\right| \approx \omega|E|\right. \end{array}\right\} \Rightarrow$$

$$\Rightarrow \boxed{\frac{\left|\varepsilon_0\dfrac{\partial E}{\partial t}\right|}{|\sigma\mathbf{E}|} \cong \frac{\omega\varepsilon_0}{\sigma} \cong \frac{1}{4\pi\times 9\times 10^9}\cdot\frac{\omega}{\sigma}} \qquad \textbf{(12.2.12)}$$

Para valores típicos de σ, $\lesssim 10^7\,(\Omega\cdot\text{m})^{-1}$, e $\omega \approx 377$ Hz ($\nu = 60$ ~), o 2° membro é $\lesssim 10^{-16}$, ou seja, o termo novo produz efeitos inteiramente desprezíveis, em confronto com o termo de condução, para correntes quase estacionárias. Este é um exemplo característico: os efeitos novos decorrentes do termo postulado por Maxwell são praticamente inobserváveis em variações com o tempo cujos períodos são da ordem de 10^{-2} s ou 10^{-3} s, como as de correntes alternadas típicas. Vamos ver agora que a situação é totalmente diferente para a propagação da luz visível.

12.3 A EQUAÇÃO DE ONDAS

Consideremos as equações de Maxwell *no vácuo, numa região onde não há cargas nem correntes*:

$$\boxed{\begin{aligned} &(\mathrm{I})\ \text{rot }\mathbf{B} = \mu_0\,\varepsilon_0\,\frac{\partial \mathbf{E}}{\partial t} \\ &(\mathrm{II})\ \text{rot }\mathbf{E} = -\frac{\partial \mathbf{B}}{\partial t} \\ &(\mathrm{III})\ \text{div }\mathbf{E} = 0 \\ &(\mathrm{IV})\ \text{div }\mathbf{B} = 0 \end{aligned}} \tag{12.3.1}$$

Vamos procurar soluções tão simples quanto seja possível, que só dependam de uma única coordenada e do tempo. Escolhemos o eixo z na direção dessa coordenada:

$$\mathbf{E} = \mathbf{E}(z, t); \quad \mathbf{B} = \mathbf{B}(z, t)$$

Para um vetor $\mathbf{v}$ que só depende de z e t, temos

$$\text{div }\mathbf{v} = \nabla\cdot\mathbf{v} = \underbrace{\frac{\partial v_x}{\partial x} + \frac{\partial v_y}{\partial y}}_{=0} + \frac{\partial v_z}{\partial z} \quad \left\{ \ \boxed{\text{div }\mathbf{v} = \frac{\partial v_z}{\partial z}} \right. \tag{12.3.2}$$

$$\text{rot }\mathbf{v} = \nabla\times\mathbf{v} = \begin{vmatrix} \hat{\mathbf{x}} & \hat{\mathbf{y}} & \hat{\mathbf{z}} \\ \dfrac{\partial}{\partial x} & \dfrac{\partial}{\partial y} & \dfrac{\partial}{\partial z} \\ v_x & v_y & v_z \end{vmatrix} \quad \left\{ \ \boxed{\text{rot }\mathbf{v} = -\hat{\mathbf{x}}\,\frac{\partial v_y}{\partial z} + \hat{\mathbf{y}}\,\frac{\partial v_x}{\partial z}} \right. \tag{12.3.3}$$

(com $\dfrac{\partial}{\partial x} = \dfrac{\partial}{\partial y} = 0$)

de modo que as equações de Maxwell ficam:

$$\boxed{\begin{aligned} &(\mathrm{I})\ -\hat{\mathbf{x}}\,\frac{\partial B_y}{\partial z} + \hat{\mathbf{y}}\,\frac{\partial B_x}{\partial z} = \mu_0\varepsilon_0\left(\frac{\partial E_x}{\partial t}\,\hat{\mathbf{x}} + \frac{\partial E_y}{\partial t}\,\hat{\mathbf{y}} + \frac{\partial E_z}{\partial t}\,\hat{\mathbf{z}}\right) \\ &(\mathrm{II})\ -\hat{\mathbf{x}}\,\frac{\partial E_y}{\partial z} + \hat{\mathbf{y}}\,\frac{\partial E_x}{\partial z} = -\frac{\partial B_x}{\partial t}\,\hat{\mathbf{x}} - \frac{\partial B_y}{\partial t}\,\hat{\mathbf{y}} - \frac{\partial B_z}{\partial t}\,\hat{\mathbf{z}} \\ &(\mathrm{III})\ \frac{\partial E_z}{\partial z} = 0 \\ &(\mathrm{IV})\ \frac{\partial B_z}{\partial z} = 0 \end{aligned}} \tag{12.3.4}$$

As (I) e (III), (II) e (IV) dão

$$\boxed{\frac{\partial E_z}{\partial z} = \frac{\partial E_z}{\partial t} = 0 = \frac{\partial B_z}{\partial z} = \frac{\partial B_z}{\partial t}} \tag{12.3.5}$$

de forma que E_z e B_z teriam de ser *constantes* (campo eletrostático uniforme e campo magnético estático uniforme). Não estamos interessados em soluções estáticas, de modo que tomamos:

$$\boxed{E_z = B_z = 0} \quad \textbf{(12.3.6)}$$

As demais componentes dão dois sistemas independentes:

$$\boxed{\begin{aligned} \frac{\partial B_y}{\partial z} &= -\mu_0\varepsilon_0 \frac{\partial E_x}{\partial t} \\ \frac{\partial E_x}{\partial z} &= -\frac{\partial B_y}{\partial t} \end{aligned}} \quad \textbf{(12.3.7)}$$

$$\boxed{\begin{aligned} \frac{\partial B_x}{\partial z} &= +\mu_0\varepsilon_0 \frac{\partial E_y}{\partial t} \\ \frac{\partial E_y}{\partial z} &= +\frac{\partial B_x}{\partial t} \end{aligned}} \quad \textbf{(12.3.8)}$$

o primeiro no par (E_x, B_y) e o segundo no par (B_x, E_y). O segundo só difere do primeiro pelas substituições

$$\boxed{E_x \to E_y; \quad B_y \to -B_x} \quad \textbf{(12.3.9)}$$

de forma que basta resolver o primeiro.

No primeiro, tomando a derivada parcial da 1ª equação com respeito a z e da segunda com respeito a t, vem:

$$\left.\begin{aligned} \frac{\partial^2 B_y}{\partial z^2} &= -\mu_0\,\varepsilon_0 \frac{\partial^2 E_x}{\partial z \partial t} \\ \frac{\partial^2 E_x}{\partial z \partial t} &= -\frac{\partial^2 B_y}{\partial t^2} \end{aligned}\right\} \quad \boxed{\frac{\partial^2 B_y}{\partial z^2} - \mu_0\,\varepsilon_0 \frac{\partial^2 B_y}{\partial t^2} = 0} \quad \textbf{(12.3.10)}$$

e, tomando a derivada parcial da 1ª em relação a t e da segunda em relação a z,

$$\left.\begin{aligned} \frac{\partial^2 B_y}{\partial z \partial t} &= -\mu_0\,\varepsilon_0 \frac{\partial^2 E_x}{\partial t^2} \\ \frac{\partial^2 E_x}{\partial z^2} &= -\frac{\partial^2 B_y}{\partial z \partial t} \end{aligned}\right\} \quad \boxed{\frac{\partial^2 E_x}{\partial z^2} - \mu_0\,\varepsilon_0 \frac{\partial^2 E_x}{\partial t^2} = 0} \quad \textbf{(12.3.11)}$$

Logo, tanto E_x como B_y satisfazem a equação

$$\boxed{\frac{\partial^2 f}{\partial z^2} - \frac{1}{v^2}\frac{\partial^2 f}{\partial t^2} = 0} \quad \textbf{(12.3.12)}$$

e o mesmo vale para E_y e B_x no segundo sistema.

Assim, todas as componentes dos campos eletromagnéticos satisfazem a *equação de ondas unidimensional* (**FB2**, Seção 5.2), com *velocidade de propagação*

$$\boxed{v = \frac{1}{\sqrt{\varepsilon_0\mu_0}}} \quad \textbf{(12.3.13)}$$

Como vimos, ε_0 e μ_0 são obtidos por medidas *puramente eletromagnéticas* (força coulombiana entre cargas e força magnética entre correntes), com os resultados:

$$\left.\begin{aligned} \varepsilon_0 &\cong \frac{10^{-9}}{4\pi\times 8{,}98755}\ \frac{\text{F}}{\text{m}} \\ \mu_0 &= 4\pi\times 10^{-7}\ \frac{\text{H}}{\text{m}} \end{aligned}\right\} \quad \frac{1}{\varepsilon_0\mu_0} \cong 8{,}98755\times 10^{16}\left(\frac{\text{m}}{\text{s}}\right)^2$$

o que conduz a

$$\boxed{v \cong 2{,}99792\times 10^8\ \text{m/s} = c} \qquad \textbf{(12.3.14)}$$

que é o valor da *velocidade da luz no vácuo*!

Na época de Maxwell, o valor de c era conhecido pelas experiências com observações astronômicas dos satélites de Júpiter e por medições terrestres de Fizeau (usando uma roda dentada em rotação rápida e um espelho) e de Foucault (com um espelho girante e outro fixo), e o valor de ε_0 e μ_0 havia sido determinado por experiências puramente eletromagnéticas de Kohlrausch e Weber. As soluções das (12.3.7) e (12.3.8) contém pares de campos (E_x, B_y) e (E_y, B_x) sempre *transversais* à direção de propagação z das ondas.

Maxwell havia obtido esses resultados em sua casa de campo, e só pôde verificar os valores numéricos ao regressar a Londres, onde passara a lecionar na Universidade. Em seu trabalho de 1862, ele escreveu:

"A velocidade das ondas transversais em nosso meio hipotético, calculada a partir dos experimentos eletromagnéticos dos Srs. Kohlrausch e Weber, concorda tão exatamente com a velocidade da luz, calculada pelos experimentos óticos do Sr. Fizeau, que é difícil evitar a inferência de que *a luz consiste nas ondulações transversais do mesmo meio que é a causa dos fenômenos elétricos e magnéticos*". Ou seja, **a luz é uma onda eletromagnética**!

Este foi um dos grandes momentos da história da física. Eletricidade e magnetismo haviam evoluído em paralelo, como áreas diferentes, até que as experiências de Oersted mostraram que correntes elétricas produzem campos magnéticos, e que Faraday descobriu que campos magnéticos variáveis com o tempo produzem campos elétricos. A unificação efetuada por Maxwell foi ainda mais abrangente: a ótica, até então uma disciplina inteiramente separada, passava a tornar-se um ramo do eletromagnetismo.

O efeito novo crucial para a obtenção das ondas eletromagnéticas foi a "corrente de deslocamento no vácuo", ou seja, a introdução por Maxwell do efeito "recíproco" da lei da indução de Faraday: um campo elétrico variável com o tempo produz um campo magnético. O campo magnético assim produzido também será variável no tempo; por conseguinte, produzirá por sua vez um campo elétrico variável... e assim por diante. O efeito é *autossustentado*: a onda se propaga!

12.4 ONDAS ELETROMAGNÉTICAS PLANAS

Vimos, ao discutir o movimento de cordas vibrantes (**FB2**, Seção 5.3), que a solução geral da equação de ondas unidimensional,

$$\boxed{\frac{\partial^2 f}{\partial z^2} - \frac{1}{v^2}\frac{\partial^2 f}{\partial t^2} = 0} \qquad \textbf{(12.4.1)}$$

é

$$\boxed{f(z, t) = F(z - vt) + G(z + vt)} \qquad \textbf{(12.4.2)}$$

onde F é G são funções arbitrárias. Fisicamente, F representa um perfil qualquer de onda propagando-se no sentido de z positivo (onda caminhante *progressiva*) e G uma onda em sentido oposto (onda caminhante *regressiva*).

Vamos considerar uma solução do 1° sistema, (12.3.7), que se propaga num único sentido, por exemplo, o sentido positivo do eixo z (usando $c = 1/\sqrt{\varepsilon_0 \mu_0}$):

$$\boxed{E_x(z, t) = E_x(z - ct)} \qquad \textbf{(12.4.3)}$$

Afim de obter a solução correspondente para B_y, substituímos esta expressão no sistema (12.3.7):

$$\begin{cases} \dfrac{\partial B_y}{\partial z} = -\mu_0 \varepsilon_0 \dfrac{\partial E_x}{\partial t} = -\dfrac{1}{c^2}\dfrac{\partial E_x}{\partial t} = \dfrac{1}{c} E'_x(\zeta) \\ \dfrac{\partial E_x}{\partial z} = E'_x(\zeta) = -\dfrac{\partial B_y}{\partial t} \end{cases}$$

onde, com $\partial/\partial z = d/d\,\zeta$ e $\partial/\partial t = -\,c\; d/d\zeta$ (regra da cadeia) fizemos

$$\boxed{\zeta \equiv z - ct} \qquad \textbf{(12.4.4)}$$

e $E_x'(\zeta\,)$ é a derivada de E_x em relação a ζ. Como B_y tem de ser da mesma forma, $B_y = B_y(\zeta\,)$, estas equações dão

$$\left.\begin{aligned} \frac{\partial B_y}{\partial z} = B'_x(\zeta) = \frac{1}{c} E'_x(\zeta) \\ E'_x(\zeta) = -\frac{\partial B_y}{\partial t} = c\; B'_x(\zeta) \end{aligned}\right\} \quad \boxed{B_y(z, t) = \frac{1}{c} E_x(z - ct)} \qquad \textbf{(12.4.5)}$$

Temos, portanto, os dois pares de soluções independentes:

$$\boxed{\begin{aligned} &\mathbf{E} = E_x(z - ct)\,\hat{\mathbf{x}} \\ &\mathbf{B} = \frac{1}{c} E_x(z - ct)\,\hat{\mathbf{y}} = \frac{1}{c}\hat{\mathbf{z}} \times \mathbf{E} \end{aligned}} \qquad \textbf{(12.4.6)}$$

e (usando as substituições: $E_x \to E_y$; $B_y \to -\,B_x$)

$$\boxed{\begin{aligned} &\mathbf{E} = E_y(z - ct)\,\hat{\mathbf{y}} \\ &\mathbf{B} = -\frac{1}{c} E_y(z - ct)\,\hat{\mathbf{x}} = \frac{1}{c}\hat{\mathbf{z}} \times \mathbf{E} \end{aligned}} \qquad \textbf{(12.4.7)}$$

Em ambos os casos, as ondas são *transversais* à direção de propagação $\hat{\mathbf{z}}$, e temos

$$\boxed{\mathbf{B} = \frac{1}{c}\hat{\mathbf{z}} \times \mathbf{E}} \tag{12.4.8}$$

ou seja, ($\mathbf{E}$, $\mathbf{B}$, $\hat{\mathbf{z}}$) é um triedro ortogonal direto.

Ondas planas monocromáticas

Até agora não especificamos a dependência da variável $z - ct$. A forma mais simples de onda é aquela para a qual essa dependência é *oscilatória*, com uma dada frequência angular ω no tempo:

$$\boxed{\mathbf{E} = A\cos\left[k\left(z - ct\right) + \delta\right]\hat{\mathbf{x}} = A\cos\left(kz - \omega t + \delta\right)\hat{\mathbf{x}}} \tag{12.4.9}$$

onde

$$\boxed{k = \frac{\omega}{c}} \tag{12.4.10}$$

é o *número de onda* e A é a *amplitude*.

Correspondentemente,

$$\boxed{\mathbf{B} = \frac{A}{c}\cos\left(kz - \omega t + \delta\right)\hat{\mathbf{y}}} \tag{12.4.11}$$

Uma onda desse tipo é chamada de *harmônica* ou *monocromática*. Como vimos (**FB2**, Seção 5.2), ela é periódica no tempo e no espaço, e temos:

$$\boxed{T = \frac{2\pi}{\omega} = \text{período temporal; } \nu = \frac{1}{T} = \text{frequência}} \tag{12.4.12}$$

$$\boxed{\lambda = \frac{2\pi}{k} = cT = \text{período espacial} = \text{comprimento de onda}} \tag{12.4.13}$$

$$\boxed{\varphi \equiv kz - \omega t + \delta = \text{fase da onda}} \tag{12.4.14}$$

$$\boxed{\delta = \text{constante de fase}} \tag{12.4.15}$$

A Figura 12.6 dá uma ideia da forma da onda num dado instante. Num plano

$$z = \text{constante}$$

(perpendicular à direção de propagação) a fase φ da onda é constante. Uma superfície φ = constante recebe o nome de *frente de onda*. Como as frentes de onda são planos, esse tipo de onda é chamado

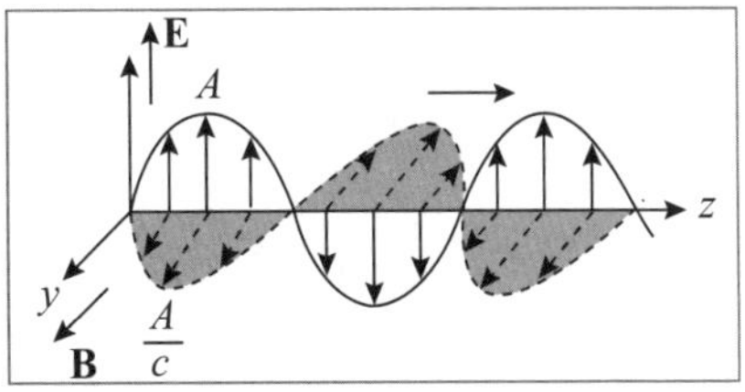

Figura 12.6 Onda plana monocromática.

de *onda plana*: é uma idealização, porque preencheria todo o espaço e existiria para qualquer tempo.

Além de ser *transversal* à direção de propagação, o campo elétrico nas soluções encontradas permanece sempre num mesmo plano. Diz-se que a onda é *linearmente polarizada*. As duas soluções independentes encontradas ($\mathbf{E}$ na direção $\hat{\mathbf{x}}$ ou $\mathbf{E}$ na direção $\hat{\mathbf{y}}$) correspondem às *duas polarizações lineares independentes* possíveis, que são ortogonais: qualquer outra direção de *polarização linear* é uma superposição dessas duas.

É fácil passar desta escolha particular de eixos ($\hat{\mathbf{z}} \equiv$ versor da direção de propagação) ao caso geral de uma *onda eletromagnética plana monocromática* propagando-se numa direção de versor $\hat{\mathbf{u}}$ e *linearmente polarizada* numa direção $\hat{\boldsymbol{\varepsilon}}$ (perpendicular a $\hat{\mathbf{u}}$: onda transversal). Basta tomar:

$$\boxed{\begin{array}{ll} \mathbf{E} = \text{Re}\left\{A\ \hat{\boldsymbol{\varepsilon}}\ \exp\left[i\left(\mathbf{k}\cdot\mathbf{r} - \omega t + \delta\right)\right]\right\}; & \mathbf{k} = k\ \hat{\mathbf{u}} \\ \mathbf{B} = \dfrac{1}{c}\hat{\mathbf{u}}\times\mathbf{E} & \hat{\boldsymbol{\varepsilon}}\cdot\hat{\mathbf{u}} = 0 \end{array}} \qquad \textbf{(12.4.16)}$$

onde adotamos notação complexa.

$\mathbf{k} \equiv$ *vetor de onda*

$\hat{\boldsymbol{\varepsilon}} \equiv$ *versor de polarização*

As duas soluções independentes (12.4.6) e (12.4.7) correspondem aos casos particulares em que $\hat{\boldsymbol{\varepsilon}} = \hat{\mathbf{x}}$ ou $\hat{\boldsymbol{\varepsilon}} = \hat{\mathbf{y}}$, com $\hat{\mathbf{u}} \equiv \hat{\mathbf{z}}$.

12.5 BALANÇO DE ENERGIA E VETOR DE POYNTING

Vimos, para campos quase estacionários, que a *densidade de energia eletromagnética no vácuo* é

$$\boxed{U = \frac{1}{2}\varepsilon_0\,\mathbf{E}^2 + \frac{1}{2}\frac{\mathbf{B}^2}{\mu_0} = U_E + U_M} \qquad \textbf{(12.5.1)}$$

A *taxa de variação temporal* de U é, portanto,

$$\boxed{\frac{\partial U}{\partial t} = \varepsilon_0\,\mathbf{E}\cdot\frac{\partial \mathbf{E}}{\partial t} + \frac{1}{\mu_0}\mathbf{B}\cdot\frac{\partial \mathbf{B}}{\partial t}} \qquad \textbf{(12.5.2)}$$

Para calcular o 2° membro, vamos usar as equações de Maxwell:

$$\left.\begin{array}{ll} \text{(I)}\left\{\varepsilon_0\,\mu_0\,\dfrac{\partial \mathbf{E}}{\partial t} = \text{rot}\ \mathbf{B} - \mu_0\,\mathbf{j}\right. & \left\{\ \varepsilon_0\,\mathbf{E}\cdot\dfrac{\partial \mathbf{E}}{\partial t} = \mathbf{E}\cdot\dfrac{\text{rot}\ \mathbf{B}}{\mu_0} - \mathbf{j}\cdot\mathbf{E}\right. \\ \text{(II)}\left\{\dfrac{\partial \mathbf{B}}{\partial t} = -\text{rot}\ \mathbf{E}\right. & \left\{\ \dfrac{\mathbf{B}}{\mu_0}\cdot\dfrac{\partial \mathbf{B}}{\partial t} = -\dfrac{\mathbf{B}}{\mu_0}\cdot\text{rot}\ \mathbf{E}\ldots\ldots\ldots\ldots\right. \end{array}\right]\Rightarrow$$

$$\Rightarrow \frac{\partial U}{\partial t} = \varepsilon_0\,\mathbf{E}\cdot\frac{\partial \mathbf{E}}{\partial t} + \frac{\mathbf{B}}{\mu_0}\cdot\frac{\partial \mathbf{B}}{\partial t} = -\mathbf{j}\cdot\mathbf{E} + \frac{1}{\mu_0}\left(\mathbf{E}\cdot\text{rot}\ \mathbf{B} - \mathbf{B}\cdot\text{rot}\ \mathbf{E}\right)$$

o que podemos escrever como

$$\boxed{-\frac{\partial U}{\partial t} = \mathbf{j}\cdot\mathbf{E} + \frac{1}{\mu_0}\left[\mathbf{B}\cdot(\nabla\times\mathbf{E}) - \mathbf{E}\cdot(\nabla\times\mathbf{B})\right]} \quad (12.5.3)$$

Vimos na Seção 4.5 que

$$\mathbf{B}\cdot(\nabla\times\mathbf{E}) - \mathbf{E}\cdot(\nabla\times\mathbf{B}) = \mathbf{B}_c\cdot(\nabla\times\mathbf{E}) - \mathbf{E}_c\cdot(\nabla\times\mathbf{B})$$
$$= \nabla\cdot(\mathbf{E}\times\mathbf{B}_c + \mathbf{E}_c\times\mathbf{B}) = \nabla\cdot(\mathbf{E}\times\mathbf{B})$$

onde o índice c significa que o vetor com este índice permanece constante na diferenciação, ou seja, que ∇ só se aplica ao outro fator. Logo,

$$\boxed{\mathbf{B}\cdot\text{rot }\mathbf{E} - \mathbf{E}\cdot\text{rot }\mathbf{B} = \text{div}(\mathbf{E}\times\mathbf{B})} \quad (12.5.4)$$

o que também pode ser verificado diretamente, em termos das componentes.

O resultado (12.5.3) se escreve então

$$\boxed{-\frac{\partial U}{\partial t} = \mathbf{j}\cdot\mathbf{E} + \text{div}\,\mathbf{S}} \quad (12.5.5)$$

onde definimos o *vetor de Poynting* **S** por

$$\boxed{\mathbf{S} \equiv \frac{1}{\mu_0}\mathbf{E}\times\mathbf{B}} \equiv \textit{Vetor de Poynting} \quad (12.5.6)$$

Vamos discutir agora a interpretação física da (12.5.5). Para isto, lembremos que, como estamos tratando de cargas e correntes no vácuo, a corrente **j** está associada ao movimento de cargas livres. Sendo ρ a densidade de carga e **v** a velocidade correspondente, temos então

$$\boxed{\mathbf{j} = \rho\mathbf{v} \ \left\{ \ \mathbf{j}\cdot\mathbf{E} = \rho\mathbf{E}\cdot\mathbf{v}\right.} \quad (12.5.7)$$

Por outro lado, a *densidade de força* com que o campo eletromagnético atua sobre as cargas e correntes é, pela (12.1.13),

$$\boxed{\mathbf{f} = \rho\left(\mathbf{E} + \frac{\mathbf{v}}{c}\times\mathbf{B}\right) = \rho\mathbf{E} + \frac{\mathbf{j}}{c}\times\mathbf{B}} \quad (12.5.8)$$

A força magnética não realiza trabalho; temos portanto

$$\boxed{\rho\mathbf{E}\cdot\mathbf{v} = \mathbf{f}\cdot\mathbf{v}} \quad (12.5.9)$$

e vemos que este termo representa o *trabalho por unidade de tempo e de volume* realizado pelo campo eletromagnético sobre as cargas em movimento.

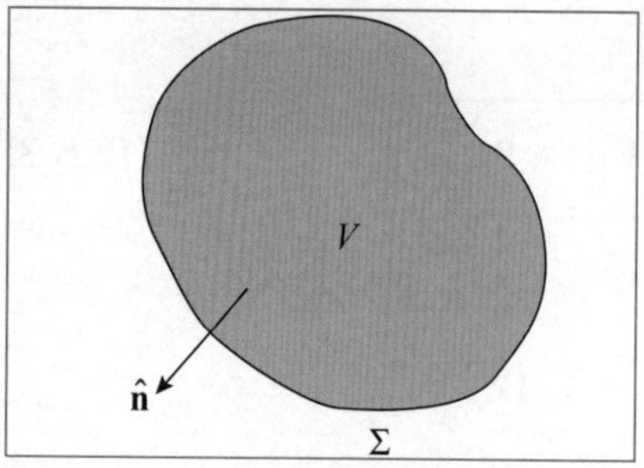

Figura 12.7 Volume de integração.

Se integrarmos os dois membros da (12.5.5) sobre um volume V limitado por uma superfície Σ (Figura 12.7) vem

$$-\frac{\partial}{\partial t}\int_V U\, d\,V = \int_V (\mathbf{f}\cdot\mathbf{v})\, d\,V + \int_V \text{div}\,\mathbf{S}\, d\,V \qquad \textbf{(12.5.10)}$$

O 1° termo do 2° membro representa o *trabalho total por unidade de tempo realizado pelo campo eletromagnético sobre as cargas contidas em V*. Logo, pelo menos uma parte da energia eletromagnética é convertida nesse trabalho.

E o último termo? Pelo teorema da divergência,

$$\int_V \text{div}\,\mathbf{S}\, d\,V = \oint_\Sigma \mathbf{S}\cdot\hat{\mathbf{n}}\, d\Sigma \qquad \textbf{(12.5.11)}$$

representa um *fluxo para fora de V através de* $\boldsymbol{\Sigma}$. Pela conservação da energia, temos então de interpretar esse fluxo como o *fluxo de energia eletromagnética para fora de V, por unidade de tempo*. Isto dá a interpretação física do *vetor de Poynting* $\mathbf{S}$: ele representa a ***densidade de corrente de energia eletromagnética***.

Em particular, na ausência de cargas e correntes ($\rho = \mathbf{j} = 0$), a (12.5.5) fica

$$\text{div}\,\mathbf{S} + \frac{\partial U}{\partial t} = 0 \qquad \textbf{(12.5.12)}$$

que é a *forma local da lei de conservação da energia eletromagnética* (compare com a equação da continuidade, forma local da lei de conservação da carga: div $\mathbf{j} + \partial\rho/\partial t = 0$).

Aplicação a ondas planas

Numa onda eletromagnética plana (não necessariamente monocromática) que se propaga na direção de $\hat{\mathbf{u}}$, vimos que

$$\mathbf{B} = \frac{1}{c}\hat{\mathbf{u}}\times\mathbf{E} \qquad \textbf{(12.5.13)}$$

com $1/c = \sqrt{\varepsilon_0\,\mu_0}$, o que resulta em

$$\mathbf{B}^2 = \frac{1}{c^2}\mathbf{E}^2 = \varepsilon_0\,\mu_0\,\mathbf{E}^2 \quad \Big\{ \quad \frac{1}{2}\varepsilon_0\,\mathbf{E}^2 = \frac{\mathbf{B}^2}{2\mu_0} \qquad \textbf{(12.5.14)}$$

ou seja, *numa onda plana, as densidades de energia elétrica e magnética são iguais*: a cada instante, metade da energia encontra-se sob a forma de energia elétrica e metade como energia magnética.

Para o vetor de Poynting, resulta:

$$\begin{aligned}\mathbf{S} &= \mathbf{E}\times\frac{\mathbf{B}}{\mu_0} = \sqrt{\frac{\varepsilon_0}{\mu_0}}\mathbf{E}\times(\hat{\mathbf{u}}\times\mathbf{E}) = \sqrt{\frac{\varepsilon_0}{\mu_0}}\left[\mathbf{E}^2\,\hat{\mathbf{u}} - \underbrace{(\mathbf{E}\cdot\hat{\mathbf{u}})}_{=0}\mathbf{E}\right] \\ &= \underbrace{\frac{1}{\sqrt{\varepsilon_0\,\mu}}}_{c}\cdot\ \underbrace{\varepsilon_0\mathbf{E}^2}_{2U_E=U_E+U_M=U}\ \hat{\mathbf{u}}\ \left\{\ \boxed{\mathbf{S} = c\,U\,\hat{\mathbf{u}}}\right.\end{aligned} \qquad \textbf{(12.5.15)}$$

Este resultado tem uma interpretação física simples.

Para a corrente elétrica, uma densidade de carga ρ movendo-se com velocidade **v** contribui $\mathbf{j} = \rho\,\mathbf{v}$ para a densidade de corrente. Como U é a densidade de energia e **S** a densidade de corrente de energia, $\mathbf{S}/U = c\hat{\mathbf{u}}$ é a *velocidade de propagação da energia eletromagnética.*

Logo, *uma onda eletromagnética plana transporta energia, na direção e com a velocidade da onda*: a energia que atravessa uma área Σ normal a $\hat{\mathbf{u}}$ durante um intervalo de tempo Δt é a energia que está contida num cilindro de base Σ e geratriz $c\Delta t$, ou seja, $U\,\Sigma\,c\Delta\,t$, o que leva a Uc para a energia por unidade de tempo e área (Figura 12.8).

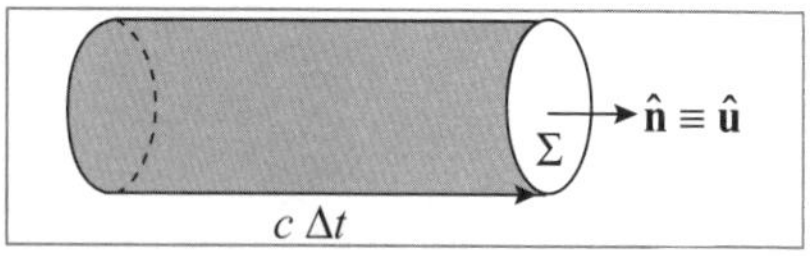

Figura 12.8 Energia que atravessa Σ.

No caso particular de uma onda plana monocromática,

$$\mathbf{E} = A\ \hat{\boldsymbol{\varepsilon}}\ \cos(\mathbf{k}\cdot\mathbf{r} - \omega t + \delta)$$

vem

$$\boxed{\mathbf{S} = c\cdot\varepsilon_0\,A^2\cos^2(\mathbf{k}\cdot\mathbf{r} - \omega t + \delta)\,\hat{\mathbf{u}}} \qquad \textbf{(12.5.16)}$$

de forma que o valor instantâneo da densidade de corrente de energia oscila, como a onda.

Interessa-nos então a *média temporal* < **S** > de **S**, tomada sobre um período (ou, o que é equivalente, um número qualquer de períodos). Como a média de $\cos^2$ é 1/2, vem:

$$\boxed{\langle\mathbf{S}\rangle = \frac{1}{2}c\ \varepsilon_0\,A^2\,\hat{\mathbf{u}}} \qquad \textbf{(12.5.17)}$$

A *intensidade I* da onda eletromagnética é definida como o *valor médio da energia eletromagnética, por unidade de tempo, que atravessa uma área unitária, normal à direção de propagação* $\hat{\mathbf{u}}$. Logo,

$$\boxed{I = \langle\mathbf{S}\rangle\cdot\hat{\mathbf{u}} = |\langle\mathbf{S}\rangle| = \frac{1}{2}\,c\ \varepsilon_0\,A^2} \qquad \textbf{(12.5.18)}$$

12.6 A EQUAÇÃO DE ONDAS INOMOGÊNEA

Como é gerada uma onda eletromagnética? No domínio macroscópico, sabemos que pode ser gerada através de uma antena emissora de rádio ou TV (por exemplo), alimentada por um sinal produzido por um oscilador eletromagnético de alta frequência. As faixas de frequência apropriadas a estes exemplos são da ordem de kHz (rádio) e MHz (TV).

Vamos estudar, agora, o modelo clássico mais simples para uma fonte de radiação, devido a Heinrich Hertz (1888). Este modelo idealizado representará uma *fonte puntiforme de radiação*, da mesma forma que uma carga puntiforme em repouso representa uma fonte puntiforme de campo eletrostático.

O ponto de partida são as equações de Maxwell *inomogêneas* no vácuo,

$$\boxed{\begin{aligned} &(\text{I})\ \text{rot}\,\mathbf{B} - \frac{1}{c^2}\frac{\partial \mathbf{E}}{\partial t} = \mu_0\,\mathbf{j} \\ &(\text{II})\ \text{rot}\,\mathbf{E} + \frac{\partial \mathbf{B}}{\partial t} = 0 \\ &(\text{III})\ \text{div}\,\mathbf{E} = \frac{\rho}{\varepsilon_0} \\ &(\text{IV})\ \text{div}\,\mathbf{B} = 0 \end{aligned}} \qquad \textbf{(12.6.1)}$$

onde $\mathbf{j}$ e ρ são funções *dadas* de $(\mathbf{x}, t)$ (supostas conhecidas: no exemplo acima, representariam a distribuição de corrente na antena emissora), que satisfazem a equação de continuidade:

$$\text{div}\,\mathbf{j} + \frac{\partial \rho}{\partial t} = 0$$

e queremos calcular $(\mathbf{E}, \mathbf{B})$.

Na eletrostática, como vimos, o cálculo do campo $\mathbf{E}$ devido a uma dada distribuição de cargas é bastante simplificado pela introdução do *potencial escalar* φ: da equação (II) neste caso, rot $\mathbf{E} = 0$, decorre $\mathbf{E} = -\,\text{grad}\,\varphi$, e $\varphi(\mathbf{x})$ obtém-se a partir de ρ pela (4.2.11)

$$\boxed{\varphi(\mathbf{x}) = \frac{1}{4\pi\varepsilon_0}\int \frac{\rho(\mathbf{x}')}{r(\mathbf{x}, \mathbf{x}')}\,d^3\mathbf{x}', \qquad r(\mathbf{x}, \mathbf{x}') \equiv |\mathbf{x} - \mathbf{x}'|} \qquad \textbf{(12.6.2)}$$

que corresponde ao potencial coulombiano.

Aqui também obtemos uma grande simplificação introduzindo *potenciais*, a partir das equações *homogêneas* (II) e (IV). A (IV) resulta em

$$\text{div}\,\mathbf{B} = 0 \;\Rightarrow\; \boxed{\mathbf{B} = \text{rot}\,\mathbf{A}} \qquad \textbf{(12.6.3)}$$

onde $\mathbf{A}$ recebe o nome de ***potencial vetor***.

Substituindo na (II), resulta

$$\text{rot}\left(\mathbf{E} + \frac{\partial \mathbf{A}}{\partial t}\right) = 0 \;\Rightarrow\; \mathbf{E} + \frac{\partial \mathbf{A}}{\partial t} = -\text{grad}\,\varphi$$

ou seja,

$$\boxed{\mathbf{E} = -\text{grad }\varphi - \frac{\partial \mathbf{A}}{\partial t}} \tag{12.6.4}$$

onde φ é o *potencial escalar*. A eletrostática corresponde ao caso particular $\partial\mathbf{A}/\partial t = 0$.

Até que ponto (**A**, φ), ficam determinados a partir de (**E**, **B**)? Como o rotacional de um gradiente é ≡ 0, **B** não se altera se substituirmos na (12.6.3)

$$\boxed{\mathbf{A} = \mathbf{A}' + \text{grad }\chi} \quad (\mathbf{B} = \text{rot }\mathbf{A} = \text{rot }\mathbf{A}') \tag{12.6.5}$$

onde χ (**x**, t) é uma função escalar arbitrária.

Substituindo na (12.6.4), fica

$$\mathbf{E} = -\text{grad }\varphi - \frac{\partial \mathbf{A}'}{\partial t} - \frac{\partial}{\partial t}(\text{grad }\chi) = -\text{grad }\varphi' - \frac{\partial \mathbf{A}'}{\partial t}$$

onde

$$\varphi' = \varphi + \partial\chi/\partial t \qquad \left\{\boxed{\varphi = \varphi' - \frac{\partial \chi}{\partial t}}\right. \tag{12.6.6}$$

A transformação definida pelas (12.6.5) e (12.6.6), que não altera os campos (**E**, **B**), é chamada de uma *transformação de calibre*, e diz-se que uma dada escolha de χ corresponde a um *calibre*.

Substituindo as (12.6.3) e (12.6.4) nas equações de Maxwell inomogêneas (I) e (III), vem:

$$\boxed{\begin{array}{l} \text{(I)} \;\; \text{rot rot }\mathbf{A} - \dfrac{1}{c^2}\dfrac{\partial}{\partial t}\left(-\text{grad }\varphi - \dfrac{\partial \mathbf{A}}{\partial t}\right) = \mu_0\,\mathbf{j} \\[2em] \text{(II)} \;\; -\text{div}\left(\text{grad }\varphi + \dfrac{\partial \mathbf{A}}{\partial t}\right) = \dfrac{\rho}{\varepsilon_0} \end{array}} \tag{12.6.7}$$

Para um vetor **v** qualquer, desenvolvendo o duplo produto vetorial, temos

$$\text{rot rot }\mathbf{v} = \nabla\times(\nabla\times\mathbf{v}) = \nabla(\nabla\cdot\mathbf{v}) - \nabla\cdot\nabla\mathbf{v} \equiv \nabla(\nabla\cdot\mathbf{v}) - \Delta\mathbf{v}$$

o que *define* $\Delta\mathbf{v}$, o laplaciano de um vetor:

$$\boxed{\text{rot rot }\mathbf{v} = \text{grad}(\text{div }\mathbf{v}) - \Delta\mathbf{v}} \tag{12.6.8}$$

onde, em coordenadas cartesianas, justificando a definição de $\Delta\mathbf{v}$,

$$\boxed{\Delta\mathbf{v} \equiv \hat{\mathbf{x}}\,\Delta v_x + \hat{\mathbf{y}}\,\Delta v_y + \hat{\mathbf{z}}\,\Delta v_z} \tag{12.6.9}$$

Substituindo nas (12.6.7), fica

$$\boxed{\begin{aligned}&\text{(I)}\ \operatorname{grad}\left(\operatorname{div}\mathbf{A}+\frac{1}{c^2}\frac{\partial\varphi}{\partial t}\right)-\Delta\mathbf{A}+\frac{1}{c^2}\frac{\partial^2\mathbf{A}}{\partial t^2}=\mu_0\mathbf{j}\\&\text{(II)}\ -\Delta\varphi+\frac{1}{c^2}\frac{\partial^2\varphi}{\partial t^2}-\frac{\partial}{\partial t}\left(\frac{1}{c^2}\frac{\partial\varphi}{\partial t}+\operatorname{div}\mathbf{A}\right)=\frac{\rho}{\varepsilon_0}\end{aligned}} \tag{12.6.10}$$

onde, na (II), somamos e subtraímos

$$\frac{1}{c^2}\frac{\partial^2\varphi}{\partial t^2}$$

Se pudermos aproveitar a arbitrariedade na escolha dos potenciais para impor a *condição de Lorentz*

$$\boxed{\operatorname{div}\mathbf{A}+\frac{1}{c^2}\frac{\partial\varphi}{\partial t}=0} \tag{12.6.11}$$

resulta

$$\boxed{\begin{aligned}&\Delta\mathbf{A}-\frac{1}{c^2}\frac{\partial^2\mathbf{A}}{\partial t^2}=-\mu_0\mathbf{j}\\&\Delta\varphi-\frac{1}{c^2}\frac{\partial^2\varphi}{\partial t^2}=-\frac{\rho}{\varepsilon_0}\end{aligned}} \tag{12.6.12}$$

ou seja, tanto **A** como φ satisfazem a *equação tridimensional de ondas inomogênea*, cujos termos-fontes são dados por **j** e ρ (sobre esta equação, veja **FB2**, Seção 6.5).

Para ver se é possível impor a (12.6.11), vamos supor que ela não seja satisfeita por um dado par (**A**, φ) e vamos ver o efeito de uma transformação de calibre (12.6.5), (12.6.6):

$$\boxed{\begin{aligned}\operatorname{div}\mathbf{A}+\frac{1}{c^2}\frac{\partial\varphi}{\partial t}&=\operatorname{div}(\mathbf{A}'+\operatorname{grad}\chi)+\frac{1}{c^2}\frac{\partial}{\partial t}\left(\varphi'-\frac{\partial\chi}{\partial t}\right)\\&=\operatorname{div}\mathbf{A}'+\frac{1}{c^2}\frac{\partial\varphi'}{\partial t}+\left(\Delta\chi-\frac{1}{c^2}\frac{\partial^2\chi}{\partial t^2}\right)\end{aligned}} \tag{12.6.13}$$

Por conseguinte, se escolhermos χ como solução de

$$\boxed{\Delta\chi-\frac{1}{c^2}\frac{\partial^2\chi}{\partial t^2}=\operatorname{div}\mathbf{A}+\frac{1}{c^2}\frac{\partial\varphi}{\partial t}} \tag{12.6.14}$$

que é (outra vez) uma equação de ondas inomogênea (cujo 2° membro é suposto conhecido), resulta que (**A**', φ') satisfarão a condição de Lorentz.

Logo, *a resolução das equações de Maxwell inomogêneas é equivalente à resolução da equação de ondas (tridimensional) inomogênea.*

12.7 POTENCIAIS RETARDADOS

Como a equação para **A** equivale a três equações de ondas escalares inomogêneas (uma para cada componente), basta resolver a equação para φ,

$$\boxed{\Delta\varphi - \frac{1}{c^2}\frac{\partial^2\varphi}{\partial t^2} = -\rho(\mathbf{x}, t)/\varepsilon_0} \tag{12.7.1}$$

que se reduz à equação de Poisson, no caso eletrostático ($\partial\varphi/\partial t = 0$). A solução neste caso é, como sabemos, o potencial coulombiano devido a ρ, ou seja,

$$\boxed{\varphi(\mathbf{x}) = \frac{1}{4\pi\varepsilon_0}\int \frac{\rho(\mathbf{x}')}{r(\mathbf{x}, \mathbf{x}')} d^3\mathbf{x}'} \tag{12.7.2}$$

onde a integral se estende a todo o espaço ocupado por ρ, satisfaz a

$$\boxed{\Delta\varphi(\mathbf{x}) = -\rho(\mathbf{x})/\varepsilon_0}$$

Por outro lado,

$$\frac{1}{r(\mathbf{x}, \mathbf{x}')} = \frac{1}{|\mathbf{x} - \mathbf{x}'|}$$

é o potencial coulombiano em $\mathbf{x}$ de uma carga puntiforme numericamente igual a $4\pi\,\varepsilon_0$ em $\mathbf{x}'$, de forma que

$$\boxed{\Delta_x\left[\frac{1}{r(\mathbf{x}, \mathbf{x}')}\right] = 0 \quad (\mathbf{x} \neq \mathbf{x}')} \tag{12.7.3}$$

pois, fora da carga, o potencial satisfaz a equação de Laplace.

Isto também pode ser verificado diretamente, tomando a origem das coordenadas em $\mathbf{x}'$ e procurando a expressão do Δ de uma função que só dependa de r (distância à origem):

$$\boxed{\Delta f(r) = \text{div grad } f(r) = \text{div}\left(\frac{df}{dr}\hat{\mathbf{r}}\right) = \text{div}\left(\frac{1}{r}\frac{df}{dr}\mathbf{r}\right)} \tag{12.7.4}$$

Mas já vimos que

$$\boxed{\text{div}(F\ \mathbf{v}) = F\ \text{div}\,\mathbf{v} + \nabla F\cdot\mathbf{v}} \tag{12.7.5}$$

Logo,

$$\Delta f(r) = \frac{1}{r}\frac{df}{dr}\underbrace{\text{div }\mathbf{r}}_{=3} + \underbrace{\text{grad}\left(\frac{1}{r}\frac{df}{dr}\right)}_{=\left(-\frac{1}{r^2}\frac{df}{dr}+\frac{1}{r}\frac{d^2f}{dr^2}\right)\hat{\mathbf{r}}}\cdot\mathbf{r}$$

ou, como $\hat{\mathbf{r}}\cdot\mathbf{r} = r$,

$$\Delta f(r) = \frac{3}{r}\frac{df}{dr} - \frac{1}{r}\frac{df}{dr} + \frac{d^2 f}{dr^2} = \frac{d^2 f}{dr^2} + \frac{2}{r}\frac{df}{dr} \tag{12.7.6}$$

o que também pode ser escrito (verifique!) como

$$\Delta f(r) = \frac{1}{r}\frac{d^2}{dr^2}\left[r f(r)\right] \tag{12.7.7}$$

Em particular, para $f(r) = 1/r$, isto resulta em

$$\Delta(1/r) = 0 \quad (r \neq 0)$$

Uma consequência desta fórmula é que ela permite obter a solução geral *esfericamente simétrica* da equação de ondas *homogênea*

$$\Delta\varphi(r, t) - \frac{1}{c^2}\frac{\partial^2}{\partial t^2}\varphi(r, t) = 0 \tag{12.7.8}$$

Com efeito, pela (12.7.7), isto equivale a

$$\frac{1}{r}\frac{\partial^2}{\partial r^2}\left[r\varphi(r, t)\right] - \frac{1}{c^2}\frac{\partial^2 \varphi}{\partial t^2} = 0$$

ou, multiplicando ambos os membros por r, e chamando

$$r\varphi(r, t) \equiv F(r, t) \tag{12.7.9}$$

$$\frac{\partial^2 F}{\partial r^2} - \frac{1}{c^2}\frac{\partial^2 F}{\partial t^2} = 0 \tag{12.7.10}$$

equação de ondas unidimensional, cuja solução geral já vimos:

$$F(r, t) = F_-(r - ct) + F_+(r + ct) \tag{12.7.11}$$

o que resulta em

$$\varphi(r, t) = \frac{F_-(r - ct)}{r} + \frac{F_+(r + ct)}{r} \tag{12.7.12}$$

O 1º termo [Figura 12.9(a)] representa uma *onda esférica divergente* e o 2º [Figura 12.9(b)] uma *onda esférica convergente*. Note que a intensidade, em ambos os casos, cai com $1/r^2$ e é singular na origem (*fonte* ou *sorvedouro* das ondas, respectivamente).

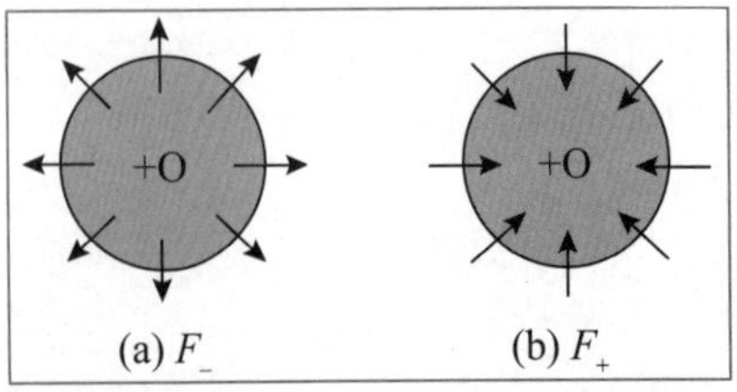

Figura 12.9 Os dois termos da (12.7.12).

Combinando os resultados acima, podemos agora escrever a solução da equação de ondas 3-D *inomogênea* que generaliza o potencial coulombiano e representa a *emissão* de ondas pelas fontes. Afirmamos que esta solução é

$$\boxed{\varphi(\mathbf{x}, t) = \frac{1}{4\pi\varepsilon_0}\int \frac{\rho\left(\mathbf{x}', t' = t - \dfrac{r(\mathbf{x}, \mathbf{x}')}{c}\right)}{r(\mathbf{x}, \mathbf{x}')} d^3x'} \tag{12.7.13}$$

onde, como antes, $r(\mathbf{x}, \mathbf{x}') = |\mathbf{x} - \mathbf{x}'|$, e a integral é estendida a toda a distribuição de cargas.

A (12.7.13) tem uma interpretação física multo simples. Numa teoria de ação a distância, o numerador do integrando seria $\rho(\mathbf{x}', t)$ e a integral representaria o *potencial coulombiano instantâneo* criado pela distribuição de cargas no instante t.

Na (12.7.13), porém, o potencial em $\mathbf{x}$, no instante t, devido à carga contida num elemento de volume $d^3\mathbf{x}'$, com centro em $\mathbf{x}'$, depende da densidade de carga $\rho(\mathbf{x}', t')$, nesse elemento, no ***instante retardado***

$$\boxed{t' = t - \frac{r(\mathbf{x}, \mathbf{x}')}{c}} \tag{12.7.14}$$

O *retardamento*

$$r(\mathbf{x}, \mathbf{x}')/c = |\mathbf{x} - \mathbf{x}'|/c$$

corresponde precisamente ao *tempo que leva a interação para transmitir-se de* $\mathbf{x}'$ a $\mathbf{x}$, *viajando com velocidade* c (Figura 12.10).

A (12.7.13) é chamada de *potencial retardado* criado pela distribuição, e exprime precisamente a diferença essencial entre uma teoria de ação a distância e uma teoria de campo: a *velocidade finita* (= c *no vácuo*) *de propagação das interações eletromagnéticas.*

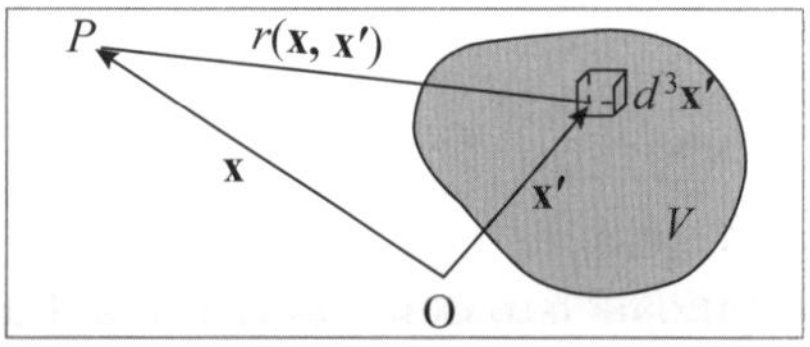

Figura 12.10 Interpretação física do potencial retardado.

Para pontos suficientemente próximos das cargas, o efeito de retardação é desprezível, e podemos usar o potencial coulombiano instantâneo como boa aproximação, mas isto deixa de valer para distâncias maiores.

Vejamos agora como justificar o resultado (12.7.13). Para isto, consideremos inicialmente uma situação em que a fonte (distribuição de carga e corrente) pode ser tratada como "puntiforme", no sentido de que *a retardação sobre as dimensões da fonte seja desprezível em confronto com o tempo que demora para que* $\rho(\mathbf{x}', t')$ *sofra uma variação apreciável.*

Neste caso, se δv é o volume que contém a distribuição, e se o "ponto de observação" $\mathbf{x}$ está fora desse volume, ou seja, $\rho(\mathbf{x}, t) = 0$, podemos identificar δv com a origem de coordenadas ("ponto fonte") e notar que

$$t - \frac{r}{c} = -\frac{1}{c}(r - ct)$$

de modo que a (12.7.13) é da forma

$$\frac{1}{r} F_{-}\left(t - \frac{r}{c}\right)$$

satisfazendo portanto a equação de ondas *homogênea*,

$$\Delta\varphi - \frac{1}{c^2}\frac{\partial^2\varphi}{\partial t^2} = 0 = -\frac{1}{\varepsilon_0}\rho(\mathbf{x}, t)$$

[pois $\rho(\mathbf{x}, t) = 0$] .

Isto não vale se $\mathbf{x}$ está dentro de δv; neste caso, $1/r$ torna-se singular para $\mathbf{x}' = \mathbf{x}$, mas d^3x' ($= r^2 dr d\Omega$ em coordenadas esféricas) compensa esta singularidade, de forma que a contribuição de

$$\frac{1}{c^2}\frac{\partial^2\varphi}{\partial t^2}$$

tende a 0 com as dimensões de δv. Entretanto, o mesmo não se aplica a $\Delta\varphi$, porque $\Delta(1/r)$ contém derivadas segundas, que divergem como $1/r^3$.

Por outro lado, nesta contribuição, como $\mathbf{x} \in \delta v$, a retardação é desprezível, o que significa que

$$\boxed{\begin{aligned}\left(\Delta - \frac{1}{c^2}\frac{\partial^2}{\partial t^2}\right)\varphi\Big|_{\mathbf{x}\in\delta v} = \Delta\varphi\Big|_{\mathbf{x}\in\delta v} &= \Delta\left[\frac{1}{4\pi\,\varepsilon_0}\int_{\delta v}\frac{\rho(\mathbf{x}', t)}{r(\mathbf{x}, \mathbf{x}')} d^3x'\right] \\ &= -\rho(\mathbf{x}, t)/\varepsilon_0\end{aligned}} \qquad \textbf{(12.7.15)}$$

pois a expressão entre colchetes é o “potencial Coulombiano instantâneo” devido à distribuição. Isto demonstra o resultado tanto quando $\mathbf{x} \in \delta v$ como quando $\mathbf{x}$ está fora de δv (2° membro = 0), ou seja, *para uma fonte puntiforme*, em qualquer caso. Para demonstrá-lo em geral, basta agora usar o princípio de superposição, considerando uma distribuição qualquer como superposição de fontes puntiformes.

Para o potencial vetor $\mathbf{A}(\mathbf{x}, t)$, a única diferença é que a equação de ondas inomogênea é *vetorial*, e que o 2° membro é $-\mu_0\,\mathbf{j}(\mathbf{x}, t)$, em lugar de $-\rho(\mathbf{x}, t)/\varepsilon_0$. Logo, a solução para $\mathbf{A}$ é

$$\boxed{\mathbf{A}(\mathbf{x}, t) = \frac{\mu_0}{4\pi}\int\frac{\mathbf{j}\left(\mathbf{x}', t' = t - \frac{r(\mathbf{x}, \mathbf{x}')}{c}\right)}{r(\mathbf{x}, \mathbf{x}')} d^3x'} \qquad \textbf{(12.7.16)}$$

que é o *potencial vetor retardado*.

Calculando $\mathbf{B}$ e $\mathbf{E}$ a partir de $\mathbf{A}$ e φ, obtém-se assim a solução correspondente das equações de Maxwell inomogêneas no vácuo. É importante notar que esta não é a solução *geral* destas equações, por dois motivos:

(a) Podemos sempre somar soluções das equações homogêneas, por exemplo, ondas planas propagando-se em quaisquer direções.

(b) Poderíamos ter tomado, em lugar de potenciais retardados, potenciais *avançados*, em que, nas integrais, ρ e $\mathbf{j}$ seriam calculados no *instante avançado*

$$t + \frac{r(\mathbf{x}, \mathbf{x}')}{c} = \frac{1}{c}(r + ct)$$

Isto corresponderia ao 2º termo da (12.7.12).

Entretanto, isto corresponderia a calcular os valores *atuais* dos campos em função do comportamento de ρ e $\mathbf{j}$ *no futuro*, dados de que usualmente não dispomos, ao passo que os potenciais retardados correspondem ao problema proposto: calcular o campo eletromagnético *para* $t > 0$, gerado pelo comportamento de ρ e $\mathbf{j}$ *para* $t \leq 0$. Assim, ao escolher os potenciais retardados, estamos introduzindo uma assimetria entre passado e futuro que não está contida nas equações de Maxwell, mas sim no tipo de problema que procuramos resolver.

12.8 O OSCILADOR DE HERTZ

O modelo mais simples de uma fonte puntiforme de radiação eletromagnética, tratado por Hertz em 1888, baseou-se nos resultados experimentais que ele próprio obteve em 1887, comprovando a existência das ondas eletromagnéticas preditas pela teoria de Maxwell por meio de sua geração e detecção.

A aparelhagem que empregou para este fim está esquematizada na Figura 12.11. Duas esferas metálicas, separadas por um pequeno interstício, estavam ligadas ao secundário de um transformador, que produzia campos alternados de alta voltagem a partir de oscilações no circuito L-C primário. A voltagem elevada ionizava o ar e produzia uma descarga oscilante do capacitor formado pelas duas esferas acopladas ao secundário do transformador, fazendo saltar faíscas entre elas.

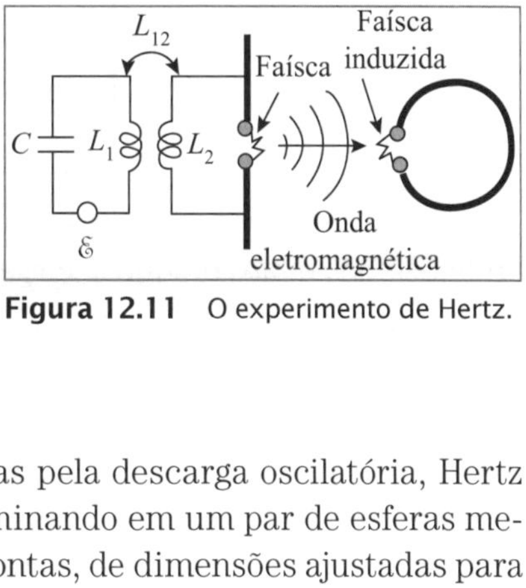

Figura 12.11 O experimento de Hertz.

Para detectar as ondas eletromagnéticas geradas pela descarga oscilatória, Hertz usou um fio metálico em forma de aro (também terminando em um par de esferas metálicas), deixando um pequeno interstício entre as pontas, de dimensões ajustadas para aproximar um circuito L-C *ressonante* com a frequência das oscilações eletromagnéticas geradas.

Hertz observou que cada faísca de sua "antena emissora" era acompanhada de uma faísca da "antena receptora", mesmo quando a separação entre elas era de vários metros. Medindo o comprimento de onda λ e a frequência ν da radiação, ele pôde calcular a sua velocidade de propagação, verificando que coincidia com c. Ele havia gerado, assim, pela primeira vez "ondas hertzianas" – ondas de rádio, com $\lambda >>$ que as dimensões dos circuitos usados.

Para modelar a sua "antena emissora", Hertz usou um *dipolo elétrico puntiforme oscilante*, que pode ser pensado como representando as cargas $\pm q$ das esferinhas metálicas (equivalentes às cargas nas placas de um capacitor), oscilantes com o tempo, acompanhando a oscilação da voltagem do circuito, e com separação $\boldsymbol{\ell} = \ell\,\hat{\mathbf{z}}$ igual ao

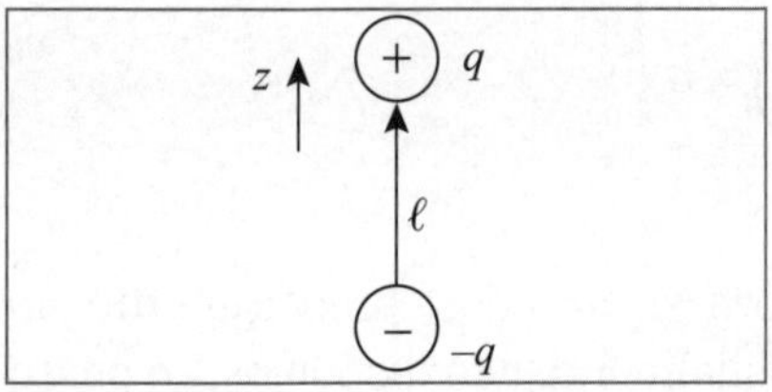

Figura 12.12 Dipolo hertziano oscilante.

interstício, associadas ao momento de dipolo elétrico

$$\boxed{\mathbf{p}(t) = q\boldsymbol{\ell} = p(t)\hat{\mathbf{z}}} \qquad \textbf{(12.8.1)}$$

tratado como puntiforme por ter dimensão $\ell << \lambda$, onde λ é o comprimento de onda das ondas hertzianas emitidas (Figura 12.12).

A variação temporal de $p(t) = q\ell$ pode ter origem na variação de q com t, para ℓ fixo (como na experiência de Hertz) ou na variação de ℓ para q fixo,

$$\boxed{\mathbf{p}(t) = q\boldsymbol{\ell}(t)} \qquad \textbf{(12.8.2)}$$

que poderia corresponder a uma oscilação de uma das cargas em torno da outra, suposta fixa.

Adotando esta última interpretação e substituindo $\mathbf{j} = \rho\mathbf{v}$ na expressão de $\mathbf{A}$, vem

$$\boxed{\begin{aligned} \mathbf{A}(\mathbf{x}, t) &= \frac{\mu_0}{4\pi}\int \frac{\rho(\mathbf{x}')\mathbf{v}\left(\mathbf{x}', t - \frac{r}{c}\right)}{r} d^3x' \\ &= \frac{\mu_0}{4\pi}\frac{\mathbf{v}}{r}\int \rho(\mathbf{x}')d^3x' = \frac{\mu_0}{4\pi}\frac{q\,\mathbf{v}\left(t - \frac{r}{c}\right)}{r} \end{aligned}} \qquad \textbf{(12.8.3)}$$

onde usamos o fato de que a carga é puntiforme (retardação desprezível sobre suas dimensões) e $r = |\mathbf{x}|$ é a distância à posição do dipolo, tomada como origem.

Como $\mathbf{v} = \mathbf{d}\boldsymbol{\ell}/dt$, resulta

$$\boxed{\mathbf{A}(\mathbf{x}, t) = \frac{\mu_0}{4\pi}\dot{\mathbf{p}}\left(t - \frac{r}{c}\right), \quad r = |\mathbf{x}|} \qquad \textbf{(12.8.4)}$$

onde o ponto ($\dot{}$) indica derivação em relação ao tempo.

Podemos agora usar esta expressão para calcular $\mathbf{B} = \text{rot}\ \mathbf{A}$. Para um vetor $\mathbf{v}$ qualquer e um escalar f,

$$\boxed{\text{rot}(f\,\mathbf{v}) = \nabla\times(f\,\mathbf{v}) = \nabla f\times\mathbf{v} + f\,\nabla\times\mathbf{v}} \qquad \textbf{(12.8.5)}$$

lembrando que temos de derivar um produto; assim,

$$\boxed{\text{rot}(f\,\mathbf{v}) = \text{grad}\,f\times\mathbf{v} + f\ \text{rot}\,\mathbf{v}} \qquad \textbf{(12.8.6)}$$

Na expressão acima,

$$\dot{\mathbf{p}}\left(t - \frac{r}{c}\right) = \dot{p}\left(t - \frac{r}{c}\right)\hat{\mathbf{z}}$$

onde $\hat{\mathbf{z}}$ = grad z, o que conduz a rot $\hat{\mathbf{z}}$ = 0, Logo,

$$\boxed{\mathbf{B} = \text{rot } \mathbf{A} = \frac{\mu_0}{4\pi} \text{grad} \left[\frac{\dot{p}\left(t - \frac{r}{c}\right)}{r} \right] \times \hat{\mathbf{z}}} \tag{12.8.7}$$

Mas, para uma função $f(r)$, grad é a derivada direcional,

$$\boxed{\text{grad } f(r) = \frac{df}{dr} \hat{\mathbf{r}}} \tag{12.8.8}$$

Logo, usando a regra da cadeia,

$$\mathbf{B} = \frac{\mu_0}{4\pi} \underbrace{\frac{d}{dr} \left[\frac{\dot{p}\left(t - \frac{r}{c}\right)}{r} \right]}_{-\frac{\dot{p}}{r^2} + \left(-\frac{1}{c}\right)\frac{\ddot{p}}{r}} \hat{\mathbf{r}} \times \hat{\mathbf{z}}$$

ou seja, como $p\hat{\mathbf{z}} = \mathbf{p}$,

$$\boxed{\mathbf{B} = \frac{\mu_0}{4\pi} \left[\frac{1}{r^2} \dot{\mathbf{p}}\left(t - \frac{r}{c}\right) + \frac{1}{rc} \ddot{\mathbf{p}}\left(t - \frac{r}{c}\right) \right] \times \hat{\mathbf{r}}} \tag{12.8.9}$$

Pela (12.8.2),

$$\boxed{\dot{\mathbf{p}} = q\mathbf{v}, \ \ddot{\mathbf{p}} = q\dot{\mathbf{v}}} \tag{12.8.10}$$

ou seja, o 1º termo da (12.8.9) é proporcional à *velocidade* da partícula e o 2º termo à *aceleração* (ambas no instante retardado). O 1º termo, proporcional a $1/r^2$, deve predominar para distâncias *pequenas* do dipolo ($r \to 0$); o 2º, que cai como $1/r$, para distâncias *grandes* ($r \to \infty$).

Vejamos de início como interpretar fisicamente o 1º termo. Para r suficientemente pequeno, o efeito da retardação é desprezível, e, pela (12.8.3), este termo se escreve

$$\boxed{\mathbf{B}_1 \cong \frac{\mu_0}{4\pi r^2} \dot{\mathbf{p}}(t) \times \hat{\mathbf{r}} = \frac{\mu_0}{4\pi} \int \frac{\mathbf{j}(\mathbf{x}', t) \times \hat{\mathbf{r}}}{r^2} d^3x'} \tag{12.8.11}$$

Comparando com os resultados obtidos no Cap. 8, vemos que este é o *campo de Biot – Savart* correspondente à distribuição *instantânea* $\mathbf{j}(\mathbf{x}', t)$, ou seja, é o campo magnético que ela produziria se fosse uma corrente estacionaria. O resultado corresponde portanto à aproximação de *correntes quase estacionárias* discutida na Seção 9.5.

A região próxima do dipolo, onde esta é uma boa aproximação para **B**, é chamada de *zona próxima*. Esta contribuição, como o campo coulombiano, cai com $1/r^2$. Já o 2º termo da (12.8.9) é um termo novo, que cai mais lentamente, como $1/r$ apenas, e, portanto, predomina a grande distância:

$$\boxed{\mathbf{B}(\mathbf{x}, t) \approx \frac{\mu_0}{4\pi} \cdot \frac{\ddot{\mathbf{p}}\left(t - \frac{r}{c}\right)}{rc} \times \hat{\mathbf{r}}} \qquad (r \to \infty) \qquad \textbf{(12.8.12)}$$

A região onde vale esta aproximação é chamada de *zona distante* ou *zona de onda*.

Como é gerado este termo com decréscimo mais lento? Para ver sua origem, consideremos o caso particular em que $p(t)$ oscila com frequência angular ω, como nas experiências de Hertz (*oscilador de Hertz*):

$$\boxed{p(t) = p_0 \operatorname{sen}(\omega t)} \qquad \textbf{(12.8.13)}$$

$$\dot{p}(t) = \omega p_0 \cos(\omega t) \qquad \left\{ \quad \dot{p}\left(t - \frac{r}{c}\right) = \omega p_0 \cos\left[\omega\left(t - \frac{r}{c}\right)\right]\right.$$

ou seja,

$$\boxed{\dot{p}\left(t - \frac{r}{c}\right) = \omega p_0 \cos(kr - \omega t)} \qquad \textbf{(12.8.14)}$$

onde

$$\boxed{k = \frac{\omega}{c} = \frac{2\pi}{\lambda}} \qquad \textbf{(12.8.15)}$$

é o número de onda.

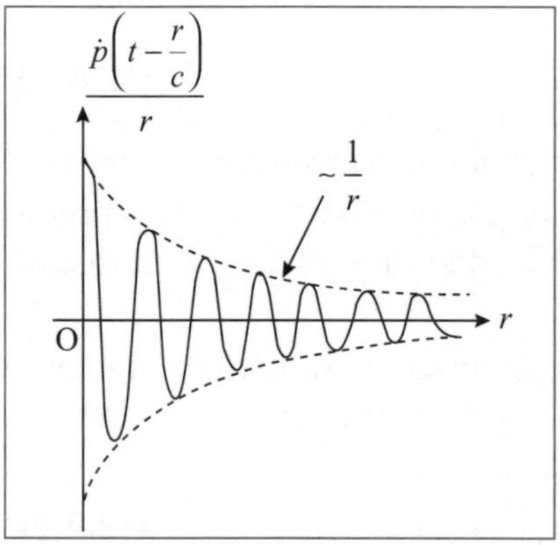

Figura 12.13 A função $\dot{\mathbf{p}}(t - r/c)/r$.

A função

$$\frac{1}{r}\,\dot{p}\left(t - \frac{r}{c}\right)$$

que derivamos em relação a r na (12.8.7) para calcular **B**, está representada na Figura 12.13. A *envoltória* cai com $1/r$ (cuja derivada cai com $1/r^2$), mas ela é modulada pela *oscilação com r proveniente da retardação* (propagação da onda), que transfere oscilações com t para oscilações em r, e cuja contribuição à derivada,

$$\frac{d}{dr}\cos(kr - \omega t) = -k \operatorname{sen}(kr - \omega t)$$

está multiplicada por $1/r$, continuando a decrescer com esse fator, em lugar de $1/r^2$. Logo, trata-se de um *efeito da retardação*.

Comparando a ordem de grandeza dos dois termos, podemos também definir mais precisamente a zona próxima e a zona de onda neste caso. Com efeito, obtemos

$$\boxed{\mathbf{B} = \frac{\mu_0}{4\pi}\left[\frac{\omega p_0}{r^2}\cos(kr - \omega t) - \frac{\omega^2 p_0}{rc}\operatorname{sen}(kr - \omega t)\right]\hat{\mathbf{z}} \times \hat{\mathbf{r}}} \qquad \textbf{(12.8.16)}$$

e vemos que a razão do segundo termo para o primeiro é da ordem de $(\omega/c)\, r = kr = 2\pi\, r/\lambda$. Logo,

$$\boxed{\begin{array}{lcl} r << \lambda & \Leftrightarrow & \text{zona próxima} \\ r >> \lambda & \Leftrightarrow & \text{zona de onda} \end{array}} \qquad \textbf{(12.8.17)}$$

Para circuitos AC, com $\nu = 60\ \text{s}^{-1}$,

$$\lambda = c/\nu \cong \frac{3\times 10^8\,\text{m/s}}{60 s^{-1}} \cong 5\times 10^6\,\text{m} = 5000\ \text{km}$$

de modo que estamos sempre na zona próxima, o que justifica a teoria das correntes quase estacionárias neste caso.

Vamos calcular **E** somente na zona de onda, desprezando termos que caem mais rapidamente a grande distância e usando apenas o termo dominante. Para isto, em lugar de calcular φ e usar

$$\mathbf{E} = -\nabla\varphi - \frac{\partial \mathbf{A}}{\partial t}$$

é mais simples usar a equação de Maxwell (I), que, a grande distância da distribuição de cargas e correntes ($\mathbf{j} = 0$), é

$$\boxed{\text{rot}\ \mathbf{B} = \frac{1}{c^2}\frac{\partial \mathbf{E}}{\partial t}} \qquad \textbf{(12.8.18)}$$

Para um oscilador de Hertz de frequência angular ω, também é mais simples representar o termo dominante da (12.8.16) em notação complexa:

$$\boxed{\mathbf{B} \approx \frac{\mu_0\, p_0\, \omega^2}{4\pi c}\,\text{Re}\left[\frac{i\ e^{i(kr-\omega t)}}{r}\right]\hat{\mathbf{z}}\times\hat{\mathbf{r}}} \qquad \textbf{(12.8.19)}$$

Com o fator temporal $e^{-i\,\omega\, t}$, tem-se $\partial/\partial\, t = -\, i\ \omega$, o que conduz a

$$\text{rot}\ \mathbf{B} = -\frac{i\,\omega}{c^2}\mathbf{E} \quad \left\{ \quad \boxed{\mathbf{E} = i\frac{c^2}{\omega}\ \text{rot}\ \mathbf{B}} \right. \qquad \textbf{(12.8.20)}$$

omitindo "Re", que fica subentendida. Assim, usando a (12.8.6),

$$\mathbf{E} \approx \underbrace{\frac{\mu_0 p_0 \omega^2}{4\pi c}\cdot i\frac{c^2}{\omega}\cdot i}_{-\frac{\mu_0 p_0 \omega^2}{4\pi c}\frac{c}{k}}\ e^{-i\omega t} \qquad \underbrace{\text{rot}\left(\frac{e^{ikr}}{r}\hat{\mathbf{z}}\times\hat{\mathbf{r}}\right)}_{\underbrace{\text{grad}\left(\frac{e^{ikr}}{r}\right)}_{\frac{d}{dr}\left(\frac{e^{ihr}}{r}\right)\hat{\mathbf{r}}}\times(\hat{\mathbf{z}}\times\hat{\mathbf{r}}) + \underbrace{\frac{e^{ikr}}{r}\text{rot}(\hat{\mathbf{z}}\times\hat{\mathbf{r}})}_{\text{cai como } r^{-2}}} \qquad \textbf{(12.8.21)}$$

O termo dominante, na zona de onda, vem da derivada de e^{ikr} [que representa a retardação $\exp(i\omega\, r/c)$], ou seja,

$$\mathbf{E} \approx -\frac{\mu_0 p_0 \omega^2}{4\pi c} \underbrace{\frac{c}{k} ik}_{ic} \frac{e^{i(kr-\omega t)}}{r} \hat{\mathbf{r}} \times (\hat{\mathbf{z}} \times \hat{\mathbf{r}})$$

Comparando com a (12.8.19), resulta

$$\boxed{\mathbf{E} = c\mathbf{B} \times \hat{\mathbf{r}}} \quad (r >> \lambda) \tag{12.8.22}$$

Como isto vale para qualquer frequência ω, vale também para qualquer dependência temporal de $p(t)$. Finalmente, com a (12.8.12), obtemos, na zona de onda,

$$\boxed{\begin{aligned} &\mathbf{E}(\mathbf{x}, t) = c\, \mathbf{B}(\mathbf{x}, t) \times \hat{\mathbf{r}} \\ &\mathbf{B}(\mathbf{x}, t) = \frac{\mu_0}{4\pi r c} \ddot{\mathbf{p}}\left(t - \frac{r}{c}\right) \times \hat{\mathbf{r}} \end{aligned}} \tag{12.8.23}$$

Em ambos os campos, a dependência de $\mathbf{x}$ e t vem do fator

$$\frac{1}{r} \ddot{\mathbf{p}}\left(t - \frac{r}{c}\right)$$

Pelo visto na (12.7.12), concluímos que o *campo na zona de onda é uma **onda eletromagnética esférica divergente***, centrada na posição do dipolo. Vemos também que as relações entre $\mathbf{E}$, $\mathbf{B}$ e $\hat{\mathbf{r}}$ na zona de onda são as mesmas que as encontradas entre $\mathbf{E}$, $\mathbf{B}$ e $\hat{\mathbf{u}}$ (versor da direção de propagação) numa onda plana. Este resultado seria de se esperar, porque uma porção de uma frente de onda esférica, a grande distância da fonte, pode ser aproximada por uma porção de frente de onda plana.

Em particular, as densidades de energia elétrica e magnética são iguais; como $\mathbf{E}$, $\mathbf{B}$ e $\hat{\mathbf{r}}$ formam um triedro ortogonal direto, o vetor de Poynting é

$$\mathbf{S} = \frac{1}{\mu_0} \mathbf{E} \times \mathbf{B} = \frac{c}{\mu_0} (\mathbf{B} \times \hat{\mathbf{r}}) \times \mathbf{B} = c \underbrace{\frac{B^2}{\mu_0}}_{2U_M = U_E + U_M = U} \hat{\mathbf{r}}$$

ou seja, como na (12.5.5),

$$\mathbf{S} = c\, U\, \hat{\mathbf{r}} = \frac{c}{\mu_0} \cdot \frac{\mu_0^2}{16\pi^2 c^2 r^2} \left[\ddot{\mathbf{p}}\left(t - \frac{r}{c}\right) \times \hat{\mathbf{r}} \right]^2$$

o que resulta em, com

$$\frac{\mu_0}{c} = \frac{\mu_0 \varepsilon_0}{c \varepsilon_0} = \frac{1}{c^3 \varepsilon_0}$$

para $\mathbf{S}$ na zona de onda,

$$\mathbf{S} = \frac{1}{16\pi^2 c^3 \varepsilon_0} \left[\frac{\ddot{\mathbf{p}}\left(t - \frac{r}{c}\right) \times \hat{\mathbf{r}}}{r^2} \right]^2 \hat{\mathbf{r}} \qquad (12.8.24)$$

que é dirigido radialmente para fora, como deve ser numa onda esférica divergente.

O ponto fundamental é que **S** *cai com* $1/r^2$, de forma que o *fluxo de energia eletromagnética por unidade de tempo através de um elemento de ângulo sólido* $d\,\Omega$,

$$dW = (\mathbf{S} \cdot \hat{\mathbf{r}}) r^2 \, d\Omega \qquad (12.8.25)$$

é $\neq 0$, mesmo para $r \to \infty$,

$$dW = \frac{1}{16\pi^2 c^3 \varepsilon_0} \left[\ddot{\mathbf{p}}\left(t - \frac{r}{c}\right) \times \hat{\mathbf{r}} \right]^2 d\Omega \qquad (12.8.26)$$

representando ***energia eletromagnética irradiada pela fonte.***

Se **E** é um campo eletrostático e **B** um campo magnético de correntes estacionárias, ambos caem no mínimo como r^{-2}, de modo que **S** cai com r^{-4} e $dW/d\Omega \to 0$ como r^{-2}, ou seja, *não há emissão de radiação.* Ela só aparece para campos variáveis com o tempo, como *consequência da retardação.*

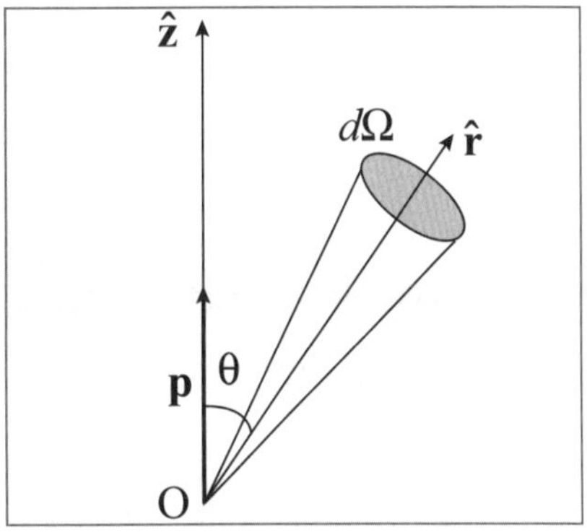

Figura 12.14 Radiação em $d\Omega$.

Como $\ddot{\mathbf{p}}$ é paralelo a $\hat{\mathbf{z}}$, o resultado também se escreve

$$\frac{dW}{d\Omega} = \frac{1}{16\pi^2 c^3 \varepsilon_0} \left[\ddot{p}\left(t - \frac{r}{c}\right) \right]^2 \operatorname{sen}^2\theta \qquad (12.8.27)$$

onde θ é a coordenada esférica usual (ângulo entre $\hat{\mathbf{r}}$ e Oz, Figura 12.14).

Logo, a *distribuição angular* da radiação emitida pelo dipolo não é isotrópica: é proporcional a $\operatorname{sen}^2\theta$, cujo diagrama polar está representado na Figura 12.15 (em três dimensões, é preciso imaginá-lo como uma figura axialmente simétrica em torno de Oz). Em particular, a *radiação é máxima no plano equatorial* ($\theta = \pi / 2$), e o *dipolo não emite radiação na direção do seu eixo* ($\theta = 0$ ou π).

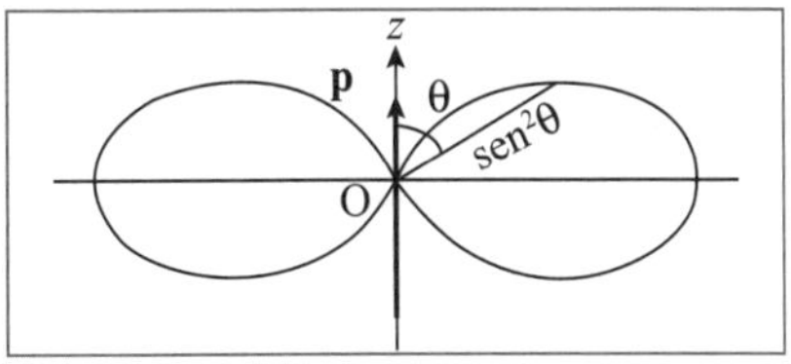

Figura 12.15 Distribuição angular da radiação de dipolo.

A evolução temporal das linhas de força do campo **E** do oscilador, reproduzida do trabalho original de Hertz, está representada nas Figuras 12.16a (zona próxima) e 12.16b (zona de onda).

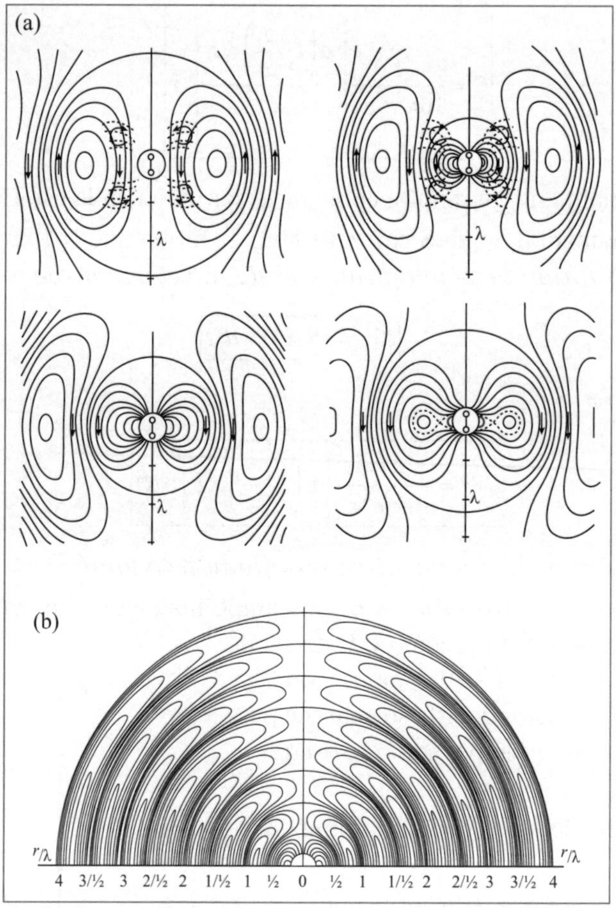

Figura 12.16 (a) Linhas de **E** (zona próxima); (b) Linhas de **E** (zona de onda).

Na Figura 12.16a, pode-se seguir a evolução temporal das linhas de **E** na zona próxima (dentro do círculo em expansão, onde está representado o dipolo vertical oscilante). Inicialmente, assemelham-se às do dipolo eletrostático da Figura 4.9, mas vão-se deformando, e após um estrangulamento (em linha pontilhada), já se vê uma linha fechada "liberada", que se destacou do dipolo para se propagar independentemente, no campo irradiado. A Figura 12.16b representa as linhas de **E** (no hemisfério superior) já incluindo a zona de onda, com a distribuição angular de intensidade da Figura 12.15.

A *potência total irradiada*, W (taxa total de emissão de radiação por unidade de tempo), obtém-se integrando sobre todos os ângulos sólidos ($d\Omega = \text{sen}\theta\, d\theta\, d\varphi$):

$$W = \oint \frac{dW}{d\Omega} d\Omega = \frac{1}{16\pi^2 c^3 \varepsilon_0}\left[\ddot{\mathbf{p}}\left(t - \frac{r}{c}\right)\right]^2 \underbrace{\int_0^{2\pi} d\varphi}_{2\pi} \int_0^{\pi} \text{sen}^3\,\theta\, d\theta$$

Com $\cos\theta = u$,

$$\int_0^{\pi} \text{sen}^2\,\theta \cdot \text{sen}\,\theta\, d\theta = \int_{-1}^{1}\left(1 - u^2\right)du = \left[u - \frac{u^3}{3}\right]_{-1}^{1} = \frac{4}{3}$$

e vem

$$W = \frac{1}{4\pi\varepsilon_0}\cdot\frac{2}{3}\frac{\left[\ddot{\mathbf{p}}\left(t-\frac{r}{c}\right)\right]^2}{c^3} \tag{12.8.28}$$

Em particular, para uma carga q em movimento na direção z,

$$p(t) = q\,z(t) \tag{12.8.29}$$

obtém-se a *fórmula de Larmor*

$$W = \frac{1}{4\pi\varepsilon_0}\cdot\frac{2}{3}\frac{q^2}{c^3}\left[\ddot{z}\left(t-\frac{r}{c}\right)\right]^2 \tag{12.8.30}$$

W é proporcional ao quadrado da *aceleração retardada* da partícula.

Num tubo de raios X, elétrons emitidos pelo catodo e acelerados por uma alta voltagem são freados por colisão com o anodo, emitindo radiação nessa desaceleração brusca. Uma partícula carregada em órbita circular num acelerador tem aceleração centrípeta e por conseguinte emite radiação. O síncrotron, em particular, é utilizado como fonte de radiação (neste caso, utilizam-se técnicas especiais para colimar a distribuição angular). No modelo atômico de Bohr, a teoria clássica preveria um rápido colapso das órbitas eletrônicas, devido à radiação.

Já uma carga em *movimento retilíneo uniforme* (em relação a um referencial inercial) *não emite radiação.* Esse resultado é consistente com o fato de que, no referencial da carga (que neste caso é também inercial), ela está em repouso.

Podemos aplicar a fórmula de Larmor ao *oscilador de Hertz*. Neste caso, como vimos,

$$p(t) = p_0\,\mathrm{sen}(\omega t)\ \left\{\ \ddot{p} = -\omega^2 p\right.$$

o que conduz a

$$W = \frac{1}{4\pi\varepsilon_0}\cdot\frac{2}{3}\frac{\omega^4}{c^3}\,p_0^2\,\mathrm{sen}^2\left[\omega\left(t-\frac{r}{c}\right)\right] \tag{12.8.31}$$

para a taxa *instantânea* de emissão de radiação. A taxa *média* $\langle W\rangle$ obtém-se notando que, para o sen^2, o valor médio é

$$\left\langle \mathrm{sen}^2(\omega t - kr)\right\rangle = \frac{1}{2} \tag{12.8.32}$$

onde a média é tomada sobre um (ou vários) períodos, conforme já vimos. Resulta

$$\langle W\rangle = \frac{1}{4\pi\varepsilon_0}\cdot\frac{\omega^4}{3c^3}(p_0)^2 \tag{12.8.33}$$

que cresce com a *quarta potência* da frequência, mostrando a importância crescente da perda por radiação num circuito a altas frequências.

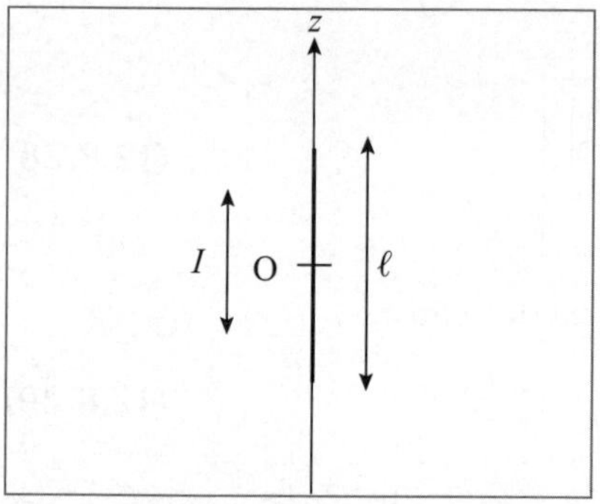

Figura 12.17 Antena de dipolo.

Para ilustrar este ponto, consideremos (Figura 12.17) uma *antena retilínea curta*, formada por um fio metálico de comprimento l, alimentado com uma corrente oscilante, de intensidade

$$\boxed{I(t) = I_0 \operatorname{sen}(\omega t)} \tag{12.8.34}$$

Voltando à (12.8.3) e lembrando que neste caso é

$$\boxed{\mathbf{j}\, d^3x' = I\, \mathbf{dl}} \tag{12.8.35}$$

onde **dl** é o elemento de linha ao longo do fio, obtemos

$$\boxed{\int \rho \mathbf{v}\, d^3x' = \int \mathbf{j}\, d^3x' = \int I\, \mathbf{dl} = I\, \mathbf{l} = \dot{\mathbf{p}}} \tag{12.8.36}$$

$$\boxed{\ddot{p} = \dot{I}\, l = \omega I_0 l \cos(\omega t)} \tag{12.8.37}$$

Vemos assim que, neste caso,

$$\left\langle \left[\ddot{p}\left(t - \frac{r}{c}\right) \right]^2 \right\rangle = \frac{1}{2} \omega^2 l^2 I_0^2$$

e

$$\boxed{\langle W \rangle_{\text{rad}} = \frac{1}{4\pi\varepsilon_0} \cdot \frac{2}{3} \frac{\omega^2}{c^3} l^2 \cdot \frac{1}{2} I_0^2} \tag{12.8.38}$$

Se o fio tem resistência ôhmica R, a potência média dissipada pelo efeito Joule é

$$\boxed{\langle W \rangle_{\text{Joule}} = R\langle I^2 \rangle = \frac{1}{2} I_0^2 R} \tag{12.8.39}$$

Comparando com a (12.8.38), definimos a "*resistência de radiação*" *da antena* por

$$\boxed{R_{\text{rad}} = \frac{1}{4\pi\varepsilon_0} \cdot \frac{2}{3} \frac{\omega^2}{c^3} l^2} \tag{12.8.40}$$

Esta é a resistência ôhmica que dissiparia a mesma potência média perdida por radiação. Temos:

$$\frac{\omega^2}{c^2} = k^2 = \frac{4\pi^2}{\lambda^2}$$

logo,

$$\boxed{R_{\text{rad}} = \frac{2\pi}{3\varepsilon_0 c} \left(\frac{l}{\lambda} \right)^2} \tag{12.8.41}$$

onde a condição $l << \lambda$ é necessária para que possamos assimilar a antena a um dipolo.

Vimos na (2.3.2) que, em valor numérico,

$$\frac{1}{4\pi\varepsilon_0} = 10^{-7}c^2$$

logo

$$\frac{2\pi}{3\varepsilon_0 c} = \frac{8\pi^2}{3} \cdot \frac{1}{4\pi\varepsilon_0 c} = \frac{8\pi^2 \times 10^{-7} c}{3}$$

e $c \approx 2.998 \times 10^8$ m/s, o que resulta em

$$\boxed{R_{\text{rad}} \approx 789\left(\frac{l}{\lambda}\right)^2 \Omega} \quad (l << \lambda) \qquad \textbf{(12.8.42)}$$

que cresce com o quadrado de (l/λ). Mesmo para um fio de $l \approx 0{,}1\ \lambda$, tem-se $R_{\text{rad}} \approx 8\ \Omega$, de forma que, a frequências elevadas, a perda por radiação de um fio se torna bem mais importante do que a perda ôhmica.

Por que o céu é azul? No espalhamento da luz por partículas dielétricas de tamanho $<< \lambda$ (comprimento de onda da luz), a luz incidente induz nas partículas momentos de dipolo oscilantes com a frequência da luz. A radiação emitida por esses dipolos é a *radiação espalhada*. Por conseguinte, a intensidade da luz espalhada *cresce com* ω^4. Como $\omega_{\text{violeta}} \sim 1{,}8\ \omega_{\text{vermelho}}$, a componente azul/violeta da luz solar é espalhada com intensidade $\sim (1{,}8)^4 \cong 10$ vezes maior que a luz vermelha (azul predomina sobre violeta, ao qual nossa vista é menos sensível). Lord Rayleigh explicou a cor azul do céu como devida ao espalhamento da luz solar por partículas muito pequenas na atmosfera – identificáveis com as próprias moléculas do ar. Trabalhos posteriores de Einstein e Smoluchovski mostraram que o espalhamento está associado com *flutuações de densidade da atmosfera*. Na luz direta remanescente (não espalhada) predomina a cor vermelha, explicando o tom avermelhado do horizonte ao nascer ou pôr do sol.

12.9 CONCLUSÃO

Além de gerar artificialmente, pela primeira vez, ondas eletromagnéticas, e de mostrar que se propagam com velocidade c, Hertz também demonstrou que elas se refletem em superfícies metálicas da mesma forma que a luz num espelho, e são refratadas por um bloco de parafina, obedecendo às mesmas leis da refração da luz. Também demonstrou com elas efeitos de focalização e de interferências, em tudo análogos aos da luz, e concluiu:

"As experiências descritas me parecem em alto grau adequadas para remover as dúvidas sobre a identidade entre a luz, a radiação térmica, e as ondas eletromagnéticas."

Esses resultados, unificando a ótica e o eletromagnetismo, marcam o apogeu do que se chama de "física clássica". Veremos mais adiante (**FB4**) a *ótica eletromagnética*.

Ao tratar da radiação emitida por cargas em movimento, já encontramos a questão dos efeitos da passagem de um referencial inercial a outro sobre fenômenos eletromagnéticos; esta questão também apareceu na descrição assimétrica dos efeitos da indução eletromagnética conforme seja um ímã ou um circuito que se move.

Problemas desse tipo e resultados experimentais, buscando efeitos do movimento da Terra sobre a velocidade da luz, acabaram levando à formulação por Einstein, em 1905, da *teoria da relatividade restrita*. Nesta teoria, verificou-se ser necessário modificar as leis de Newton da mecânica, embora as equações de Maxwell tenham permanecido inalteradas. Entretanto, a relatividade restrita (que também será tratada no Vol. 4) ainda pertencia ao arcabouço da física clássica.

No mesmo experimento em que Hertz verificou a existência de ondas eletromagnéticas, ele observou que a luz (predominantemente azul-violeta) das centelhas da antena emissora facilitava a ocorrência de centelhas entre as esferas da antena receptora: isto porque provocava a *emissão de elétrons pelo metal* das esferas. Esse efeito *fotoelétrico* acabou sendo um dos fenômenos que deram origem a um rompimento radical com a física clássica. Novamente, foi um trabalho de Einstein de 1905 (levando bem mais longe uma proposta de Max Planck em 1900), que explicou o efeito fotoelétrico em termos do que chamamos hoje de processos quânticos.

Fenômenos inexplicáveis pela física clássica já foram encontrados em diversas etapas deste curso. Veremos no vol. 4 como acabaram levando à formulação da *física quântica*. Mesmo na teoria quântica, porém, as equações de Maxwell permanecem válidas, embora tenham de ser reinterpretadas. A teoria quântica das interações eletromagnéticas serviu como modelo básico para o tratamento de todas as interações consideradas como fundamentais.

Vemos assim que as equações de Maxwell, complementadas pela mecânica quântica, não só descrevem todos os fenômenos eletromagnéticos e óticos em nível macroscópico, como também serviram de paradigma para o tratamento das demais interações, em nível microscópico.

Num trecho famoso de seu romance "Em busca do tempo perdido", Marcel Proust descreve como, ao provar um doce* conhecido como "madalena", mergulhando-o numa xícara de chá, quando já adulto, o gosto do doce com o chá evocou nele, repentinamente, as memórias de toda a sua infância, quando, morando na cidade de Combray, sua tia costumava oferecer-lhe, aos domingos, uma "madalena" mergulhada em chá. Este trecho de Proust é um paralelo apropriado para tudo aquilo que sai das quatro equações de Maxwell:

> *"E, como nesse divertimento japonês em que se mergulham numa tigela de porcelana cheia de água pedacinhos de papel até então indistintos, mas que, assim que são mergulhados, se estiram, adquirem contornos e cores, se diferenciam, transformam-se em flores, casas e personagens consistentes e reconhecíveis; assim também, agora, todas as flores do nosso jardim, e as do parque do Sr. Swann, e os nenúfares do Vivonne, e a boa gente da aldeia, com suas casinhas, e a igreja, e Combray inteira com seus arredores, tudo isso, que toma forma e solidez, saiu, cidade e jardins, da minha xícara de chá".*

* Uma espécie de bolinho em forma de concha.

■ PROBLEMAS

12.1 Um capacitor de placas paralelas é formado por dois discos circulares de raio a separados por uma distância $d << a$, no vácuo. As placas estão ligadas a um gerador AC que produz uma carga no capacitor dada por $Q = Q_0$ sen (ωt). Admita que o campo **E** entre as placas é uniforme, desprezando fuga de linhas de força, e tome o eixo z ao longo do eixo do capacitor. Calcule o campo **B** entre as placas, a uma distância ρ do eixo.

12.2 Um fio condutor retilíneo cilíndrico muito longo, de condutividade σ e raio a, transporta uma corrente constante, de densidade $\mathbf{j} = \sigma\,\mathbf{E}$ uniformemente distribuída sobre a secção transversal. Tome o eixo do cilindro como eixo z. (a) Calcule **B** na superfície do fio. (b) Calcule o vetor de Poynting **S** na superfície do fio. (c) Mostre que o fluxo de **S** através da superfície de um trecho de comprimento l do fio é igual à energia dissipada em calor pelo efeito Joule nesse trecho, por unidade de tempo. Note que essa energia flui do espaço em torno do fio para dentro dele.

12.3 Suponha que uma lâmpada de 100 W emite toda a sua energia em forma de luz (despreze outras perdas), uniformemente em todas as direções. Estime os valores médios quadráticos de $|\mathbf{E}|$ e $|\mathbf{B}|$ a uma distância de 1 m da lâmpada.

12.4 A *constante solar*, a intensidade da radiação solar que atinge a atmosfera terrestre, vale 2 cal/cm^2 por minuto. (a) Quais são os valores máximos de $|\mathbf{E}|$ e $|\mathbf{B}|$ correspondentes? (b) Sabendo que o raio do Sol é de $6{,}9 \times 10^8$ m, e que a distância média Terra–Sol é $1{,}5 \times 10^{11}$ m, qual é a intensidade da radiação na superfície do Sol (supondo a emissão isotrópica e desprezando perdas)?

12.5 Mostre que, se definirmos a velocidade **v** de propagação da energia eletromagnética, para um campo arbitrário no vácuo, por $\mathbf{S} = U\,\mathbf{v}$, onde U é a densidade de energia eletromagnética, generalizando a (12.5.15), tem-se

$$\left(1-\frac{v^2}{c^2}\right)U^2 = \left(U_E - U_M\right)^2 + \frac{\varepsilon_0}{\mu_0}(\mathbf{E}\cdot\mathbf{B})^2$$

onde $v = |\mathbf{v}|$. Daí decorre que $v \le c$, e que só pode ser $= c$ quando as densidades de energia elétrica e magnética são iguais e **E** é perpendicular a **B**, como numa onda plana. *Sugestão*: Use a identidade $(\mathbf{a} \times \mathbf{b})^2 + (\mathbf{a} \cdot \mathbf{b})^2 = \mathbf{a}^2\mathbf{b}^2$, válida para dois vetores **a** e **b** quaisquer.

12.6 Considere um cabo coaxial (Seção 9.5) em que, tomando o eixo z na direção axial, $I(z, t)$ é a intensidade da corrente no instante t e $V(z, t)$ a diferença de potencial entre os condutores externo e interno, separados por vácuo. Sejam $\hat{C}$ e $\hat{L}$, respectivamente, a capacitância por unidade de comprimento e a indutância por unidade de comprimento do cabo [dadas pelas 5.2.3) e (9.5.23)]. (a) Demonstre que

$$\frac{\partial I}{\partial z} = -\,\hat{C}\frac{\partial V}{\partial t}, \quad \frac{\partial V}{\partial z} = -\,\hat{L}\frac{\partial I}{\partial t}$$

(b) Demonstre que a corrente e a voltagem se propagam ao longo do cabo com a velocidade da luz no vácuo.

Bibliografia

A relação abaixo representa bibliografia adicional para o presente volume. Deve ser acrescida das referências já citadas nos volumes 1 e 2.

LIVROS-TEXTO INTRODUTÓRIOS

Feynman, R. P., Leighton, R. B. e Sands, M., *Lições de Física de Feynman,* vol. 2, Editora Artmed, São Paulo (2008).

Halliday, D., Resnick, R. e Walker, J., *Eletromagnetismo,* 4. ed., Livros Técnicos e Científicos, Rio de Janeiro (1997).

Harnwell, G. P., *Principles of Electricity and Electromagnetism*, 2nd ed., McGraw-Hill, N.Y. (1949).

Purcell, E. M., *Eletricidade e Magnetismo,* Ed. Edgard Blücher, São Paulo (1973).

Tipler, P. A., *Física*, vol. 2, 2. ed., Ed. Guanabara (1990).

Young, H. D., Freedman, R. A., e Ford, A. L., *University Physics*, 12th ed., Addison-Wesley, San Francisco (2008).

LIVROS MAIS AVANÇADOS

Becker, R. e Sauter, F., *Electromagnetic Fields and Interactions,* Blaisdell, N.Y. (1964).

Griffiths, D. J., *Introduction to Electrodynamics*, Prentice-Hall, N. J. (1999).

Hallén, E., *Electromagnetic Theory,* Chapman-Hall, Londres (1962).

Jackson, J. D., *Eletrodinâmica Clássica,* Guanabara Dois, Rio de Janeiro (1983).

Jeans, J., *The Mathematical Theory of Electricity and Magnetism,* Cambridge University Press (1948).

Kittel, C., *Introduction to Solid State Physics,* 5th ed., J. Wiley, N.Y. (1976).

Leite Lopes, J., *A Estrutura Quântica da Matéria,* 2. ed., Ed. UFRJ, Rio de Janeiro (1963).

Lorrain, P. e Corson, D. R., *Electromagnetic Fields and Waves,* 2nd ed., W. H. Freeman & Co., San Francisco (1970).

Marion, J. B., *Classical Electromagnetic Radiation,* Academic, N.Y. (1965).

Panofsky, W. K. H. e Philips, M., *Classical Electricity and Magnetism,* 2nd ed., Addison--Wesley, Reading (1962).

Reitz, J. R., Milford, F. J. e Christy, R. W., *Fundamentos da Teoria Eletromagnética,* Ed. Campus, Rio de Janeiro (1982).

Rezende, S. M., *A Física de Materiais e Dispositivos Eletrônicos,* Ed. da UFPe, Recife (1996).

Shadowitz, A., *The Electromagnetic Field,* McGraw-Hill, N.Y. (1975).

Slater, J. C., e Frank, N. H., *Electromagnetism,* McGraw-Hill, N.Y. (1947).

Smythe, W. R., *Static and Dynamic Electricity,* 3rd ed., McGraw-Hill, N.Y. (1969).

Sommerfeld, A., *Electrodynamics,* Academic, N.Y. (1952).

Stratton, J. A., *Electromagnetic Theory,* McGraw-Hill, N.Y. (1941).

Tamm, I. E., *Fundamentals of the Theory of Electricity,* Ed. Mir, Moscou (1979).

Zangwill, A., *Modern Electrodynamics,* Cambridge Univ. Press, Cambridge (2012).

CLÁSSICOS E HISTÓRIA

Cropper, W. H., *Great Physicists,* Oxford Univ. Press, Oxford (2001).

Darrigol, O., *Electrodynamics from Ampère to Einstein,* Oxford Univ. Press, Oxford (2000).

Faraday, M., *Experimental Researches in Electricity,* 2 vols., reprint, Dover. N.Y. (1965).

Forbes, N. e B. Mahon, *Faraday, Maxwell and the electromagnetic field,* Prometheus Books, N. Y. (2014).

Hertz, H., *Electric Waves,* Macmillan, London (1893).

Maxwell, J. C., *Treatise on Electricity and Magnetism,* 2 vols. reprint, Dover, N.Y. (1954).

Maxwell, J. C., *The Scientific Papers of James Clerk Maxwell,* reprint, Dover, N.Y. (1965).

Whittaker, E. T. *A History of the Theories of Aether and Electricity,* 2 vols., reprint, Harper Torchbooks, N.Y. (1960).

Respostas dos problemas propostos

CAPÍTULO 2

2.1 $2{,}3 \times 10^{39}$.

2.2 (a) $8{,}6 \times 10^3$ C; (b) $6{,}8 \times 10^{16}$ kgf; (c) A atração eletrostática é da ordem de 10^6 vezes maior.

2.3 (a) $7{,}2 \times 10^{15}\ \text{s}^{-1}$, da ordem das frequências da luz visível. (b) 2.3×10^3 km/s, menos de 1% da velocidade da luz, podendo ainda ser empregado o tratamento não relativístico. Não é consistente, na física clássica, usar a eletrostática neste modelo. Um estado estacionário só é obtido na física quântica.

2.5 (b) $1{,}6 \times 10^{-6}$ C.

2.6 $9\sqrt{3}\, q\, Q / \left(16\pi\varepsilon_0\, a^2\right)$, horizontal, para a direita.

2.7 $qQ/(2\,\pi^2\,\varepsilon_0\, a^2)$, vertical, para cima.

2.8 $q\,\lambda/(2\pi\,\varepsilon_0\,\rho)$, radial, para fora.

2.9 $\omega = 2\left(\dfrac{Qq}{\pi\,\varepsilon_0\, md^3}\right)^{1/2}$.

CAPÍTULO 3

3.2 (i) $\mathbf{E} = +\dfrac{e}{2\pi\varepsilon_0}\dfrac{\rho}{\left(a^2+\rho^2\right)^{3/2}}\hat{\boldsymbol{\rho}}$; (ii) $\omega^2 = \dfrac{e^2}{2\pi\varepsilon_0\, m\left(a^2+\rho^2\right)^{3/2}}$.

3.4 $\mathbf{E} = \dfrac{\lambda l}{4\pi\varepsilon_0 d(l+d)}\mathbf{i}$; (b) $5{,}4 \times 10^6$ N/C.

3.5 $|\mathbf{E}| = \dfrac{2\lambda}{\pi\varepsilon_0 \left(a^2+b^2\right)^{1/2}}$ vertical para baixo ($\lambda > 0$).

3.6 $|\mathbf{E}| = \dfrac{2\lambda l\, D}{\pi\,\varepsilon_0 \left(l^2+D^2\right)\left(2l^2+D^2\right)^{1/2}}$, vertical para cima ($\lambda > 0$).

3.7 (a) $\dfrac{q}{6\,\varepsilon_0}$; (b) 0 (faces adjacentes); $\dfrac{q}{24\,\varepsilon_0}$(faces opostas).

3.8 $1{,}8 \times 10^{-12}\ \mathrm{C/m^3}$.

3.9 0 acima e abaixo de ambos; $-\sigma/\varepsilon_0$ entre os dois.

3.10 (a) $\mathbf{E} = \dfrac{\rho r}{3\,\varepsilon_0}\hat{\mathbf{r}}$; (b) $\omega = \dfrac{e}{\left(4\pi\,\varepsilon_0 m_e a^3\right)^{1/2}}$; (c) $\nu \approx 7{,}2 \times 10^{15}\ \mathrm{s^{-1}}$.

3.11 0.

3.12 $\mathbf{E} = \mathrm{E}(r)\hat{\mathbf{r}}$, onde $E(r) = \dfrac{\rho r}{3\,\varepsilon_0}(0 \le r \le a)$; $E(r) = \dfrac{\rho a^3}{3\,\varepsilon_0 r^2}(a \le r \le b)$

$$E(r) = \frac{\rho r}{3\,\varepsilon_0} - \frac{\rho\left(b^3-a^3\right)}{3\,\varepsilon_0 r^2}(b \le r \le c);\ E(r) = \frac{\rho\left(c^3-b^3+a^3\right)}{3\,\varepsilon_0 r^2}(r > c).$$

3.13 (a) $Q = 8\pi\rho_0 a^3$; (b) $E = \dfrac{2\rho_0\, a^3}{\varepsilon_0 r^2}\left\{1 - \dfrac{1}{2}\left[\left(\dfrac{r}{a}\right)^2 + 2\dfrac{r}{a} + 2\right]\exp\left(-\dfrac{r}{a}\right)\right\}$.

3.16 (a) $\mathbf{E} = E\,(\rho)\hat{\boldsymbol{\rho}}$; (b) $E(\rho) = \dfrac{a^2\delta}{2\varepsilon_0\,\rho}$; (c) $E(\rho) = \dfrac{\rho\delta}{2\varepsilon_0}$.

CAPÍTULO 4

4.1 Centro em ($\frac{2}{3}\,l$, 0,0); raio $\frac{2}{3}\,l$.

4.2 (a) $V(r) = \dfrac{q}{4\pi\,\varepsilon_0\, r}(r \ge R)$; $V(r) = \dfrac{q}{4\pi\,\varepsilon_0\, R}\left(\dfrac{3}{2} - \dfrac{r^2}{2R^2}\right)(0 \le r \le R)$;

(b) $V(r) = 0$ $(r \ge R)$; $V(r) = \dfrac{e}{4\pi\,\varepsilon_0}\left[\dfrac{1}{r} - \dfrac{1}{R}\left(\dfrac{3}{2} - \dfrac{r^2}{2R^2}\right)\right](0 \le r \le R)$.

4.3 $U\,(\mathbf{r}) = -\,q\,\mathbf{r} \cdot \mathbf{E}$.

4.4 (a) $U = \dfrac{qp}{4\pi\,\varepsilon_0\, z^2}$; (b) $\mathbf{F} = \dfrac{qp}{2\pi\,\varepsilon_0\, z^3}\hat{\mathbf{z}}$; (c) 10 pN, atrativa.

4.5 (a) $U = \dfrac{\mathbf{p}_1 \cdot \mathbf{p}_2}{4\pi\,\varepsilon_0\, r^3} - \dfrac{3\left(\mathbf{p}_1 \cdot \hat{\mathbf{r}}\right)\left(\mathbf{p}_2 \cdot \hat{\mathbf{r}}\right)}{4\pi\,\varepsilon_0\, r^3}$;

(b) $U = \mp\dfrac{p_1 p_2}{2\pi\,\varepsilon_0\, r^3}$ (– para paralelos, + para antiparalelos);

(c) $U = 4\dfrac{p_1 p_2}{2\pi\varepsilon_0 r^3}$, alinhados paralelos; (d) $3{,}4 \times 10^{-2}$ eV; $2{,}5 \times 10^{-2}$ eV.

4.6 3×10^{-14} m.

4.7 (a) $U = -2T$; (b) 13,6 eV.

4.8 (a) $\Delta U = \left(1 - 2^{-2/3}\right)\dfrac{\frac{3}{5}Q^2}{4\pi\varepsilon_0 R}$; (b) 337 MeV.

4.10 (a) $V(0) = \dfrac{\sigma R}{2\varepsilon_0}$; (b) $v_\infty = \left(\dfrac{q\sigma R}{m\varepsilon_0}\right)^{1/2}$.

4.11 (a) $W = \dfrac{Q^2}{8\pi\varepsilon_0 R}$; (b) $f(R) = \dfrac{Q^2}{32\pi^2\varepsilon_0 R^4}$.

CAPÍTULO 5

5.1 Negativo ; $2e$.

5.2 (a) $\dfrac{2}{3}Q/C$; (b) $Q^2/(12\,C)$; (c) Converte-se em outras formas de energia (calor, luz da faísca ao ligar).

5.4 $2C$.

5.5 $\dfrac{10}{7}C$.

5.6 $\dfrac{1}{2}\left(\sqrt{5}-1\right)C$.

5.7 $\dfrac{1}{C} = \dfrac{1}{\varepsilon_0 A}\left(D - d + \dfrac{d}{k}\right)$.

5.8 $\dfrac{1}{C} = \dfrac{1}{4\pi\varepsilon_0 A}\left[\dfrac{1}{\kappa_1}\left(\dfrac{1}{a}-\dfrac{1}{c}\right) + \dfrac{1}{\kappa_2}\left(\dfrac{1}{c}-\dfrac{1}{b}\right)\right]$.

5.9 (a) $\dfrac{1}{C} = \dfrac{d_1}{\kappa_1\varepsilon_0 A} + \dfrac{d_2}{\kappa_2\varepsilon_0 A}$; (b) $\sigma = \dfrac{CV}{A}$.

5.10 (a) $\mathbf{E} = \dfrac{\rho\mathbf{r}}{3\kappa\varepsilon_0}(0 < r < a), = \dfrac{\rho a^3\mathbf{r}}{3\varepsilon_0 r^3}(r > a)$.

(b) $V(0) - V(a) = \dfrac{\rho a^2}{6\kappa\varepsilon_0}$.

CAPÍTULO 6

6.1 (a) $v(x) = v_0\left[1 + \dfrac{2eVx}{mv_0^2 d}\right]^{1/2}$.

(b) $n(x) = \dfrac{i}{eAv_0}\left(1 + \dfrac{2eVx}{mv_0^2 d}\right)^{-1/2}$.

6.2 $i = 1{,}39 \times 10^{-8}$ A.

6.3 $T = 2{,}4 \times 10^3$ °C.

6.4 $\sigma = 3{,}53 \times 10^{-14}\,(\Omega\ \text{m})^{-1}$.

6.5 (a) $R = \kappa\varepsilon_0/(\sigma C)$.

(b) Demonstração geral: $\dfrac{Q}{\varepsilon_0} = \oint_S \mathbf{E}\cdot\mathbf{dS} = \dfrac{CV}{\kappa\varepsilon_0}$, $i = \oint_S \mathbf{j}\cdot\mathbf{dS} = \sigma\oint_S \mathbf{E}\cdot\mathbf{dS} = \sigma\dfrac{CV}{\kappa\varepsilon_0} = \dfrac{V}{R}$.

6.6 $R = \dfrac{l}{S}\dfrac{1}{(\sigma_1 - \sigma_0)}\ln\left(\dfrac{\sigma_1}{\sigma_0}\right)$.

6.7 (a) $R = r$; (b) São iguais.

6.8 (a) $R = 1{,}4\ \Omega$; (b) $r = 0{,}1\ \Omega$; (c) 1,5 W; (d) 1,4 W; (e) 0,1 W.

6.9 84,6%.

6.10 (a) $\dfrac{n(x_2)}{n(x_1)} = \exp\left(-eE\dfrac{\mu_+}{D_+}\right)$; (c) 0,06 V.

CAPÍTULO 7

7.1 $\nu = \dfrac{1}{2\pi}\sqrt{\dfrac{|\mathbf{m}|\cdot|\mathbf{B}_0|}{I}}$.

7.2 (a) $\mathbf{B} = \dfrac{\mu_0\mathbf{m}}{2\pi d^3}$; (b) $\operatorname{tg}\alpha = \dfrac{\mu_0|\mathbf{m}|}{2\pi d^3|\mathbf{B}_0|}$.

7.3 (a) $\nu = 1{,}4$ MHz; (b) $r = 2{,}1$ m.

7.4 $R = \dfrac{m}{e}\dfrac{|\mathbf{E}|}{|\mathbf{B}|\cdot|\mathbf{B}'|}$.

7.5 $\theta_0 = \dfrac{\pi a^2|\mathbf{B}|q}{\sqrt{Ik}}$.

CAPÍTULO 8

8.1 (a) $a_0 = 0{,}053$ Å; (b) $i = \dfrac{e\hbar}{2\pi m a_0^2} = 1{,}05\times10^{-3} A$;

(c) $|\mathbf{B}| = \dfrac{\mu_0 i}{2a_0} = 12{,}5T$; (d) $\mu_B = 9{,}3 \times 10^{-24}\ \text{A}\cdot\text{m}^2$.

8.2 $\mathbf{B} = \dfrac{\mu_0 i b}{\pi(b^2 - x^2)}\hat{\mathbf{z}}$ nos dois casos.

8.3 $|\mathbf{B}| = \dfrac{\mu_0 i}{\pi ab}\sqrt{a^2 + b^2}$.

8.4 (a) $\mathbf{B}(z) = \dfrac{\mu_0\, i L^2}{2\pi\left(z^2 + \dfrac{L^2}{4}\right)\sqrt{z^2 + \dfrac{L^2}{2}}}\hat{\mathbf{z}}$; (b) $\mathbf{B} = \dfrac{\mu_0\mathbf{m}}{2\pi z^3}$, $\mathbf{m} = iL^2\hat{\mathbf{z}}$.

8.5 (a) $\mathbf{B} = \frac{\mu_0 i}{4R}\hat{\mathbf{z}}$; (b) $\mathbf{B} = \frac{\mu_0 i}{4R}\left(1 + \frac{2}{\pi}\right)\hat{\mathbf{z}}$.

8.6 $\mathbf{B} = \frac{\mu_0 i}{4\pi}\frac{(a-b)\theta}{ab}\hat{\mathbf{z}}$.

8.7 $\mathbf{F} = +\frac{\mu_0 ii'}{2\pi}\frac{ab}{d(a+d)}\hat{\mathbf{x}}$ (repulsiva).

8.8 $\mathbf{B}(\mathrm{O}) = \left(\frac{4}{5}\right)^{3/2}\frac{\mu_0 i}{a}\hat{\mathbf{z}}$.

8.9 (a) $B(x) = \frac{\mu_0 ni}{2}\left[\frac{\frac{1}{2}L - x}{\sqrt{a^2 + \left(\frac{1}{2}L - x\right)^2}} + \frac{\frac{1}{2}L + x}{\sqrt{a^2 + \left(\frac{1}{2}L + x\right)^2}}\right]$;

$B(0) \approx \mu_0 ni$ para $L \gg a$; $B\left(\frac{1}{2}L\right) = \frac{1}{2}B(0)$

(b) $B(x) \approx \frac{\mu_0 I}{2\pi} nLi \frac{\pi a^2}{x^3}$ [dipolo magnético $m = nLi(\pi a^2)$].

8.10 (a) $\mathbf{B}(0) = \frac{\mu_0}{2}\sigma\omega R\hat{\mathbf{z}}$; (b) $\mathbf{m} = \frac{\pi}{4}\sigma\omega R^4\hat{\mathbf{z}}$.

8.11 (a) $\mathbf{B} = \frac{\mu_0 I}{2\pi R}\hat{\boldsymbol{\varphi}}$; (b) $\mathbf{B} = \frac{\mu_0 I}{4\pi R}\left[(\pi + 1)\hat{\mathbf{x}} + \hat{\mathbf{z}}\right]$.

CAPÍTULO 9

9.1 $B = \frac{QR}{NS}$.

9.2 3,13 mV.

9.3 (a) $V = \frac{1}{2}\omega a^2 B$; (b) $\tau = \frac{1}{2}Ia^2 B$; $VI = \tau\omega$.

9.4 (a) anti-horário; (b) $a = g - \frac{B^2 l^2 v}{mR}$; (c) $v_0 = \frac{mgR}{B^2 l^2}$; (d) $i_0 = \frac{Blv_0}{R}$.

(e) variação de energia potencial = energia dissipada em calor = $mgv_0\,\Delta t$.

9.5 $L_{12} = \frac{2\mu_0 b}{\pi}\ln\left(\frac{d+a}{d-a}\right)$.

9.6 $L_{12} = \frac{\pi\mu_0 b^2}{2a}\cos\theta$.

9.7 $L_{12} = \mu_0 b\left[1 - \sqrt{1 - (a/b)^2}\right]$.

9.8 $L_{11} = \frac{\mu_0}{2\pi}N^2 L\ln\left(\frac{2R+L}{2R-L}\right)$.

9.9 $i = \frac{3}{2}\mu_0 \frac{\pi a^2 b^2 v I z}{R\left(z^2+b^2\right)^{5/2}}$; opostas.

9.11 (a) $\mathbf{F} = -\frac{a^2B^2}{R}\mathbf{v}$; (b) $\mathbf{F} = -\frac{a^2B^2}{R}\mathbf{v}'$.

9.12 (a) $\Phi = -\frac{\mu_0 I b}{2\pi}\ln\left(1+\frac{a}{x}\right)$; (b) $i = -\frac{\mu_0 I ab}{2\pi Rt(a+vt)}$, horário.

CAPÍTULO 10

10.1 $R = 15\ \Omega$.

10.3 $V(t) = \frac{1}{2}\mathcal{E}\left[1-\exp\left(-\frac{2t}{RC}\right)\right]$.

10.4 $\omega_1 = \frac{1}{\sqrt{LC}}$; $\omega_2 = \frac{\sqrt{3}}{\sqrt{LC}}$.

10.5 (a) $\omega_0 = \sqrt{\frac{1}{LC}-\frac{1}{4R^2C^2}}$, $\gamma = \frac{1}{RC}$; (b) $\omega_0 = 10^4$ Hz; 11 períodos.

10.6 $\frac{1}{Z} = \frac{1}{R+i\omega L}+\frac{1}{R-(i/\omega C)} = \sqrt{\frac{C}{L}}$ para $\tau_L = \tau_C$.

10.7 $\omega_0 = \sqrt{\frac{L_2}{C\left[L_1L_2-(L_{12})^2\right]}}$.

10.8 $\omega_0 = \sqrt{\frac{1}{LC}-\frac{R^2}{L^2}}$.

10.9 (a) $I(t) = \frac{E_0}{\sqrt{(\omega L)^2+R^2}}\left[\operatorname{sen}\left(\omega t-\varphi_L+\frac{\pi}{4}\right)+\operatorname{sen}\left(\varphi_L-\frac{\pi}{4}\right)\exp\left(-\frac{t}{\tau_L}\right)\right]$

onde $\tau_L = L/R$ e $\varphi_L = \operatorname{tg}^{-1}(\omega L/R)$; (b) $\omega = R/L = 1/\tau_L$.

10.10 (a) $\omega_C = \sqrt{\omega_0^2-\frac{1}{2}\gamma^2}$; (b) $\omega_L = \frac{\omega_0^2}{\sqrt{\omega_0^2-\frac{1}{2}\gamma^2}}$, onde $\omega_0 = \frac{1}{\sqrt{LC}}$, $\gamma = \frac{R}{L}$.

10.11 (a) $I(t) = \frac{E}{R}\exp\left(-\frac{t}{RC}\right)$; (b) $\frac{1}{2}CE^2$; (c) CE^2; (d) $\frac{1}{2}CE^2$.

10.12 (a) $E = \omega AB\ \operatorname{sen}(\omega t)$, $I = \frac{\omega AB\operatorname{sen}(\omega t-\varphi)}{\sqrt{R^2+\omega^2L^2}}$, $\operatorname{tg}\varphi = \frac{\omega L}{R}$;

(b) $\mathbf{m} = IA\,[\cos(\omega t)\,\hat{\mathbf{x}} + \text{sen}\,(\omega t)\,\hat{\mathbf{y}}]$; (c) $\tau = -IA\,\text{sen}\,(\omega t)\,\hat{\mathbf{z}}$.

10.13 (a) $R = 2\pi a\rho N/S$; (b) $L = \pi a^2\mu_0 N^2/l$; (c) $\phi = -\,\text{arctg}\,(\omega L/R)$.

CAPÍTULO 11

11.1 1,1.

11.2 (a) 2 ; (b) 3×10^{-3}, em comparação com valores da ordem de 10^3.

11.4 (a) $\kappa_m = 1{,}22 \times 10^3$; (b) $7{,}96 \times 10^3$ A/m; (c) 250.

11.5 (a) 0,01 J; (b) 0,04 J; (c) 0,1 H.

11.6 $B_1 = \dfrac{\mu N i}{2a + 3b}$, $B_2 = 2B_1$.

11.8 (a) $\mathbf{B} = \mu_0\left(1 - \dfrac{2a^2}{l^2}\right)\mathbf{M}$; (b) $\mathbf{B} = \dfrac{\mu_0}{2}\left(1 - \dfrac{a^2}{2l^2}\right)\mathbf{M}$.

CAPÍTULO 12

12.1 $\mathbf{B} = \dfrac{\mu_0 Q_0}{2\pi a^2}\rho\omega\,\text{sen}(\omega t)\,\hat{\boldsymbol{\varphi}}$.

12.2 (a) $\mathbf{B} = \dfrac{\mu_0 a}{2}|\mathbf{j}|\,\hat{\boldsymbol{\varphi}}$; (b) $\mathbf{S} = -\dfrac{|\mathbf{j}|^2}{2\sigma}a\,\hat{\boldsymbol{\rho}}$.

12.3 $\langle|\mathbf{E}|\rangle \approx 54{,}4\,\text{V/m}$, $\langle|\mathbf{B}|\rangle \approx 1{,}84 \times 10^{-7}\,\text{T}$.

12.4 (a) $|\mathbf{E}|_{max} \approx 1{,}02 \times 10^3$ V/m, $|\mathbf{B}|_{max} \times 3{,}4 \times 10^{-6}$ T; (b) $6{,}5 \times 10^9$ kW/m^2.

Índice alfabético

E

H

I

J

L

M

Q

R

S

GRÁFICA PAYM
Tel. [11] 4392-3344
paym@graficapaym.com.br